住　宅　空　间

人体工程学

尺　寸　指　引

HJSJ 华建环境设计研究所　编著

江苏凤凰科学技术出版社 · 南京

图书在版编目（CIP）数据

住宅空间人体工程学尺寸指引 / HJSJ 华建环境设计研究所编著 . -- 南京 ：江苏凤凰科学技术出版社，2022.1（2025.2 重印）
ISBN 978-7-5713-2506-0

Ⅰ . ①住… Ⅱ . ① H… Ⅲ . ①住宅－室内装饰设计－工效学 Ⅳ . ① TU241

中国版本图书馆 CIP 数据核字 (2021) 第 222831 号

住宅空间人体工程学尺寸指引

编　　著　HJSJ 华建环境设计研究所
项目策划　凤凰空间 / 翟永梅
责任编辑　赵　研　刘屹立
特约编辑　翟永梅

出版发行　江苏凤凰科学技术出版社
出版社地址　南京市湖南路 1 号 A 楼，邮编：210009
出版社网址　http://www.pspress.cn
总 经 销　天津凤凰空间文化传媒有限公司
总经销网址　http://www.ifengspace.cn
印　　刷　北京博海升彩色印刷有限公司

开　　本　889 mm×1 194 mm　1 / 16
印　　张　17
字　　数　160 000
版　　次　2022 年 1 月第 1 版
印　　次　2025 年 2 月第 7 次印刷

标准书号　ISBN　978-7-5713-2506-0
定　　价　78.00 元

前言

本书根据国务院新闻办公室发布的《中国居民营养与慢性病状况报告（2020 年）》中指出的“我国 18 ~ 44 岁男性平均身高 169.7 cm，女性平均身高 158 cm”为我国人体工程学准则而编著。各人体工程学尺寸示意如下：

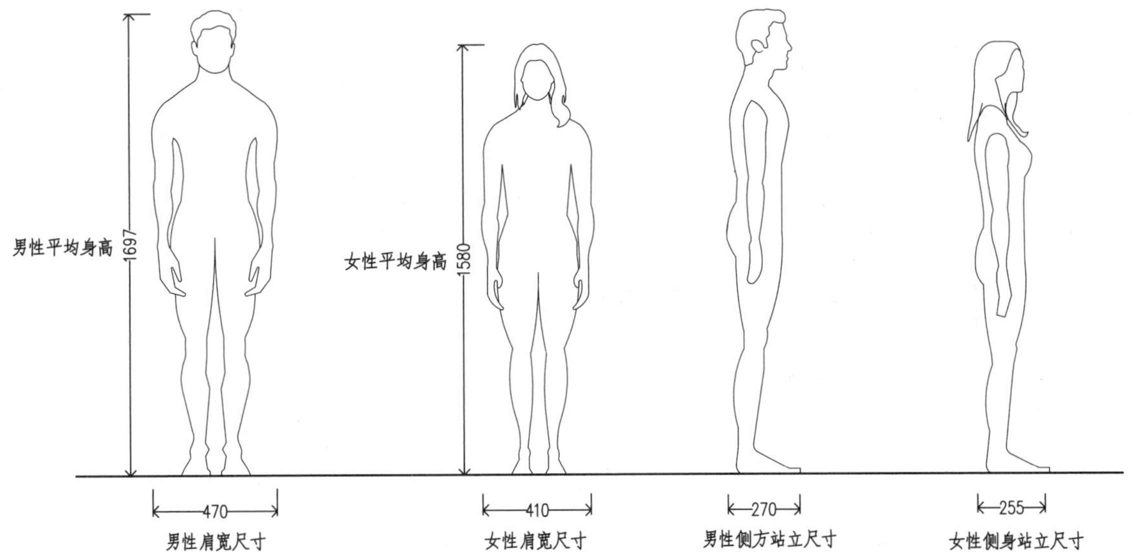

人体尺寸（一）

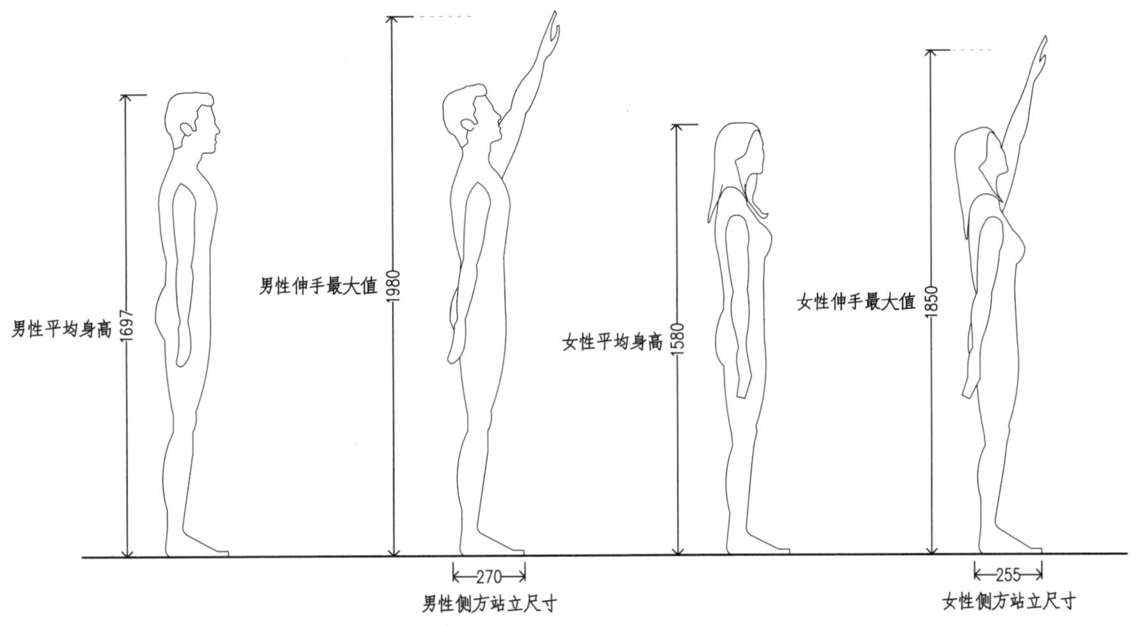

人体尺寸（二）

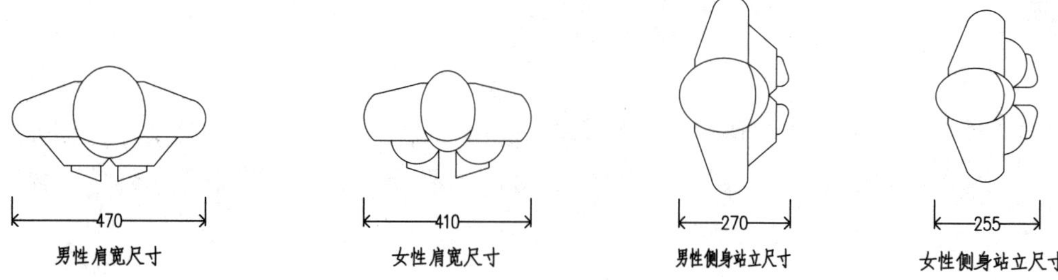

人体尺寸（三）

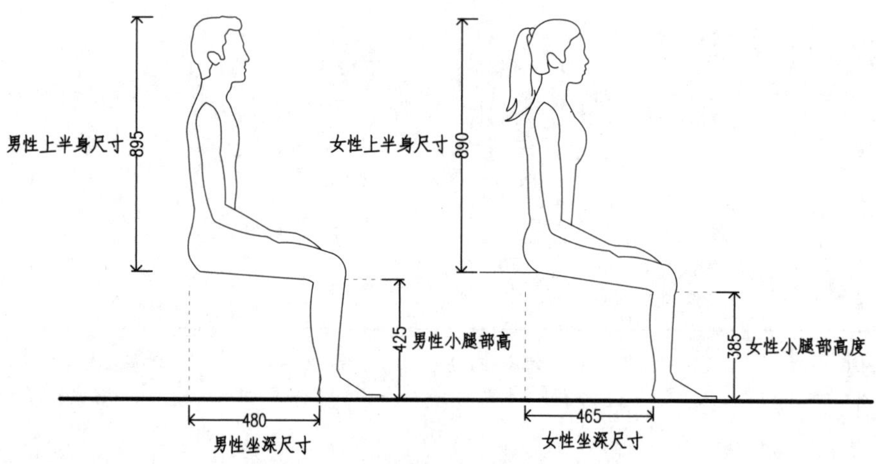

人体尺寸（四）

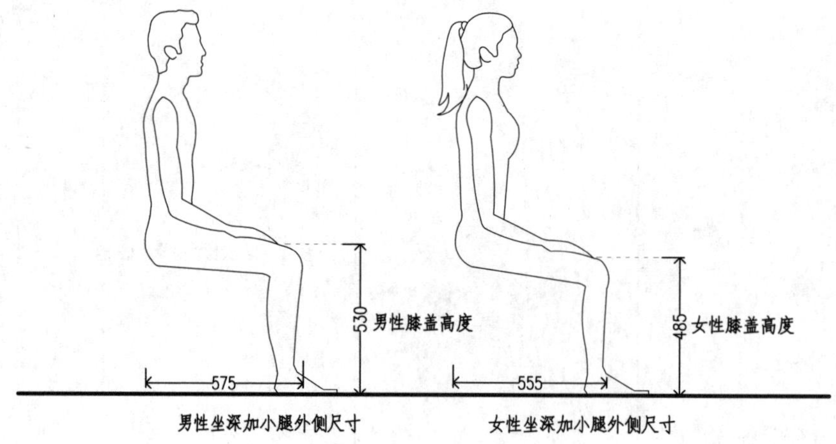

人体尺寸（五）

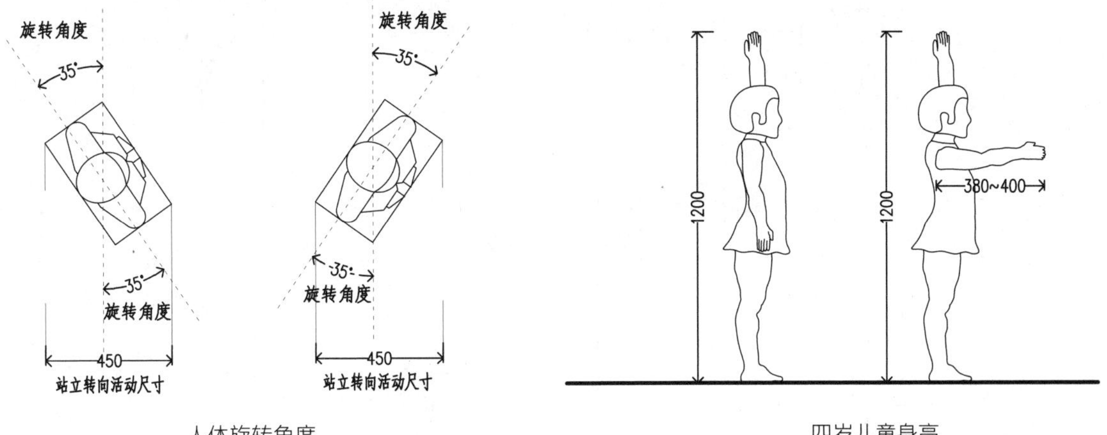

人体旋转角度

四岁儿童身高

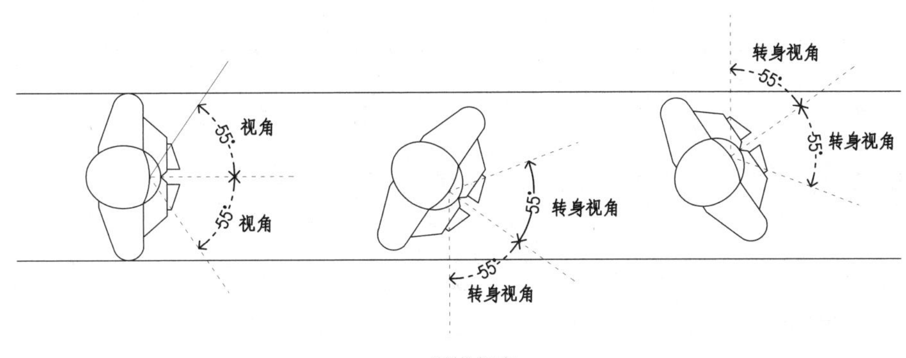

视线角度

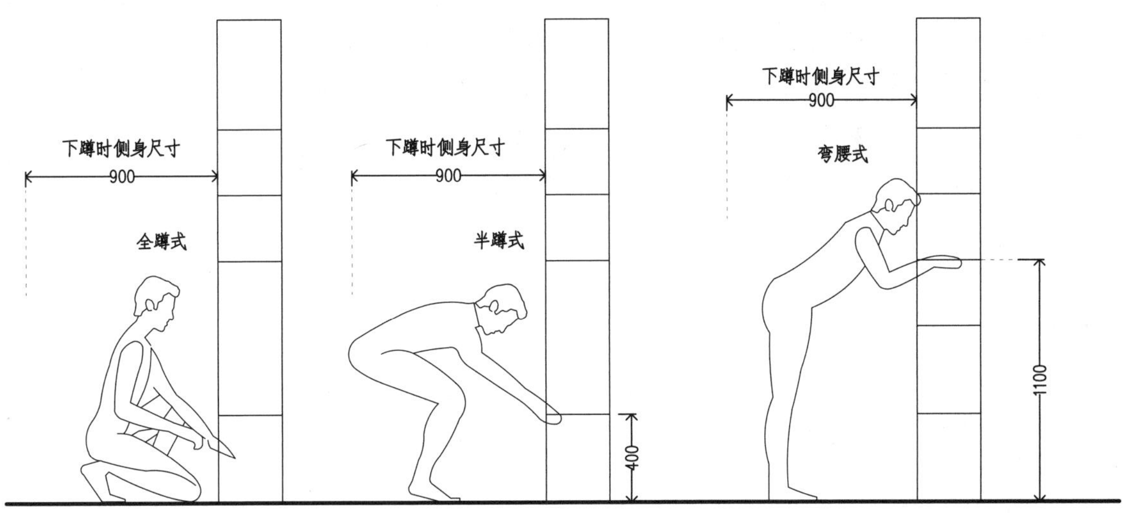

人体身高决定物品设计高度（一）

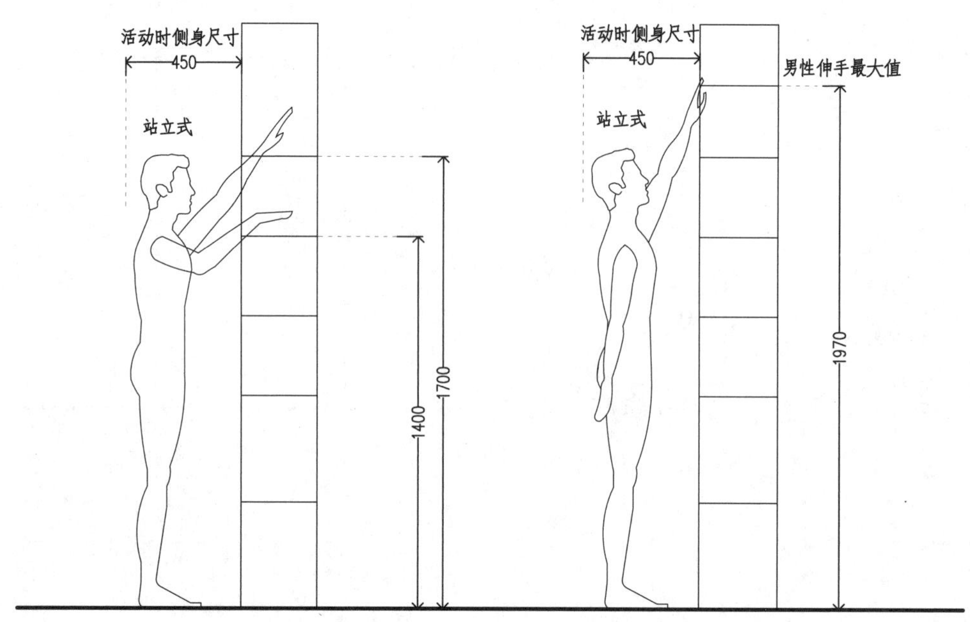

人体身高决定物品设计高度（二）

本书编写组经广泛调查研究，认真总结实践经验，参考国内外有关民用住宅的标准尺寸指引，并在广泛征求意见的基础上，编著了本书。

住宅空间人体工程学是一门基于人的身体、认知和文化的特征，通过合理的空间功能布局，实用的居住、生活环境来提高人类生活的便捷性、安全性、效率性和感性的应用学科，人体工程学也被称为人为因素学。

若在居住场所的设计阶段没有系统地考虑人为因素，将可能导致生活使用上的不便及空间上的拘谨，还可能导致部分空间区域的功能损失或丧失，甚至是严重的财产及生命损失。一个错误的居住空间或工作场所被制造出来后，纠正和恢复它的合理性需要大量的时间和成本。解决这一问题的最佳方法是从住宅的空间功能布局，居住者所使用的物品、产品、工具和工作环境的设计阶段即考虑要满足人为的因素。

本设计指引的主要技术内容包括：1 总则；2 术语；3 功能布局；4 人体工程学尺寸。

本设计指引由华建环境设计（广州）有限公司负责具体技术内容的解释。使用过程中若有意见和建议，请寄送至广州市天河区瘦狗岭路 551 号广之旅大厦 908 房，邮政编码：510610。

本书主编：廖炽伟、梁薇、李斐韦华、陈聪

参编人员：苏韵涛、麦锦仪、陈春花、卢伟、洪易娜、廖铭宇、廖铭宽

参编单位：

广东农工商职业技术学院

广东机电职业技术学院

广东科学技术职业学院

贵阳职业技术学院

中山职业技术学院

华建环境设计（广州）有限公司

编著者

目录

1 总则

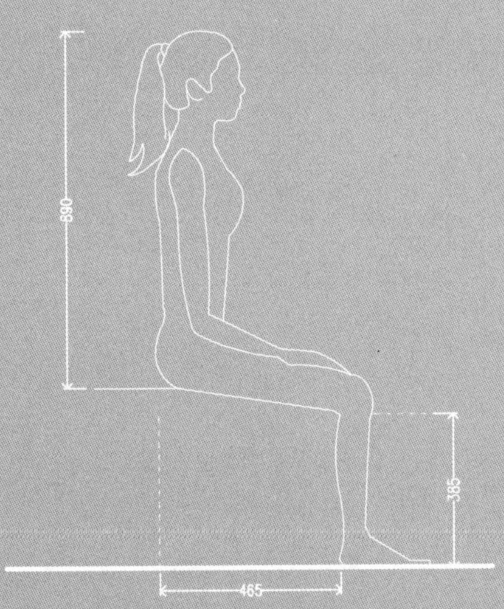

（1）住宅空间人体工程学尺寸指引，应遵从各地域生活人情，因地制宜、节约资源、保护环境，做到适用、经济、美观，符合节能、节地、节水、节材的要求，并以住宅寿命期的可持续发展为原则，满足住宅空间体系化、设计标准化、生产工厂化、施工装配化、房屋智能化的要求。

（2）本设计指引适用于新建、改建、扩建的民用住宅装修设计。

（3）本设计指引涵盖了公寓式住宅、平层式住宅、跃层式住宅、复式住宅、农村自建房、联排别墅、独栋别墅。

（4）民用建筑住宅各空间除应符合本设计指引外，尚应符合国家现行有关标准的规定。

（5）本指引编制过程中主要参考：

《中国居民营养与慢性病状况报告（2020年）》

《2014年国民体质监测公报》

《民用建筑设计统一标准》GB 50352—2019

《建筑设计防火规范》GB 50016—2014（2018年版）

《住宅设计规范》GB 50096—2011

《高层民用建筑设计防火规范》GB 50045—95（2005年版）

Human dimension of interior space: A source book of design reference standards.1979

The Measure of Man and Woman: Human Factors in Design.1993

Human Factors & Ergonomics Society

玄关

前厅

会客厅

客厅

餐厅

厨房

卫生间

杂物房

洗衣房

工人房

阳台

入户花园

开放区域

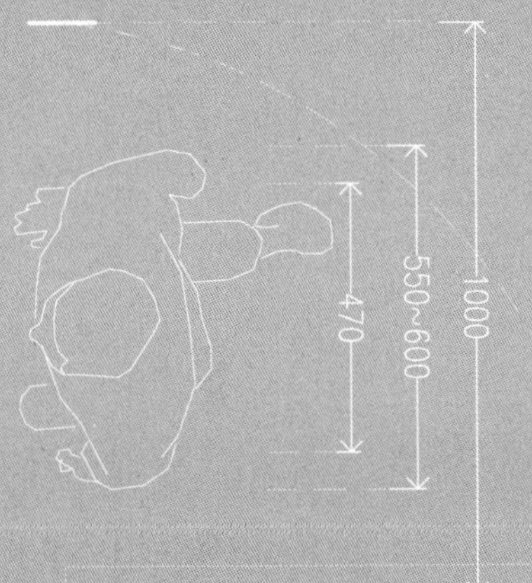

2.1 玄关

玄关又称门厅、前厅，是指室内入门后到客厅之间的通道或过道。

玄关一般设置屏风、博古架将玄关与客厅进行分隔，面积较大的户型还会设置墙体分隔。

从心理学上阐述，玄关的设置一般是为业主进门后避免陌生人通过开门的时间差对屋内进行观察。屏风的出现使住宅内部得到隐蔽，不易被窥探，屏风及矮柜的阻隔还可使内外空间有所缓冲，不必直冲。

玄关的大小是根据面积、房型来决定的，一般宜为 1.8 ～ 3.7 m^2，可容纳 1 ～ 3 人。

常见玄关鞋柜的长度宜为 800~1200 mm，深度宜为 300~400 mm，高度宜为 1050 mm，台面距离上方存放柜 350~400 mm。

换鞋凳常见尺寸：高度宜为 300 ～ 400 mm，长度宜为 400 ～ 500 mm。

功能配置

屏风、鞋柜、储物柜、五金挂件、强弱电箱等。

重要提示

根据《住宅设计规范》GB 50096—2011 的规定：套内入口过道净宽不宜小于 1.20 m。

1. 平面空间

（1）通道加鞋柜（1.8 m^2）。

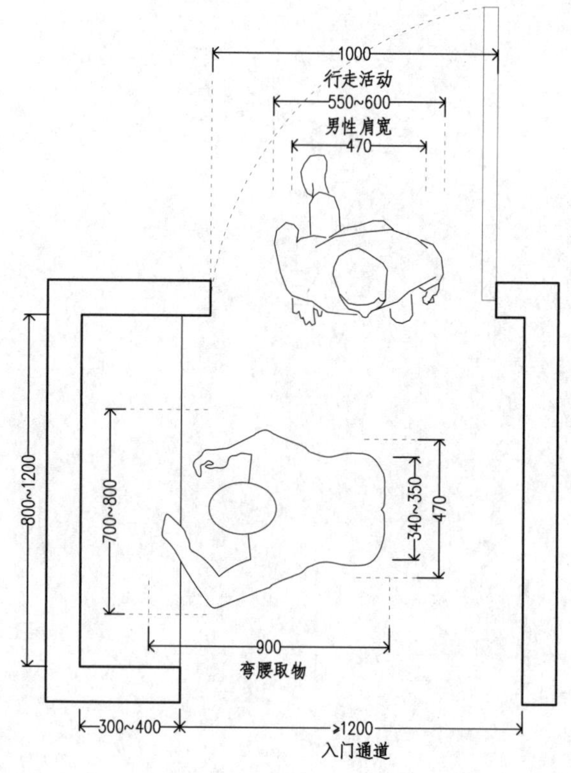

通道加鞋柜的平面空间尺寸（1.8 m^2）

注：本书图内数据单位除有特殊标注外均为毫米（mm）。

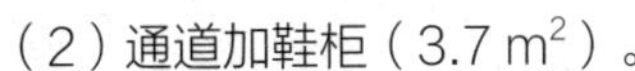

（2）通道加鞋柜（3.7 m²）。

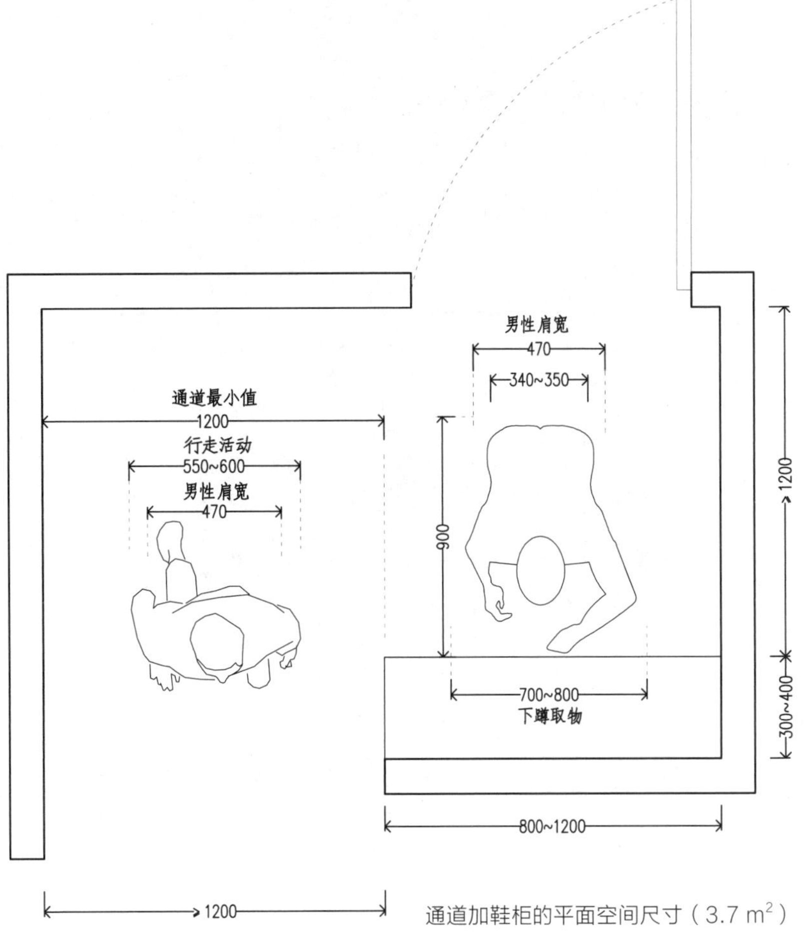

通道加鞋柜的平面空间尺寸（3.7 m²）

（3）通道加鞋柜、换鞋凳（2.2 m²）。

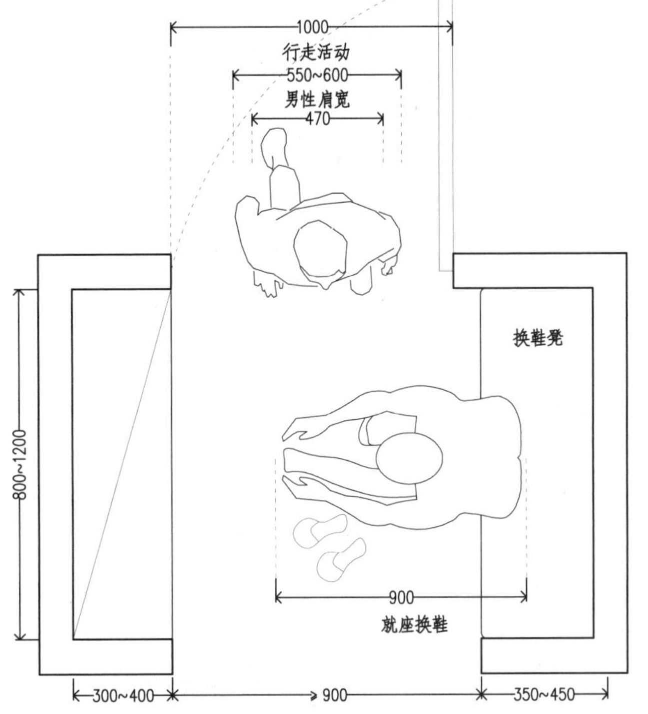

通道加鞋柜、换鞋凳的平面空间尺寸（2.2 m²）

（4）通道加鞋柜、换鞋凳（2.8 m²）。

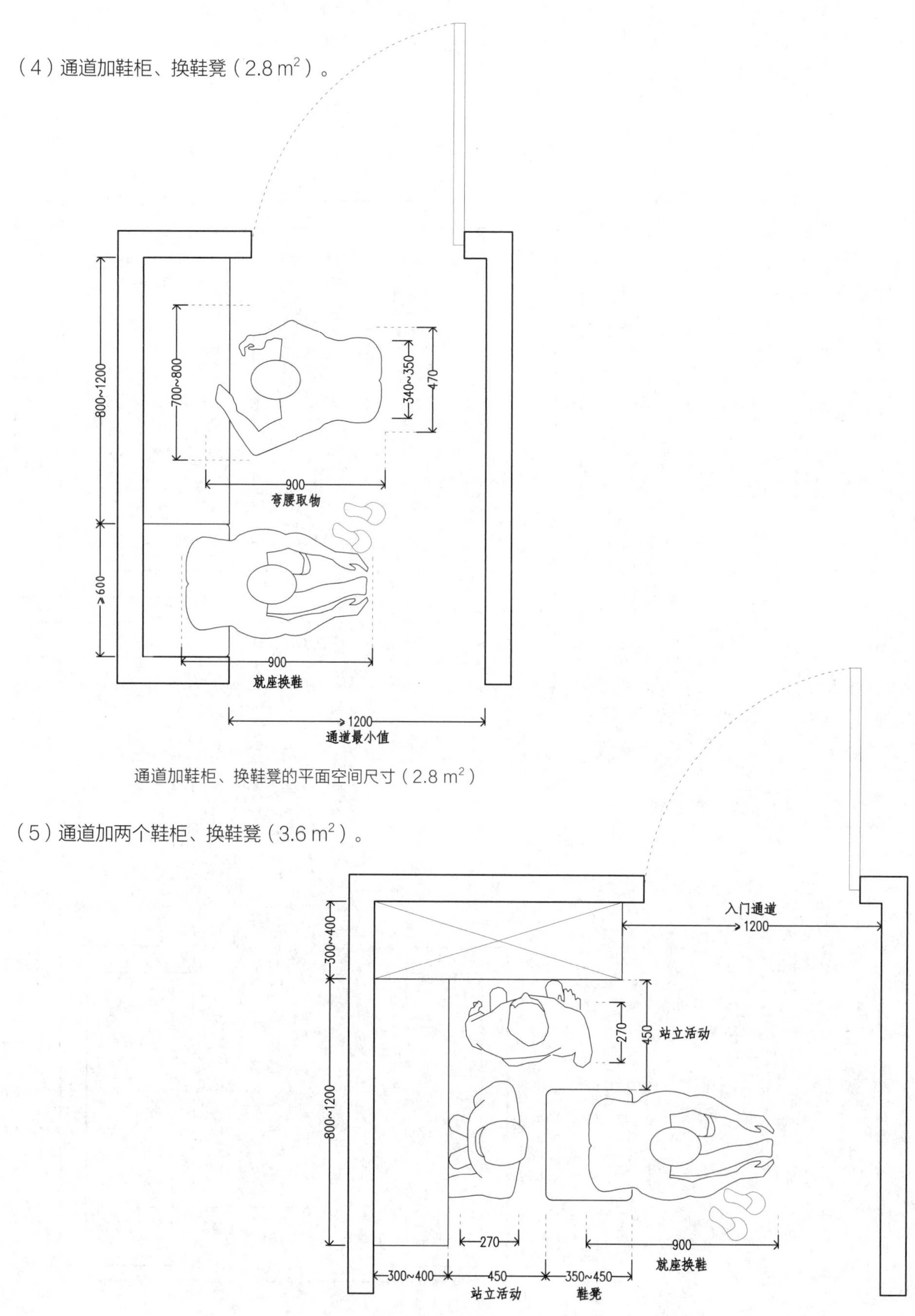

通道加鞋柜、换鞋凳的平面空间尺寸（2.8 m²）

（5）通道加两个鞋柜、换鞋凳（3.6 m²）。

通道加两个鞋柜、换鞋凳的平面空间尺寸（3.6 m²）

2. 立面空间

（1）蹲下换鞋。

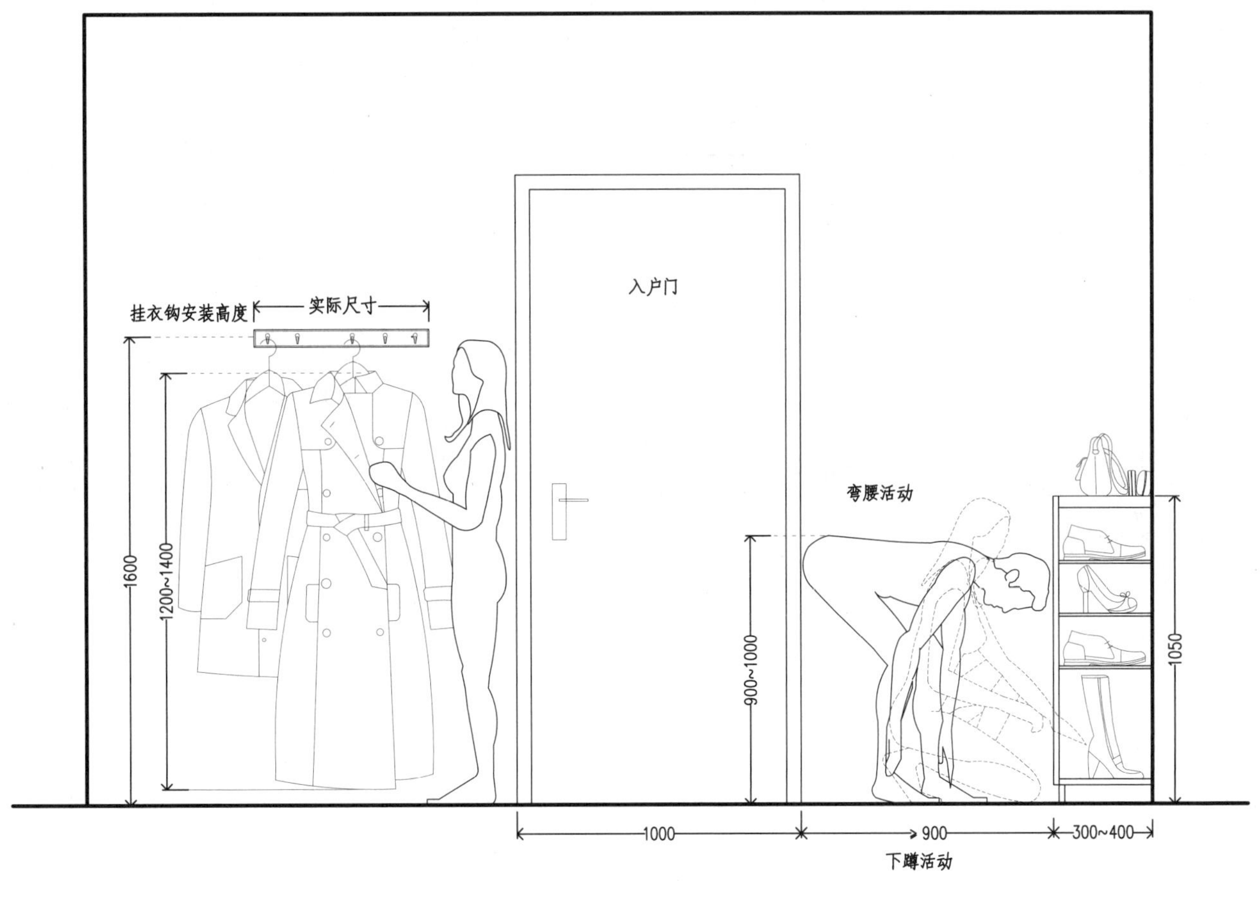

蹲下换鞋尺寸

（2）弯腰换鞋。

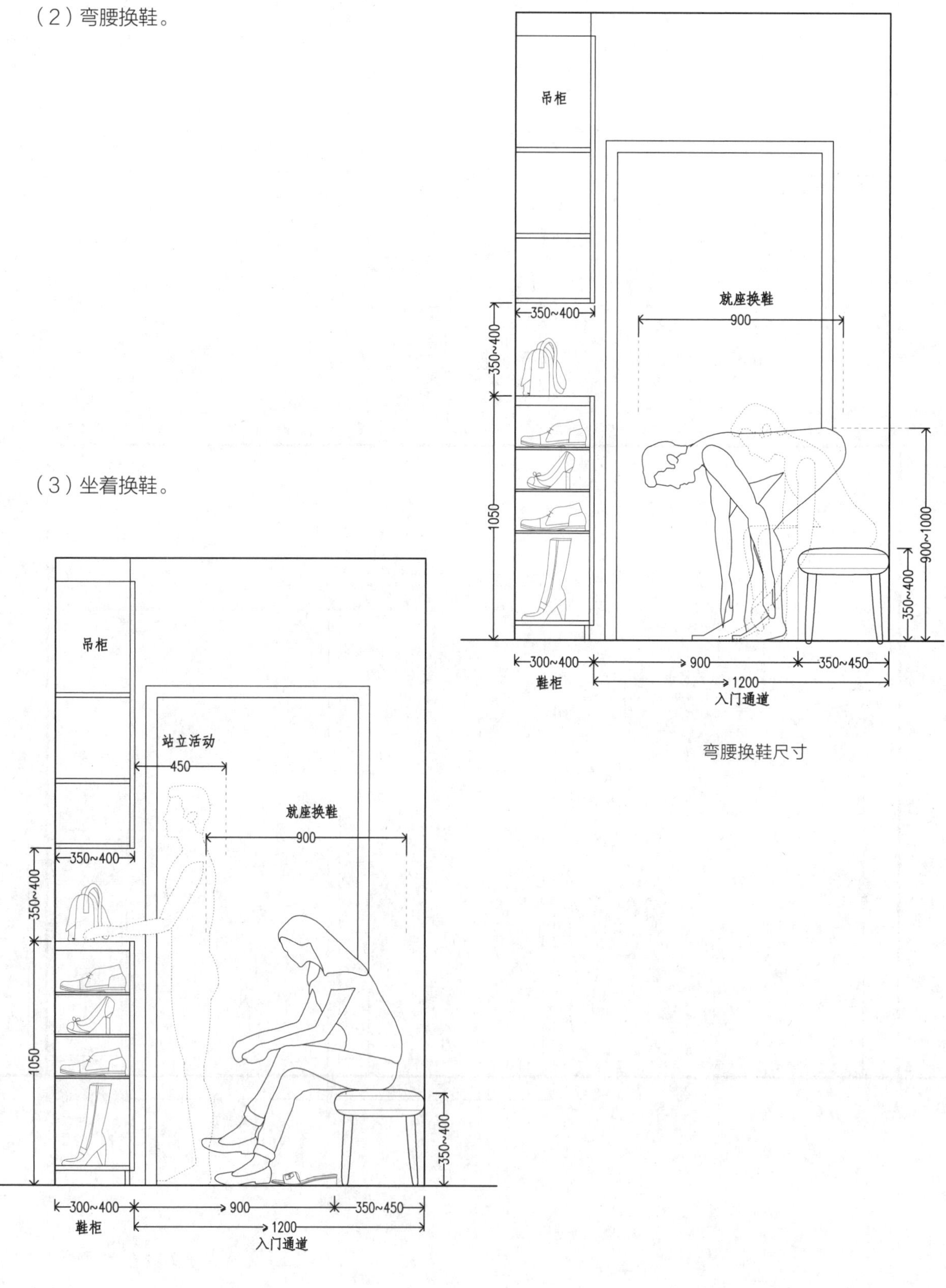

弯腰换鞋尺寸

（3）坐着换鞋。

坐着换鞋尺寸

（4）站立拿鞋。

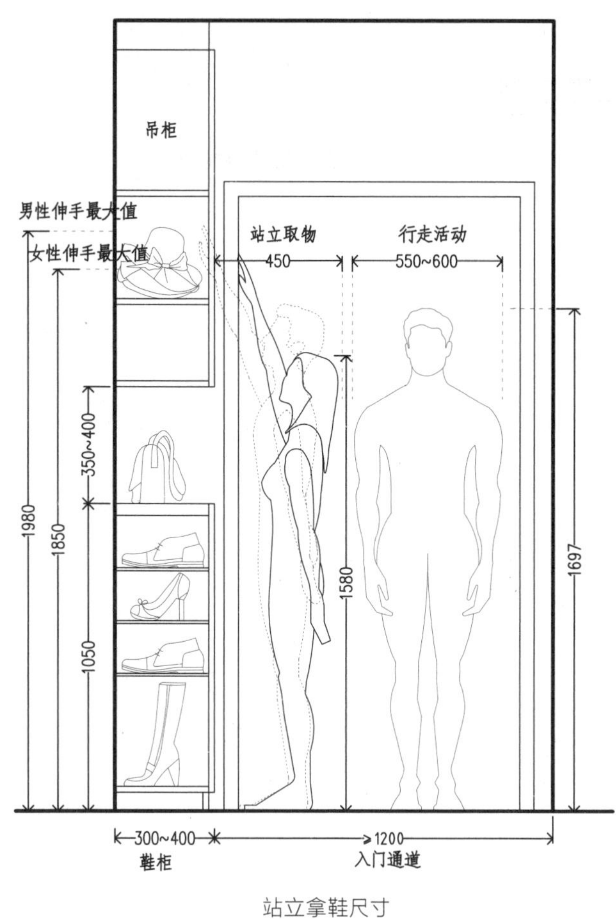

站立拿鞋尺寸

2.2 前厅

玄关、门厅、前厅功能基本一致，是入户的第一区域空间。前厅一般比玄关大，较大的前厅还会作为接待、会客使用。

2.3 会客厅

会客厅又称偏厅，常作会客、议事或行礼的场所。

由于地域不同，有的地方是正厅用作会客，有的地方是偏厅用作会客。但功能一般有如下两点：

第一，来访客人用于等待主人家接待时休息的地方。

第二，亲密度不够的客人来访一般不进正厅接待，多半在会客厅接待、交谈。

功能配置

会客桌椅、装饰挂画、工艺品等。

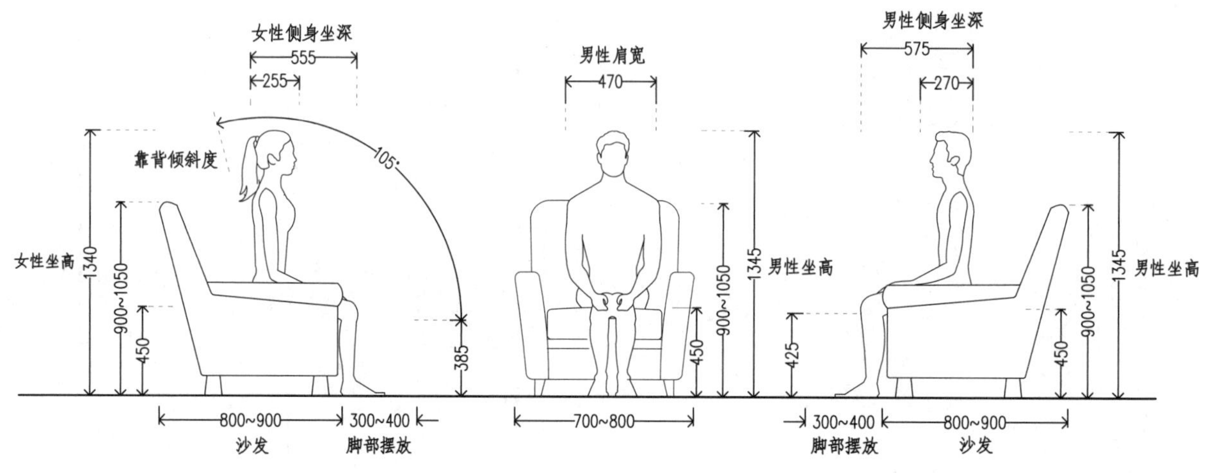

会客厅立面尺寸

普通住宅的会客厅分为小、中、大型几种。

（1）中小型会客厅。

中小型会客厅一般只放置沙发、座椅。

椅子的尺寸：宽度 800~900 mm，高度 450 mm。

沙发座椅与其他相邻台面的距离不应小于 400 mm。

（2）大型会客厅。

大型会客厅正前方为主位，两主位中间由功能台进行分隔，客厅左右两边为各席位座位，每个座位中间位置应设置不小于 600 mm 的功能台分隔；各席位的椅子长度宜为 800~900 mm，宽度宜为 700~900 mm，椅子之间距离不应小于 800 mm。

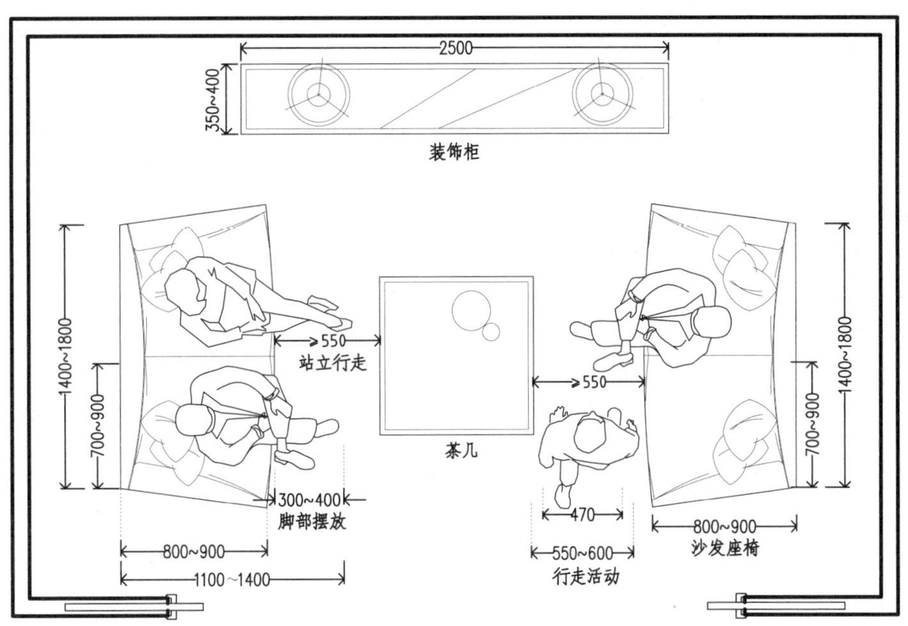

小型会客厅平面尺寸

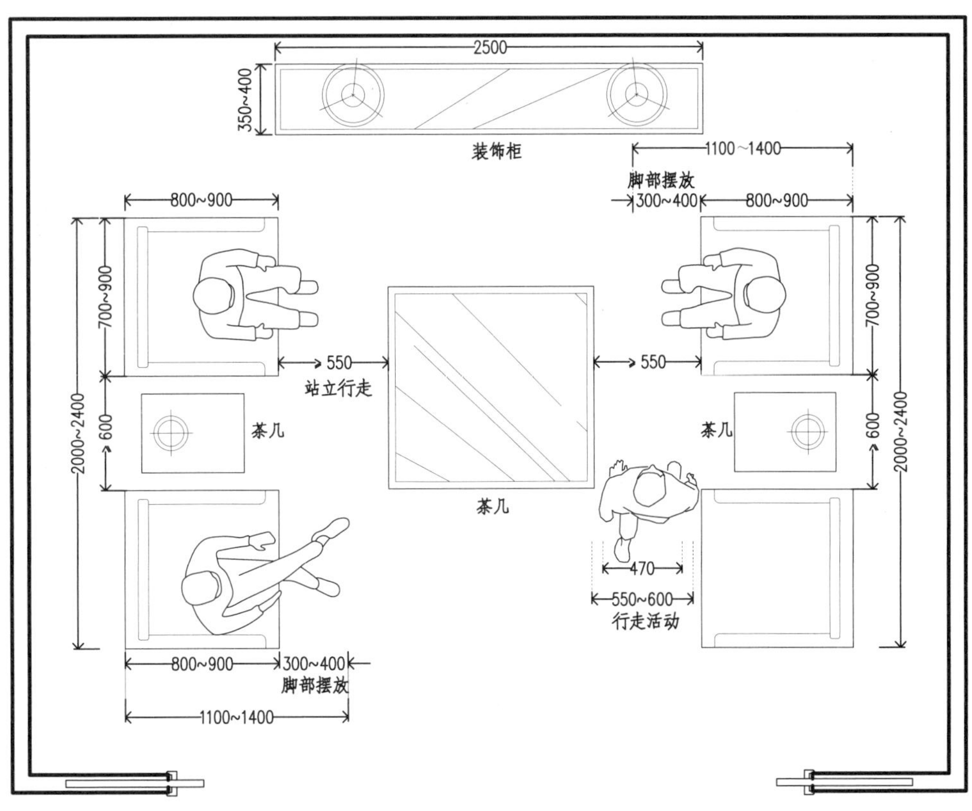

中型会客厅平面尺寸

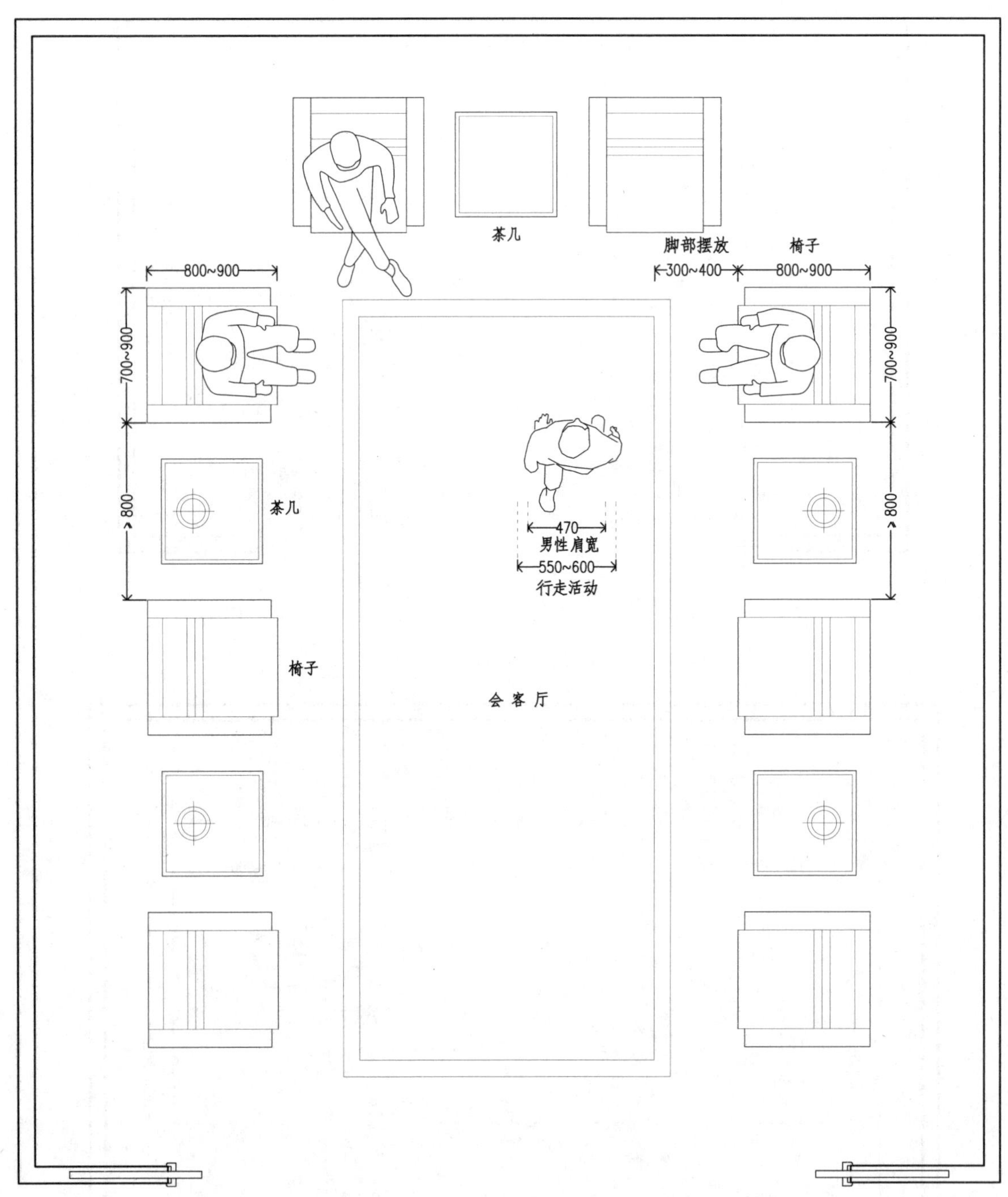
茶几
脚部摆放
椅子
800~900
300~400
800~900
700~900
700~900
>800
>800
茶几
470
男性肩宽
550~600
行走活动
椅子
会 客 厅

大型会客厅平面尺寸

2.4 客厅

客厅又称为厅堂，面积较小的等同于起居室，是主人用于接待亲密客人的地方。客厅还是房屋的中心，是家人聚会、活动、聊家常的地方，也是使用最频繁的地方。

功能配置

沙发、茶几、电视柜、电视机、空调。

重要提示

根据《住宅设计规范》GB 50096—2011 的规定：起居室（厅）的使用面积不应小于 10 m^2。

普通住宅客厅常见沙发的尺寸：
三加一沙发的长度宜为 2800~3400 mm，深度宜为 800~900 mm；
三人沙发的长度宜为 2100~2400 mm，深度宜为 800~900 mm；
双人沙发的长度宜为 1300~1600 mm，深度宜为 800~900 mm；
单人沙发的长度宜为 600~900 mm，深度宜为 800~900 mm。
其他常用家具的尺寸：
茶几的长度宜为 900~1200 mm，宽度宜为 550~600 mm；
茶几与沙发边的距离不应小于 300 mm，较为舒适的距离为 400 mm；
电视矮柜的高度宜为 400~450 mm，深度宜为 350~400 mm；
电视高柜的高度宜为 600~800 mm，深度宜为 350~400 mm；
电视机的挂壁式安装高度宜为中心离地 1200 mm。

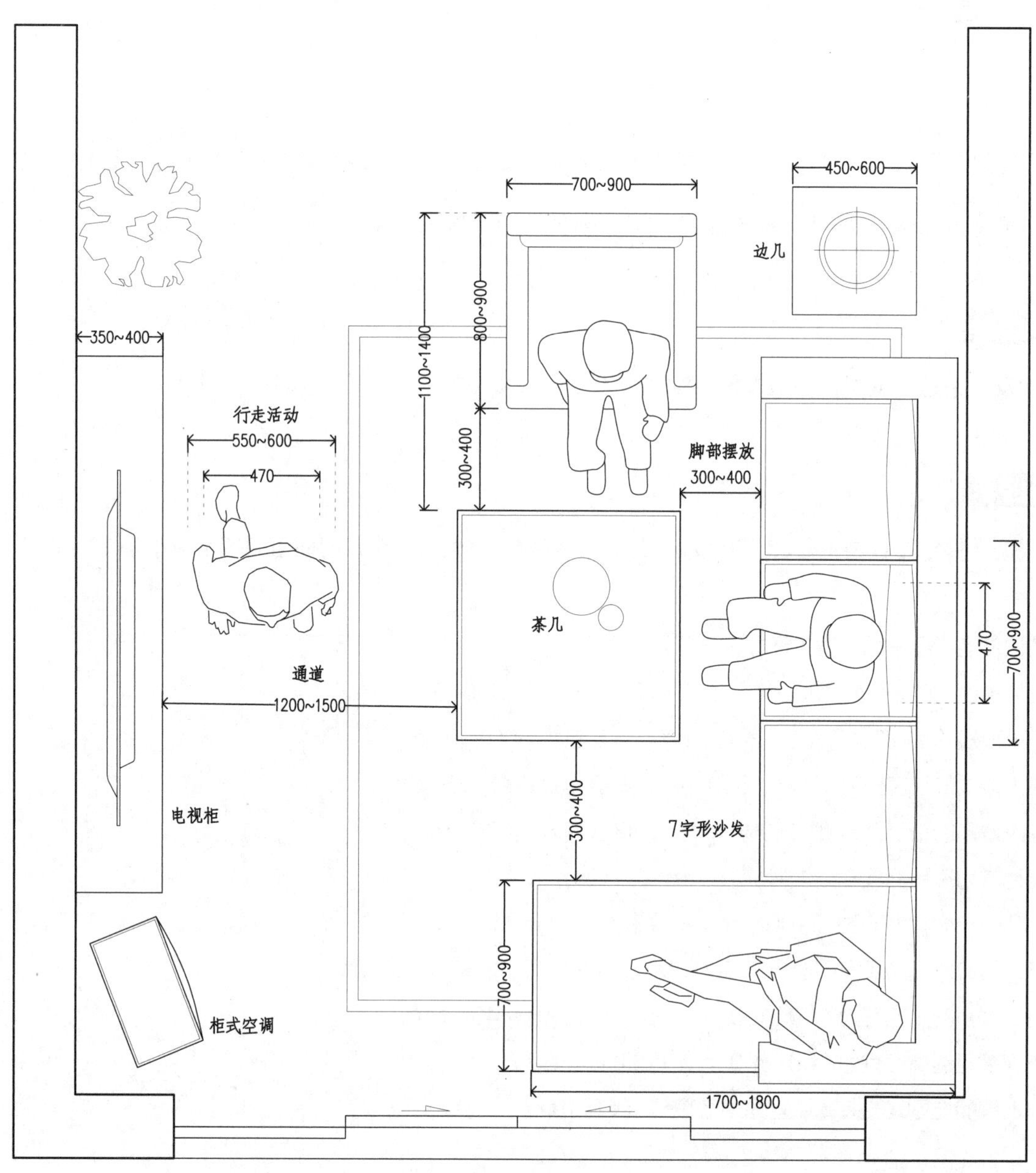
450~600
700~900
边几
1100~1400
800~900
350~400
行走活动
550~600
470
300~400
脚部摆放
300~400
茶几
470
700~900
通道
1200~1500
电视柜
300~400
7字形沙发
700~900
柜式空调
1700~1800

普通住宅客厅常见尺寸

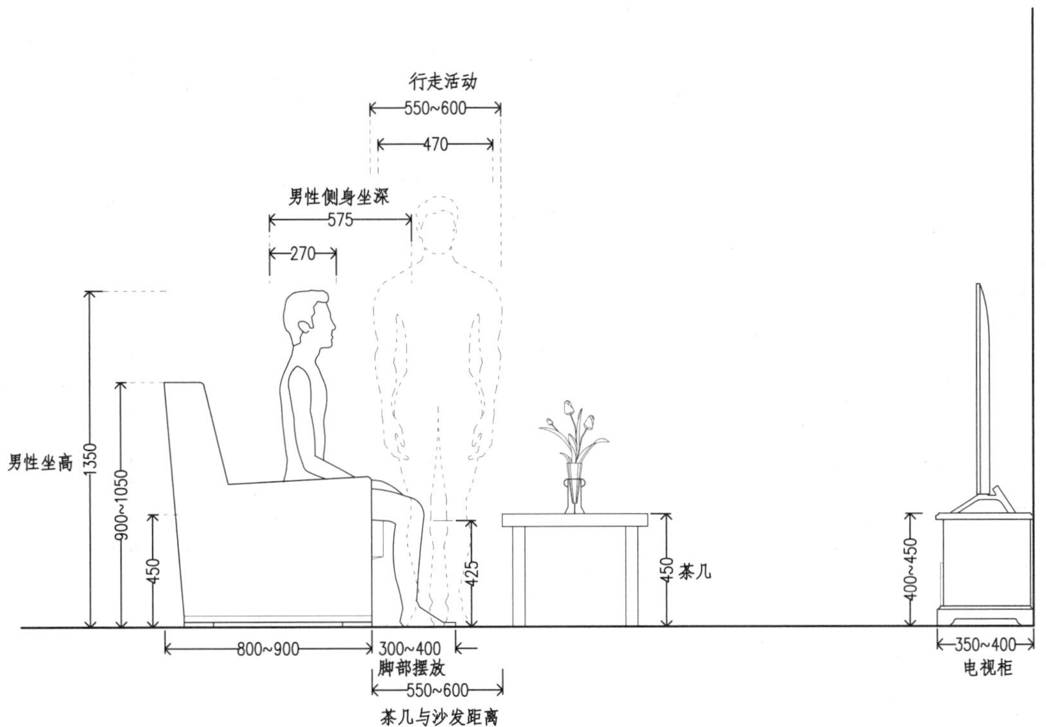

茶几与沙发正面通过的尺寸

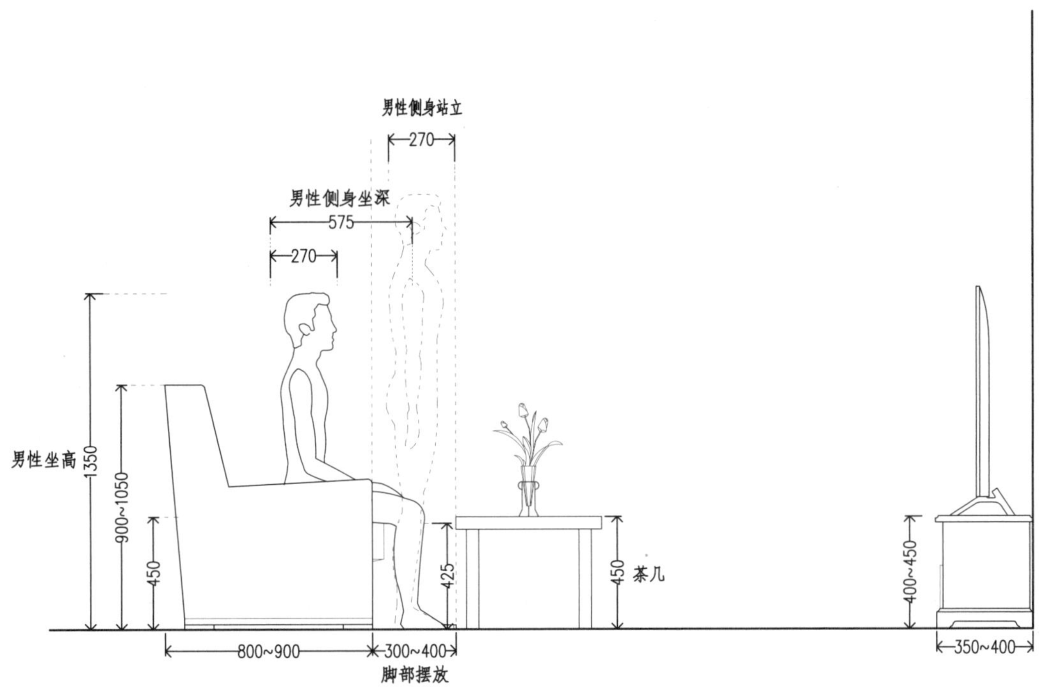

茶几与沙发侧面通过的尺寸

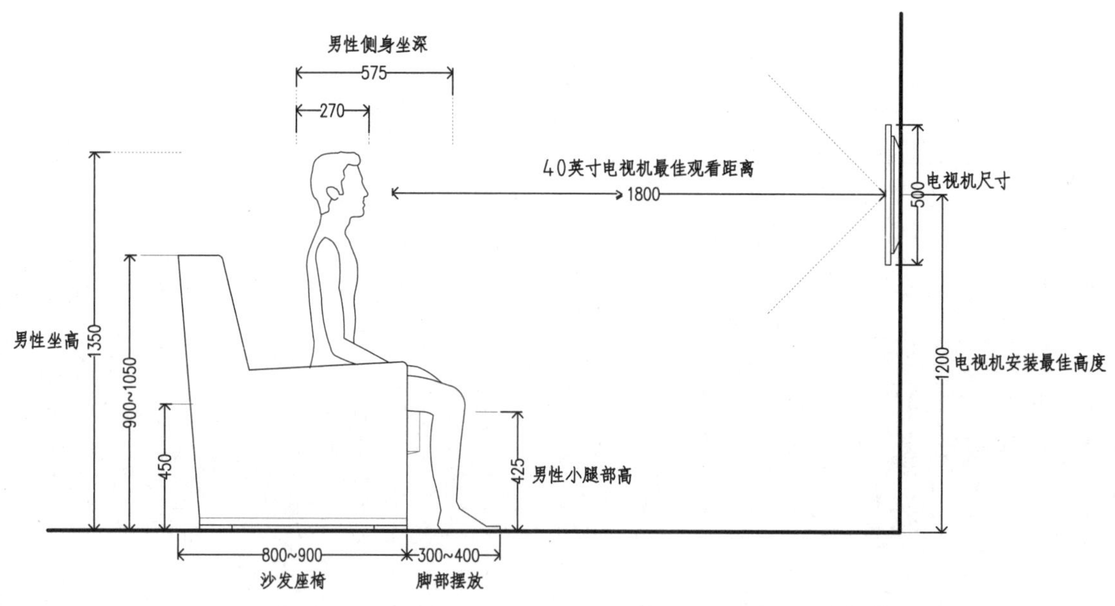

40 英寸电视机观看距离（注：1 英寸 =2.54 厘米）

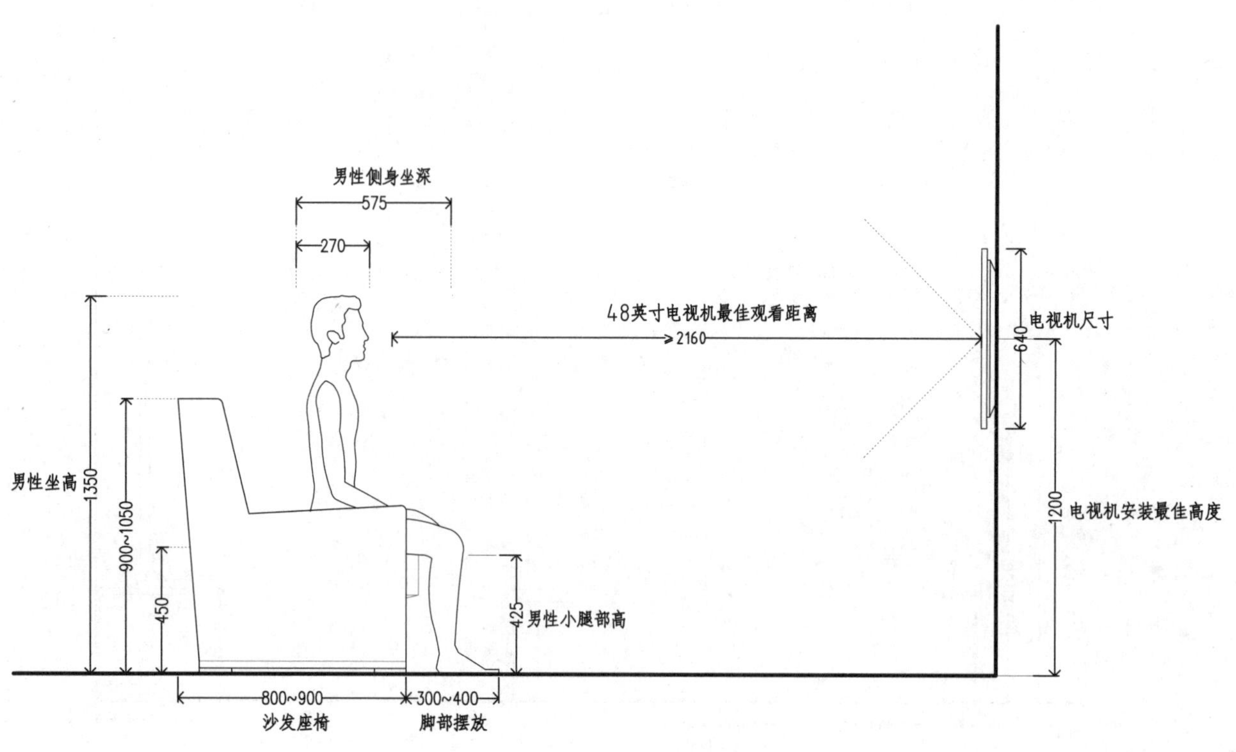

48 英寸电视机观看距离

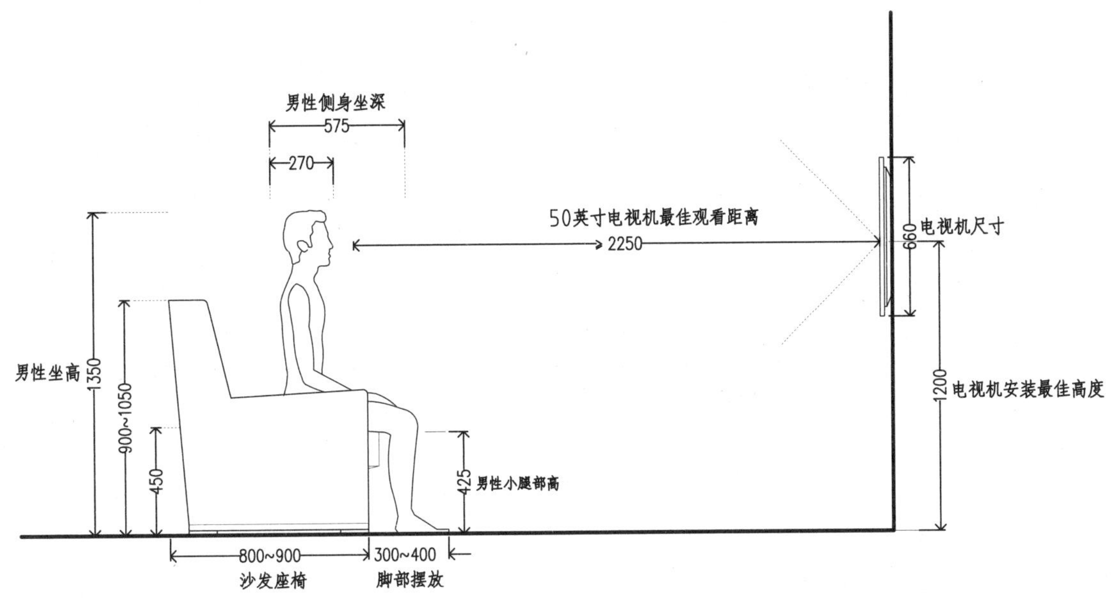

50 英寸电视机观看距离

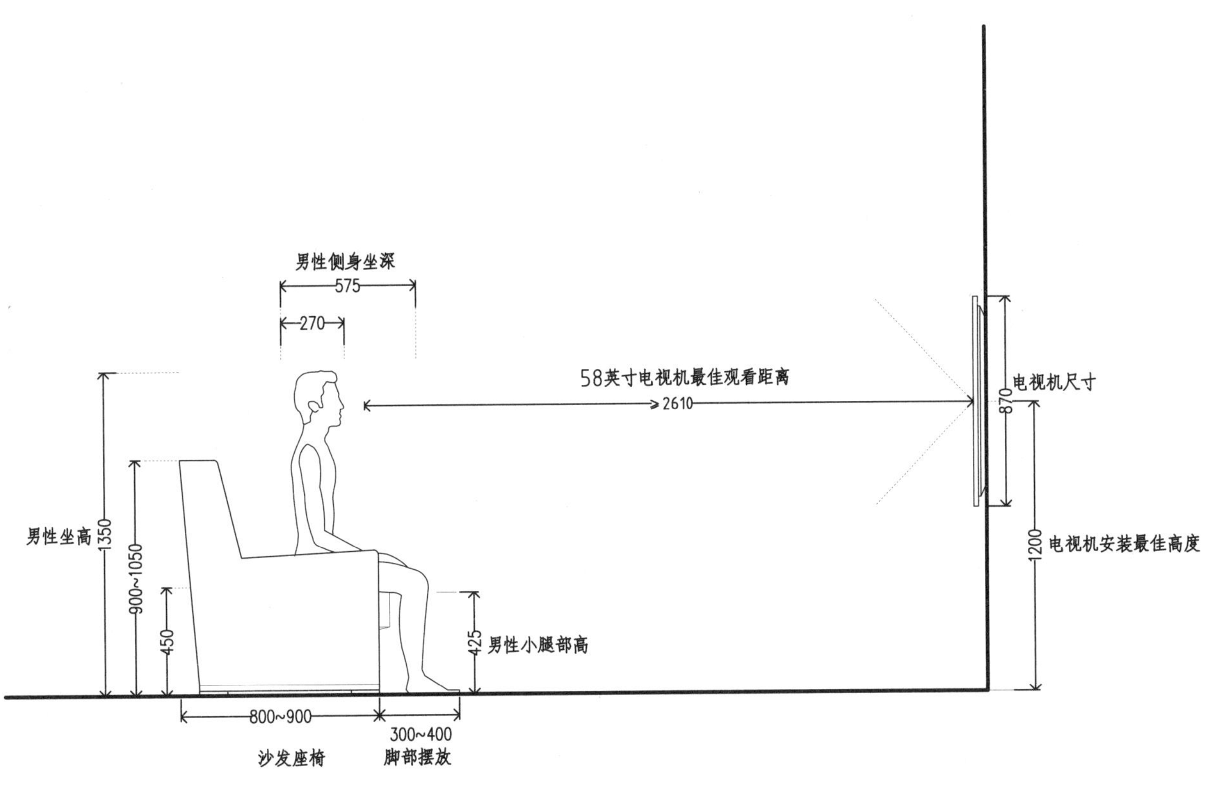

58 英寸电视机观看距离

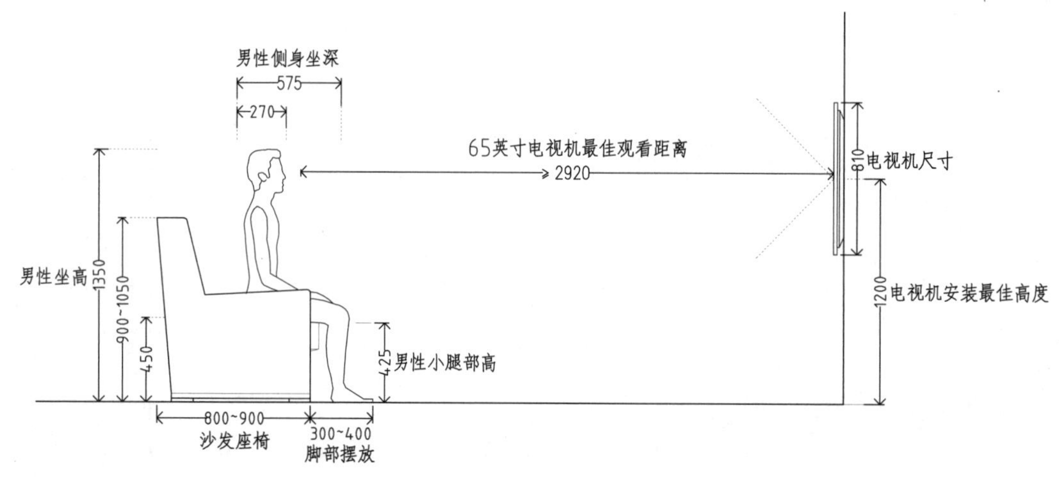

65 英寸电视机观看距离

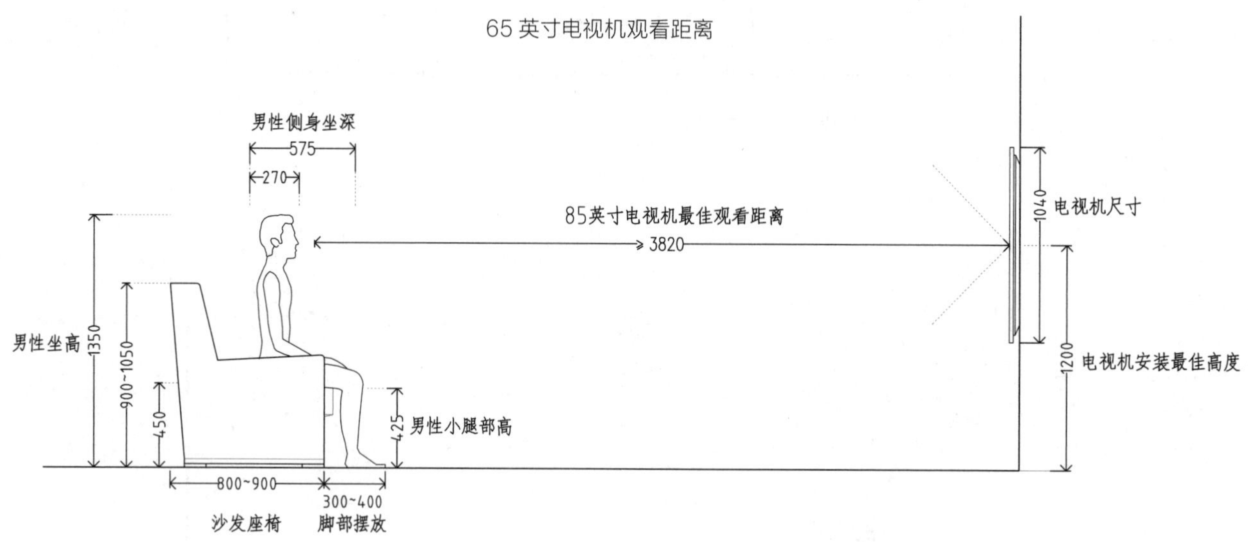

85 英寸电视机观看距离

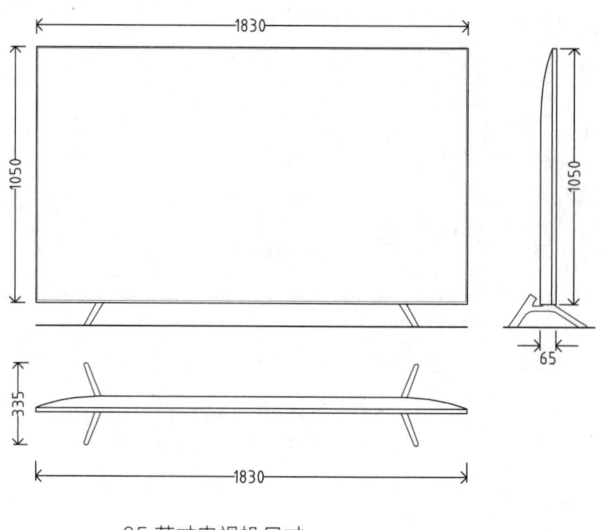

85 英寸电视机尺寸

2.5 餐厅

餐厅又称为饭厅，是主人用餐的地方。

餐厅一般与厨房客厅相连，面积较大的户型还分设独立中餐厅与西餐厅。中餐厅多以圆形餐桌为主，西餐厅多以长方形餐桌为主。

功能配置

餐桌、餐椅、餐边柜、酒柜、冰箱（置于厨房或餐厅）、直饮水机（置于厨房或餐厅）等。

重要提示

根据《住宅设计规范》GB 50096—2011 的规定：无直接采光的餐厅、过厅等，其使用面积不宜大于 10 m^2。

（1）中餐厅。

中餐厅宜为四人圆桌、六人圆桌、八人圆桌、十人圆桌。

四人圆桌的直径宜为 1000 mm；

六人圆桌的直径宜为 1200~1300mm；

八人圆桌的直径宜为 1500~1600 mm；

十人圆桌的直径宜为 1800~2000 mm。

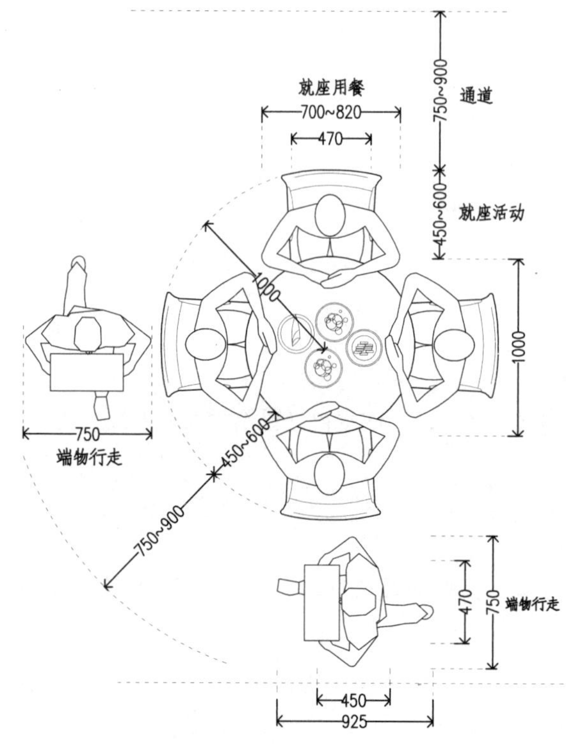

就座用餐
700~820
470
750~900 通道
450~600 就座活动
1000
1000
750
端物行走
750~900
450~600
470 750 端物行走
450
925

四人圆桌尺寸

就坐用餐
700~820
470
750~900 通道
450~600 就座活动
1200~1300
1050~1250
750
端物行走
450~600
750~900
470 750 端物行走
450
925

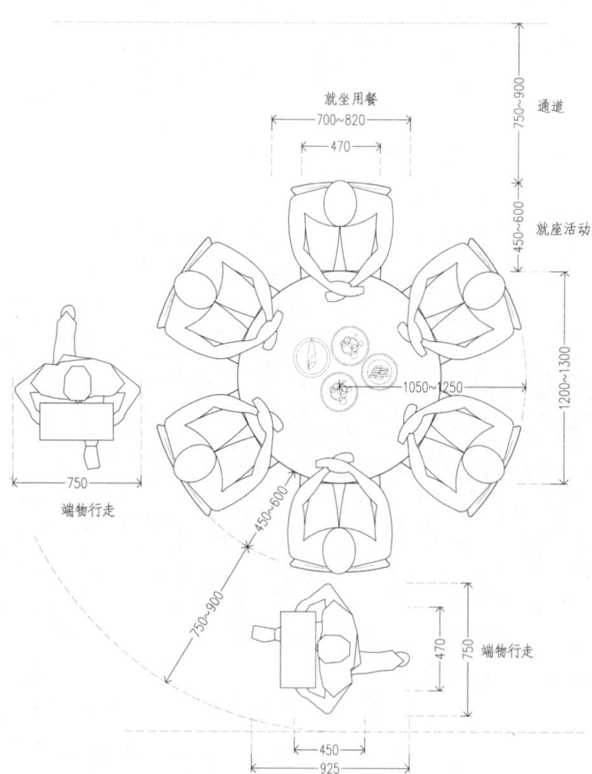

六人圆桌尺寸

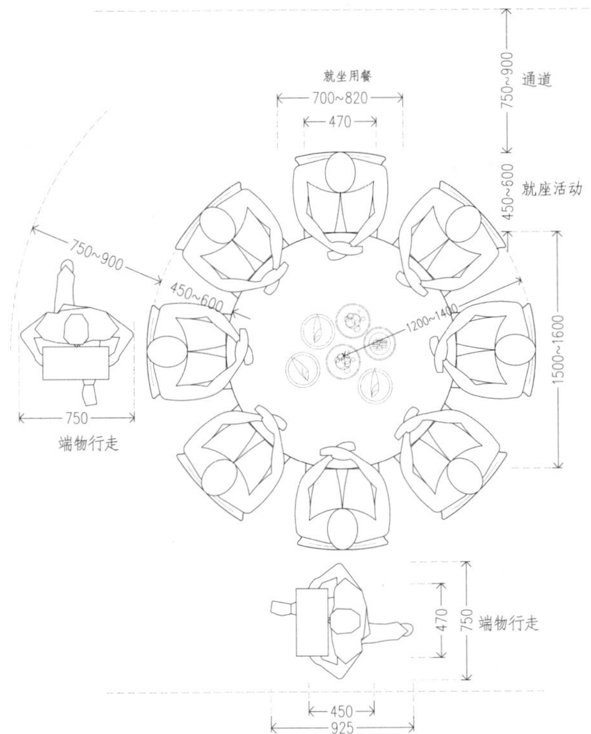

八人圆桌尺寸

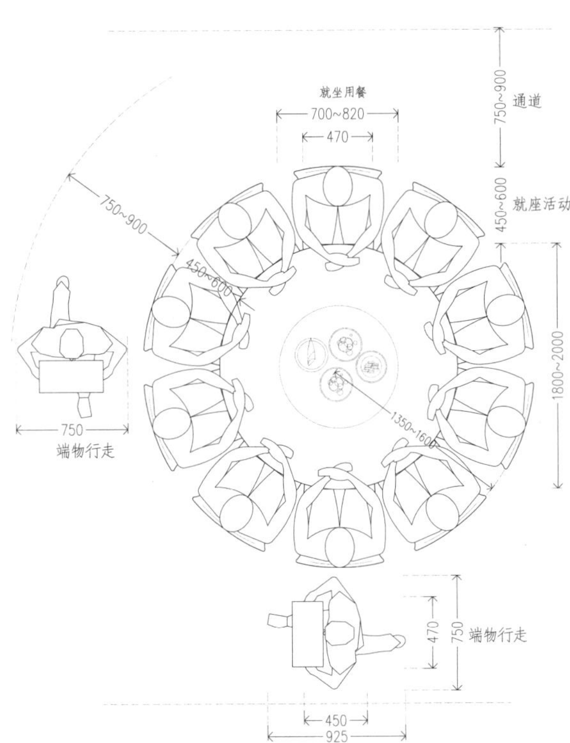

十人圆桌尺寸

（2）西餐厅。

西餐厅宜为四人方桌、四人长桌、六人长桌、八人长桌、十人长桌。

四人方桌的尺寸宜为 1000 mm × 1000 mm；

四人长桌的尺寸宜为长 1400 mm × 宽 1000 mm；

六人长桌的尺寸宜为长 1800 mm × 宽 1000 mm；

八人长桌的尺寸宜为长 2400 mm × 宽 1000 mm；

十人长桌的尺寸宜为长 3600 mm × 宽 1000 mm。

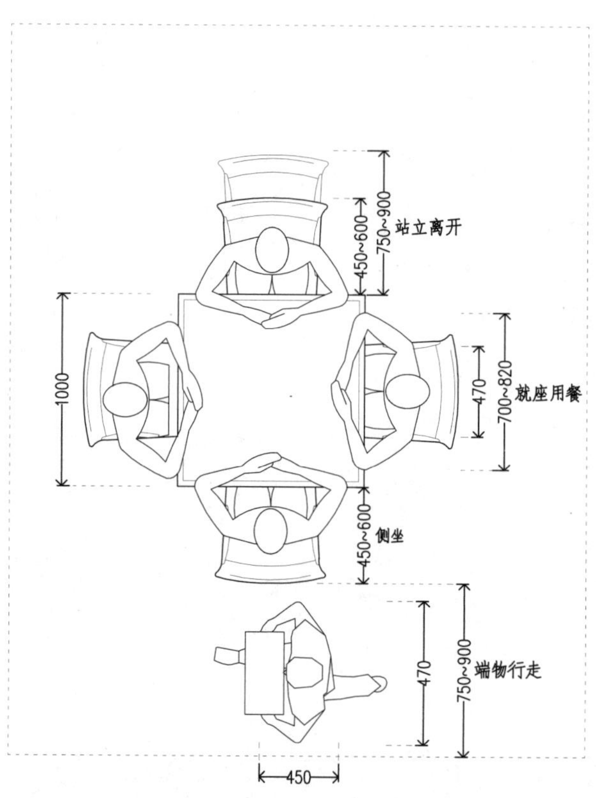

四人方桌尺寸

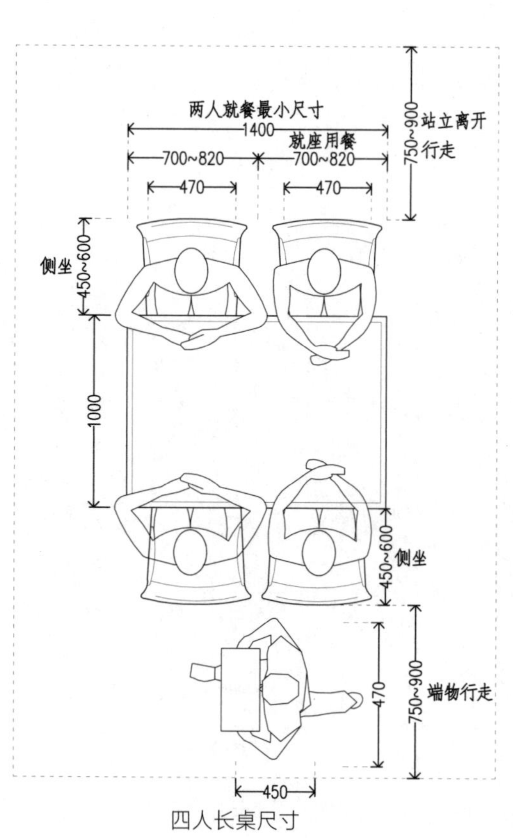

四人长桌尺寸

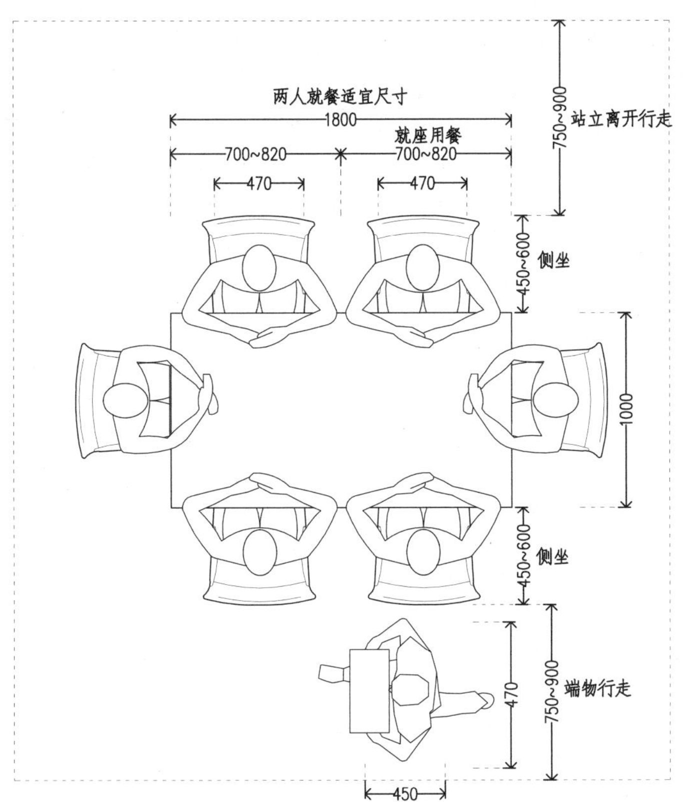

六人长桌尺寸

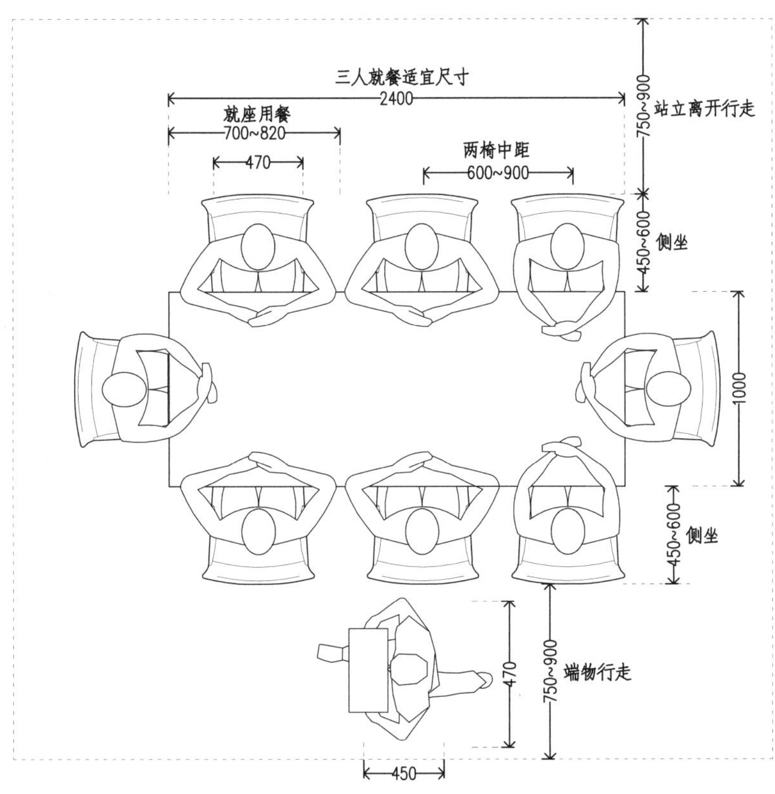

八人长桌尺寸

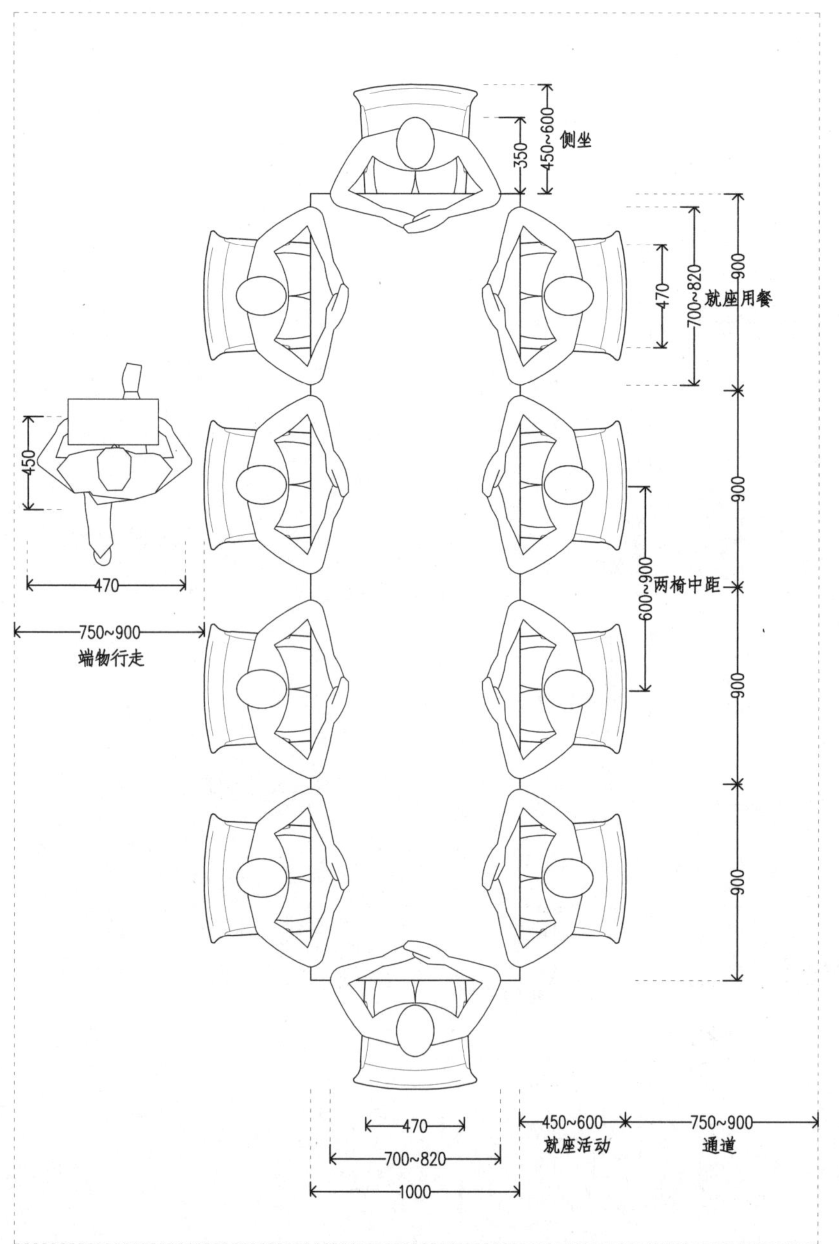

十人长桌尺寸

餐桌距离墙体或物体最小需预留 750~900 mm 宽的通道；

人正面走过的通道宽度需 550~600 mm；

餐桌的活动范围为 600 mm × 450 mm；

餐桌上的吊灯高度离台面宜为 800 mm，为避免饭菜在灯光的投射下产生阴影，吊灯应安装在餐台的正上方。

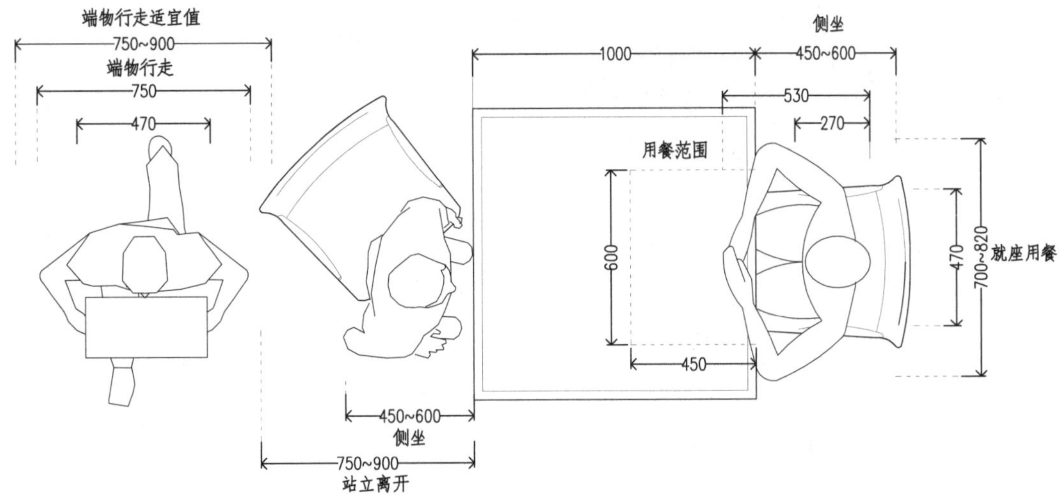

餐厅单体平面尺寸

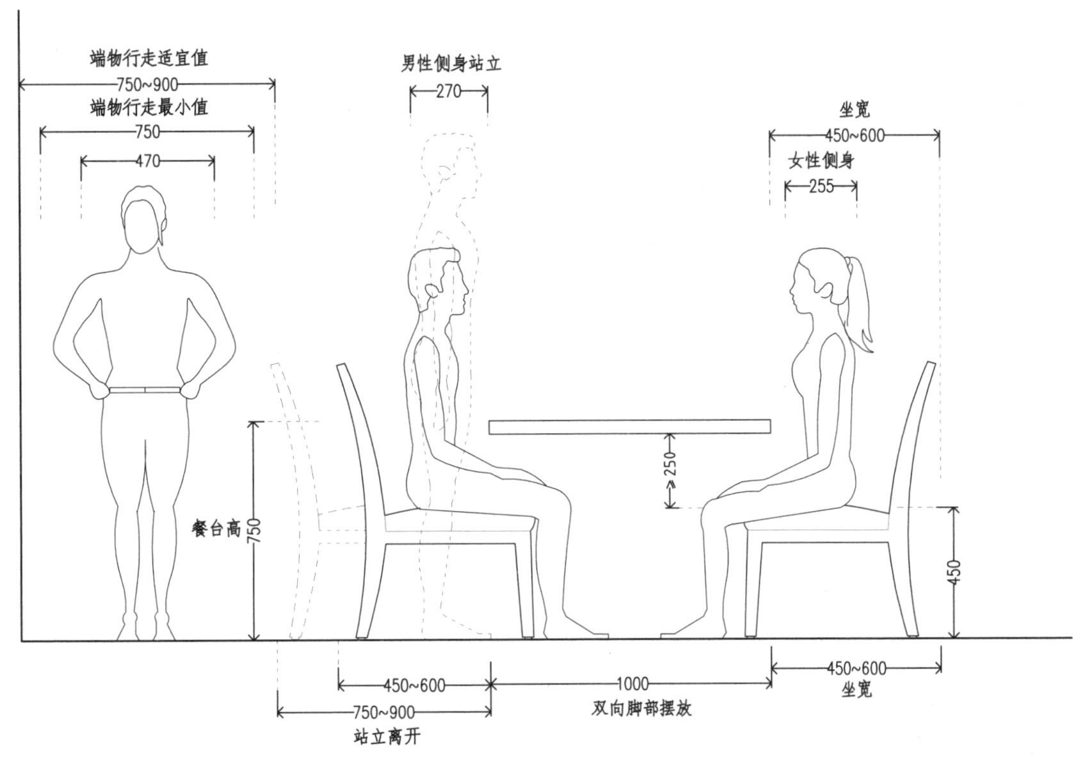

餐厅单体立面尺寸

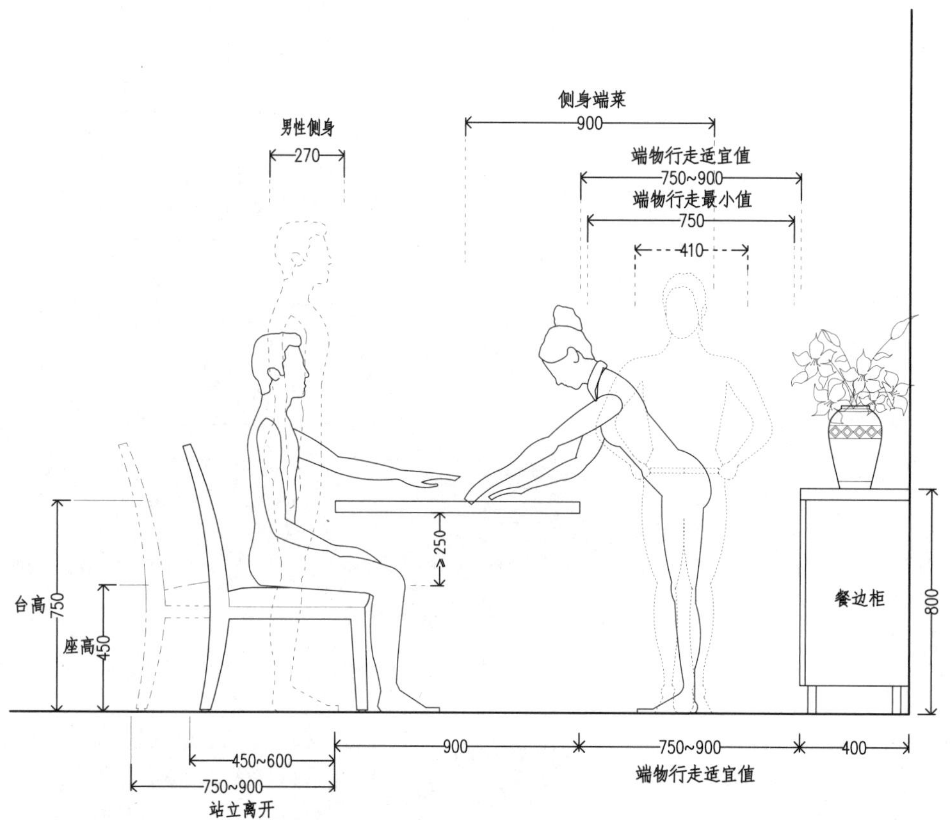

男性侧身
270

侧身端菜
900

端物行走适宜值
750~900

端物行走最小值
750

410

≥250

台高
750

座高
450

餐边柜

800

450~600

900

750~900

400

端物行走适宜值

750~900

站立离开

餐边柜尺寸

两人就餐最小尺寸
1400

就坐用餐
700~820

男性肩宽
470

女性肩宽
410

端物行走适宜值
750~900

端物行走最小值
750

410

大腿摆放
≥250

餐台高
750

坐高
450

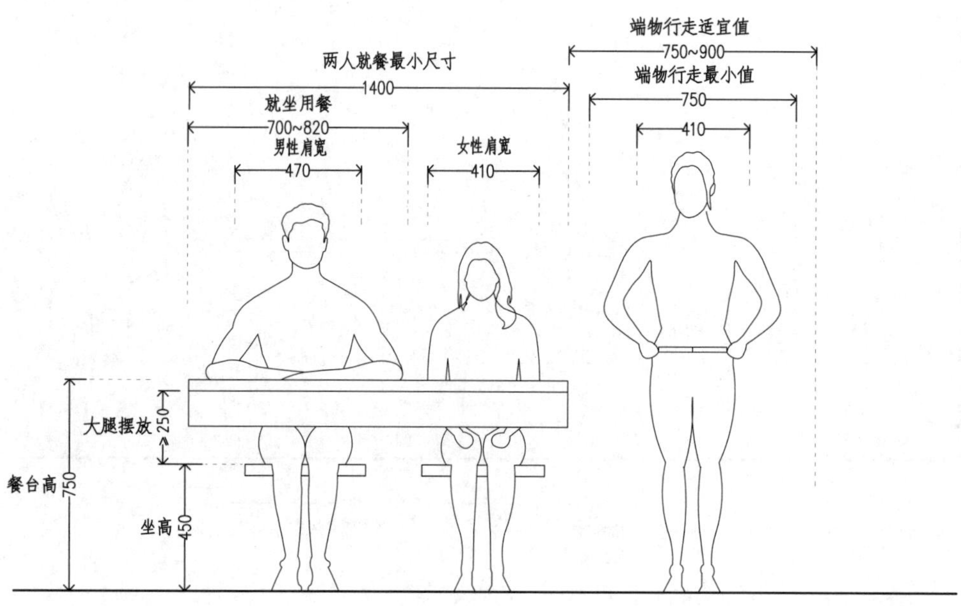

餐桌椅与通道尺寸

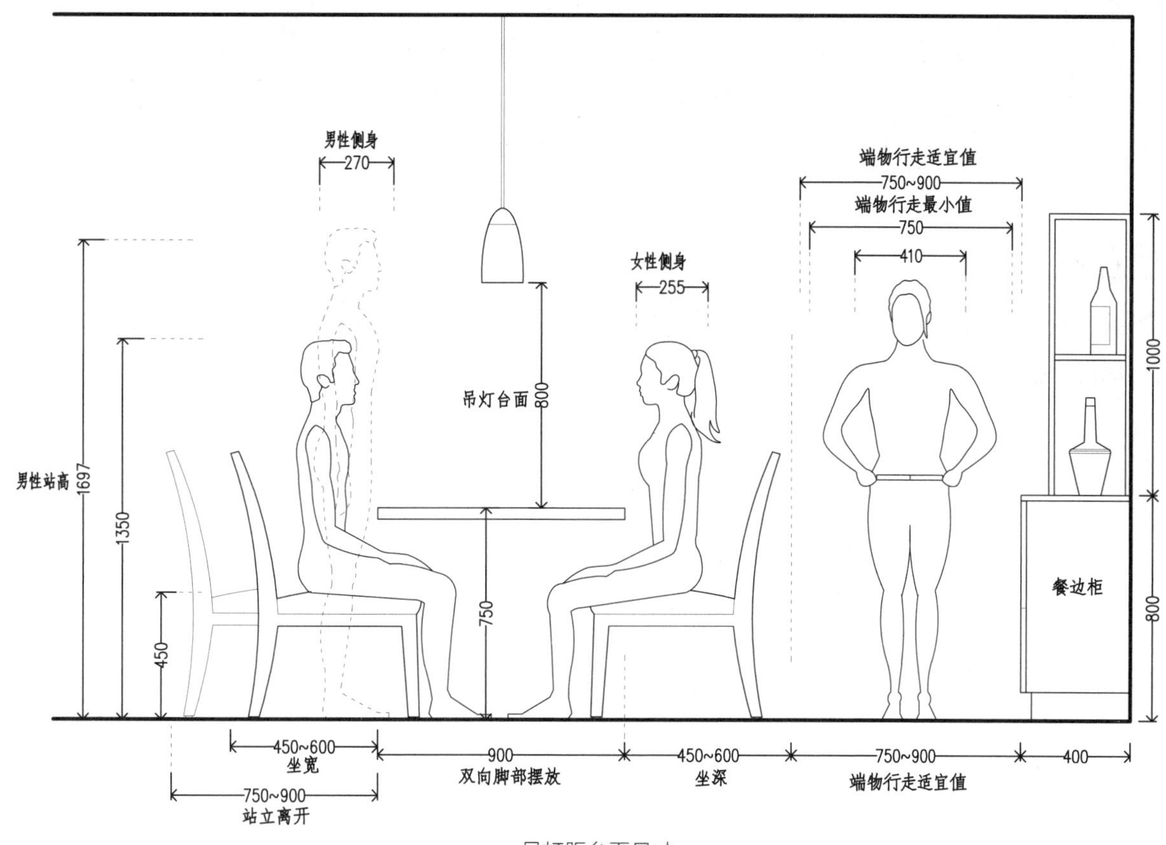

吊灯距台面尺寸

2.6 厨房

厨房是准备和烹饪食物的场所。

作为住宅中使用最频繁、家务劳动最集中、工作时间最长的区域，厨房基本上是早、中、晚都会使用的位置。随着我国人民生活品质的提高，部分家庭还区分出中式厨房与西式厨房，所以如何布局设计和选择合适的尺寸需要在装修前期科学规划。

厨房的布局要根据空间的大小和户型结构合理布置；而橱柜的高低可根据家人身高独立设置，合理的尺寸对使用者的舒适度、抗疲劳度及预防腰肌劳损有极大的作用。

功能配置

冰箱、燃气灶、清洗池、吸油烟机、橱柜、直饮水设备及厨房用品等。

普通住宅厨房主要分为：①储存区、②清洗区、③制作区、④烹饪区。这四大功能区是必不可少的。

常见的厨房布局类型有：单边厨房、L 形厨房、双边中间通道式厨房、U 形厨房、厨房中岛柜台与吧台组合。

重要提示

根据《住宅设计规范》GB 50096—2011 的规定：由卧室、起居室、厨房和卫生间等组成的住宅套型的厨房使用面积不应小于 4 m²。

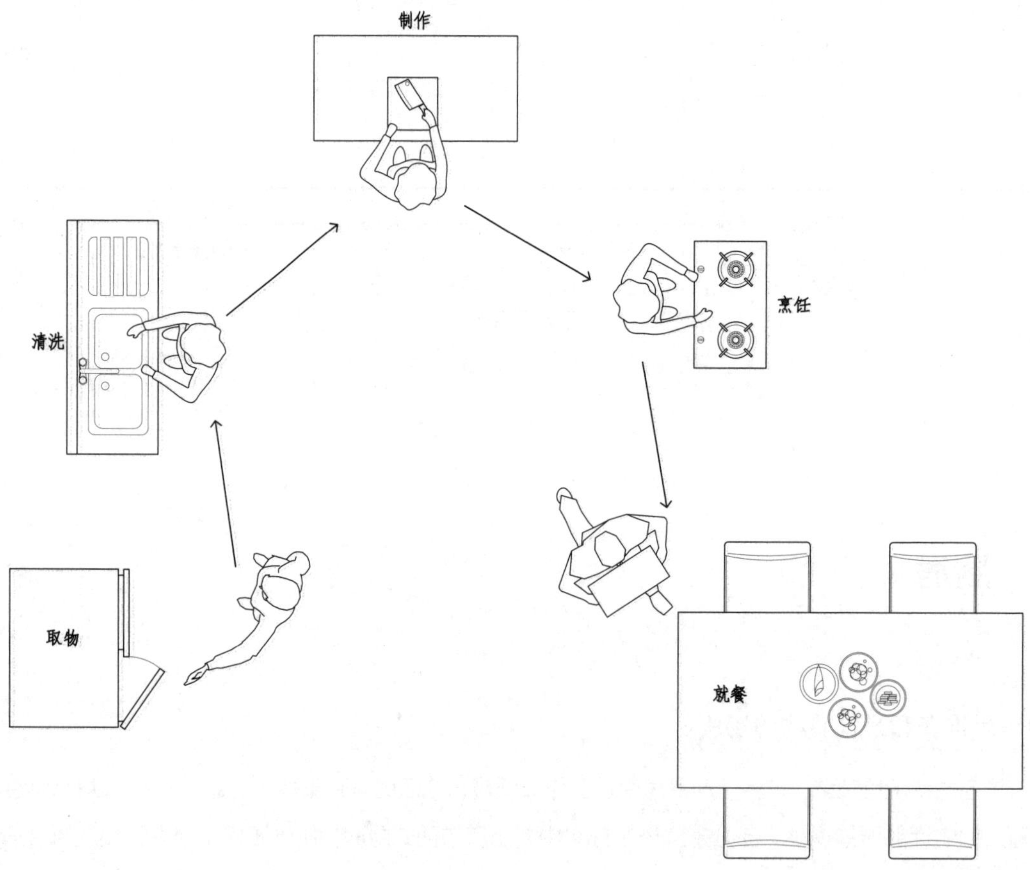

厨房动线

1. 单边厨房

单边厨房适合较小的狭长空间，功能分布一字排开分别为清洗池、制作区、烹饪区，操作为单边排序。

面积最小为 4.69 m²，长 3.13 m× 宽 1.5 m；

适宜的面积为 6.35 m²，长 3.53 m× 宽 1.8 m。

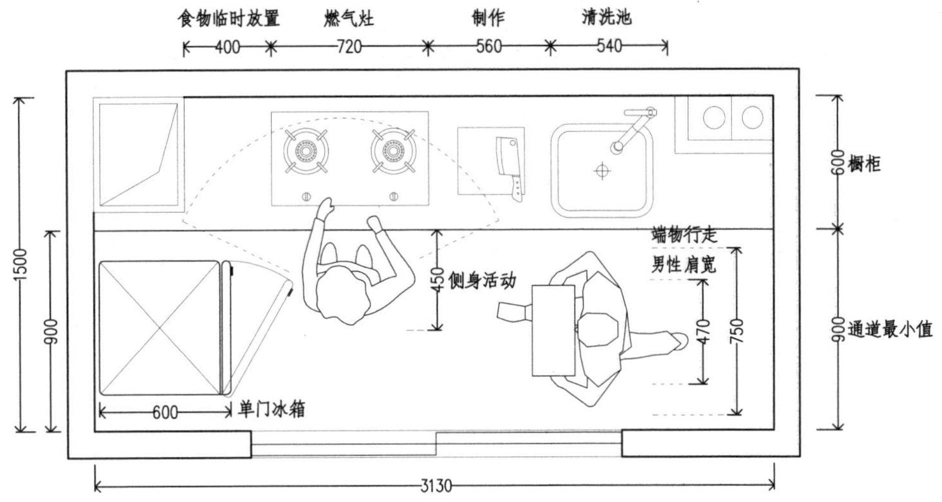

面积最小的单边厨房尺寸（4.69 m²）

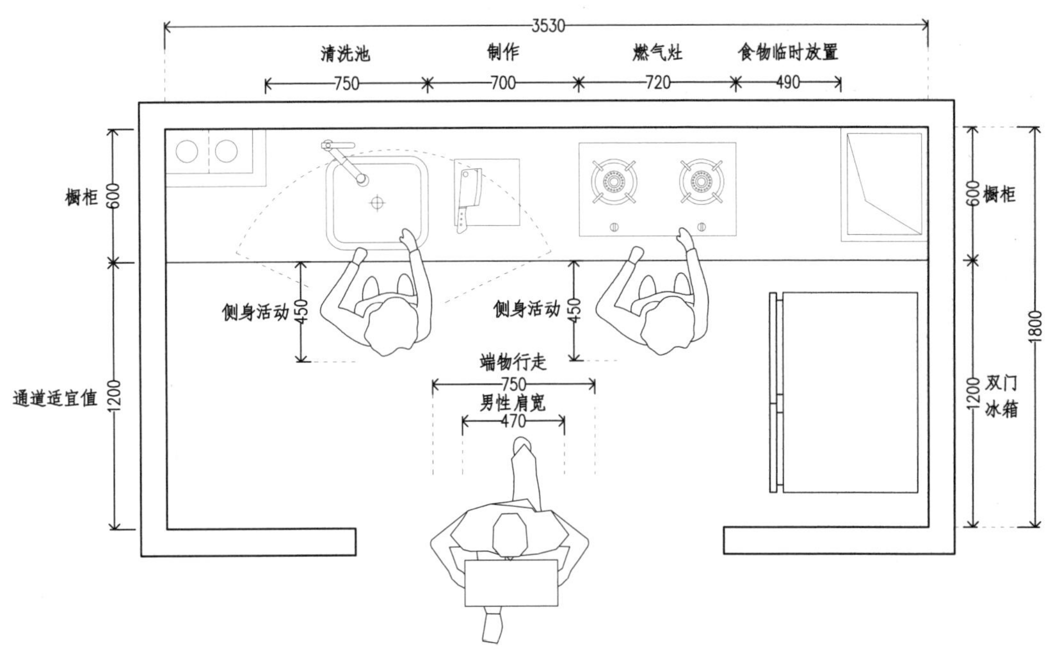

面积适宜的单边厨房尺寸（6.35 m²）

2. L 形厨房

L 形厨房适合狭长的长方形空间，操作方向为正前方与左右其中一侧。

面积最小为 4.29 m^2，长 2.86 m × 宽 1.5 m；

适宜的面积为 6.49 m^2，长 3.61 m × 宽 1.8 m。

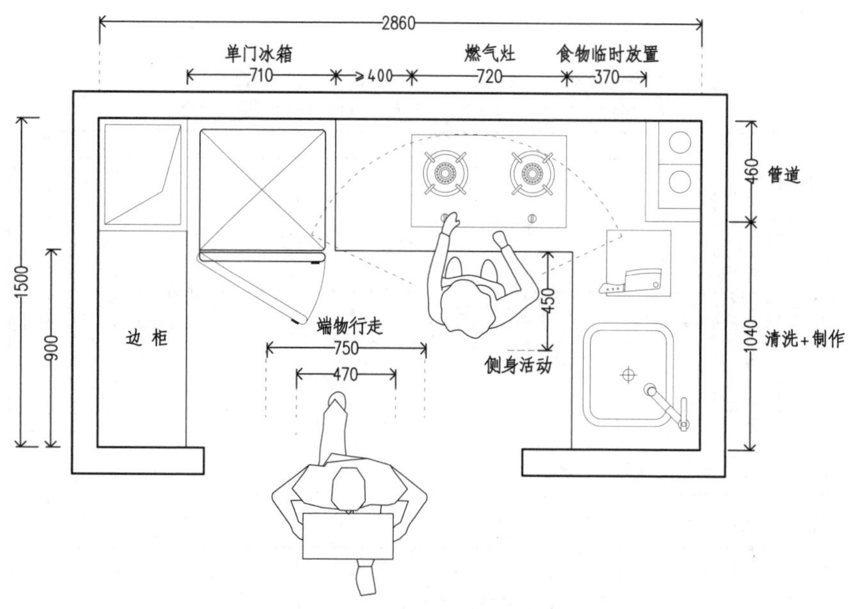

面积最小的 L 形厨房尺寸（4.29 m^2）

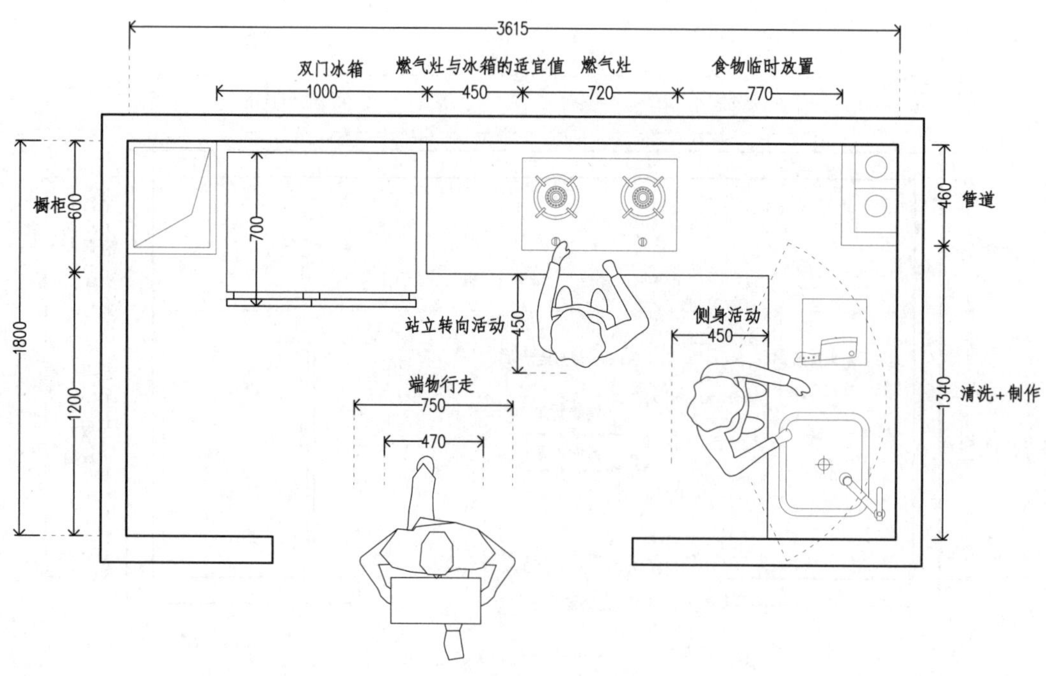

面积适宜的 L 形厨房尺寸（6.49 m^2）

3. 双边中间通道式厨房

双边中间通道式厨房适合多人同时备餐的厨房，操作方向为左右两侧。

面积最小为 4.43 m^2，长 2.11 m × 宽 2.1 m；

适宜的面积为 7.22 m^2，长 3.01 m × 宽 2.4 m。

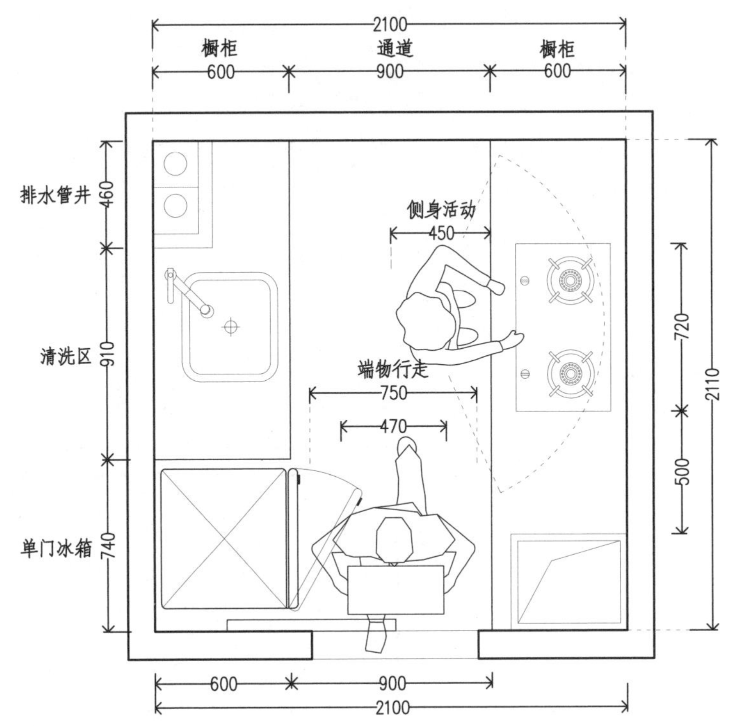

面积最小的双边中间通道式厨房尺寸（4.43 m^2）

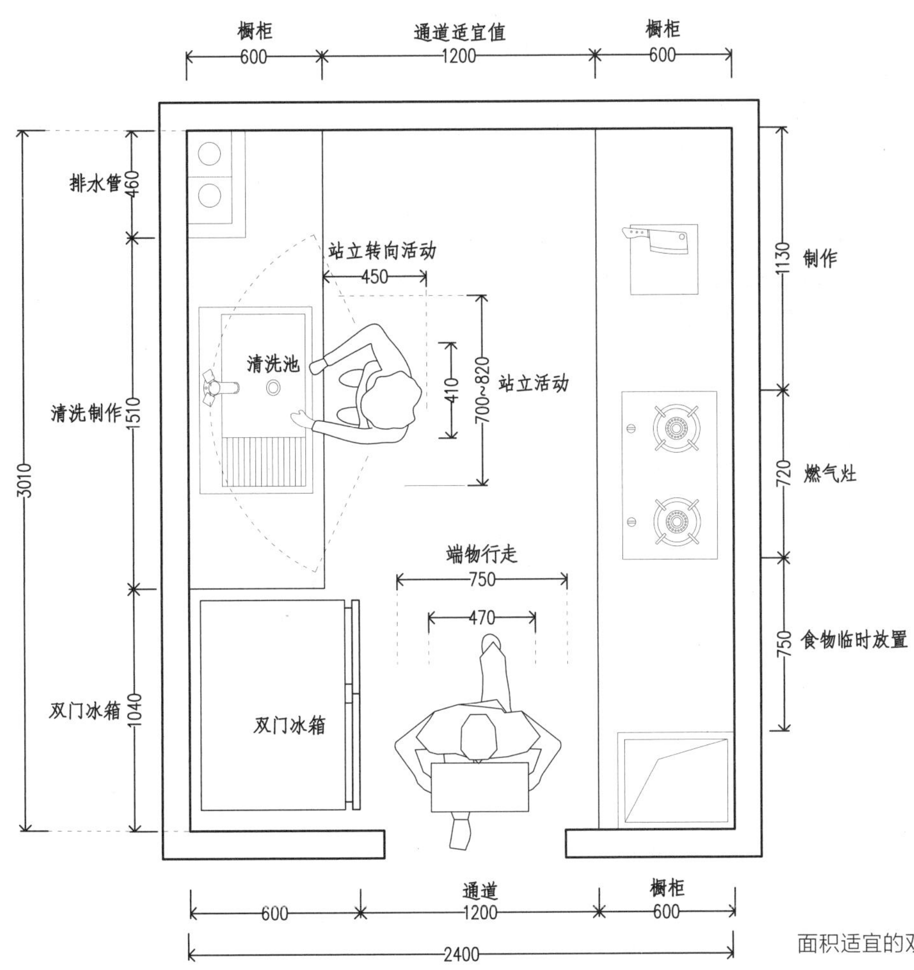

面积适宜的双边中间通道式厨房尺寸（7.22 m^2）

4. U 形厨房

U 形厨房适合较为方正的空间，水槽通常放置在窗户的下面，两边分别为烹饪区和储藏区，操作方向为正前方及左右两侧。

面积最小为 4.32 m^2，长 2.4 m × 宽 1.8 m；

适宜的面积为 6.60 m^2，长 3.03 m × 宽 2.18 m。

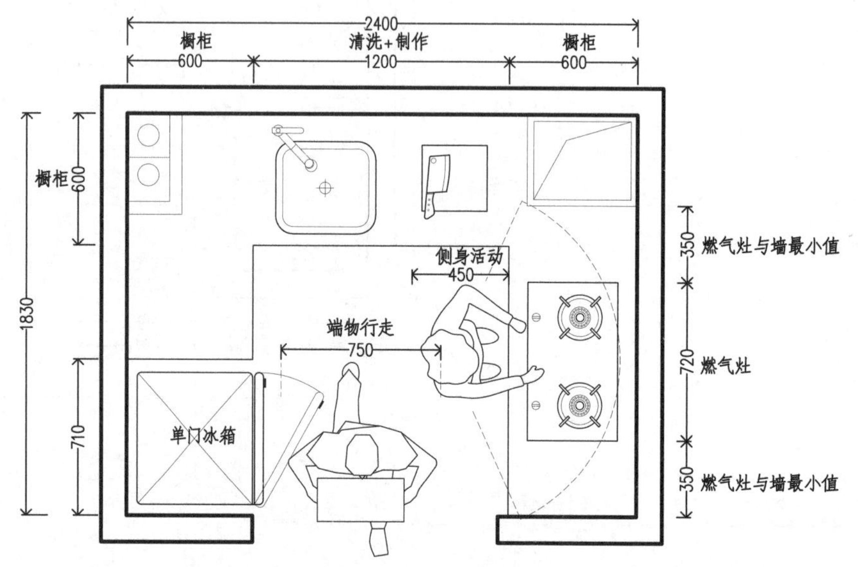

面积最小的 U 形厨房尺寸（4.32 m^2）

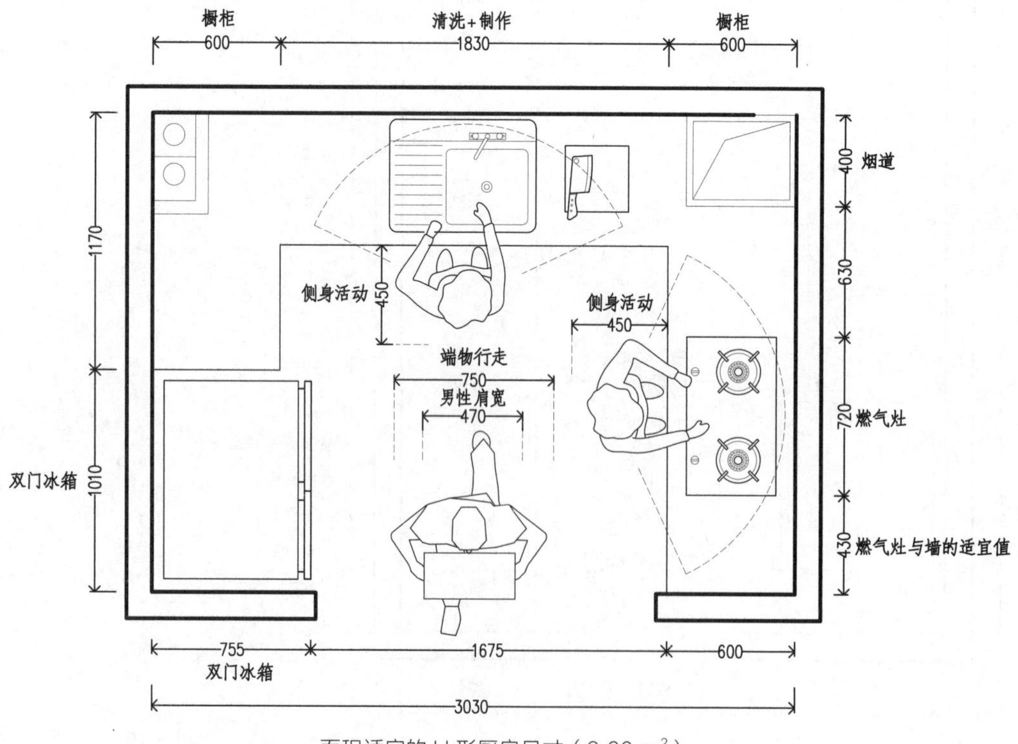

面积适宜的 U 形厨房尺寸（6.60 m^2）

5. 厨房中岛柜台与吧台组合

厨房中岛柜台与吧台组合，形成一个整体，可更好地将厨房与餐厅进行分区，厨房中岛柜台可增加操作、收纳、就餐等功能。

面积最小为 8 m^2，长 3.2 m× 宽 2.5 m；

适宜的面积为 12.6 m^2，长 4.5 m× 宽 2.8 m。

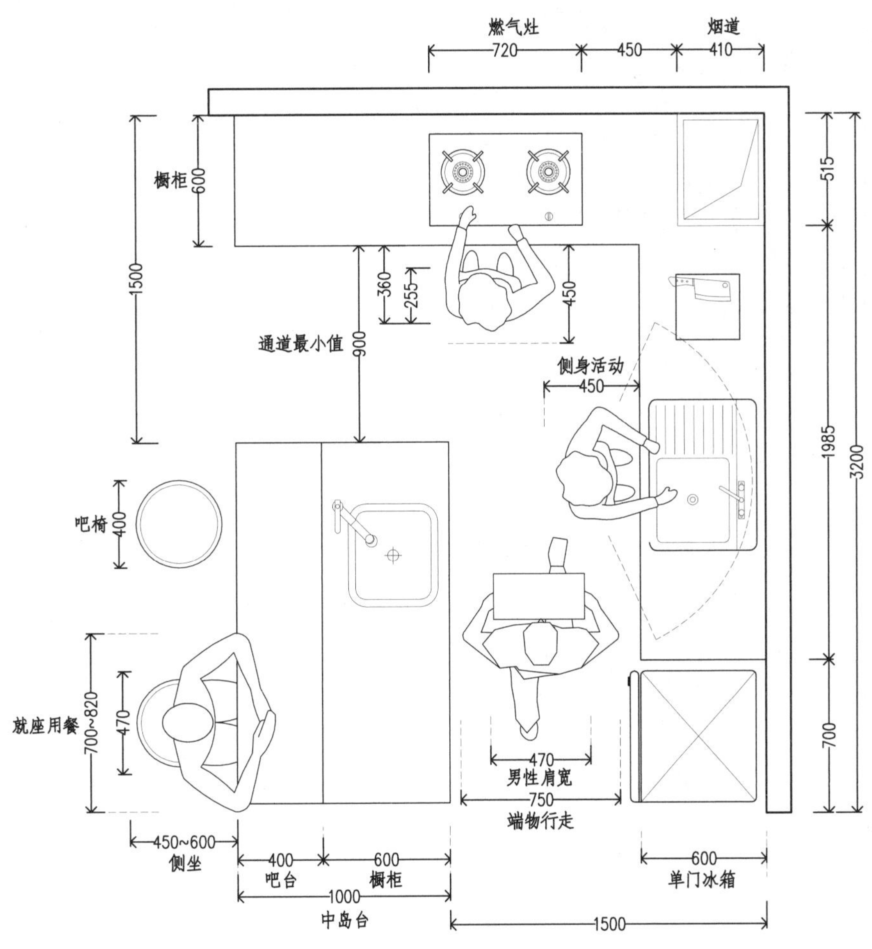

面积最小的厨房中岛柜台与吧台组合尺寸（8 m^2）

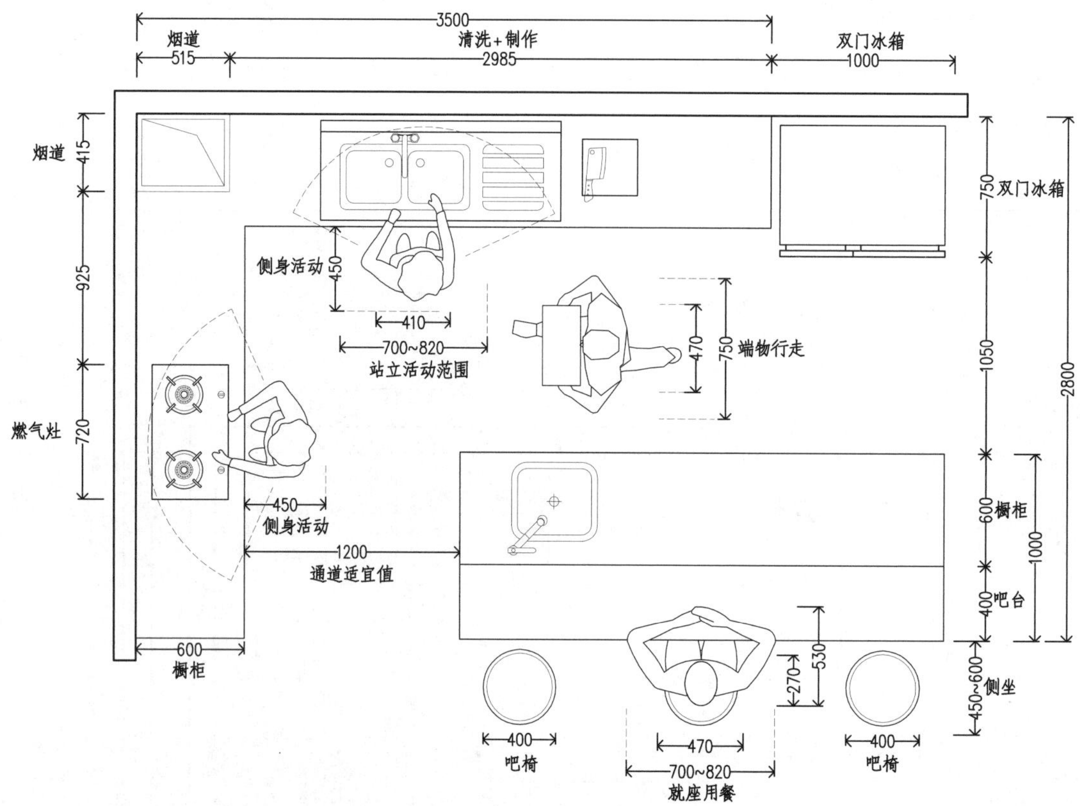

面积适宜的厨房中岛柜台与吧台组合尺寸（12.6 m²）

6. 西式厨房

西式厨房中厨房、吧台、餐厅形成一个整体，整个空间更加流畅。

适宜的面积为 34.78 m^2，长 6.6 m × 宽 5.27 m。

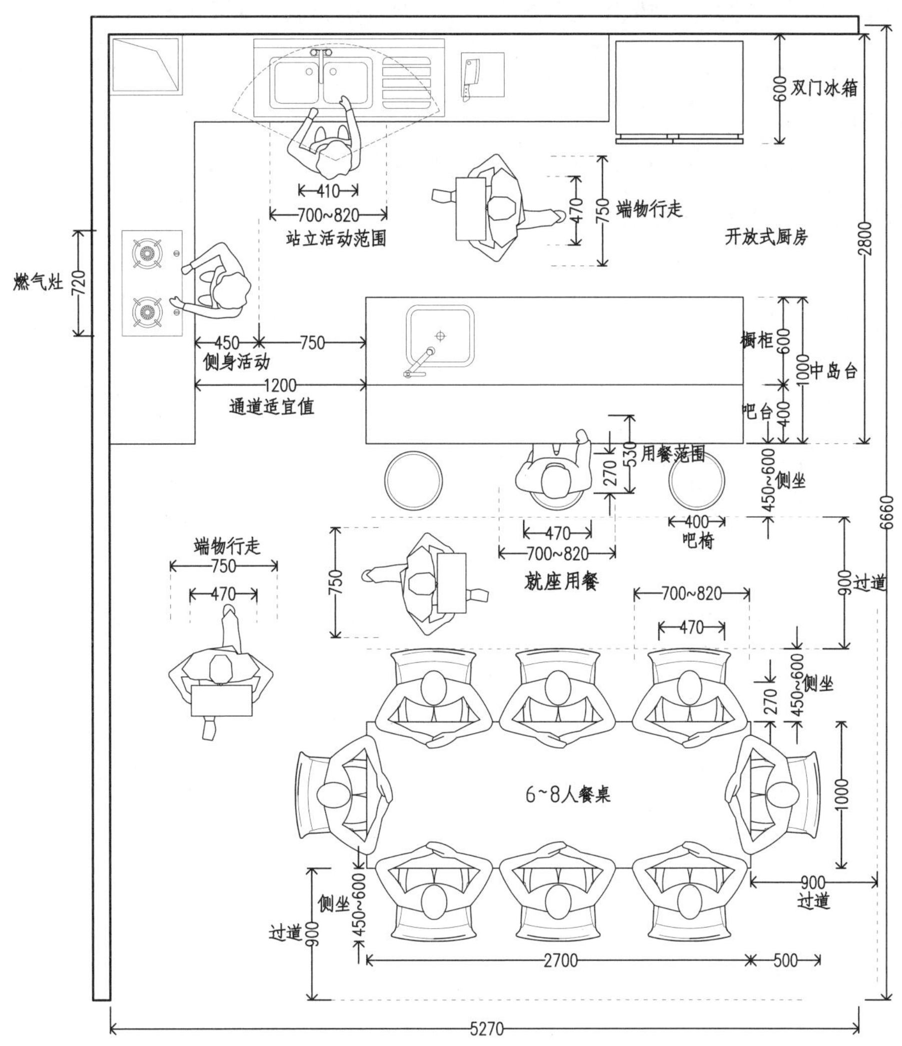

面积适宜的西式厨房尺寸（34.78 m^2）

7. 烹饪区立面

烹饪区立面一般布置吸油烟机，主要类型有侧吸式、顶吸式、集成灶。

重要提示

厨房电器安装应符合《家用和类似用途电器的安全　吸油烟机的特殊要求》GB 4706.28—2008 的要求。

（1）侧吸式油烟机。

侧吸式油烟机的尺寸宜为：长（700~900）mm× 高 500 mm。

侧吸式油烟机的底部距离橱柜台面宜为 300~400 mm。

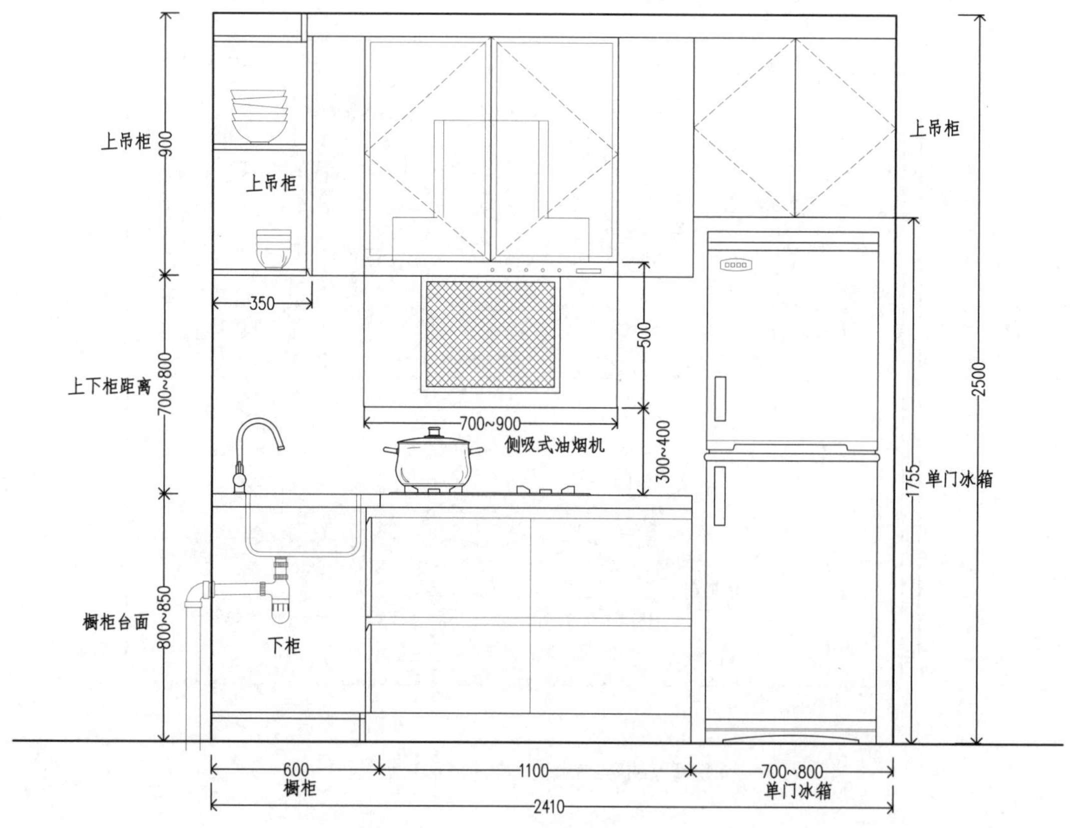

侧吸式油烟机正立面尺寸（一）

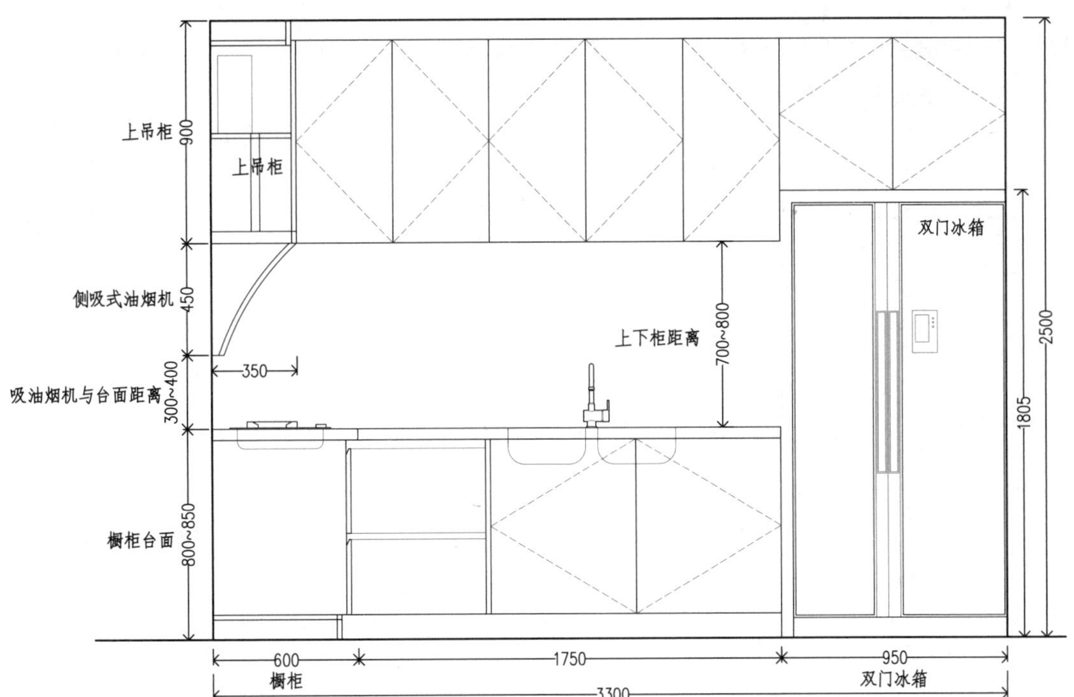

侧吸式油烟机正立面尺寸（二）

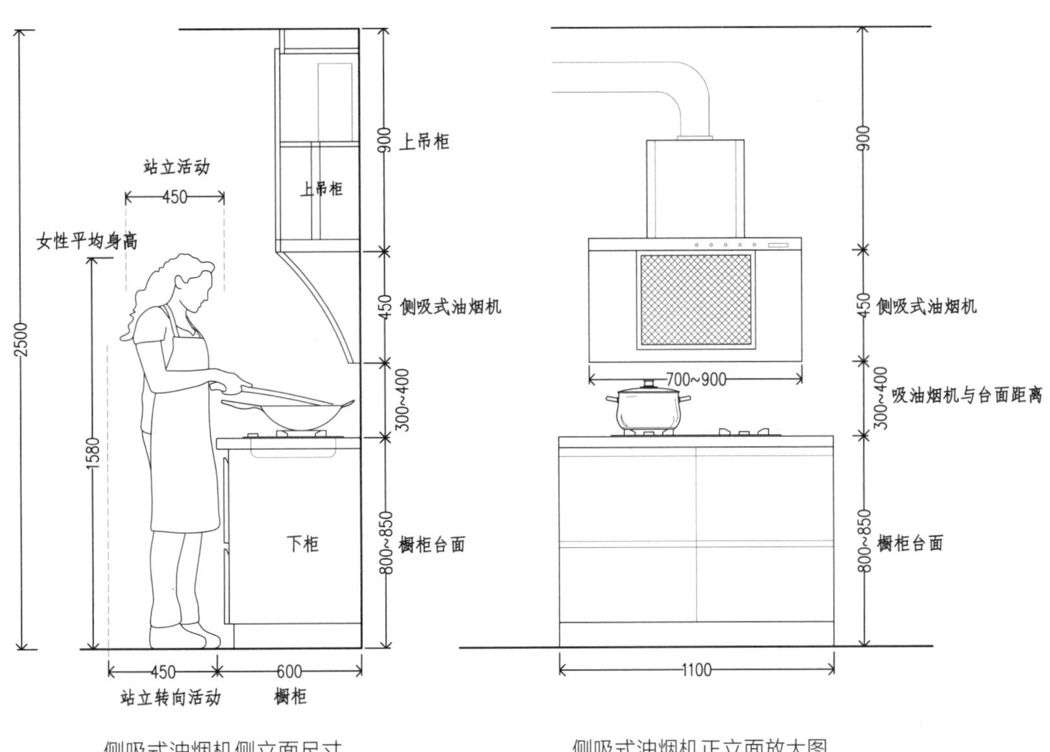

侧吸式油烟机侧立面尺寸

侧吸式油烟机正立面放大图

（2）顶吸式油烟机。

顶吸式油烟机的尺寸宜为：长（700~900）mm× 高 500 mm。

顶吸式油烟机的底部距离橱柜台面宜为 700~800 mm。

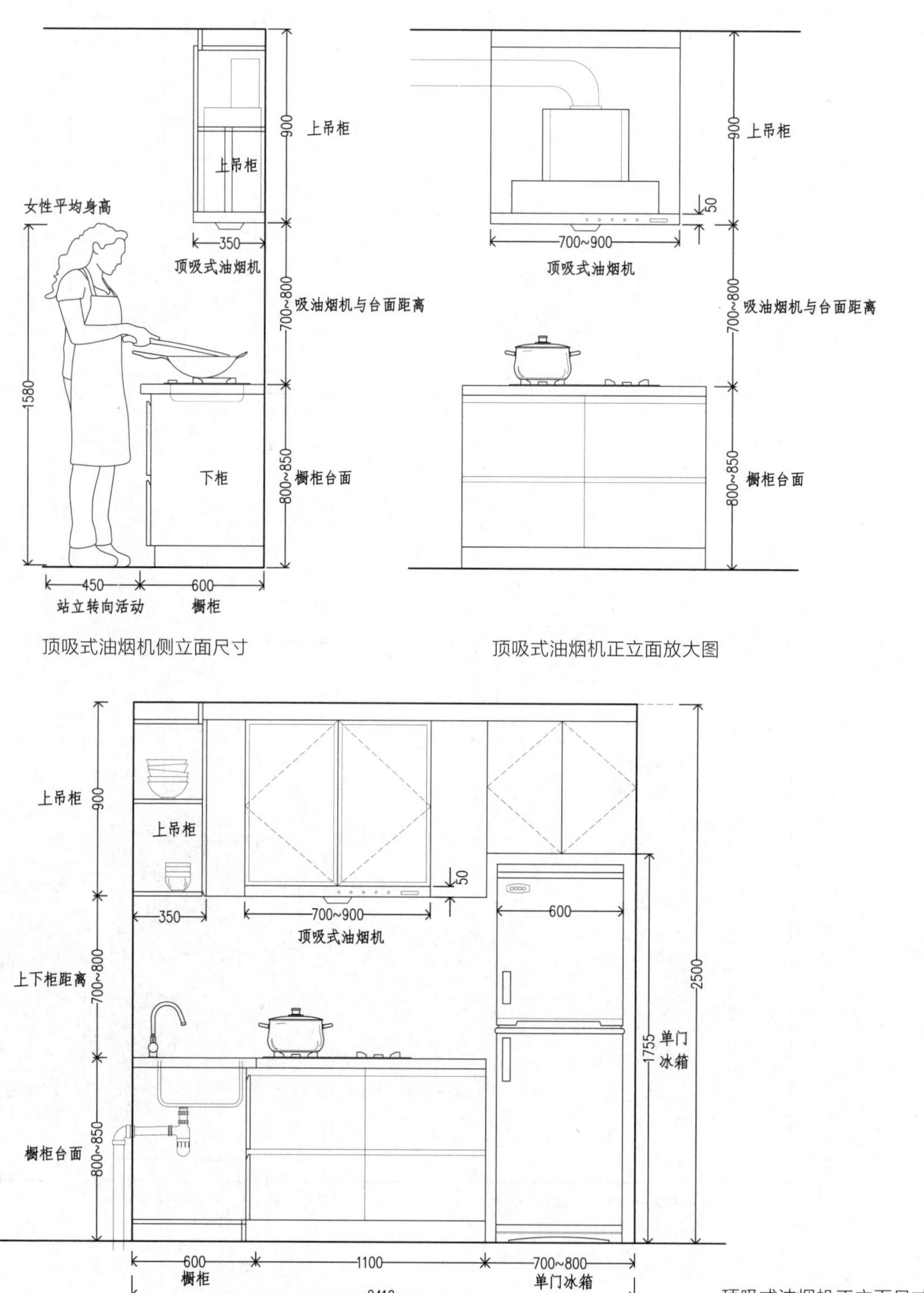

顶吸式油烟机侧立面尺寸

顶吸式油烟机正立面放大图

顶吸式油烟机正立面尺寸

（3）集成灶油烟机。

集成灶油烟机的尺寸宜为：长 700~900 mm、宽 600 mm、高 1280~1300 mm。

集成灶油烟机的顶部距离橱柜台面宜为 300~320 mm。

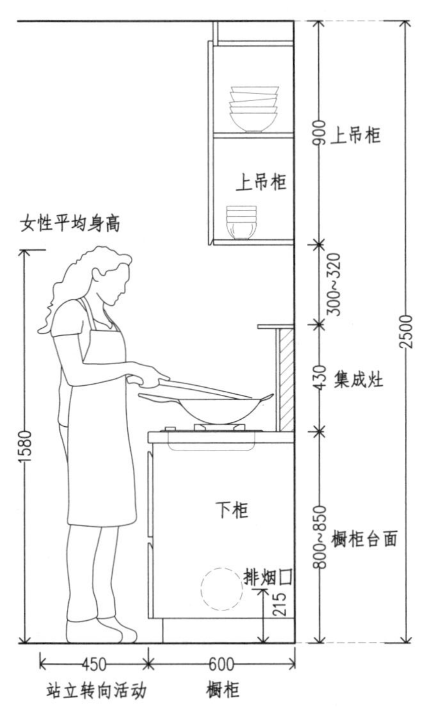

集成灶油烟机侧立面尺寸

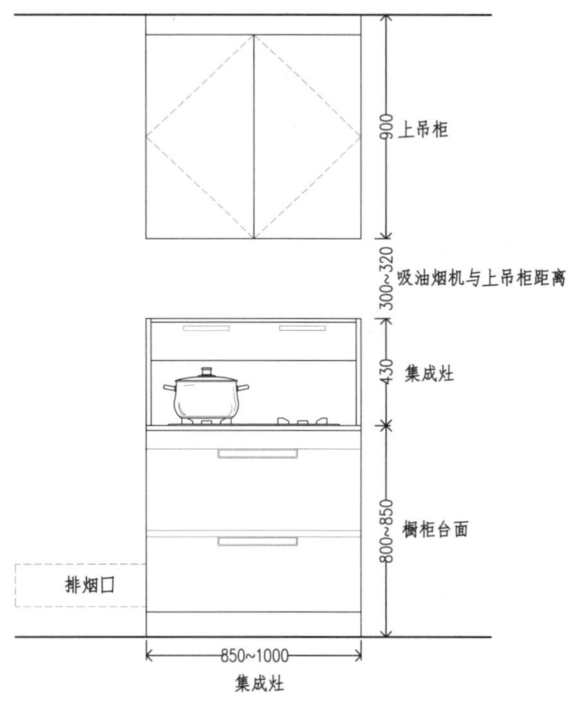

集成灶油烟机正立面放大图

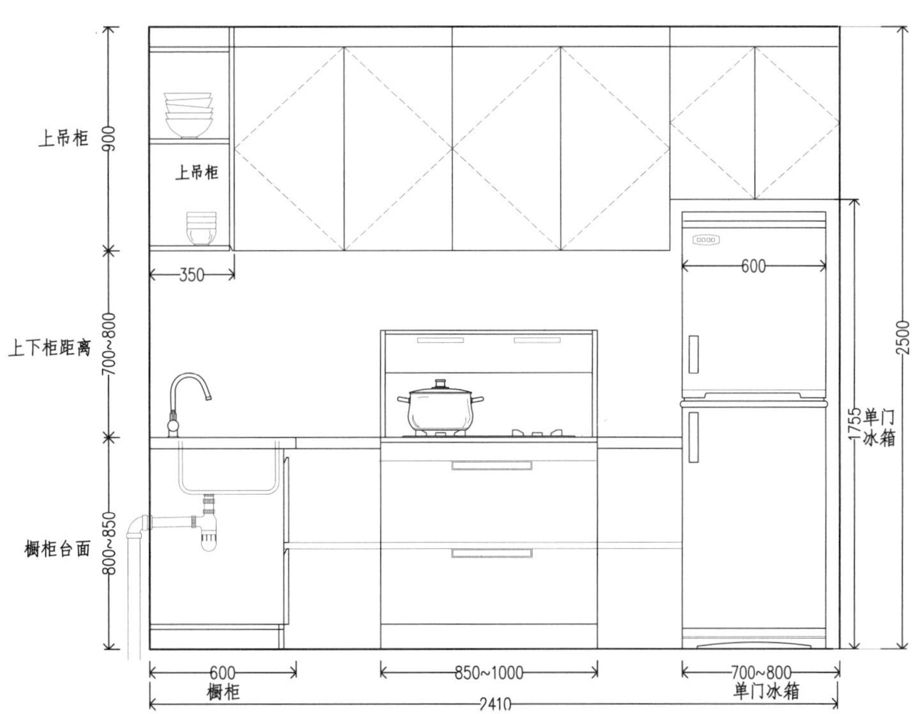

集成灶油烟机正立面尺寸

8. 清洗区高度

清洗区的高度应以使用者站立时手部能够触碰到清洗盆底部为标准设置。台面设计过低，使用时会令人腰酸背痛。

常用清洗盆深度为 200 mm。

（1）当数据测试人员的身高为 1.5 m 时。

当清洗台台面设计在离地 800 mm 高度时，测试人员不需弯腰就可轻松触碰到水槽的中段位置。

（2）当数据测试人员的身高为 1.6 m 时。

当清洗台台面设计在离地 850 mm 高度时，测试人员不需弯腰就可轻松触碰到水槽的中段位置。

（3）当数据测试人员的身高为 1.7 m 时。

当清洗台台面设计在离地 900 mm 高度时，测试人员不需弯腰就可轻松触碰到水槽的中段位置。

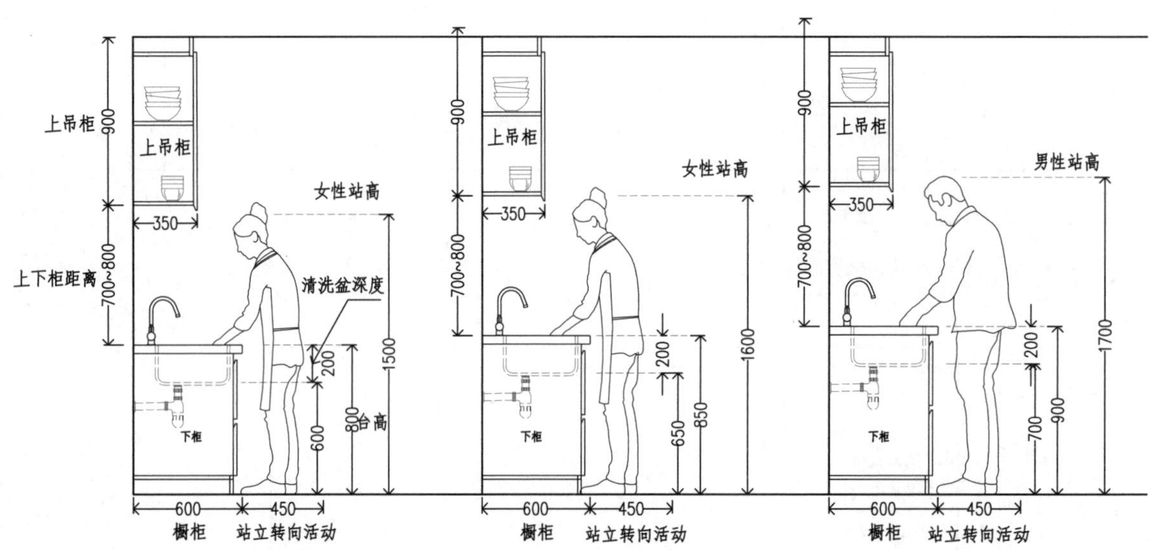

不同身高测试人员的清洗台安装高度

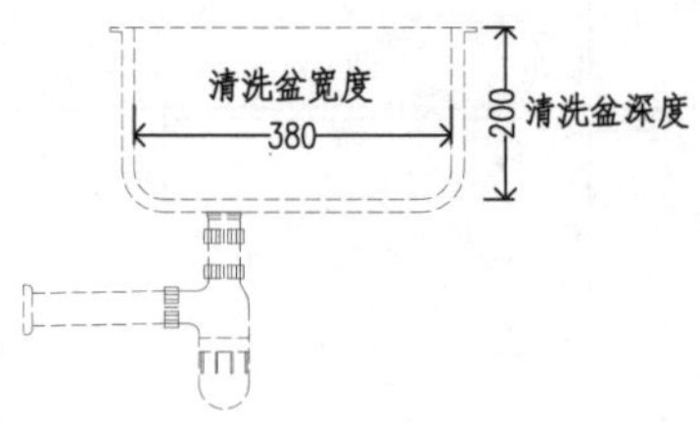

清洗盆深度

《中国居民营养与慢性病状况报告（2020 年）》显示：我国 18 ~ 44 岁男性平均身高为 1697 mm，女性平均身高为 1580 mm。根据报告的数据整理得出，适合女性与男性的清洗台平均高度参考值如下：

女性清洗台安装高度平均值为 800~850 mm；

男性清洗台安装高度平均值为 850~900 mm。

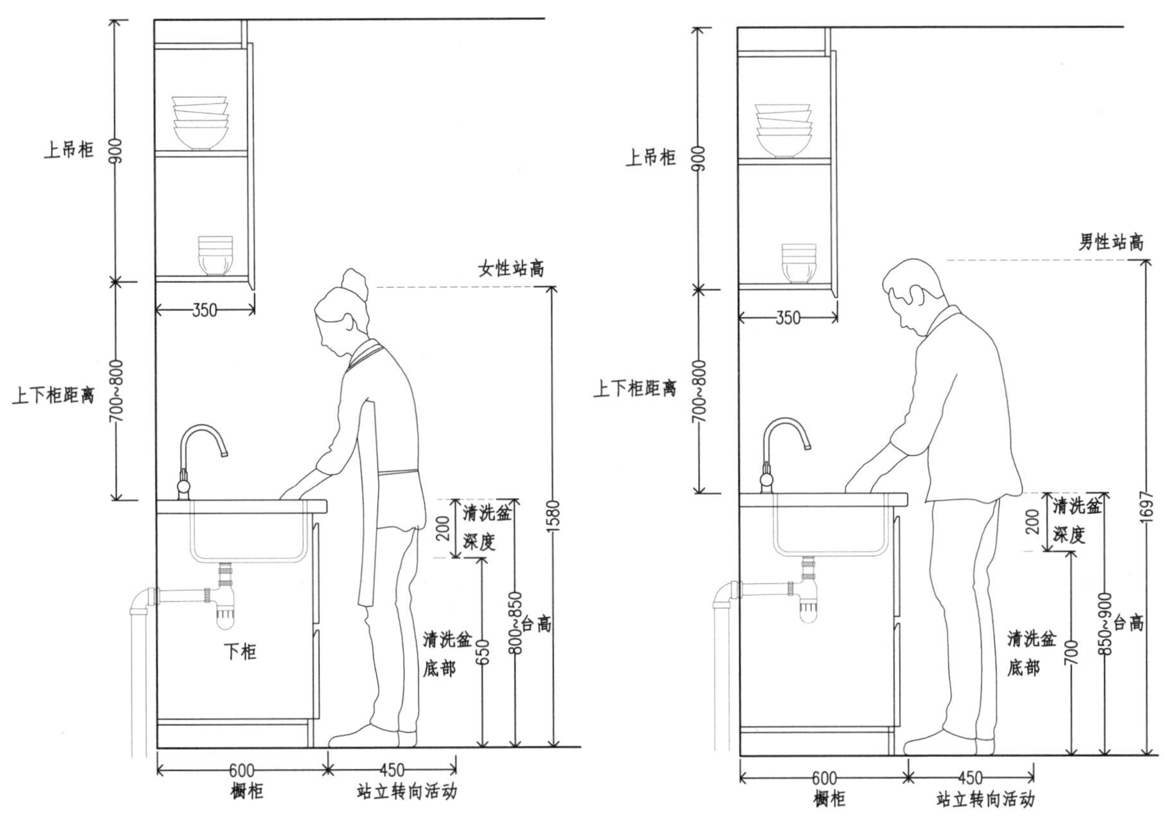

女性清洗台安装高度平均值

男性清洗台安装高度平均值

9. 橱柜安装高度

橱柜的标准尺寸：

台面宽度宜为 600 mm；

台面到地面的高度宜为 800~850 mm；

台面距离上方存放柜宜为 700~800 mm；

上方存放柜的宽度宜为 350 m。

（1）下蹲时侧身尺寸。

下蹲时的侧身尺寸为 900 mm。

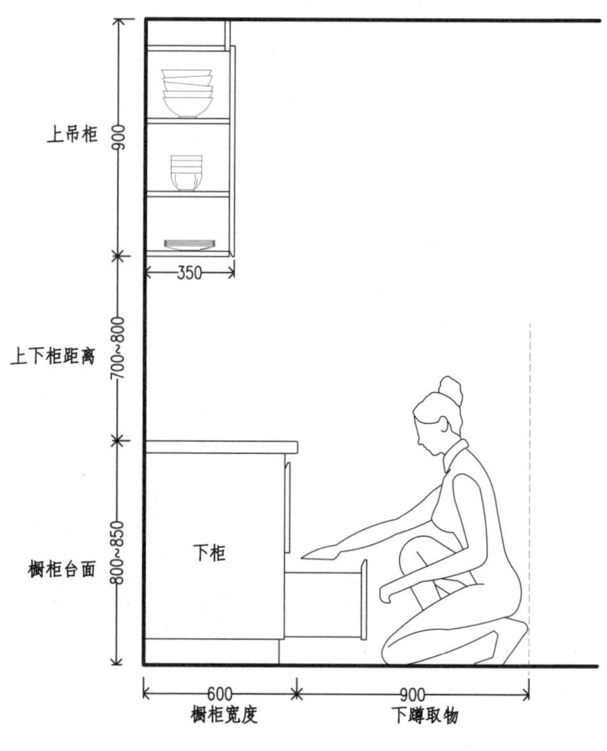

下蹲时侧身尺寸

（2）弯腰取物时侧身尺寸。

弯腰取物时的侧身尺寸为 900 mm。

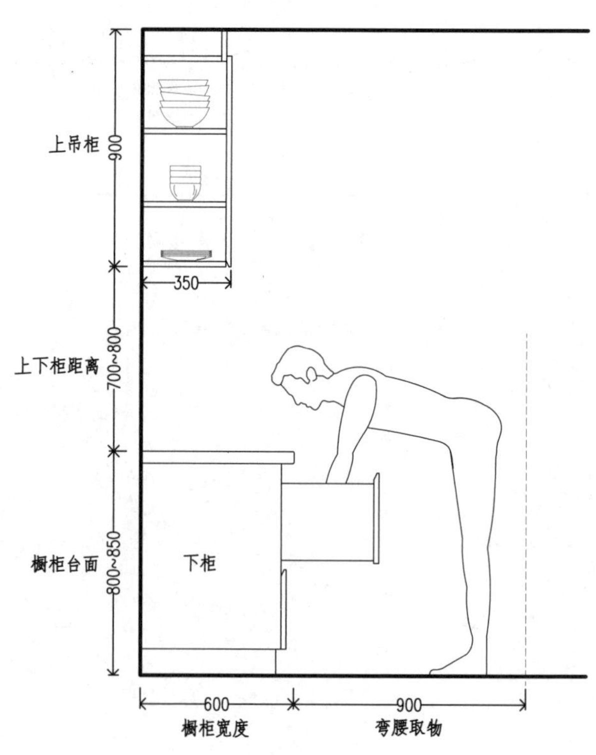

弯腰取物时侧身尺寸

（3）男、女站立取物时最大高度限度。

根据我国 18 ~ 44 岁男、女性平均身高测试得出：女性站立能拿到物品的最大值为 1850 mm，男性能拿到物品的最大值为 1980 mm。

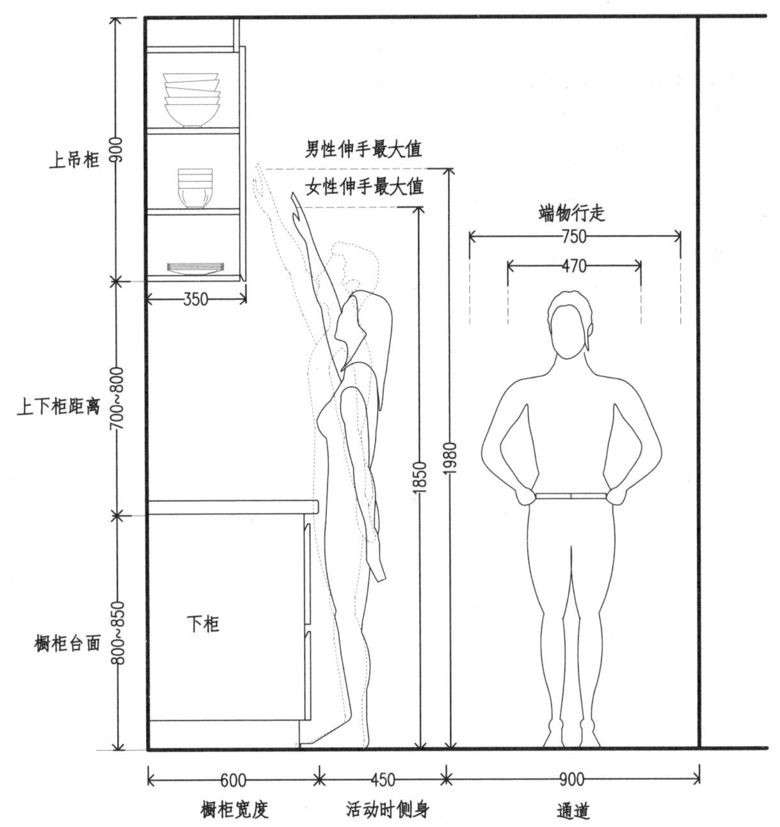

男、女站立取物时最大高度限度

橱柜的存放柜在 2300 mm 左右的高度时，需要 450 mm 高的脚踏椅子才能拿取东西。

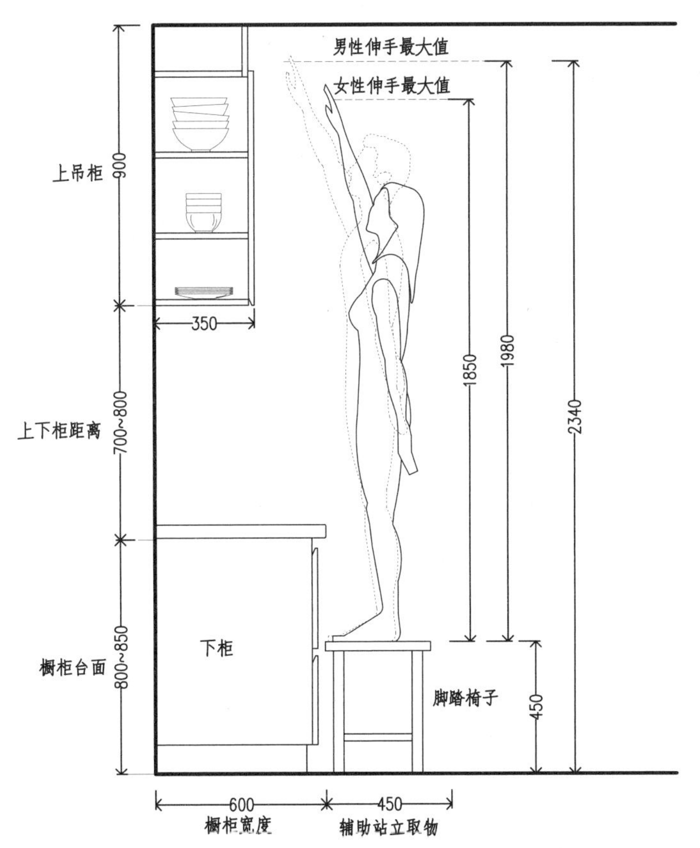

脚踏椅子取物的高度限度

10. 厨房中岛台 + 吧台

中岛台是在厨房与餐厅连接处设置的岛台，可走动环绕一周或半周，其中一边岛柜台连接厨房，用于简餐食物的制作；另一边岛柜台靠近餐厅，可设置就餐位，适合非正餐时使用。厨房中岛台一般出现在较大户型的开放式厨房内，是西式厨房常用的设计之一。

（1）就餐台式吧台高度。

就餐台式吧台指吧台矮于岛台，吧台台面高度宜为 750 mm。餐桌上的吊灯距离地面宜为 1900 mm，避免头部碰到吊灯。

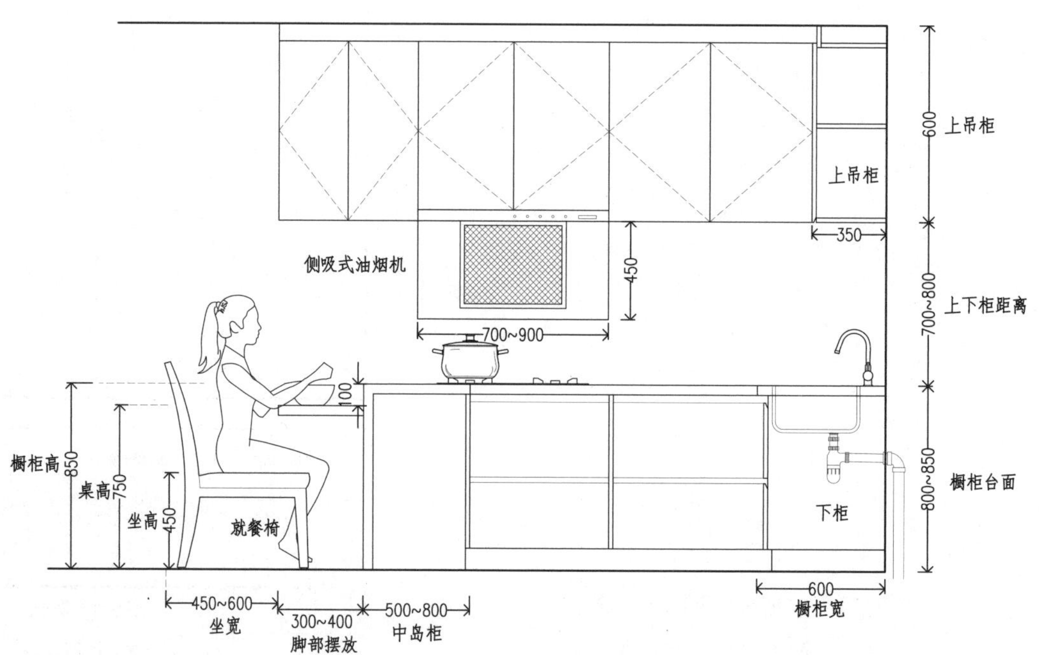

就餐台式吧台高度

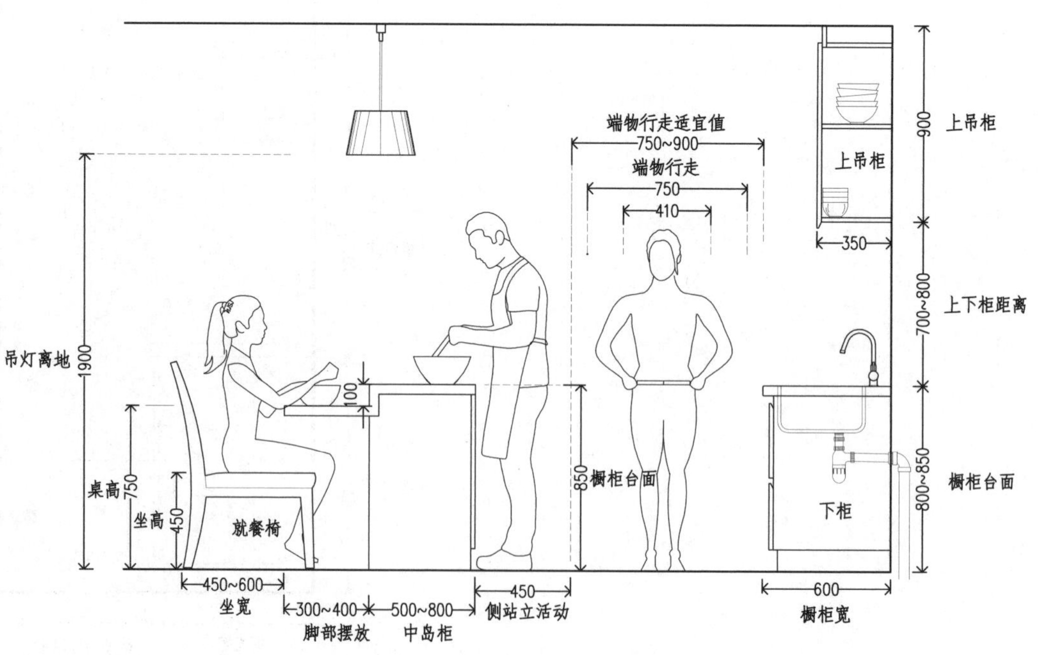

就餐台式吧台与吊灯安装立面尺寸

（2）橱柜式吧台高度。

橱柜式吧台指吧台与岛台高度相同，吧台台面高度为 800 ~ 850 mm。

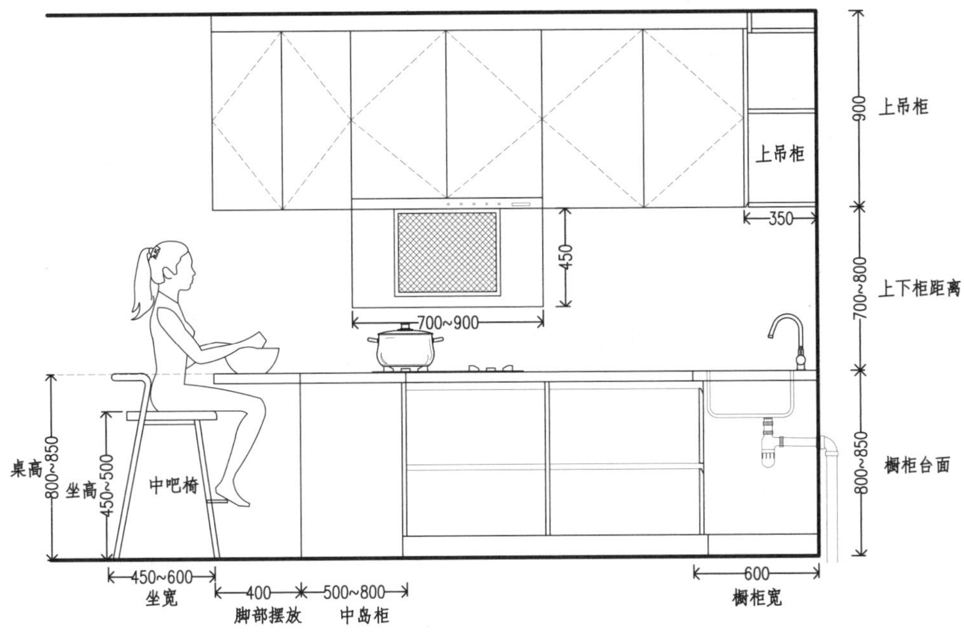

橱柜式吧台高度

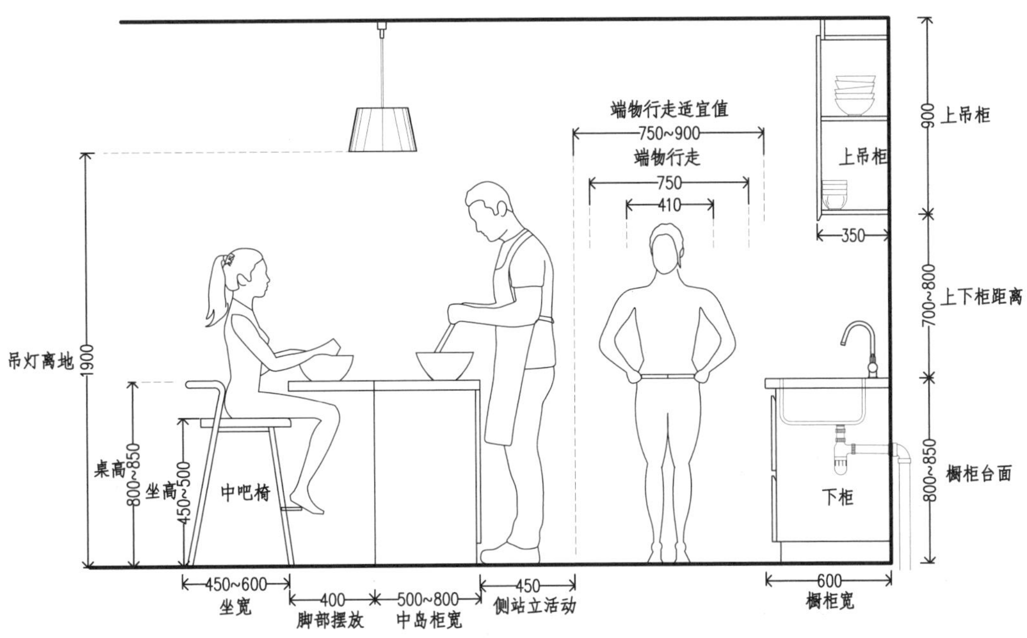

橱柜式吧台与吊灯安装尺寸

（3）高吧台高度。

高吧台指吧台高于岛台，吧台台面高度宜为 1100 mm。

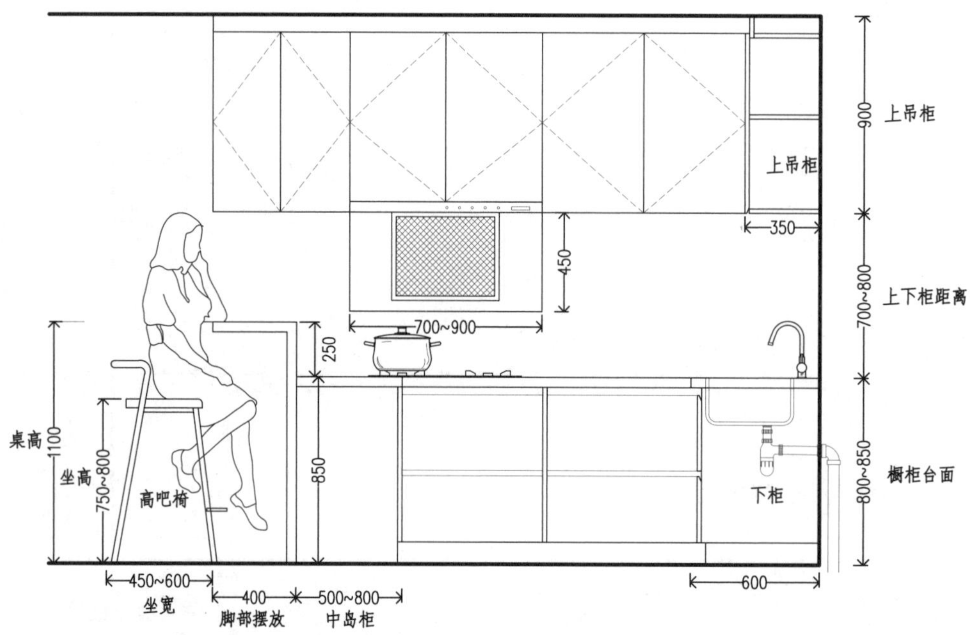

高吧台高度

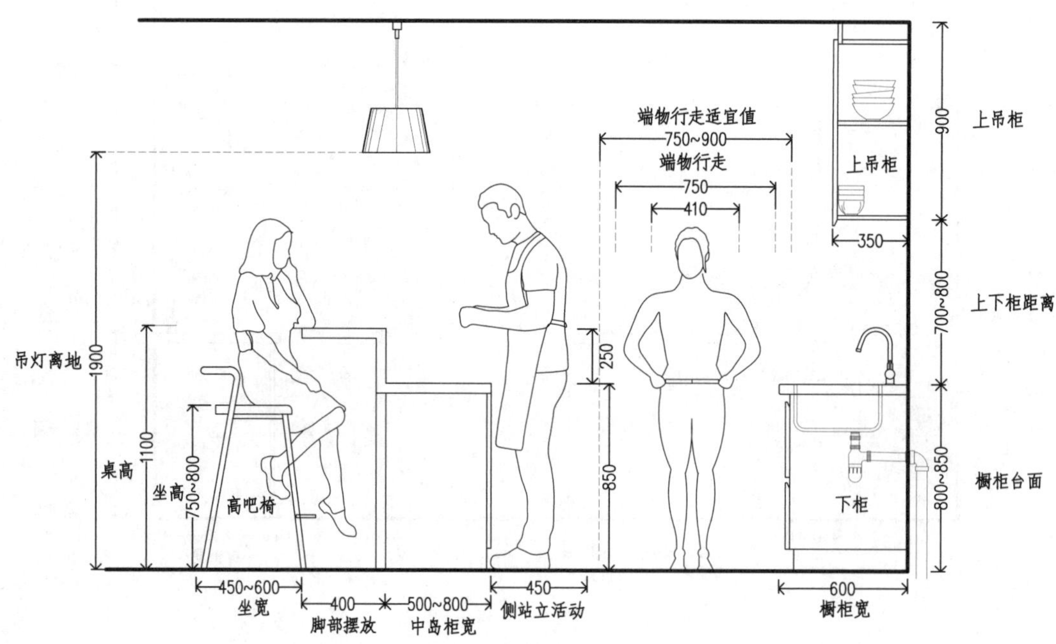

高吧台与吊灯安装尺寸

11. 橱柜一体柜

橱柜一体柜指将各烹饪电器采用嵌入式安装在立式柜子中。外观形成一体，美观实用，可有效利用上层空间，方便存取厨具、物品。

可将微波炉、烤箱等嵌入橱柜中，最底层安装高度宜离地 650 mm。

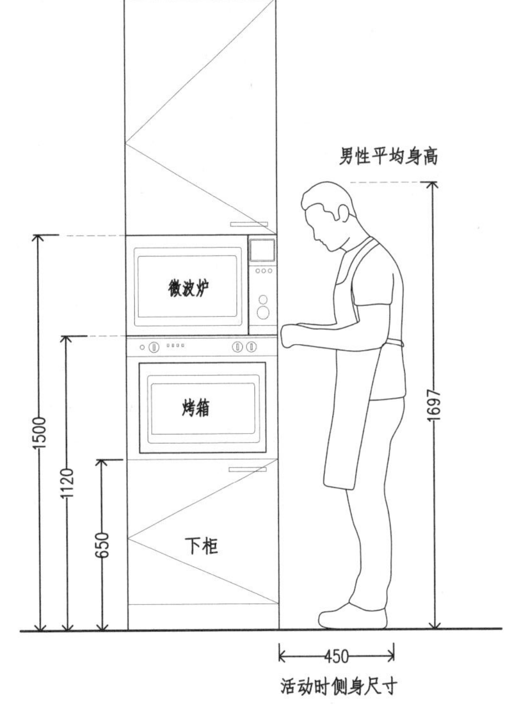

橱柜一体柜尺寸

12. 冰箱

冰箱前方应预留 900 mm 的空间，满足开启冰箱门下蹲取东西时的基本尺寸要求。

冰箱后面应预留 80~100 mm，这是因为电机散热，不能贴墙摆放。

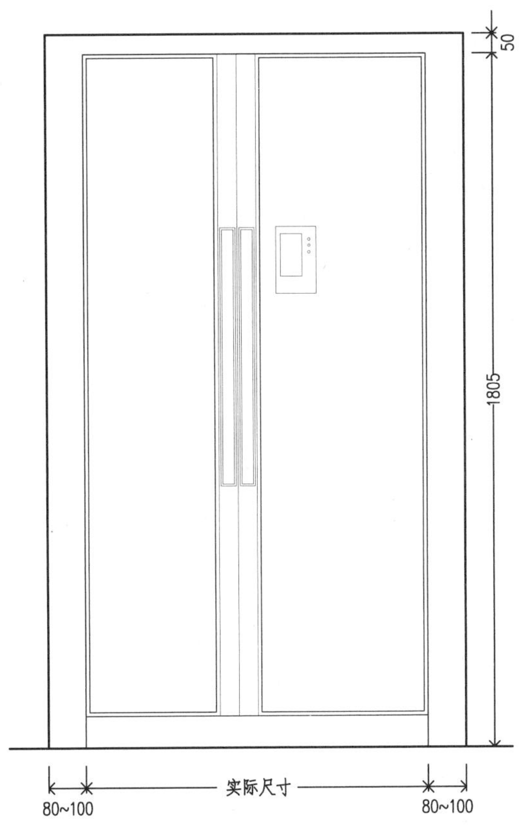

电冰箱立面尺寸

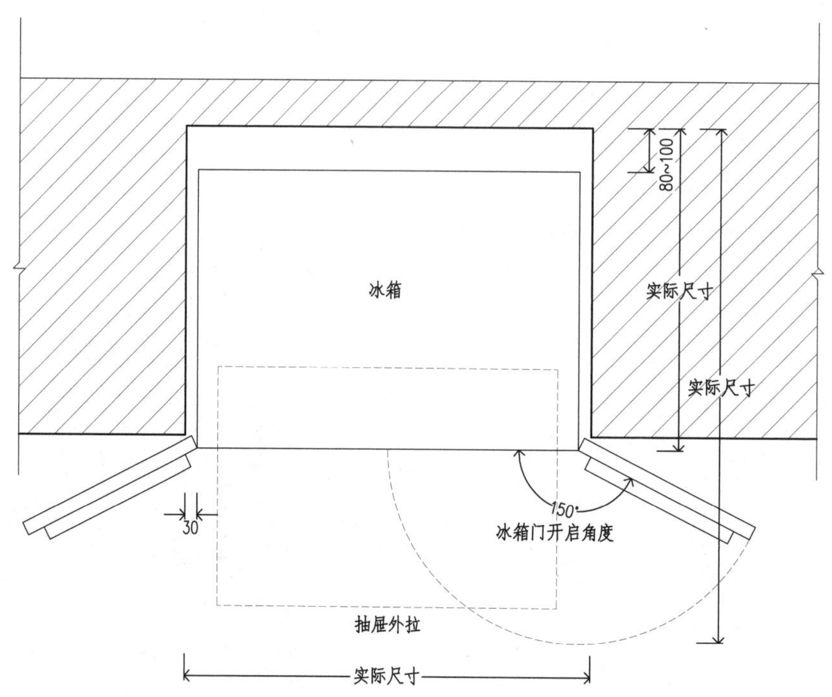

冰箱外凸门的两边不需预留冰箱门开启尺寸（注：不同品牌冰箱的尺寸不同，按实际尺寸即可）

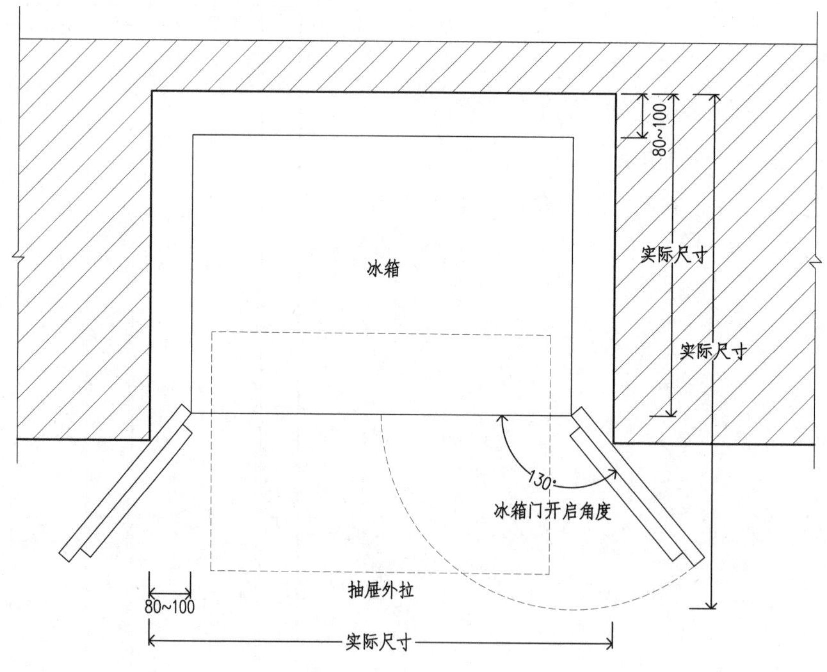

双门冰箱内嵌平放的需预留 80~100 mm 冰箱门开启尺寸

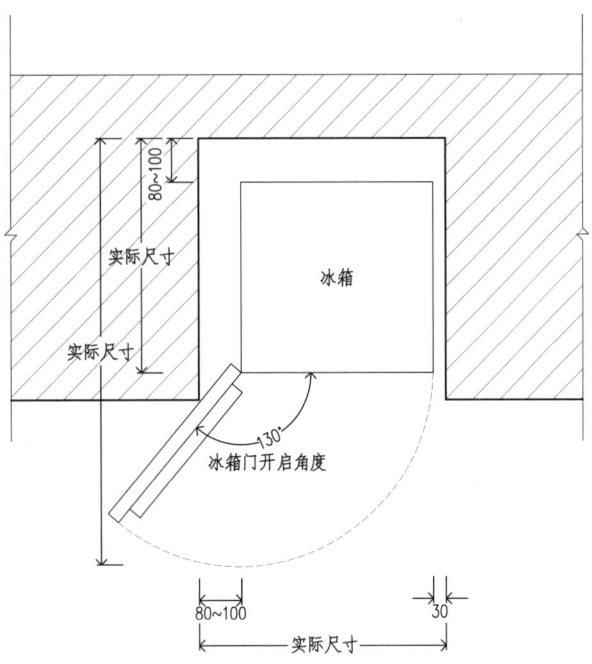

单门冰箱内嵌平放的需预留 80~100 mm 冰箱门开启尺寸

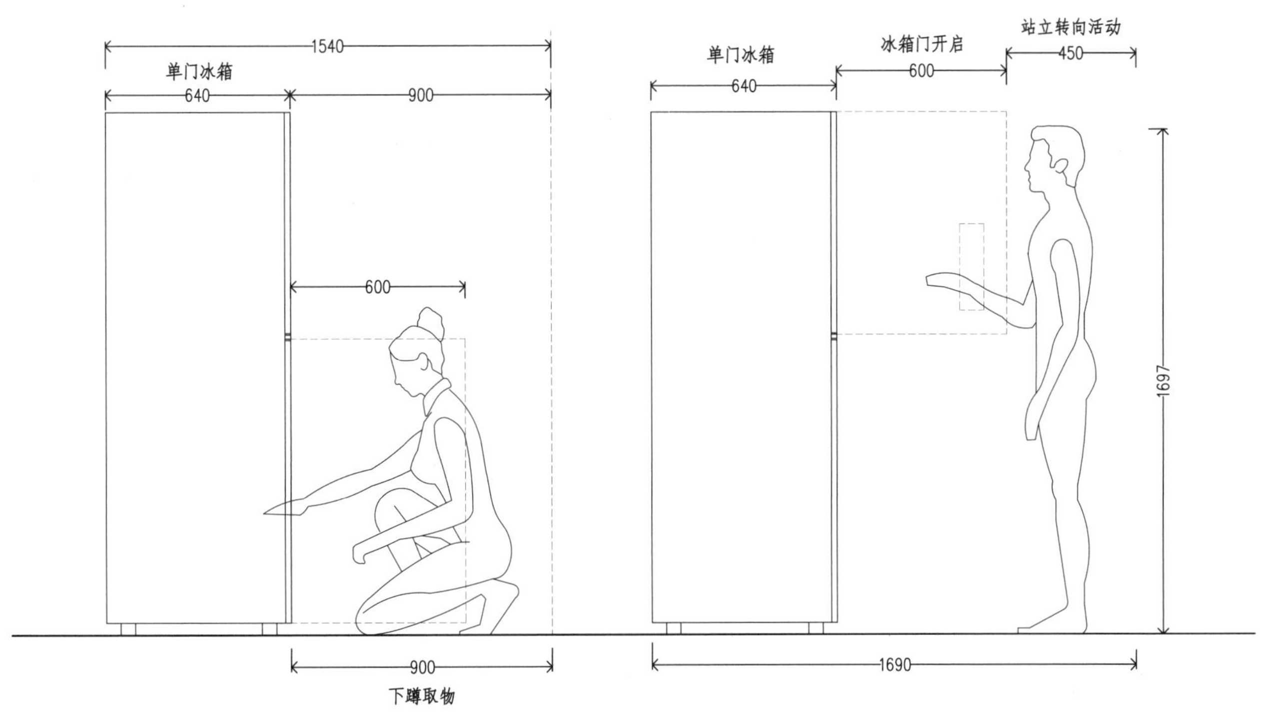

冰箱前方应预留 900 mm 空间尺寸

站立时开启冰箱门需要的空间尺寸

2.7 卫生间

卫生间是便区（坐便区、蹲便区）、洗手台、淋浴间的合称。

以上也是卫生间的最基本的配置，更大户型的卫生间内还会增加更多的功能配置。

住宅的卫生间分专用和公用两种：专用的设置在套房内；公用的与公共走道、客厅相连接，供其他家庭成员和客人使用。住宅卫生间是使用频率高、功能多的空间，而且其内部湿度较大，所以卫生间布局是否合理直接影响到居住人员的健康及生活质量。目前较多卫生间都采用干湿分离的形式布置。

功能配置

洗手盆、浴缸、小便器、妇洗器、坐便器、手纸盒、冲洗喷枪、厕刷架、浴巾架、花洒、桑拿房等。

重要提示

根据《住宅设计规范》GB 50096—2011 的规定：便器、洗面器、洗浴器三件卫生设备集中配置的卫生间的使用面积不应小于 2.50 m²，仅设便器、洗面器时不应小于 1.80 m²。

1. 卫生间平面尺寸

（1）家庭常用紧凑型卫生间。

家庭常用紧凑型卫生间含淋浴间、洗手台、坐便器。

面积为 3.68 m²，长 2.73 m × 宽 1.35 m。

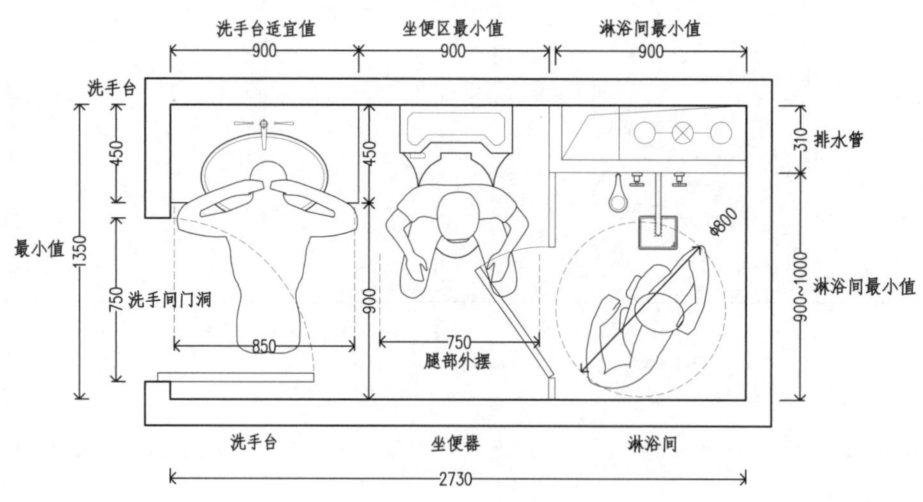

家庭常用紧凑型卫生间尺寸（3.68 m²）

（2）家庭常用标准型卫生间。

家庭常用标准型卫生间含淋浴间、洗手台、坐便器。

面积为 4.04 m²，长 2.73 m × 宽 1.48 m。

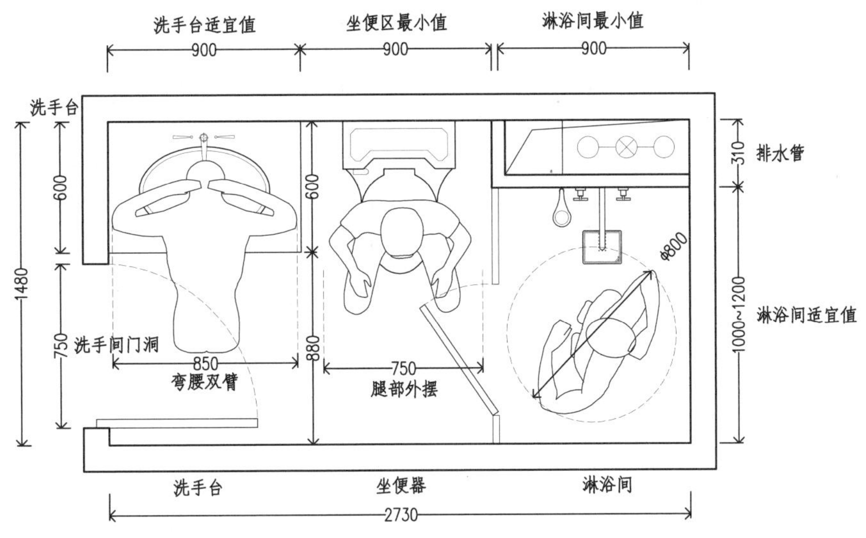

家庭常用标准型卫生间尺寸（4.04 m²）

（3）两件套卫生间。

两件套卫生间含洗手台、坐便器。

面积为 1.86 m²，长 1.55 m × 宽 1.2 m。

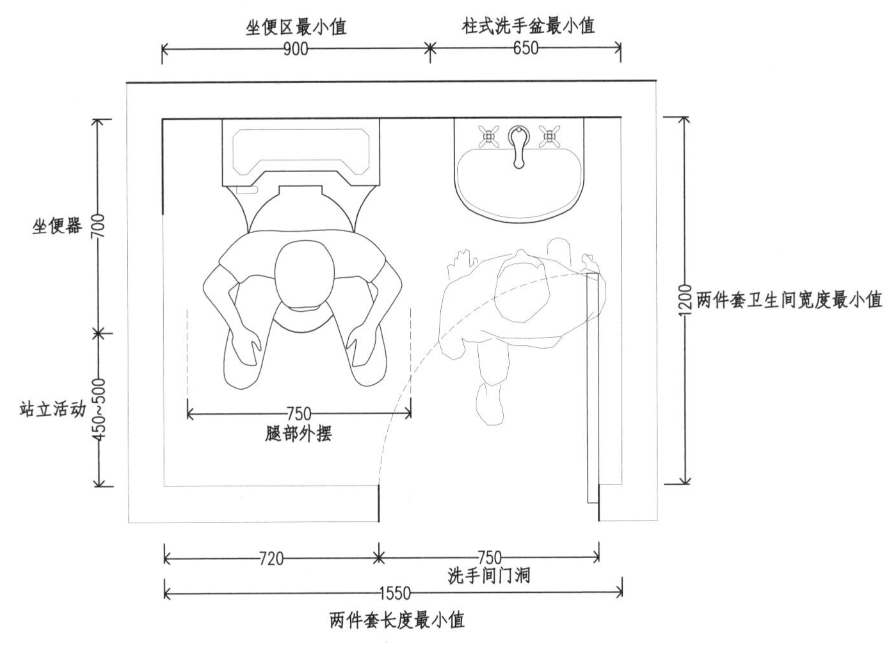

两件套卫生间尺寸（1.86 m²）

（4）三件套卫生间。

三件套卫生间含淋浴间、洗手台、坐便器。

面积为 3.84 m²，长 2.1 m × 宽 1.83 m。

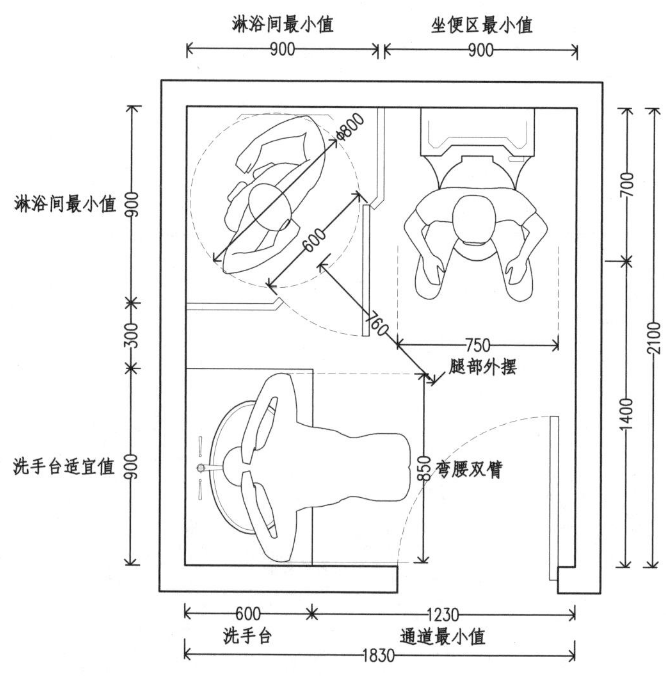

三件套卫生间尺寸（3.84 m²）

（5）三件套干湿分离卫生间。

三件套干湿分离卫生间指卫生间门开在坐便区，含淋浴间、洗手台、坐便器。

面积为 4.21 m²，其中湿区 2.7 m²，干区 1.33 m²。长 2.85 m × 宽 1.48 m。

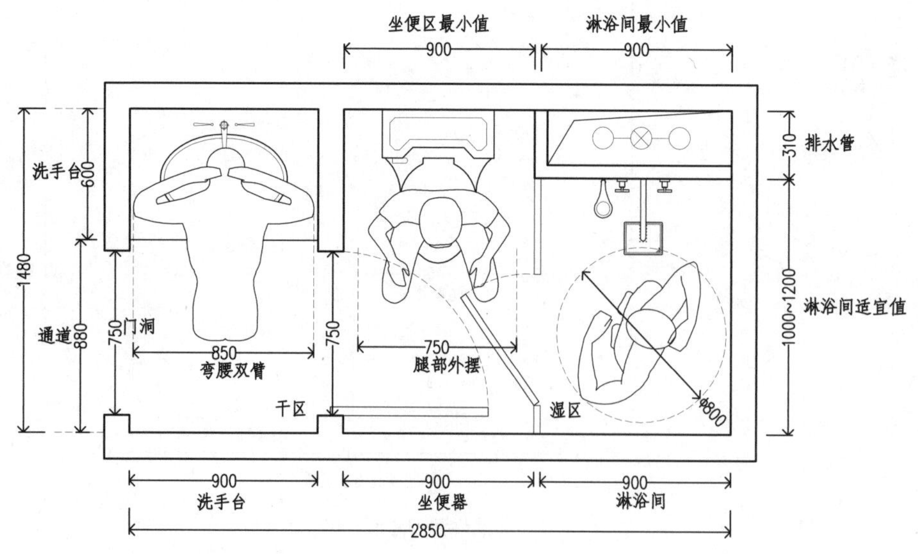

三件套干湿分离卫生间尺寸（4.21 m²）

（6）四件套卫生间。

四件套卫生间含淋浴间、洗手台、坐便器、浴缸。

面积为 5.68 m²，长 2.67 m × 宽 2.13 m。

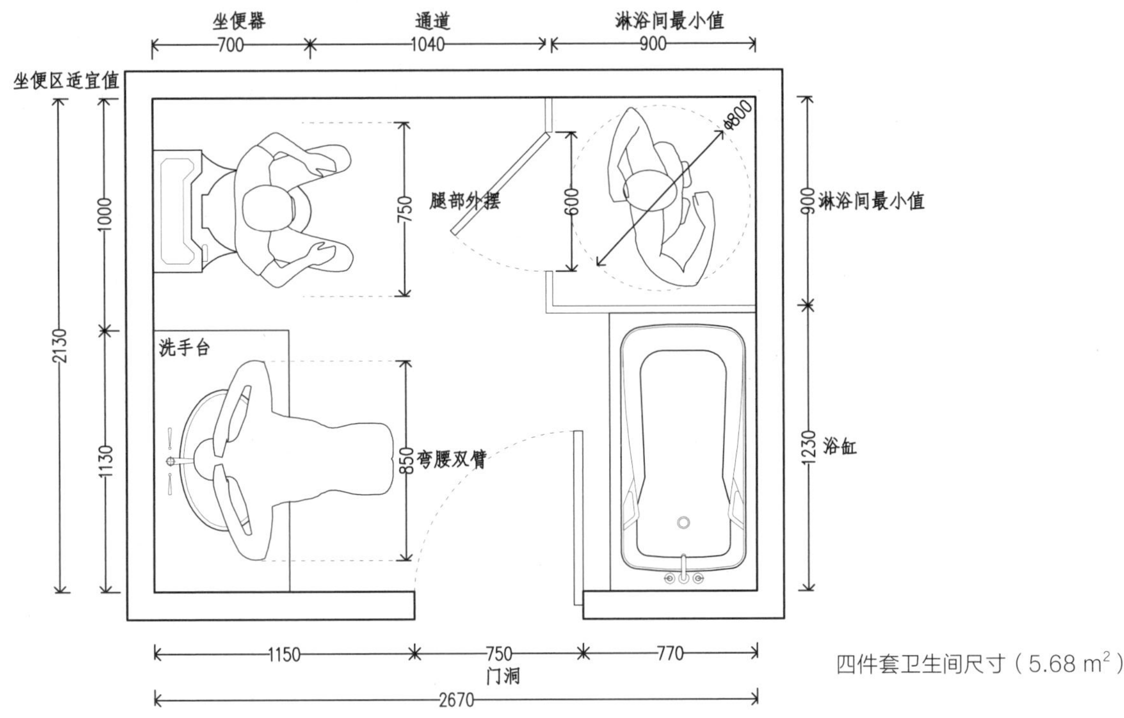

四件套卫生间尺寸（5.68 m²）

（7）五件套单盆卫生间。

五件套单盆卫生间含淋浴间、洗手台、坐便器、浴缸、小便器。

面积为 6.15 m²，长 2.7 m × 宽 2.28 m。

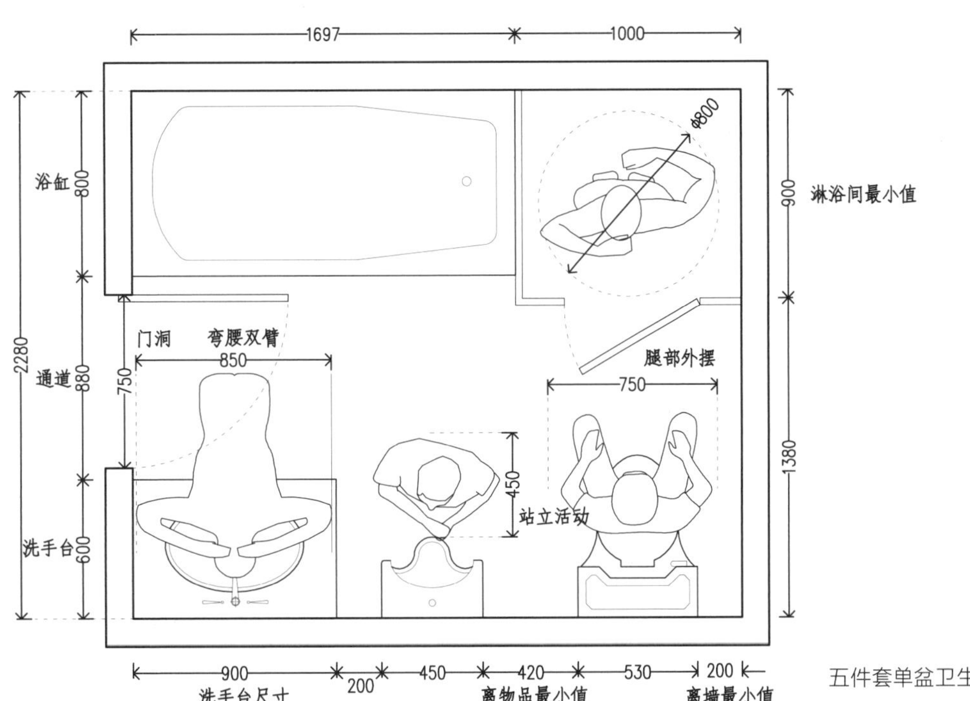

五件套单盆卫生间尺寸（6.15 m²）

（8）五件套双盆卫生间。

五件套双盆卫生间含淋浴间、洗手台、坐便器、浴缸、小便器。

面积为 11.55 m^2，长 3.5 m× 宽 3.3 m。

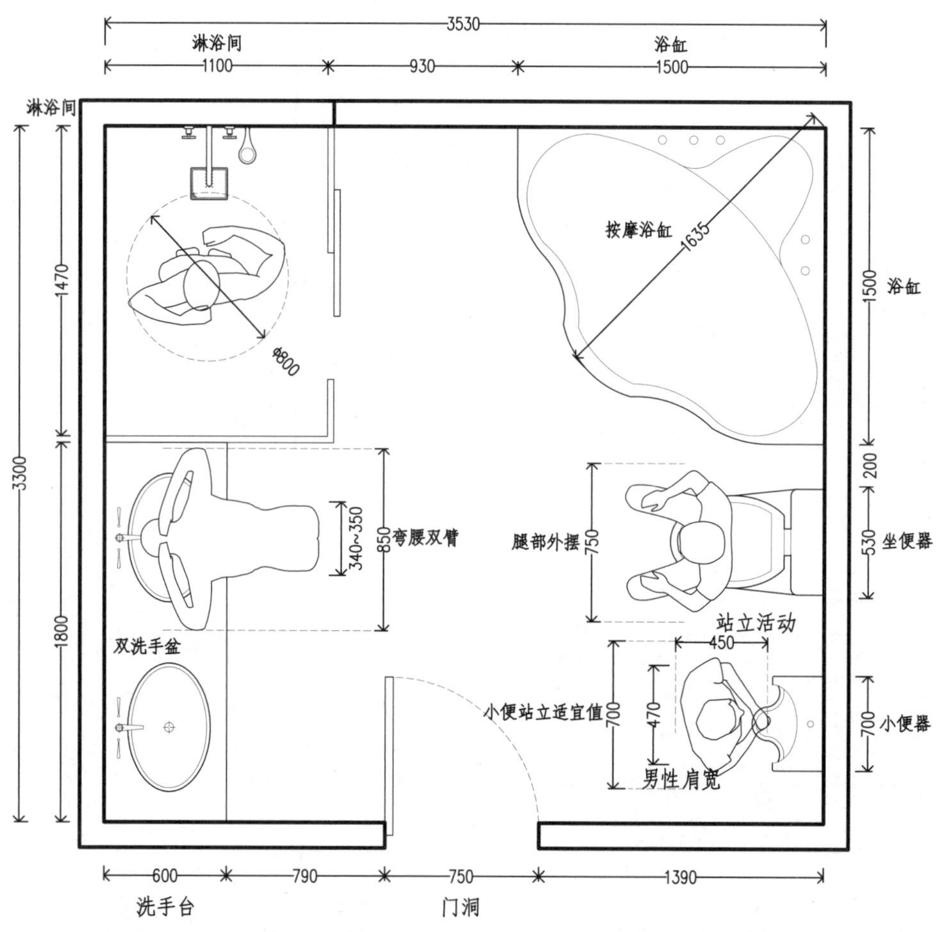

五件套双盆卫生间尺寸（11.55 m^2）

（9）六件套卫生间。

六件套卫生间含淋浴间、洗手台、坐便器、浴缸、小便器、桑拿房。

面积为 9.93 m^2，长 3.6 m× 宽 2.76 m。

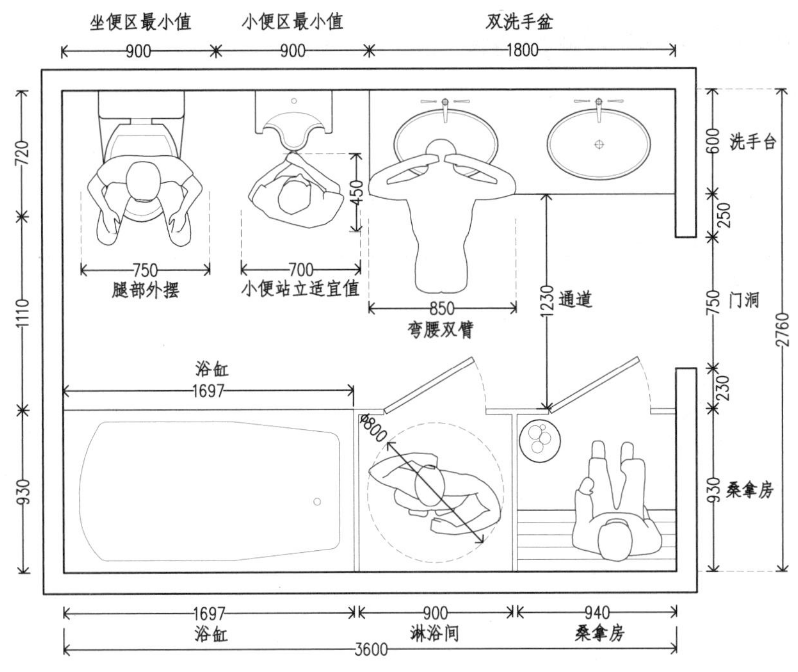

六件套卫生间尺寸（9.93 m^2）

（10）七件套卫生间。

七件套卫生间含淋浴间、洗手台、坐便器、浴缸、小便器、桑拿房、妇洗器。

面积为 21.61 m^2，长 5.57 m × 宽 3.88 m。

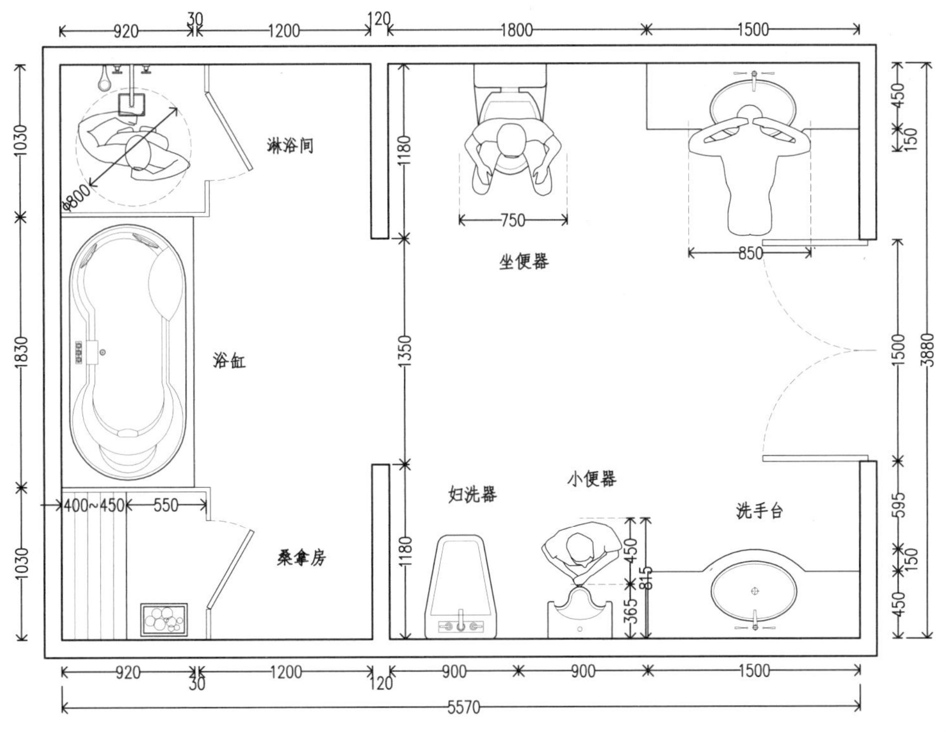

七件套卫生间尺寸（21.61 m^2）

（11）八件套卫生间。

八件套卫生间含淋浴间、洗手台、坐便器、浴缸、小便器、干蒸房、湿蒸房、妇洗器。

面积为 37.76 m^2，长 6.4 m × 宽 5.9 m。

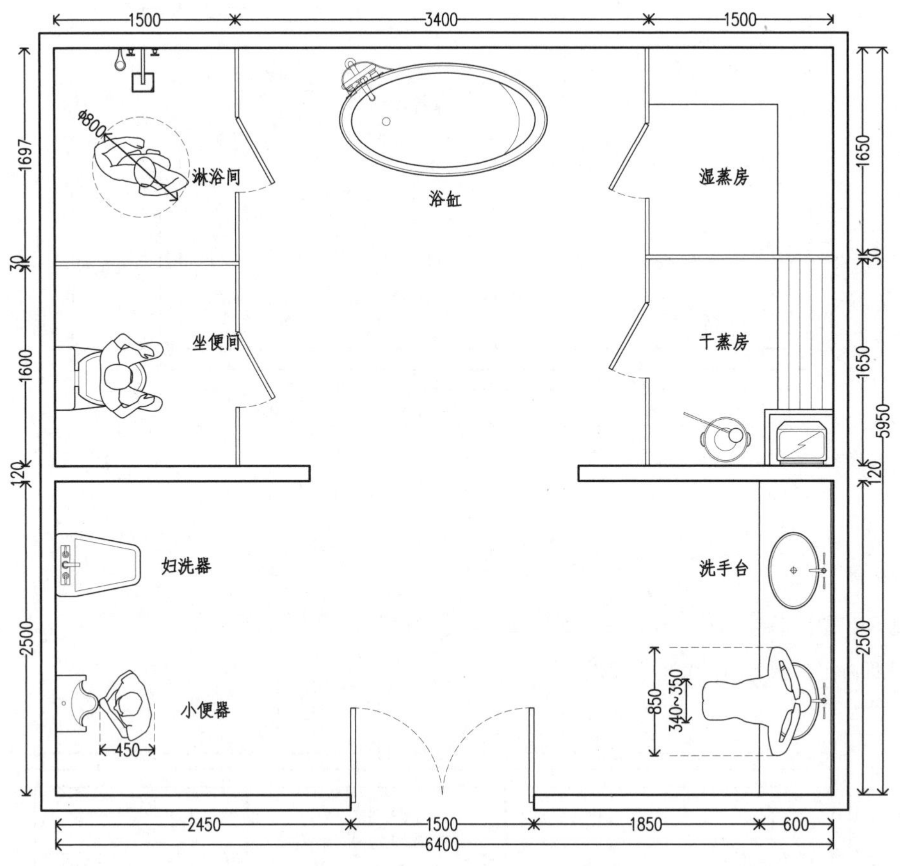

八件套卫生间尺寸（37.76 m^2）

2. 坐便区、蹲便区

坐便区、蹲便区是供人员大小便的区域，是卫生间的干区。

重要提示

根据《城市公共厕所设计标准》CJJ 14—2016 的规定：在厕所厕位隔间和厕所间内，应为人体的出入、转身提供必需的无障碍圆形空间，其空间直径应为 450 mm。

普通坐便器整体长度为 700 mm（最小为 620 mm），高度为 750 mm。

在厕所间内，应设计直径为 450 mm 的人体出入、转身无障碍空间。

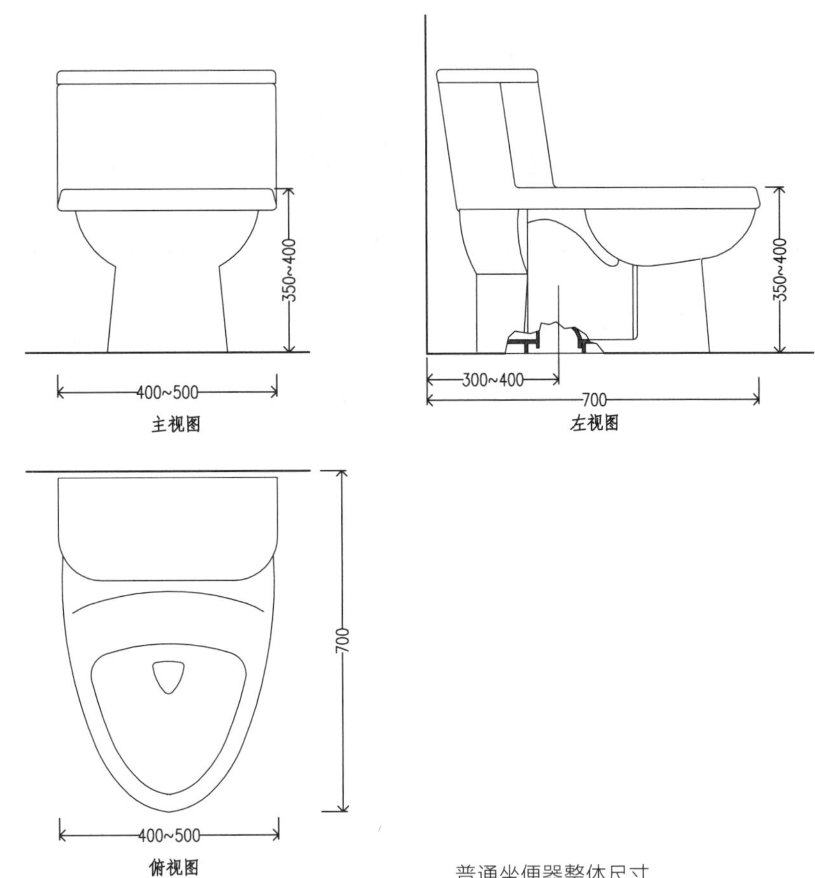

普通坐便器整体尺寸

（1）坐便区。

坐便区的最小尺寸宜为 900 mm×1100 mm。

坐便器前方要预留 450 ~ 500 mm，方便使用者腿部摆放与站立、转身等活动。

坐便器两侧宜留 200~250 mm，方便使用者双腿及手臂的两边摆放及活动。

坐便器的座位高度宜为 350~400 mm。

坑距预留设置为 300~400 mm。

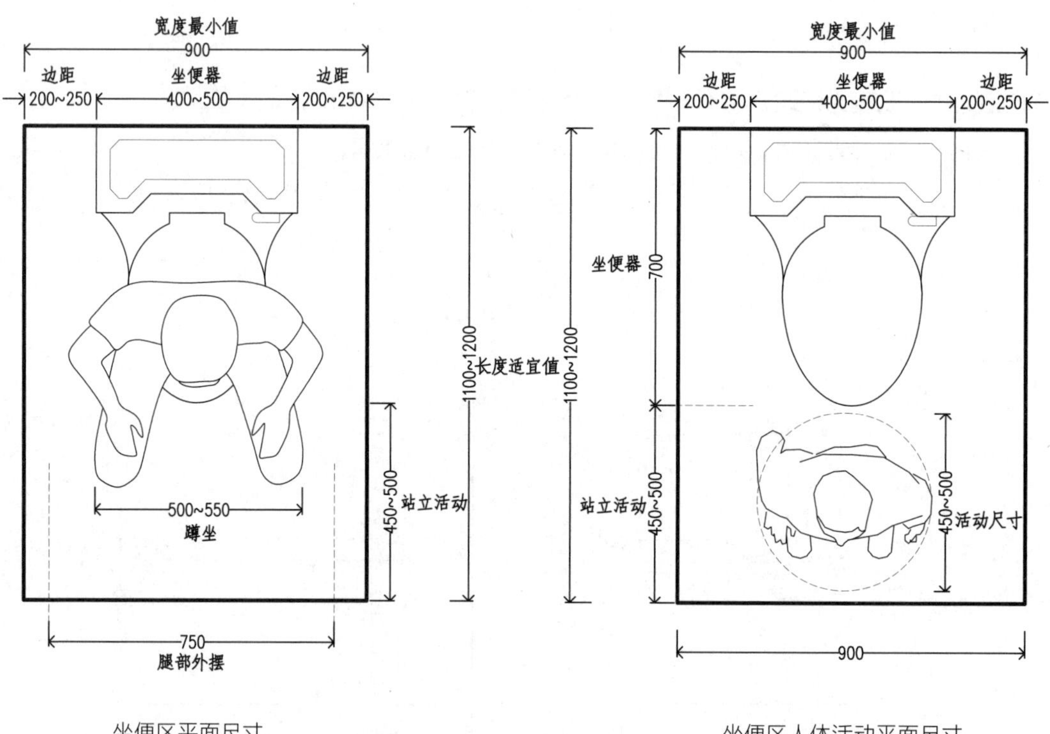

坐便区平面尺寸　　　　坐便区人体活动平面尺寸

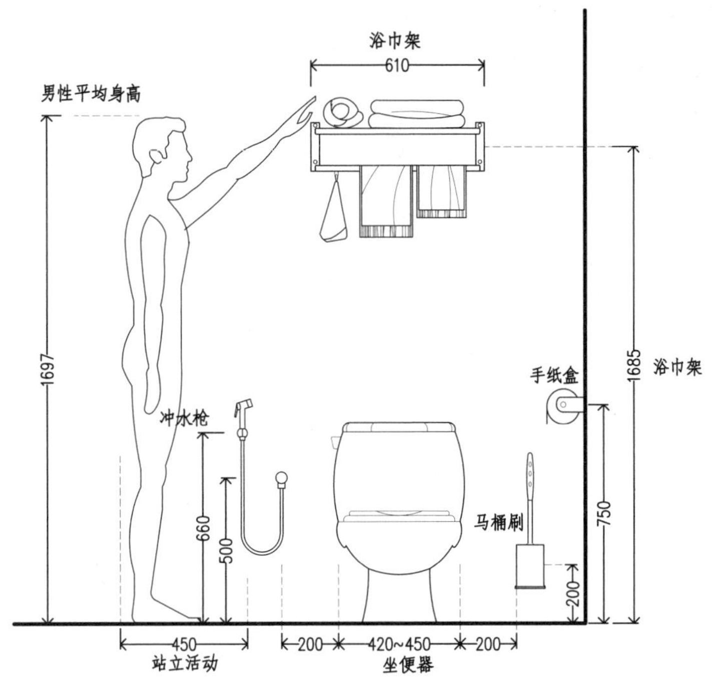

坐便区正立面尺寸

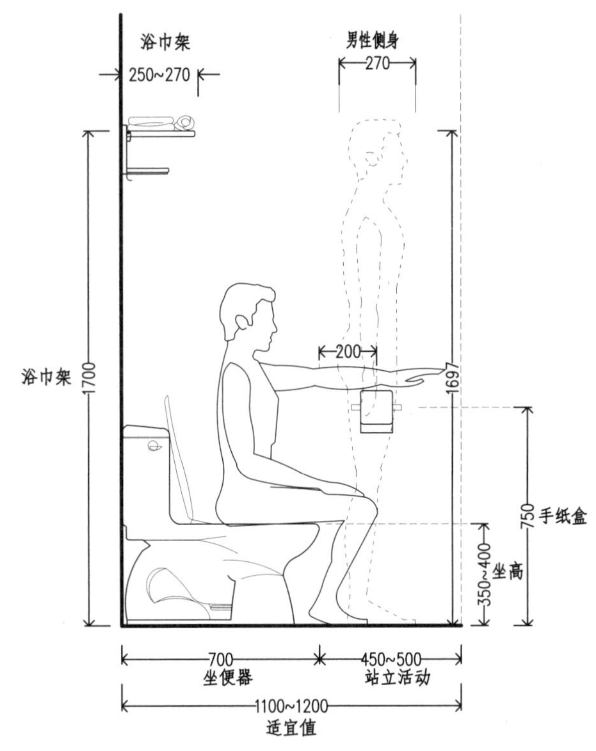

坐便区侧立面尺寸

（2）妇洗器。

妇洗器的整体尺寸为 410 mm × 700 mm；

妇洗器活动范围的最小尺寸宜为 900 mm × 1100 mm。

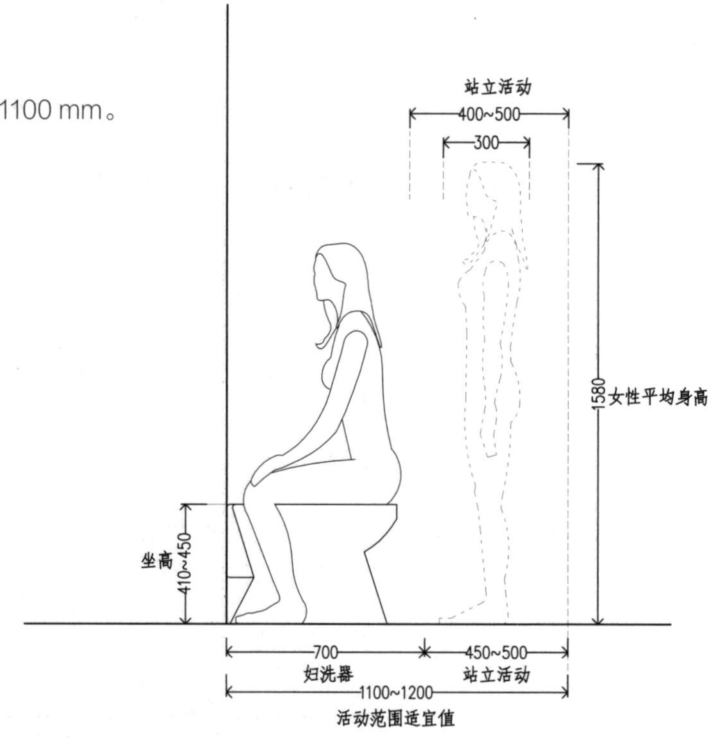

妇洗器尺寸

（3）蹲便区。

蹲便器常见尺寸为 525 mm × 430 mm × 200 mm（不带存水弯）、525 mm × 460 mm × 250 mm（带存水弯）；

蹲便器距墙面的尺寸宜为 200~250 mm；

蹲便器前方要预留 500 mm，以便使用者腿部摆放与站立、转身等活动；

储水箱的安装高度宜为 1000 mm；

蹲便区的排水坡度宜为 2%。

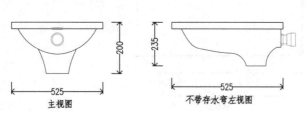

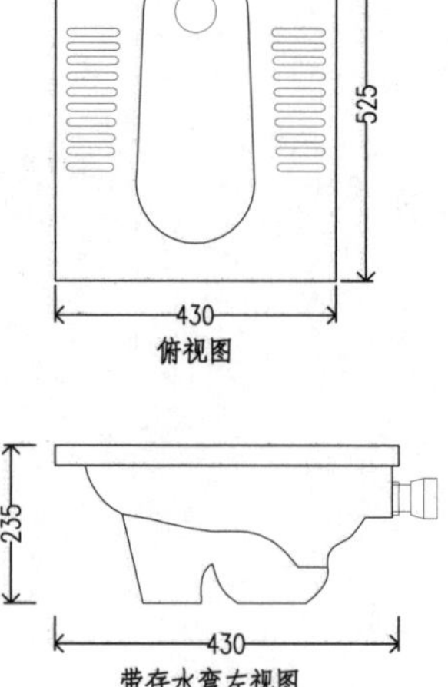

蹲便器尺寸

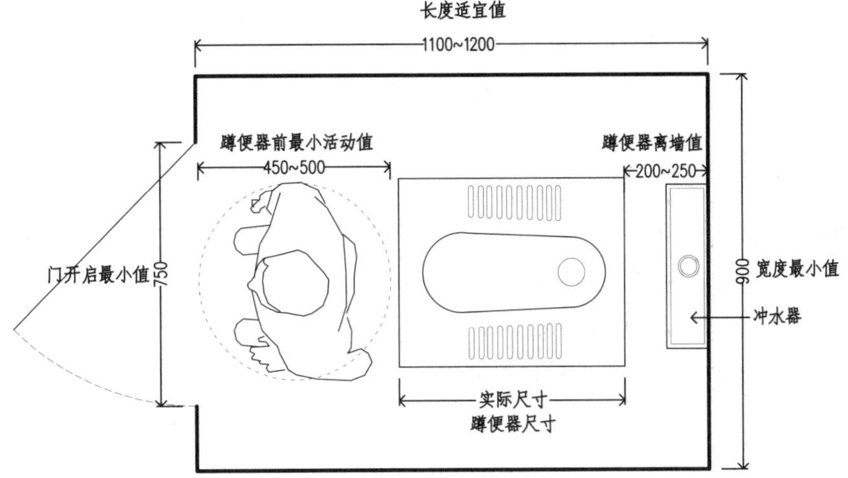

长度适宜值
1100~1200
蹲便器前最小活动值
450~500
蹲便器离墙值
200~250
门开启最小值
750
900
宽度最小值
冲水器
实际尺寸
蹲便器尺寸

蹲便区人体活动平面尺寸

1000
水箱高度
300
排水坡度
2%
235
430
235
蹲便器尺寸
900
宽度最小值

蹲便区正立面尺寸

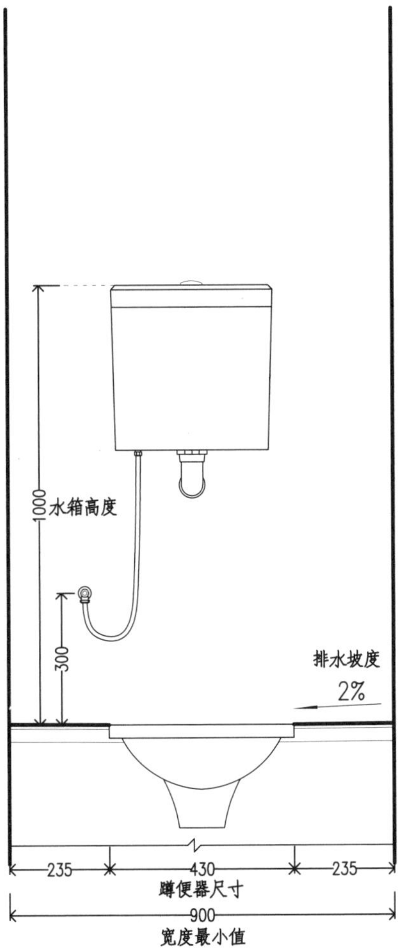

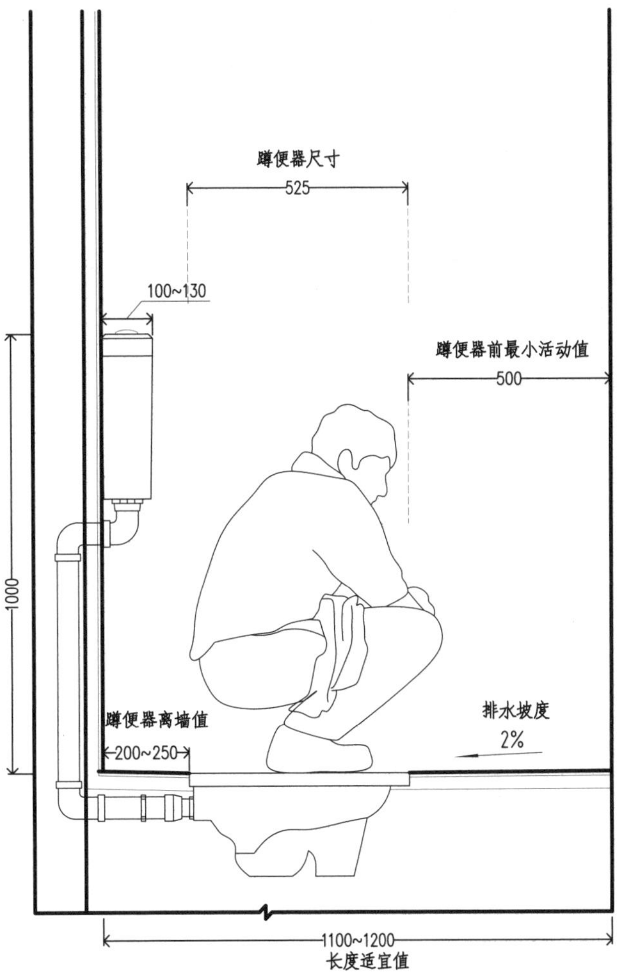

蹲便器尺寸
525
100~130
蹲便器前最小活动值
500
1000
蹲便器离墙值
200~250
排水坡度
2%
1100~1200
长度适宜值

蹲便区侧立面尺寸

3. 梳洗区

梳洗区是给人进行刷牙、洗漱、化妆、仪容仪表整理的区域，是卫生间的干区。

重要提示

根据《民用建筑设计统一标准》GB 50352—2019 的规定：
居住建筑洗手盆水嘴中心与侧墙面净距不应小于 0.35 m；
居住建筑洗手盆外沿至对面墙的净距不应小于 0.6 m；
并列洗手盆或盥洗槽水嘴中心间距不应小于 0.7 m。

（1）标准洗手台（单盆）。

洗手台标准宽度尺寸为 600 mm，高度宜为 800 ～ 850 mm；
洗手台外边距离障碍物应预留 600 mm，可容纳人员站立或弯腰时的纵向尺寸；
弯腰洗脸横向活动尺寸为 850 mm。

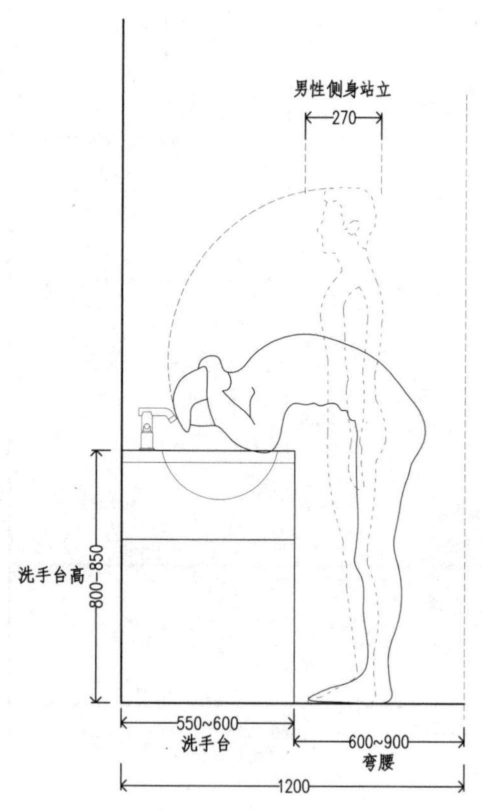

梳洗区单盆弯腰洗脸立面尺寸

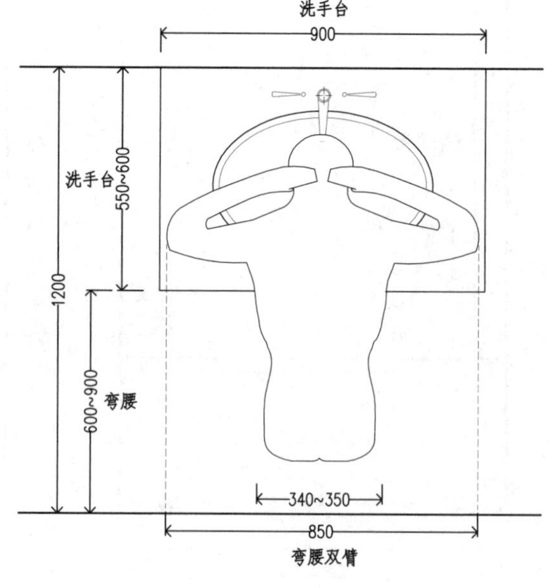

梳洗区单盆弯腰洗脸平面尺寸

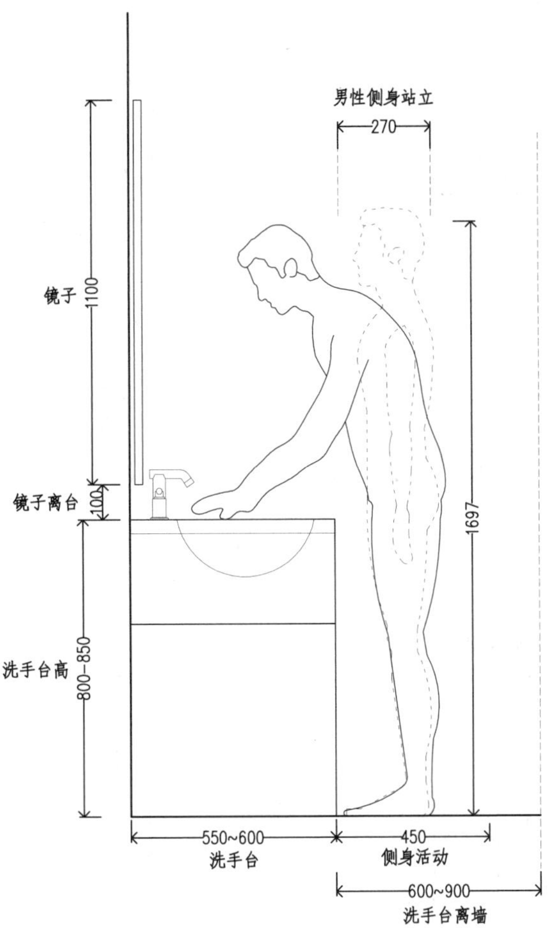

梳洗区单盆立面尺寸

（2）标准洗手台（双盆）。

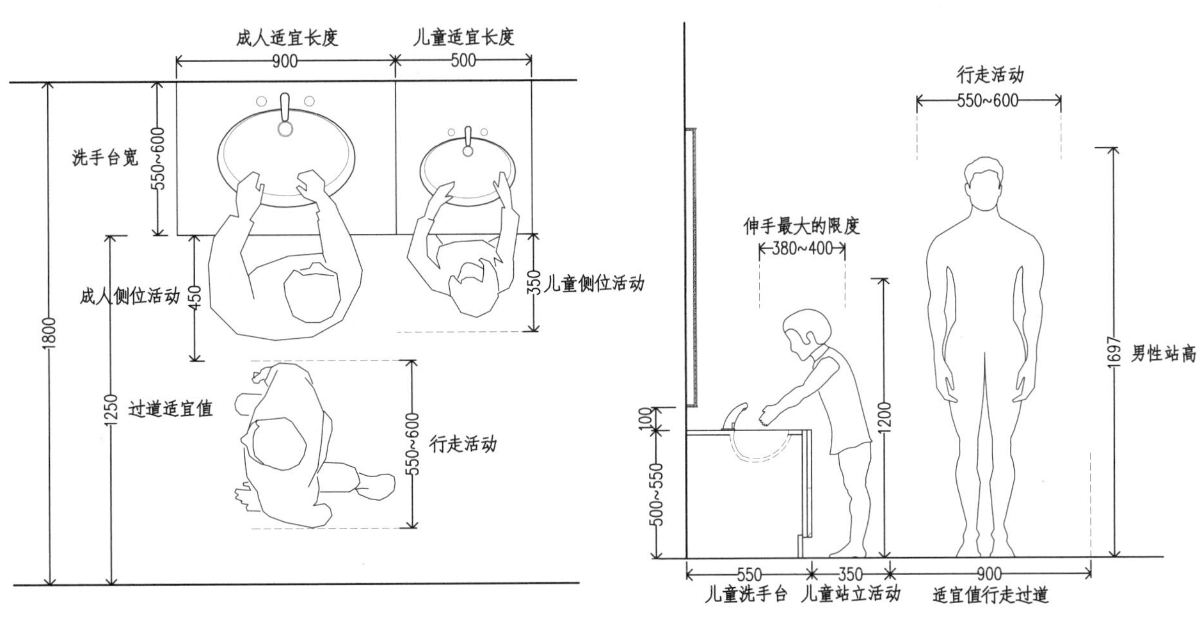

梳洗区双盆平面尺寸

梳洗区双盆立面尺寸

4. 淋浴区

淋浴区又称淋浴间、洗澡间，是人员洗澡淋浴的区间，是卫生间的湿区。

淋浴间门的开启方式有平开式、推拉式、折叠式等，还有的采用浴帘，面积不够还可以设置为敞开式。

专业建议

在淋浴房的内部空间较小的情况下，平开门应采用外拉开启方式，防止人员在淋浴间内晕倒，内开门会被晕倒在地的人员阻碍不能开启，无法实现快速救治。

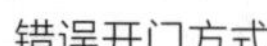
错误开门方式

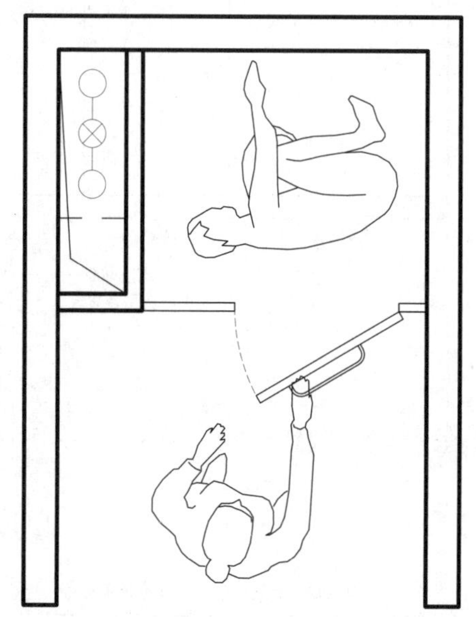
正确开门方式

卫生间面积在 $3.5\ m^2$ 以下的，不适宜安装独立淋浴房。即便是圆弧形淋浴房，最小尺寸也应为 900 mm × 900 mm。

住宅中常见的淋浴房有方形、半弧形、钻石形等几种。

（1）方形淋浴房。

方形淋浴房最小尺寸建议 900 mm × 900 mm，适宜尺寸为 1000 mm × 1000 mm。

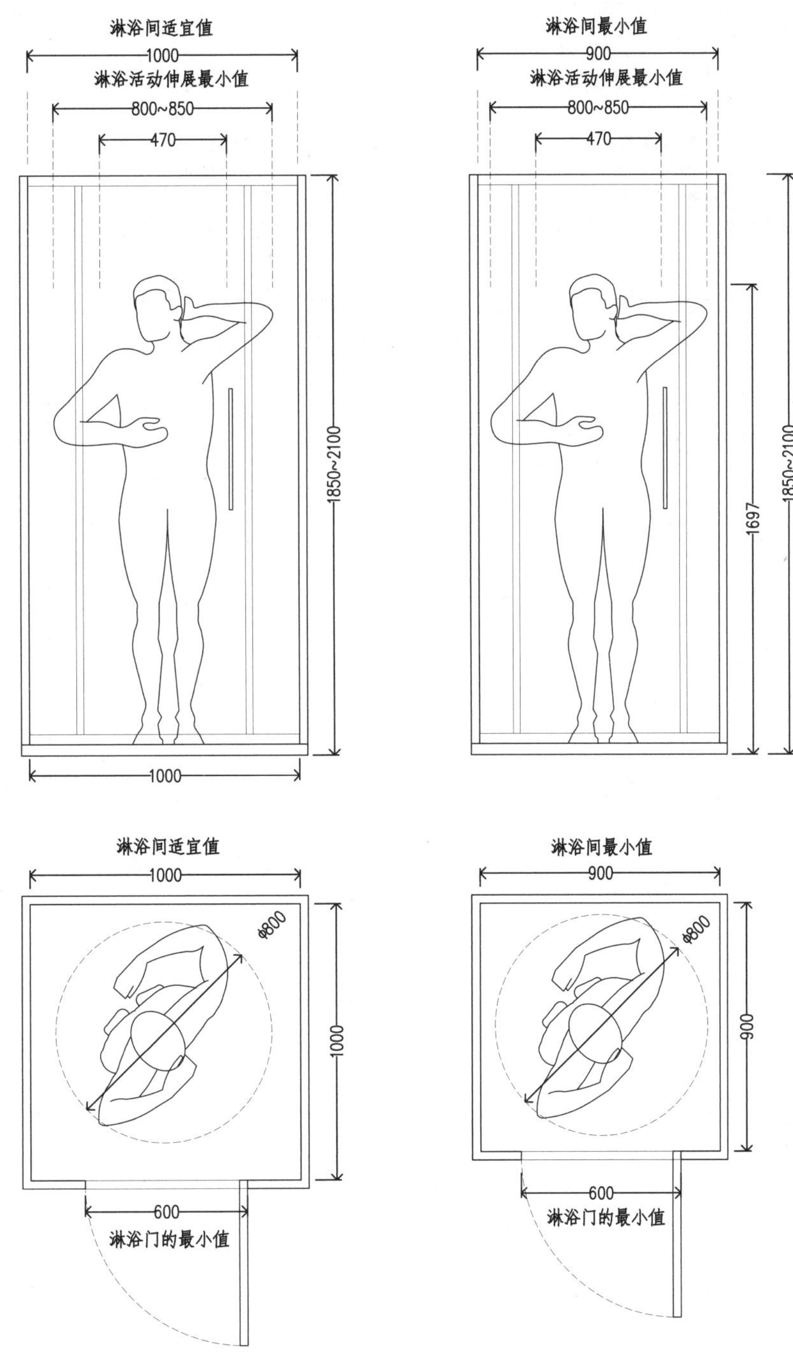

方形淋浴房尺寸

（2）半弧形淋浴房。

半弧形淋浴房的玻璃是由定制弯玻组成，适用于标准的卫生间空间。最小尺寸建议 900 mm × 900 mm，适宜尺寸为 1000 mm × 1000 mm。

门的开合方式多为推拉式，更能节省空间。

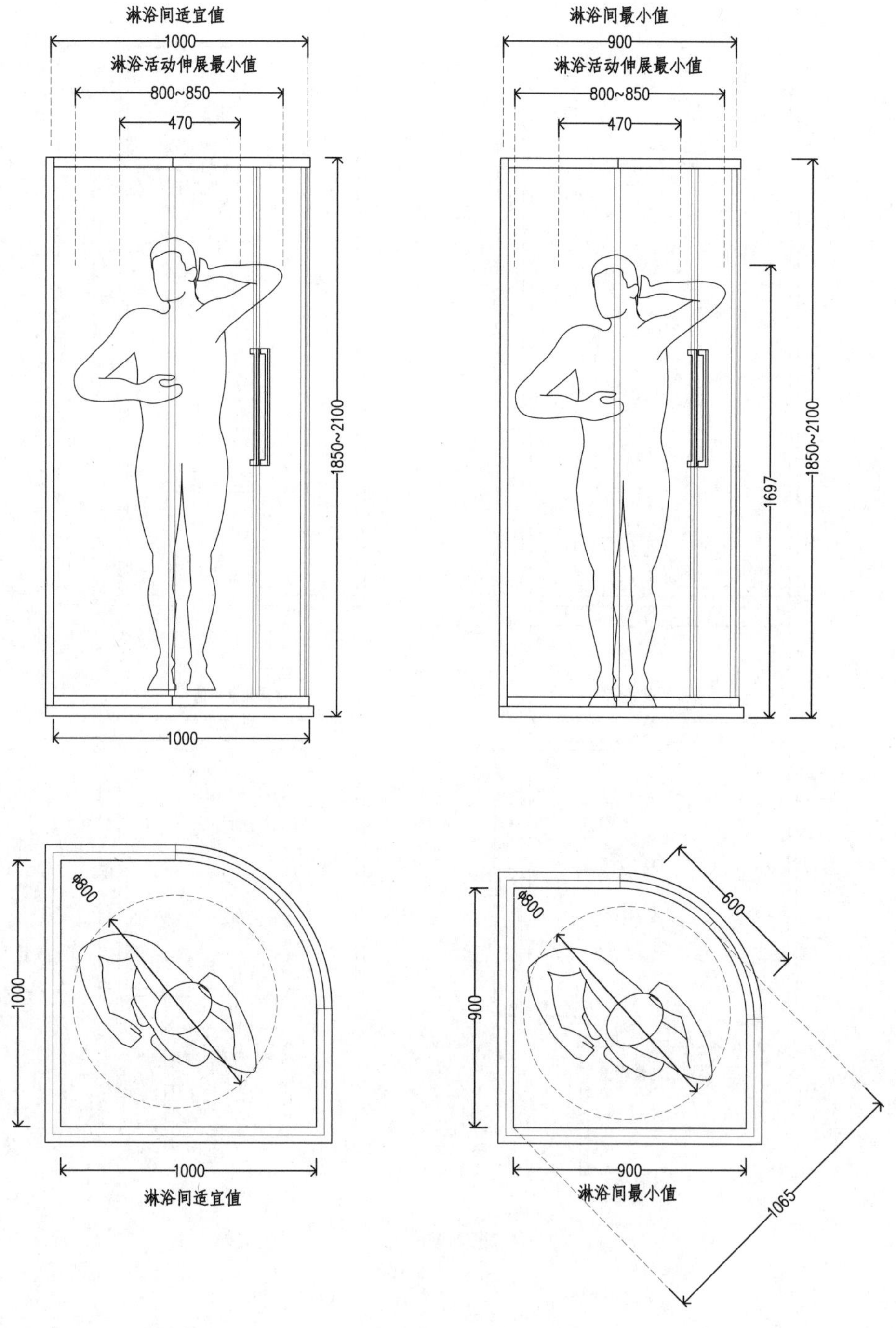

半弧形淋浴房尺寸

（3）钻石形淋浴房。

钻石形淋浴房适用于标准的卫生间空间，其直角边一般会挨着坐便器，为面积有限的卫生间节省更多空间。最小尺寸建议 900 mm × 900 mm，适宜尺寸为 1000 mm × 1000 mm。

门的开合方式多为平开式（向外）、推拉式。

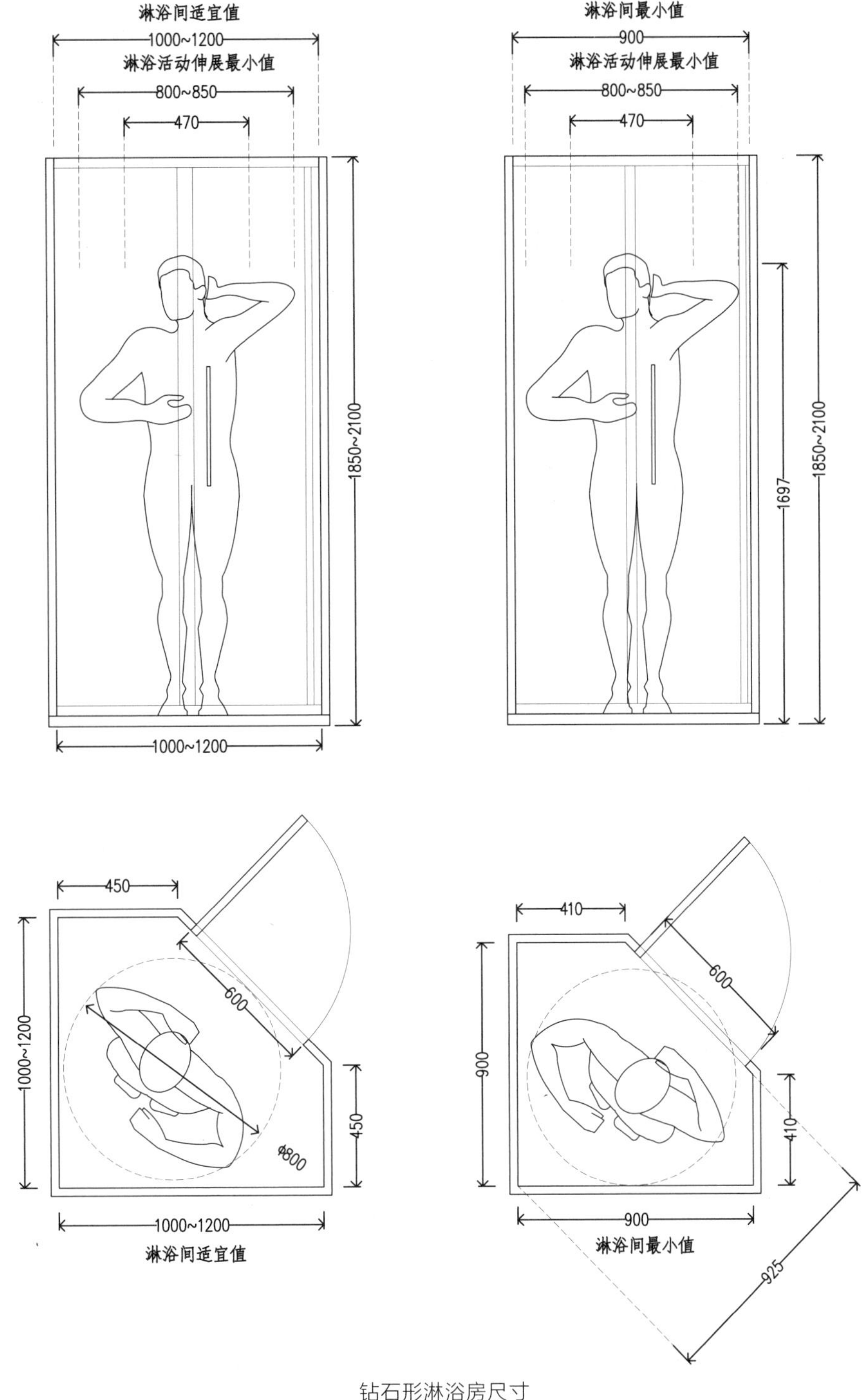

钻石形淋浴房尺寸

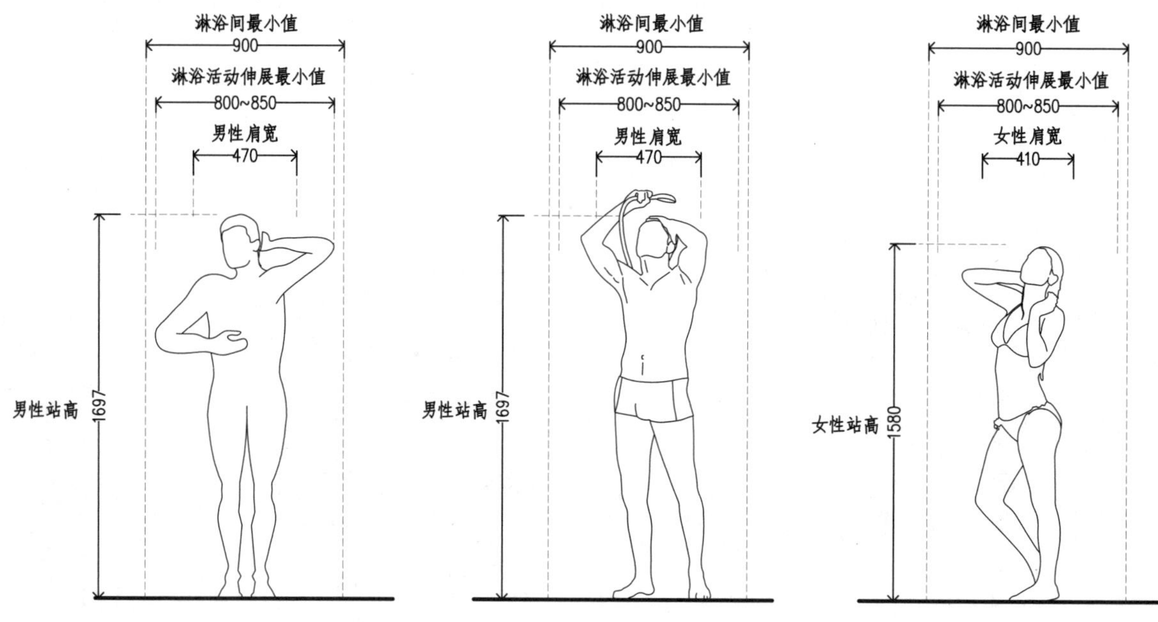

淋浴间活动伸展空间最小值

5. 浴缸区

浴缸区是给人泡着沐浴的地方，是卫生间的湿区。

一般的浴缸高度为 600 ~ 650 mm，宽度为 700 ~ 800 mm；

坐泡式木桶浴桶长度宜为 1300 mm；

坐泡式浴缸长度宜为 1500 mm；

半躺式浴缸长度宜为 1600 mm；

全泡式浴缸长度宜为 1800 mm；

进入浴缸前的最小活动空间为 600 mm × 1100 mm。

专业建议

内嵌式的浴缸必须留检修口。

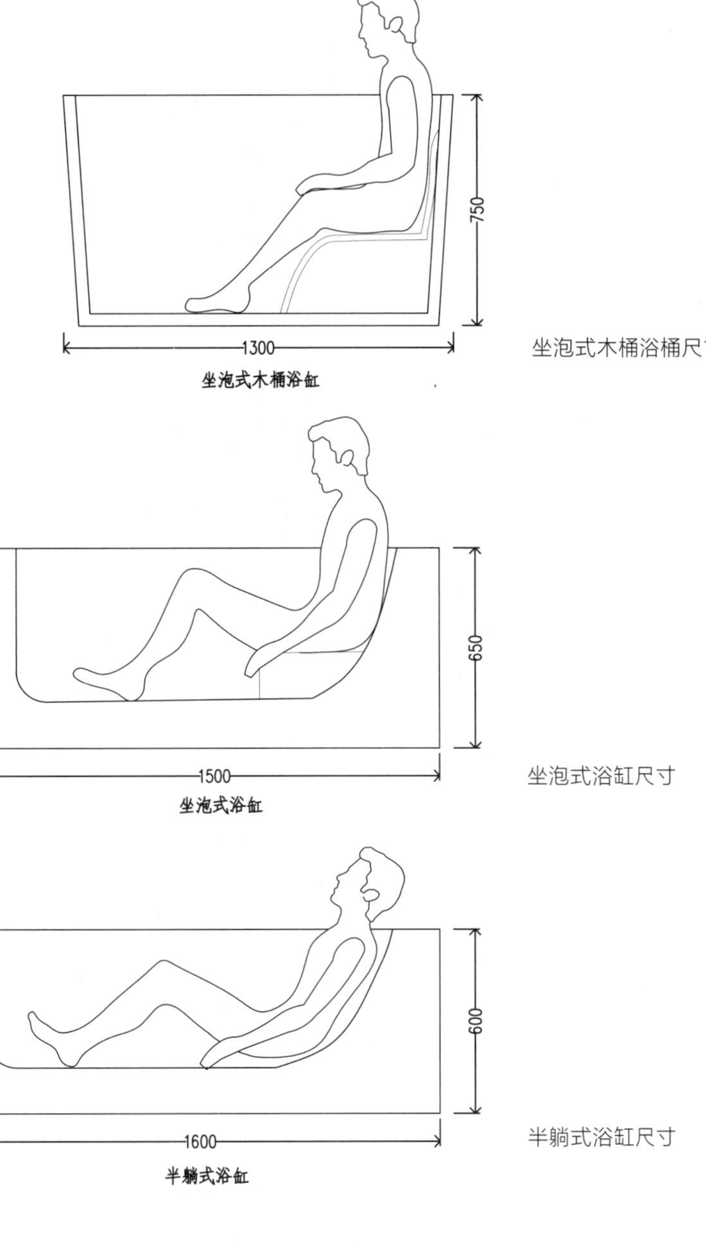

坐泡式木桶浴桶尺寸

坐泡式浴缸尺寸

半躺式浴缸尺寸

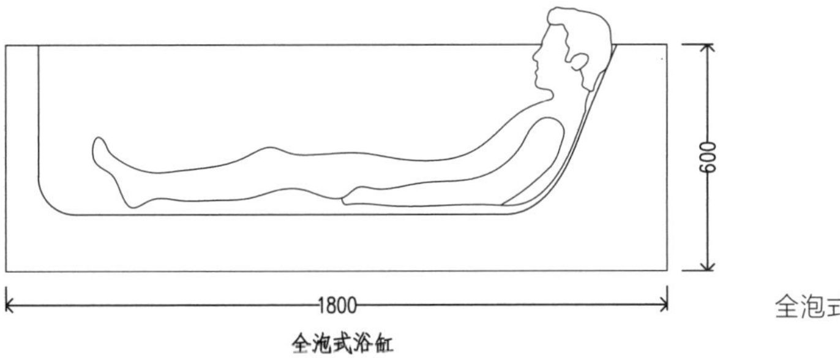

全泡式浴缸尺寸

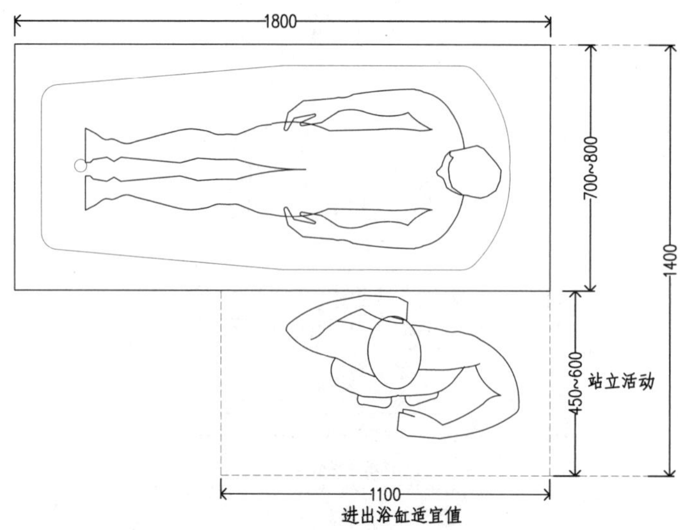

进入浴缸前的最小活动空间平面尺寸

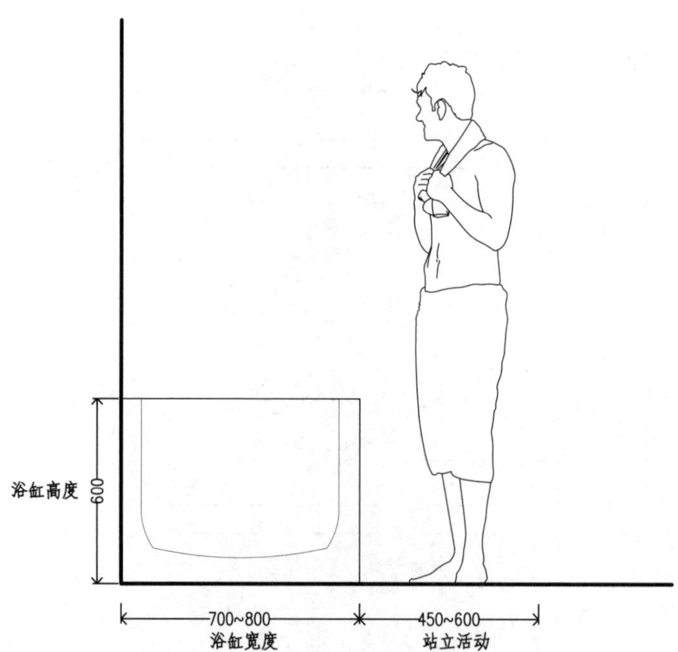

进入浴缸前的最小活动空间立面尺寸

6. 小便器

小便器是装在卫生间墙上的固定物，多用于公共卫生间中。

小便器常见的安装方式有落地式和壁挂式。

专业建议

小便器宜采用壁挂式便斗、自动感应冲水器。

成人小便器安装高度宜为小便器开口点离地 600 mm；

儿童小便器的安装高度宜为小便器开口点离地 300 mm；

小便器前要预留不应小于 450 mm 的活动空间；

小便器的长度空间不应小于 700 mm；

自动感应冲水器的隔墙宽度宜为 100 mm，高度宜为 1400 mm；

自动感应冲水器的安装高度宜为 1200 mm。

重要提示

根据《民用建筑设计统一标准》GB 50352—2019 的规定：小便器中心距侧墙或隔板的距离不应小于 0.35 m。

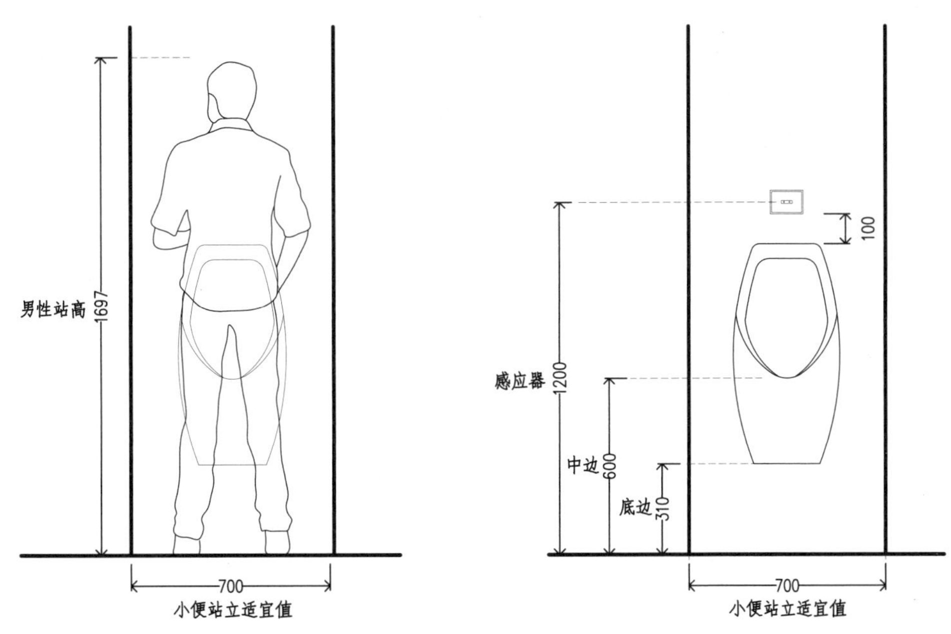

成年人小便器安装尺寸（一）

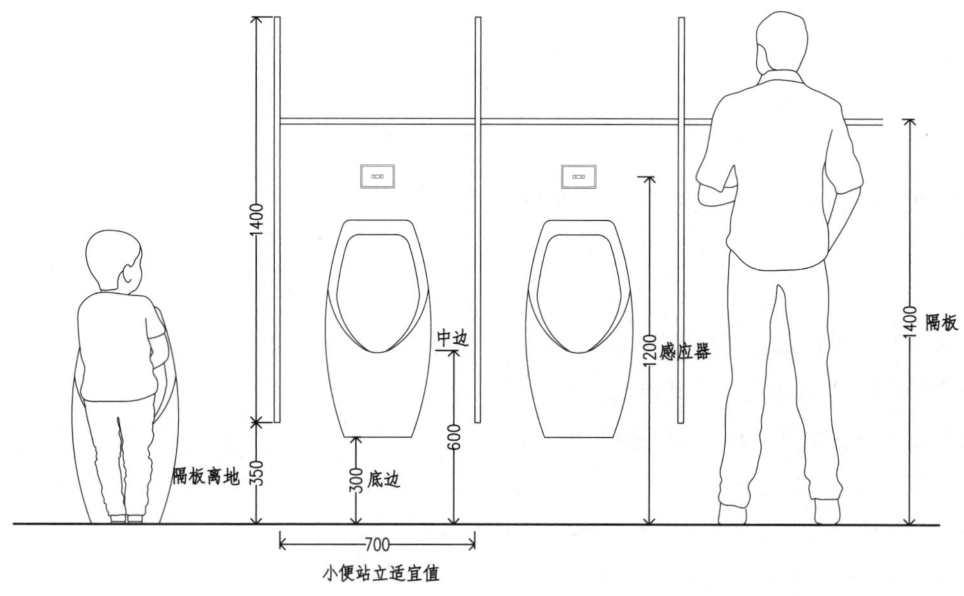

成年人小便器安装尺寸（二）

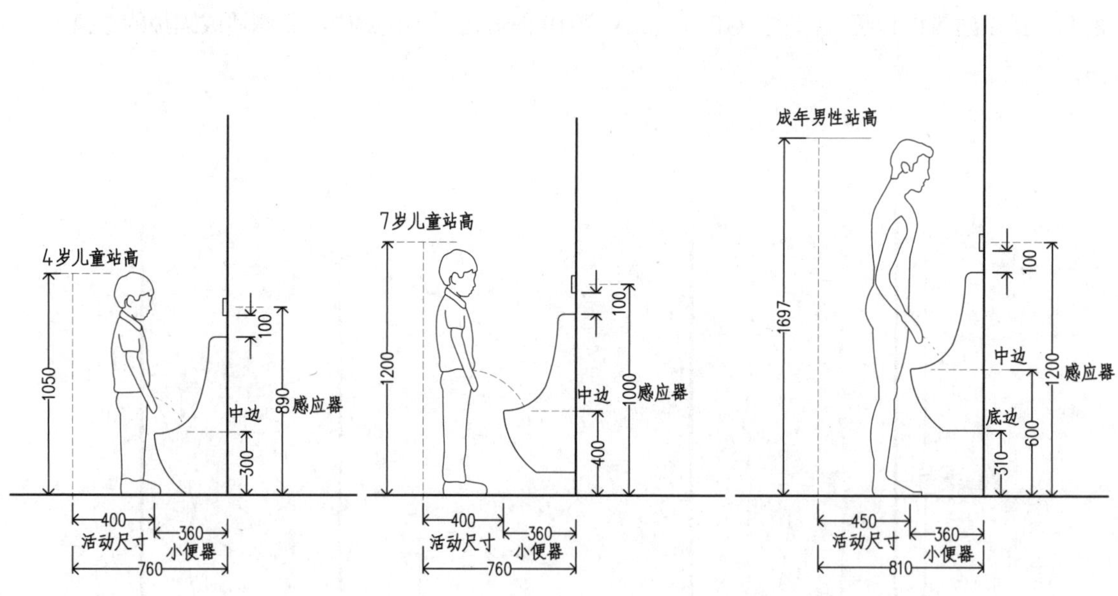

不同年龄段人群的小便器安装高度

7. 桑拿房

在较为宽敞的卫生间里可以安置一个桑拿房，桑拿房分为湿蒸房和干蒸房两种。

湿蒸房最小尺寸宜为 900 mm × 900 mm；

最适宜的尺寸为 2000 mm × 2000 mm。

干蒸房最适宜的尺寸为 2000 mm × 2000 mm。

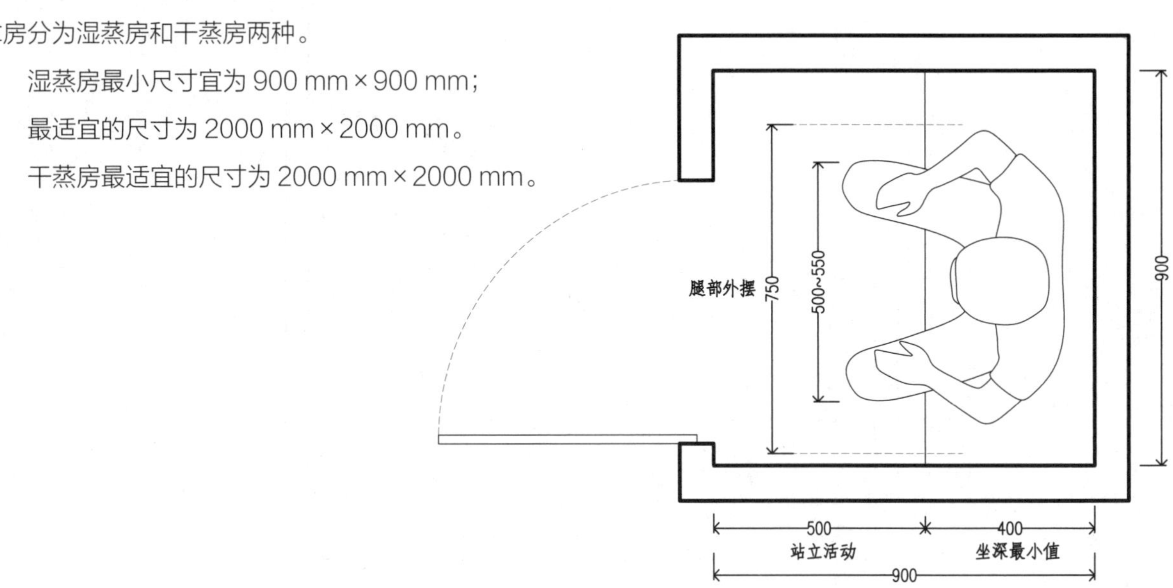

湿蒸房最小平面空间尺寸

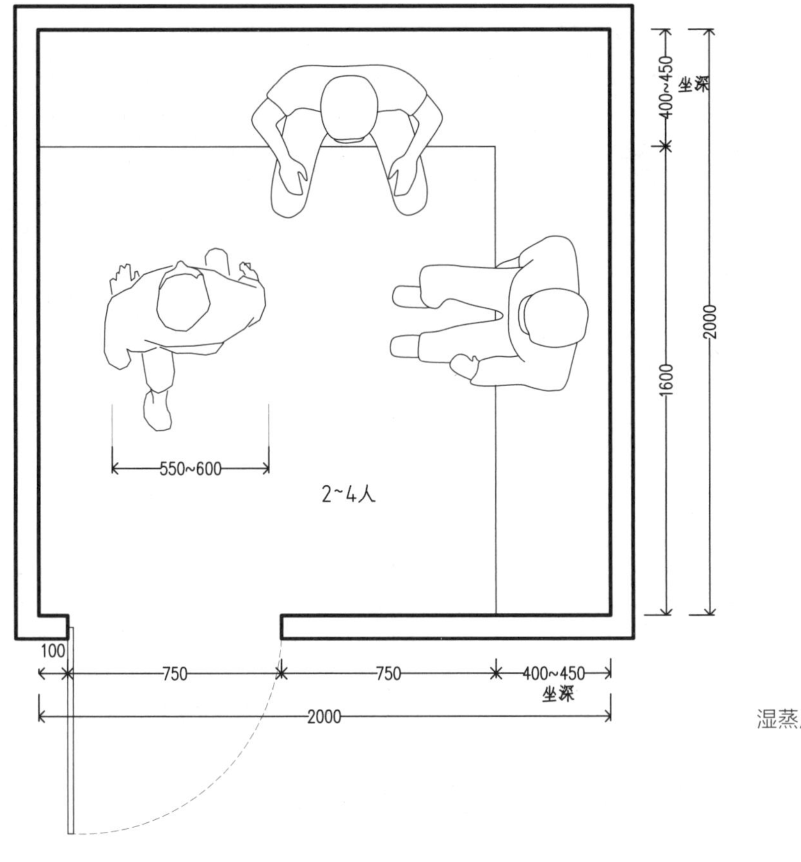

湿蒸房适宜空间尺寸

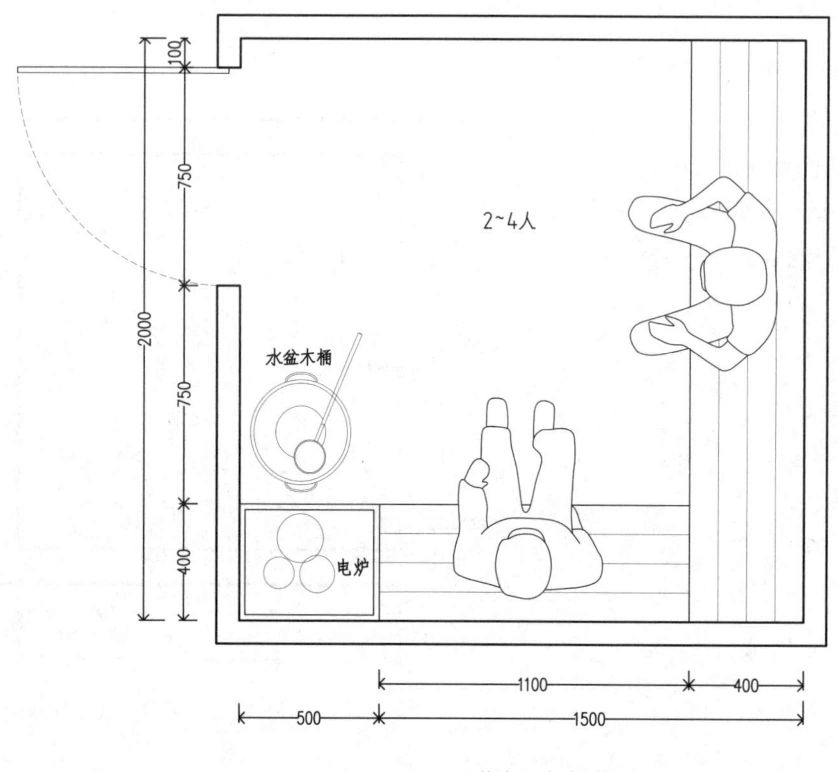

干蒸房适宜空间尺寸

一般桑拿房座椅的高度为 400~450 mm，宽度为 400 mm。

坐式桑拿房长度宜为 900 mm；

曲脚坐靠式桑拿房长度宜为 1400 mm；

半躺式桑拿房长度宜为 2000 mm；

全躺式桑拿房长度宜为 2300 mm。

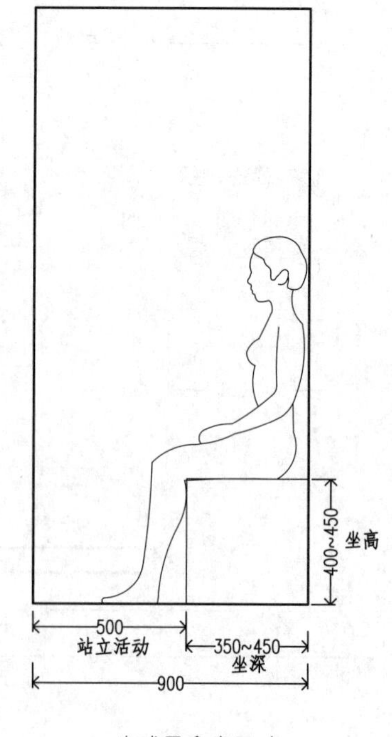

坐式桑拿房尺寸

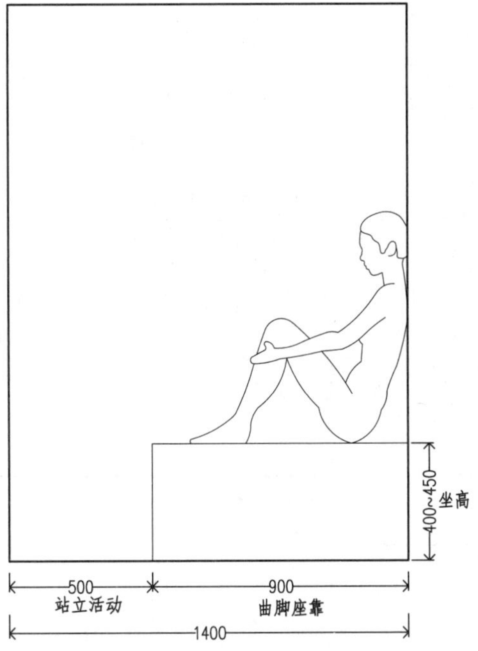

曲脚坐靠式桑拿房尺寸

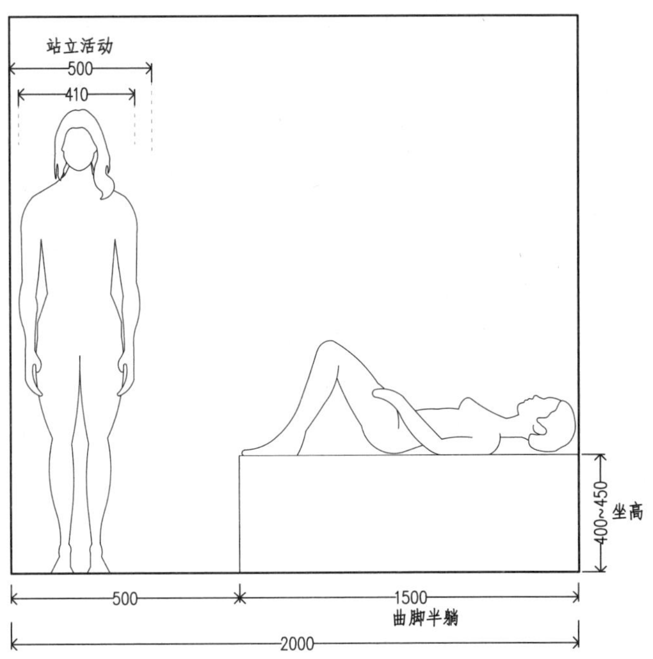

半躺式桑拿房尺寸

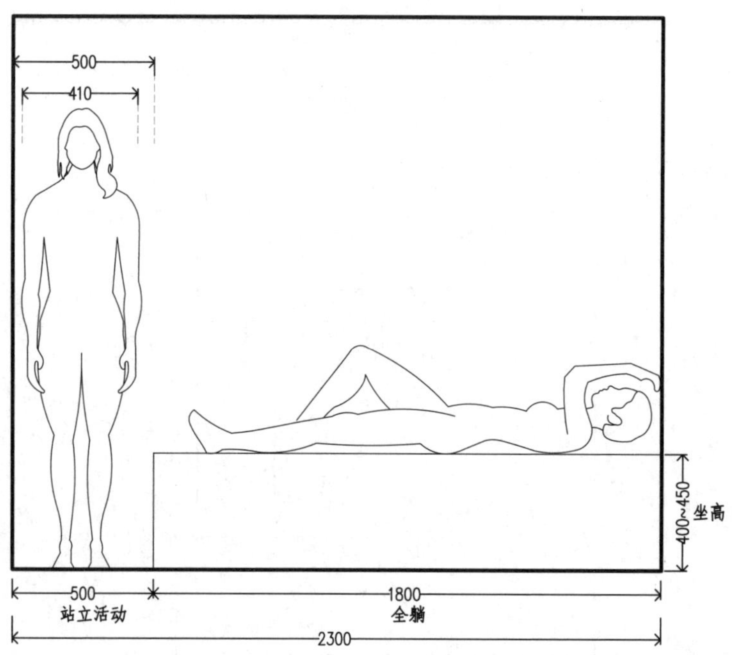

全躺式桑拿房尺寸

2.8 杂物房

杂物房是放置一些闲置物品的场所，有储物、收纳的功能。

随着人们生活水平的提高，生活物品也随之丰富，为避免生活物品在正常使用空间的堆积摆放，影响住宅的美观性，可以在空间中设置一区间用作杂物房，摆放和存储物品。

杂物房中间通道尺寸不应小于 900 mm，以满足一个人侧身活动、蹲下取物、双手捧物的空间需求。

功能配置

储物柜等。

（1）放置窄储物柜。

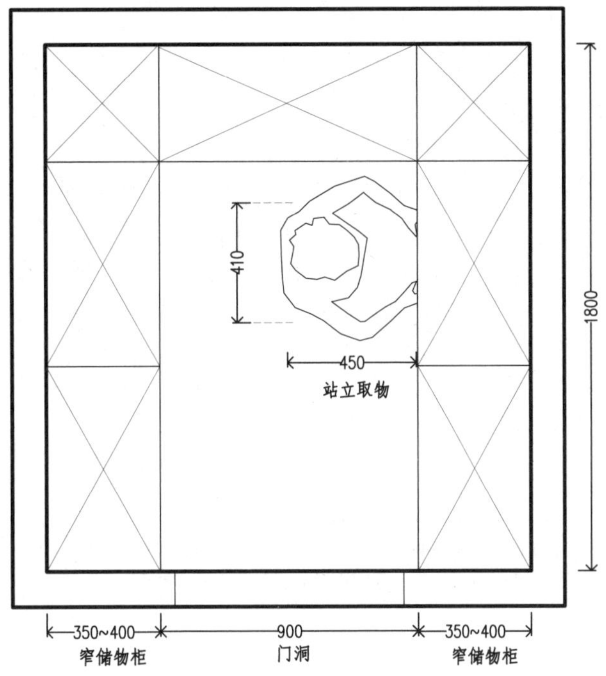

单人过道平面尺寸

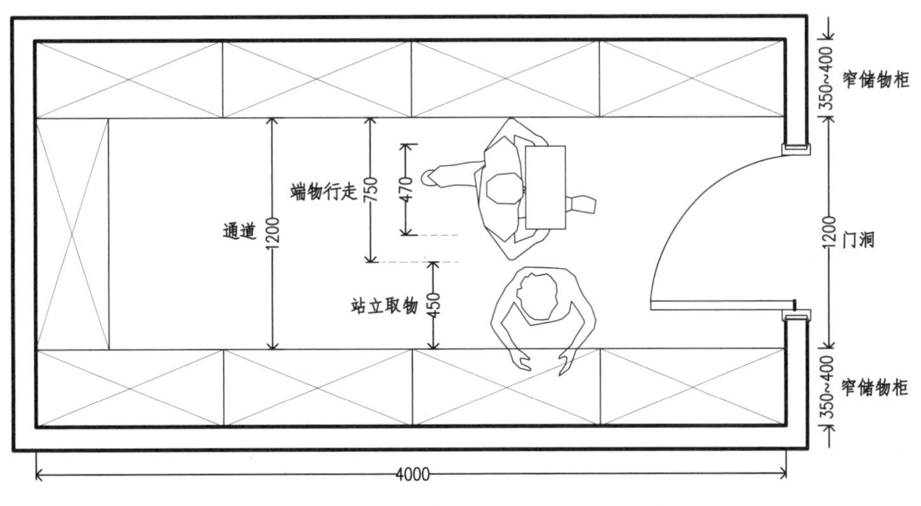

双人过道平面尺寸

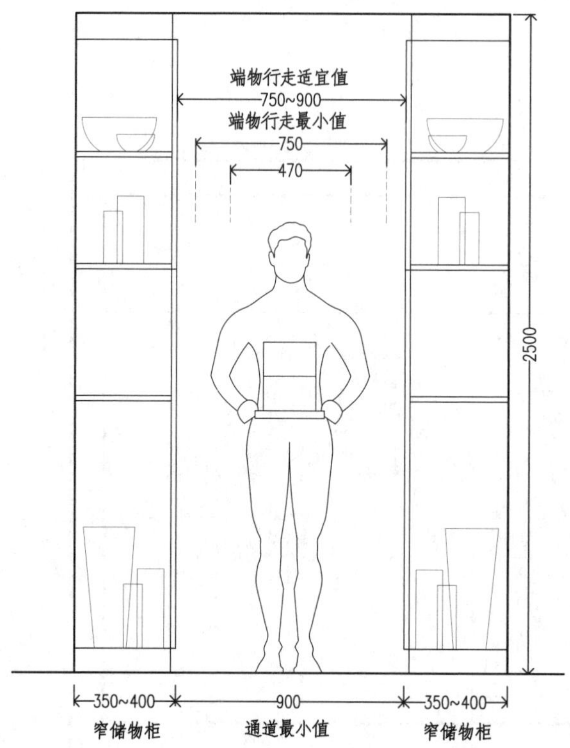

单人过道立面尺寸

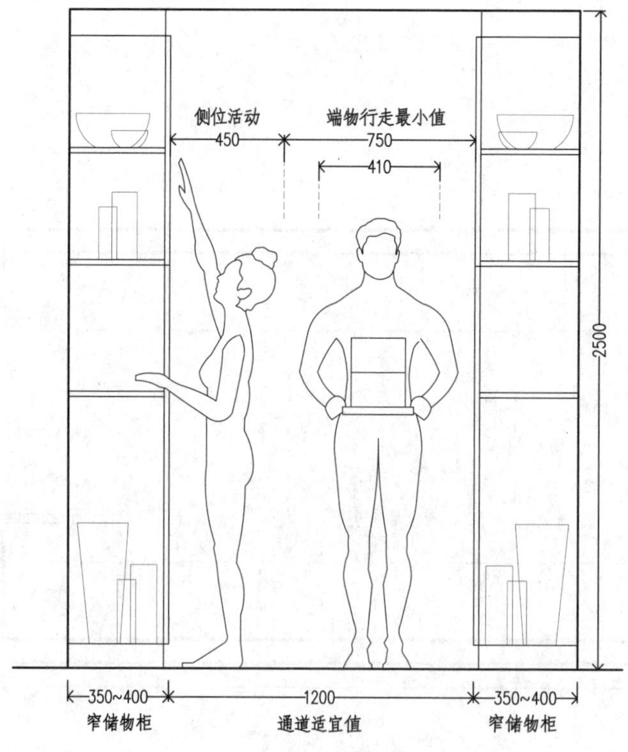

双人过道立面尺寸

蹲姿取物所需尺寸

男性伸手最大值
女性伸手最大值
1980
1850
450
侧位活动
350~400
窄储物柜

站立取物所需尺寸

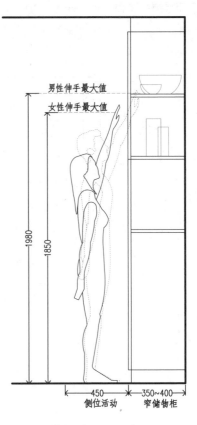

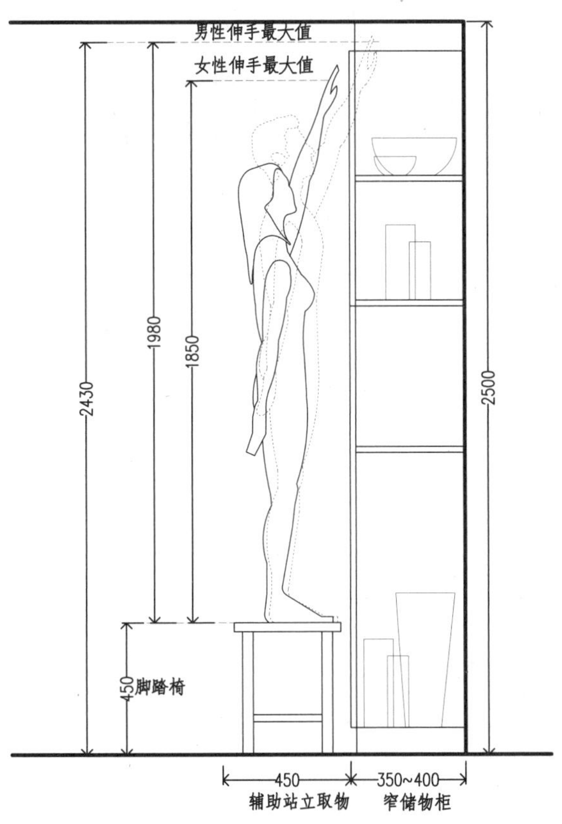

脚踏椅子取物的高度限度

（2）放置宽储物柜。

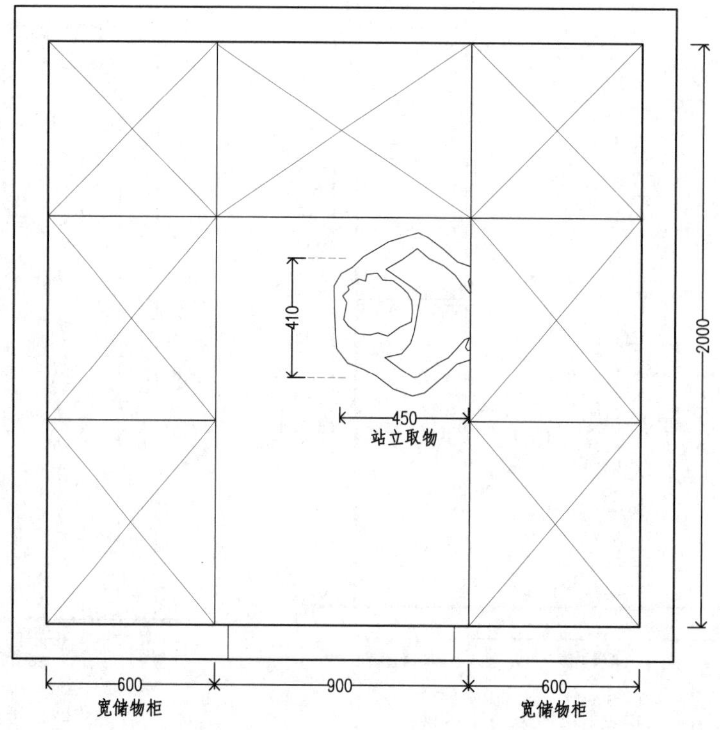

单人过道平面尺寸

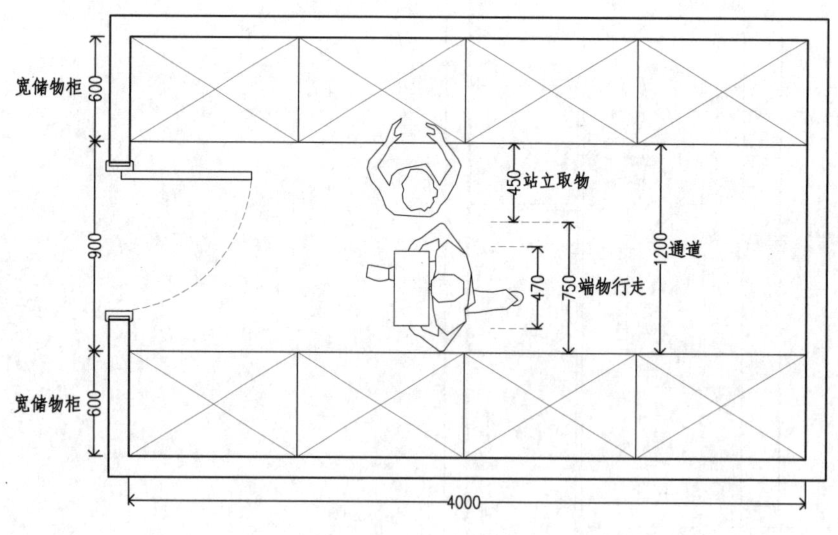

双人过道平面尺寸

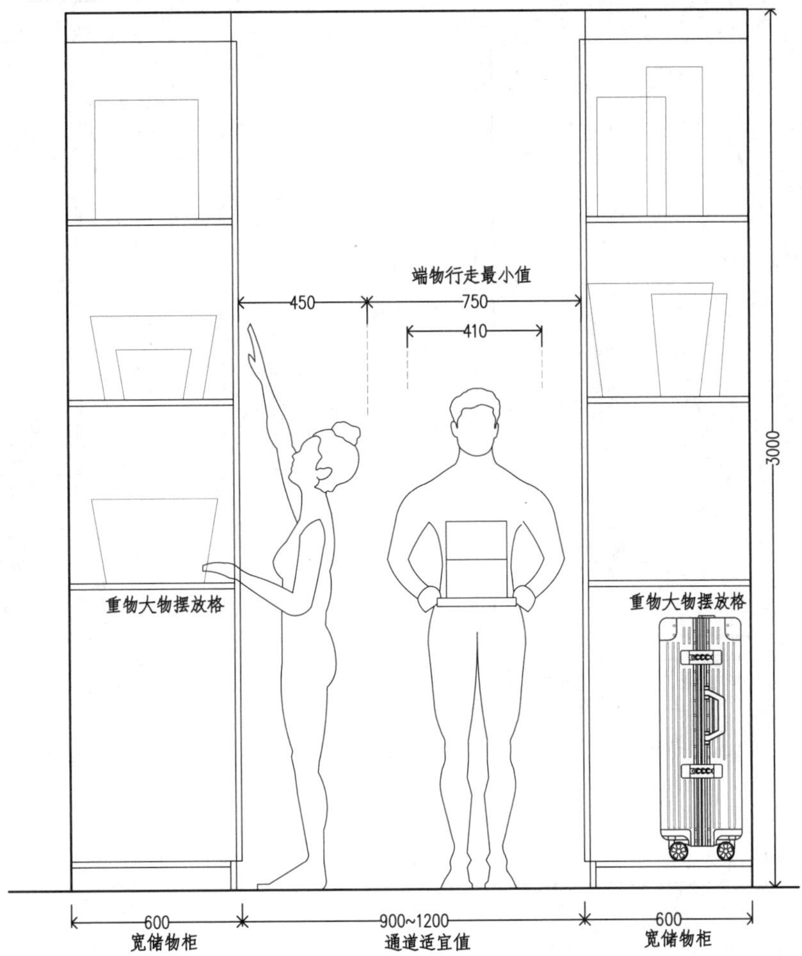
端物行走最小值
450
750
410
3000
重物大物摆放格
重物大物摆放格
600
宽储物柜
900~1200
通道适宜值
600
宽储物柜

双人过道立面尺寸

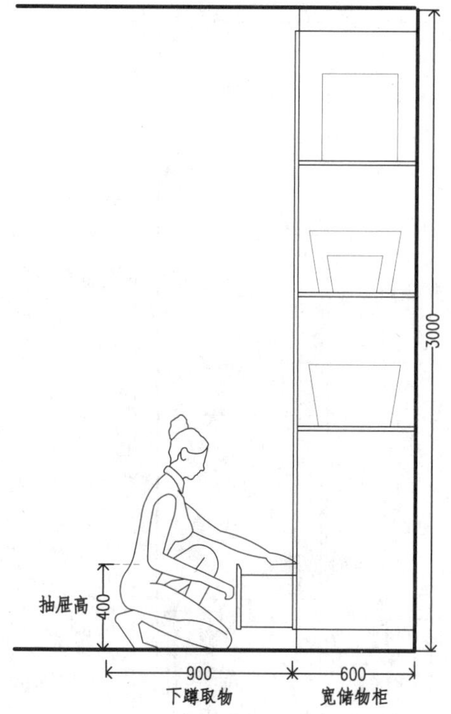

蹲姿取物所需尺寸

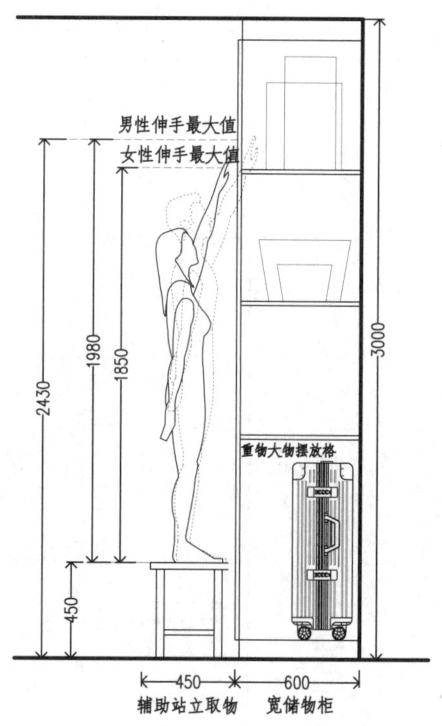

脚踏椅子取物的高度限度

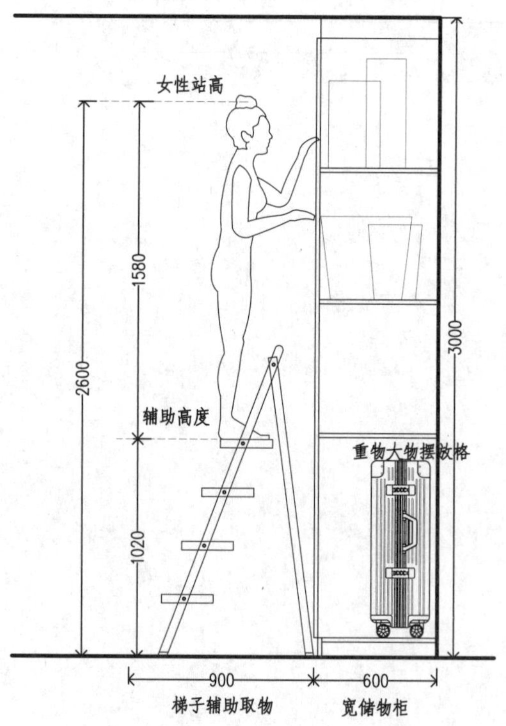

脚踏梯子取物的高度限度

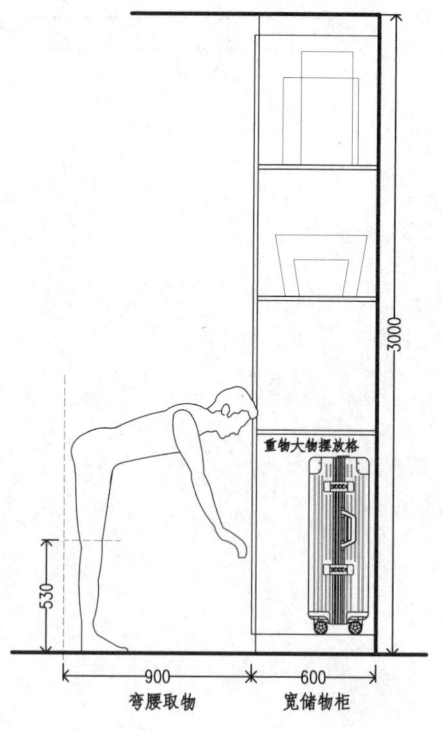

弯腰取物所需尺寸

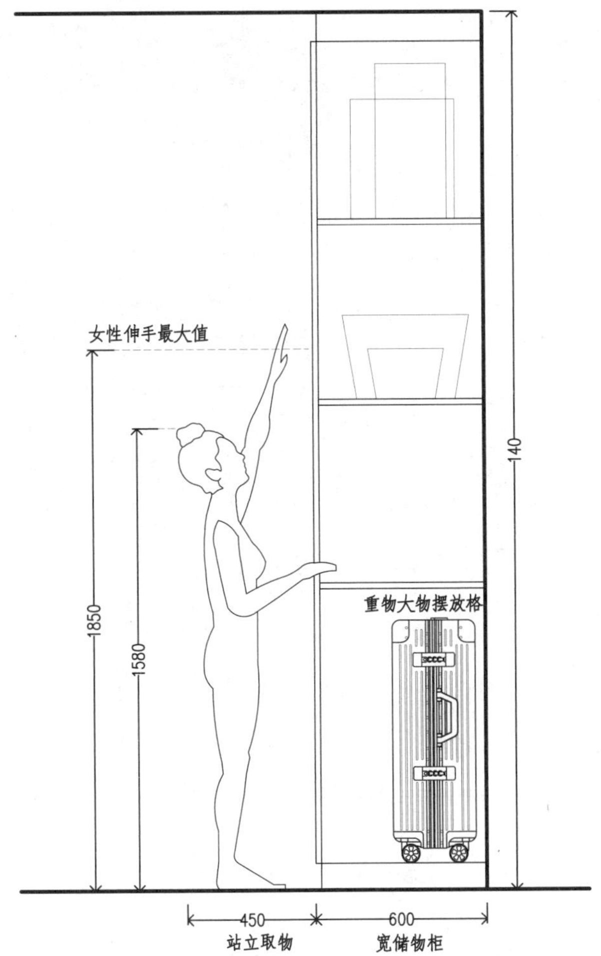

站立取物所需尺寸

2.9 洗衣房

洗衣房是集洗衣、存储为一体的空间。

洗衣房多设置在楼梯房，或与阳台边上连接，便于衣物的清洗及晾晒。洗衣房一般分为干洗区、湿洗区、熨烫区。

洗衣房还可以兼具存储洗涤用品和清洁室的功能，其中设置的条形储物柜可用来存放吸尘器、拖把、抹布或水桶等清洁用品。

功能配置

嵌入式洗衣机、嵌入式烘干机、条形储物柜、清洗池、吊柜、烫衣板。

1. 洗衣机（翻盖式、滚筒式）

市场上普通滚筒式洗衣机的尺寸为 600 mm × 650 mm × 850 mm 左右，翻盖式洗衣机的尺寸为 520 mm × 540 mm × 920 mm 左右。

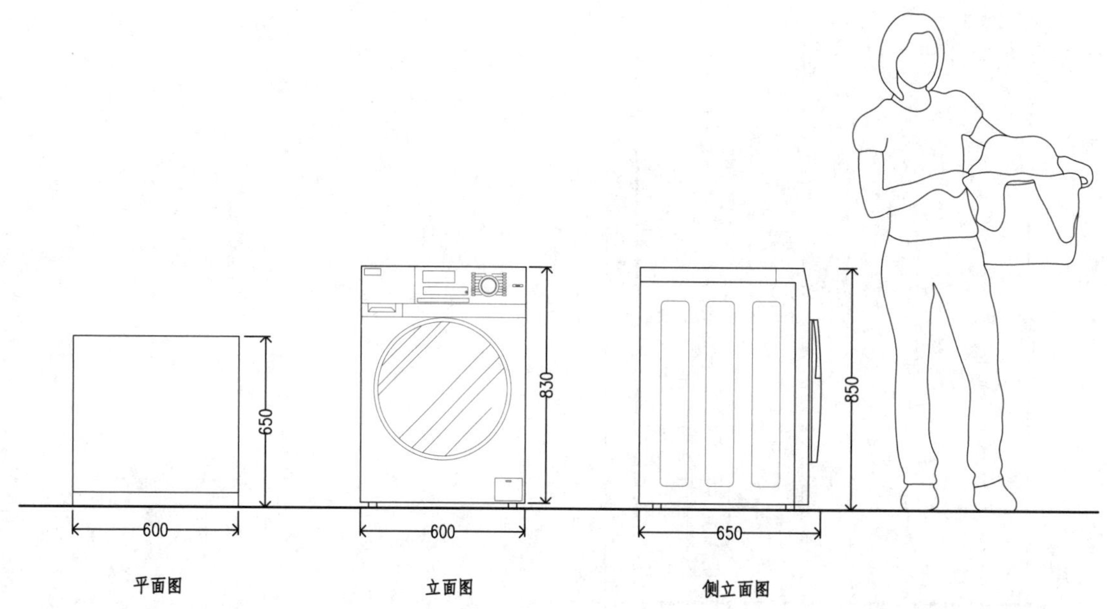

滚筒式洗衣机尺寸

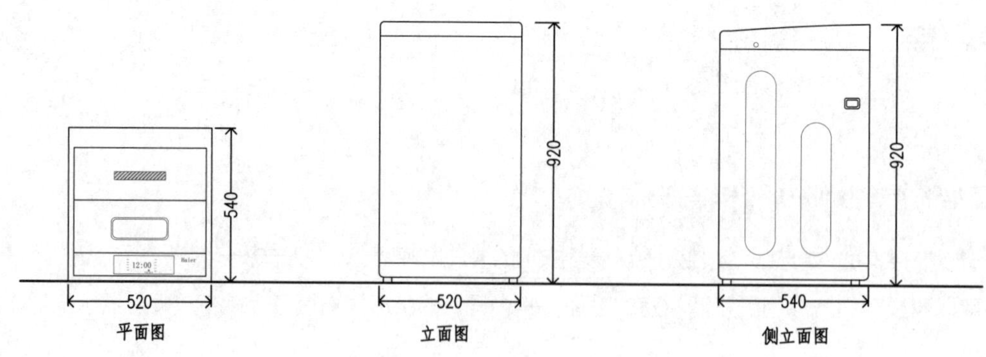

翻盖式洗衣机尺寸

2. 烫衣板

烫衣板的长度一般为 900~1200 mm，宽度为 310 mm，高度为 850 mm。

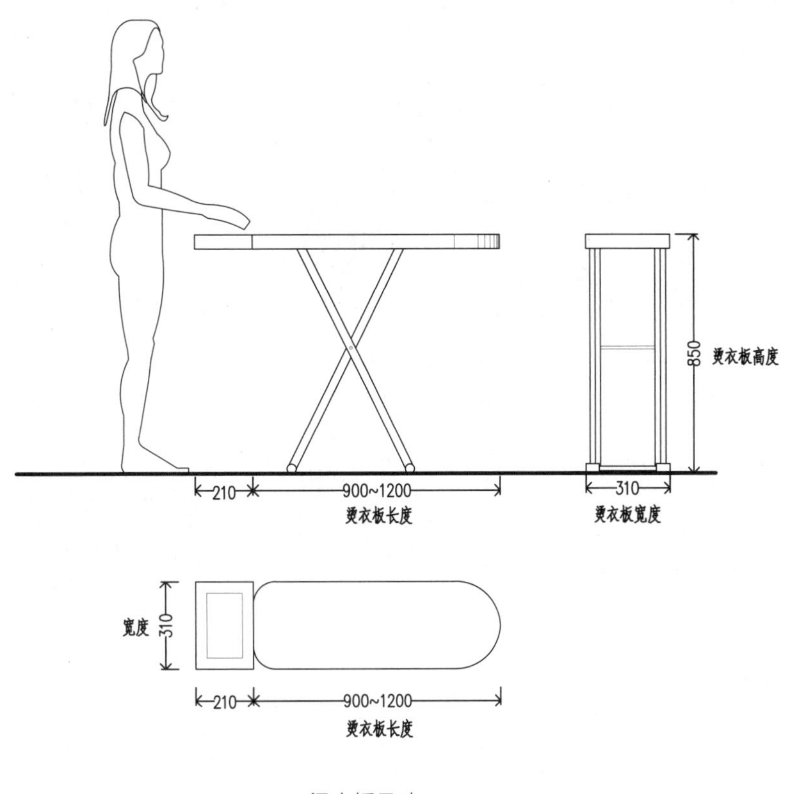

烫衣板尺寸

3. 阳台一体式洗衣柜

对于小户型不能设置洗衣房的，一般在阳台设置一体式洗衣柜。

阳台洗衣柜一般设置在生活阳台靠墙位置，集清洗池、洗衣柜、滚筒式洗衣机（滚筒式洗衣机多为嵌入式安装在洗衣柜下方）、吊柜于一体。

专业建议

洗衣柜左右应预留不小于 40 mm 的活动空隙；背面应预留不小于 50 mm 的空间，用来安装进水管及排水管。

（1）洗衣柜与清洗台高度相同。

洗衣柜的长度宜为 680 mm，宽度宜为 600 mm，高度宜为 950 mm；

清洗台的长度宜为 600 mm，宽度宜为 600 mm，高度宜为 950 mm;

上柜离台面宜为 700~800 mm，宽度宜为 350 mm。

在吊柜和台面之间宜设置一个衣架杆，用来放置衣架和毛巾架。衣架杆距离吊柜宜为 200 mm。

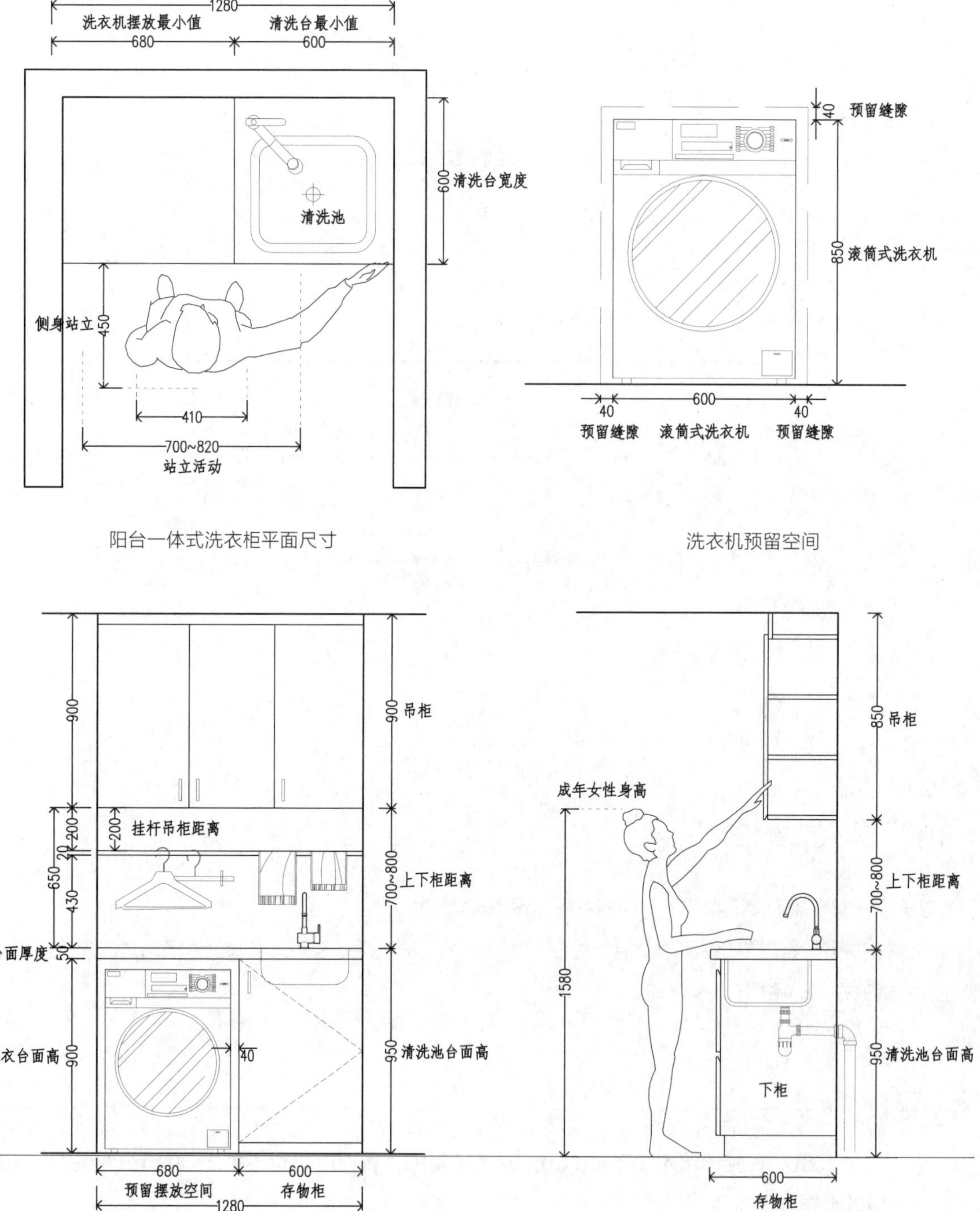

阳台一体式洗衣柜平面尺寸

洗衣机预留空间

阳台一体式洗衣柜正立面尺寸

阳台一体式洗衣柜侧立面尺寸

（2）高低柜。

洗衣柜的长度宜为 680 mm，宽度宜为 600 mm，高度宜为 950 mm；

清洗台的长度宜为 600 mm，宽度宜为 600 mm，高度宜为 800~850 mm；

上柜离台面宜为 700~800 mm，宽度宜为 350 mm；

毛巾杆距离吊柜宜为 200 mm。

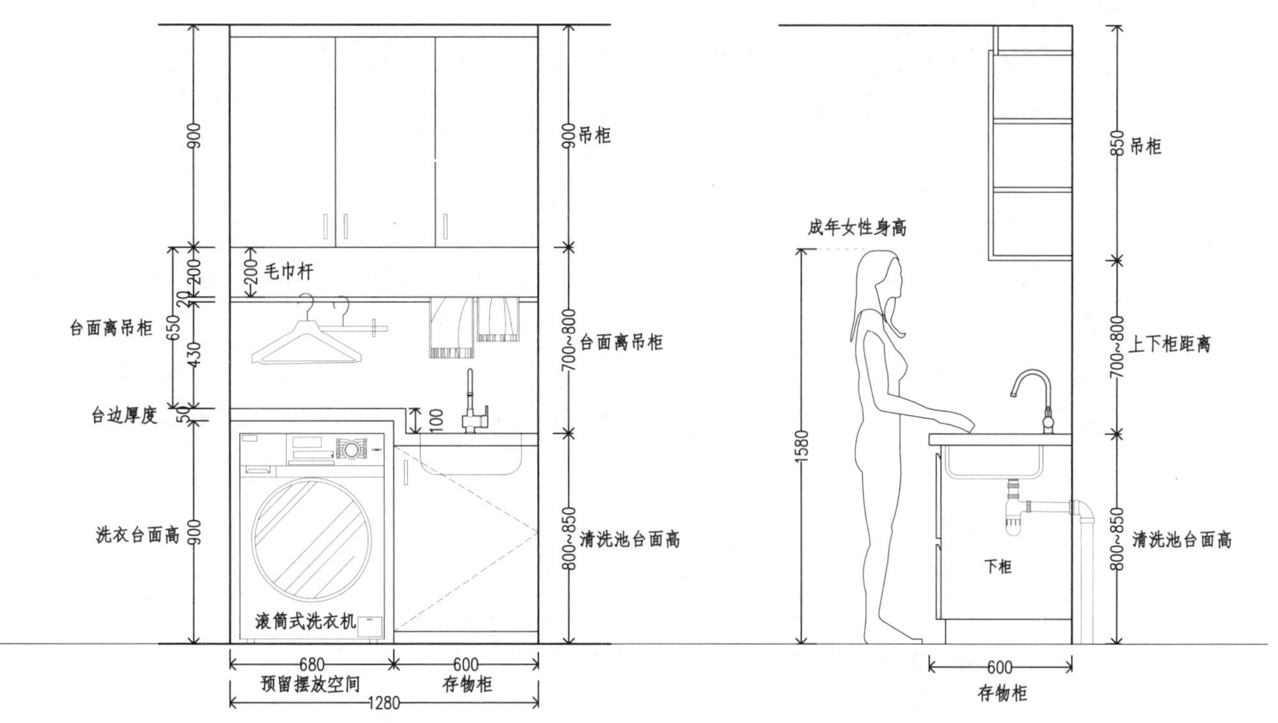

阳台一体式高低柜正立面尺寸

阳台一体式高低柜侧立面尺寸

4. 小型洗衣房

功能配置

洗衣机、烘干机、条形储物柜、清洗池、吊柜。

专业建议

在洗衣柜旁宜设置一个条形储物柜，用来储藏一些清洁用品、插座等物品。

洗衣机与烘干机的空间长度宜为 680 mm，宽度宜为 600 mm，高度宜为 1800 mm；
条形储物柜的尺寸宜为 350 mm × 600 mm × 1800 mm，里面可以摆放扫把、烫衣板、清洁剂等物品；
清洗台的长度宜为 600 mm，宽度宜为 600 mm，高度宜为 800~850 mm；
毛巾杆距离吊柜宜为 200 mm；
洗衣柜前面宜预留 1200 mm，可以满足站立取衣物时旁边能通过一个人和蹲下取物、弯腰取物的情况。

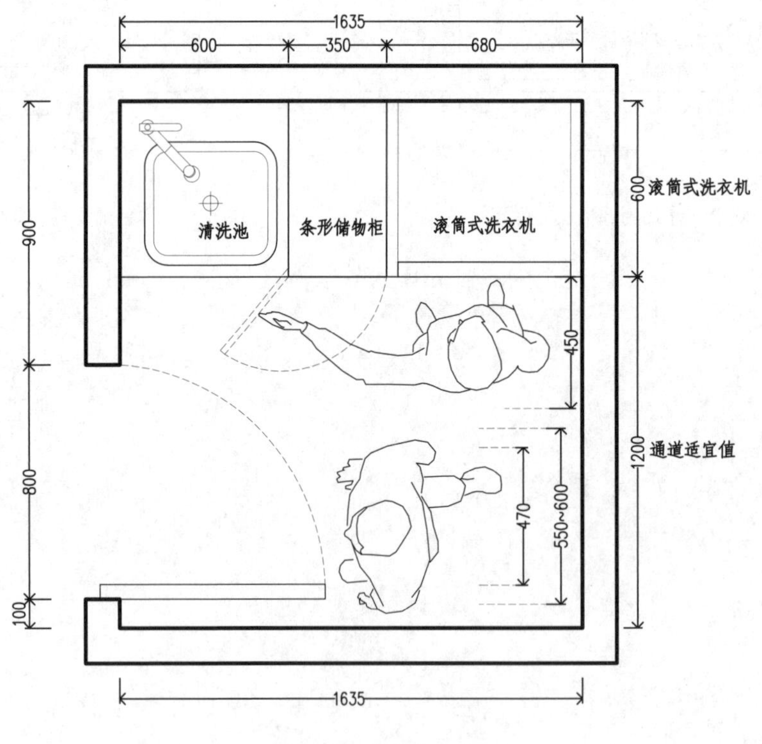

小型洗衣房平面尺寸

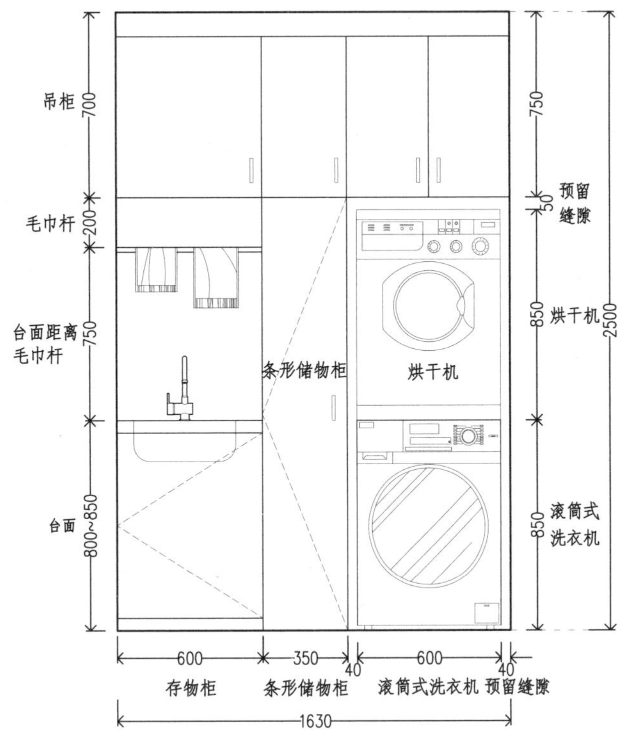
吊柜
700
毛巾杆
200
台面距离
毛巾杆
750
台面
800~850
条形储物柜
烘干机
750
50
预留
缝隙
850
烘干机
2500
850
滚筒式
洗衣机
600
350
40
600
40
存物柜
条形储物柜
滚筒式洗衣机
预留缝隙
1630

小型洗衣房立面尺寸

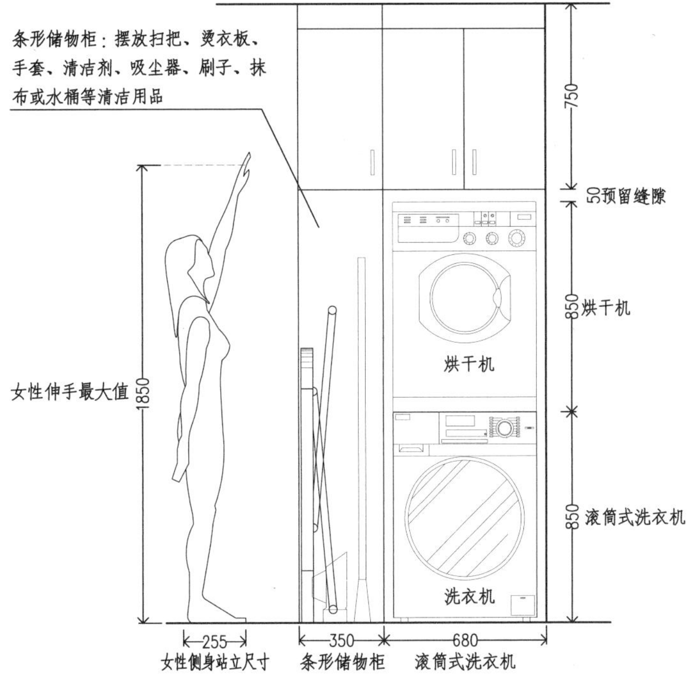
条形储物柜：摆放扫把、烫衣板、
手套、清洁剂、吸尘器、刷子、抹
布或水桶等清洁用品
女性伸手最大值
1850
750
50预留缝隙
850烘干机
烘干机
850滚筒式洗衣机
洗衣机
255
350
680
女性侧身站立尺寸
条形储物柜
滚筒式洗衣机

条形储物柜尺寸

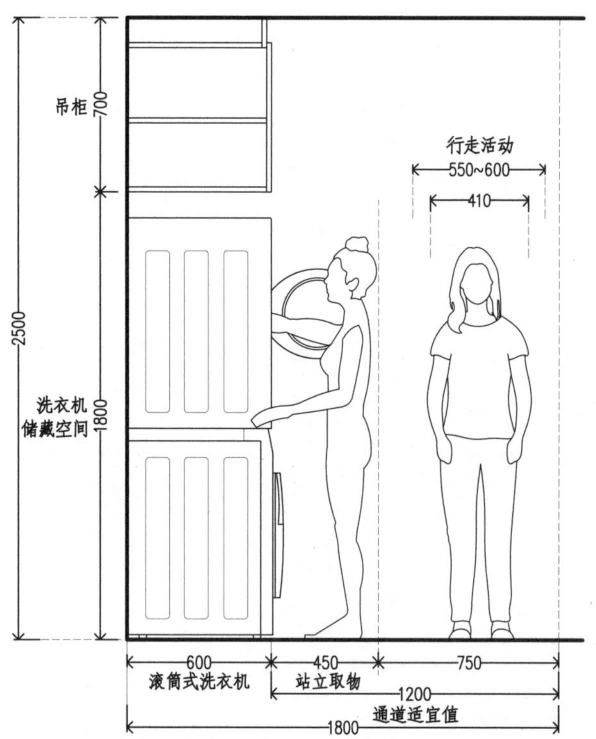

两个人同时活动的过道尺寸

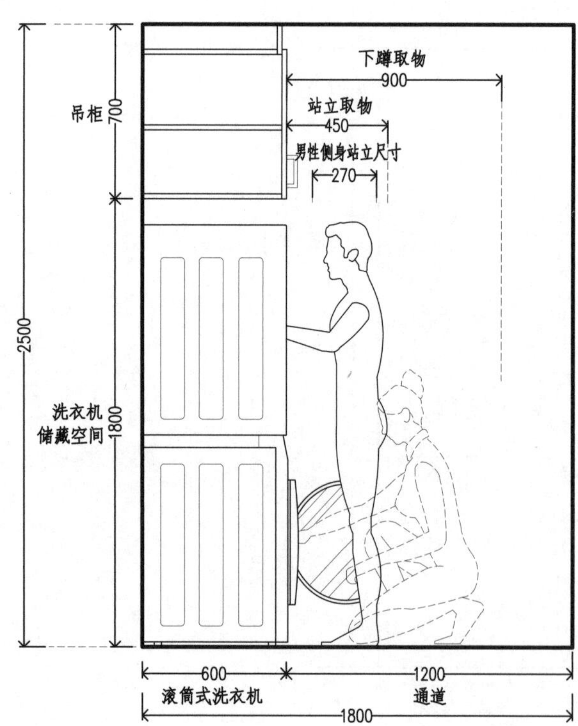

蹲姿弯腰取物所需尺寸

5. 大型洗衣房

功能配置

并排洗衣机、并排烘干机、条形储物柜、清洗池、吊柜、烫衣板等。

并排洗衣机与烘干机的空间长度宜为 1360 mm，宽度宜为 600 mm，高度宜为 1800 mm；
清洗台的长度宜为 600 mm，宽度宜为 600 mm，高度宜为 800~850 mm；
洗衣柜前应预留 900~1200 mm 的烫衣板使用空间。

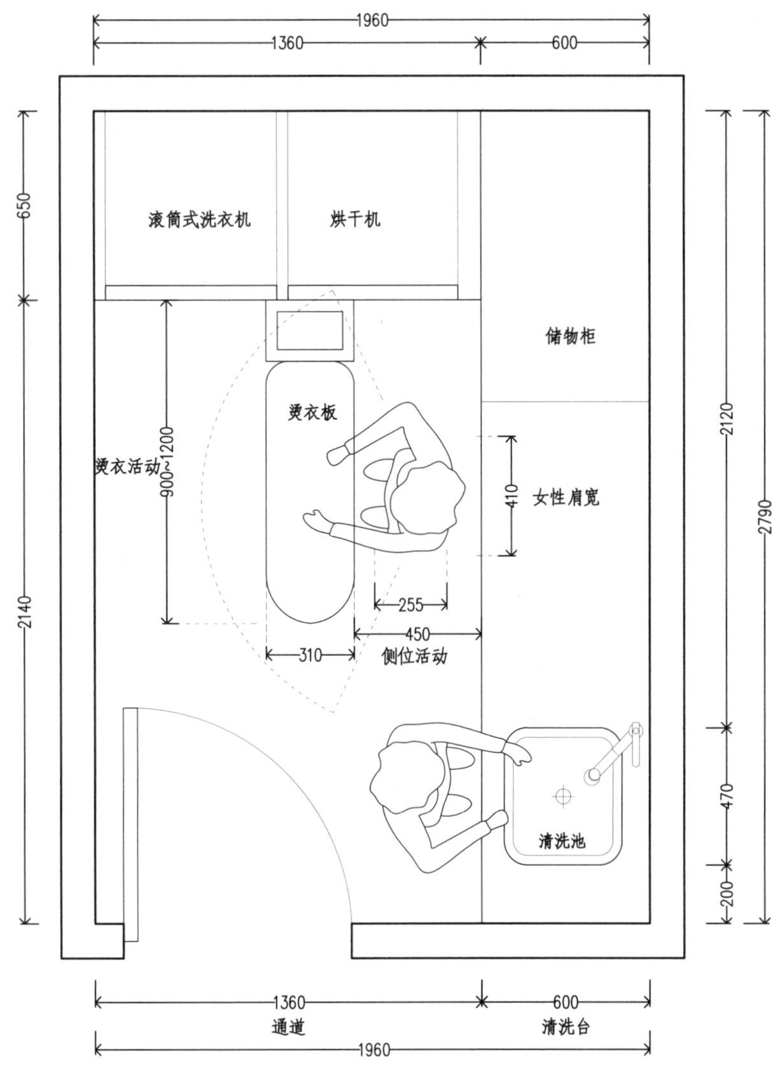

大型洗衣房平面尺寸

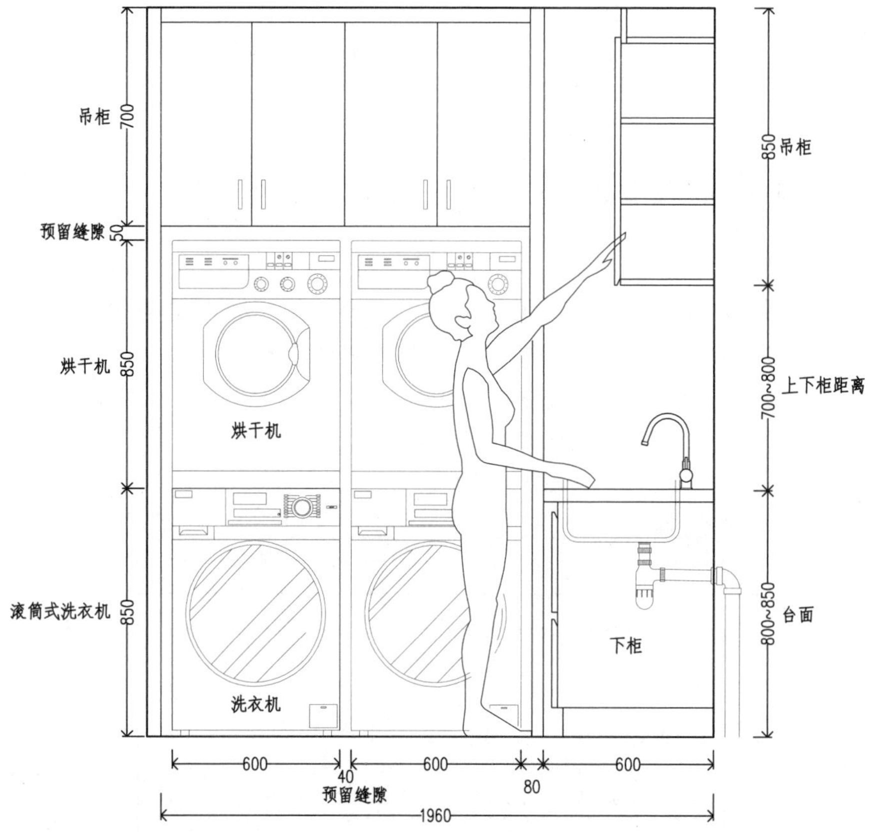

大型洗衣房立面尺寸

2.10 工人房

工人房涵盖管家房、保姆房、司机房等用房。

因工人不应到主人房卫生间淋浴，所以设计工人房时有空间面积的必须带独立卫生间及淋浴间。工人房多设置在楼梯底部、生活阳台、车库、厨房边上，便于工人开展工作。

功能配置

卫生间、床、衣柜、书写台。

1. 单人床

管家房、保姆房、工人房放置单人床的面积为 11.9 m^2。

单人床尺寸：900 mm × 1900 mm，适合一个成人就寝。

衣柜尺寸：深度为 600 mm；衣柜门分为推拉门、平开门。

书写台尺寸：长度宜为 800 mm，宽度宜为 600 mm，高度宜为 750 mm。

书写台外沿距墙边的通道尺寸不宜小于 900 mm。

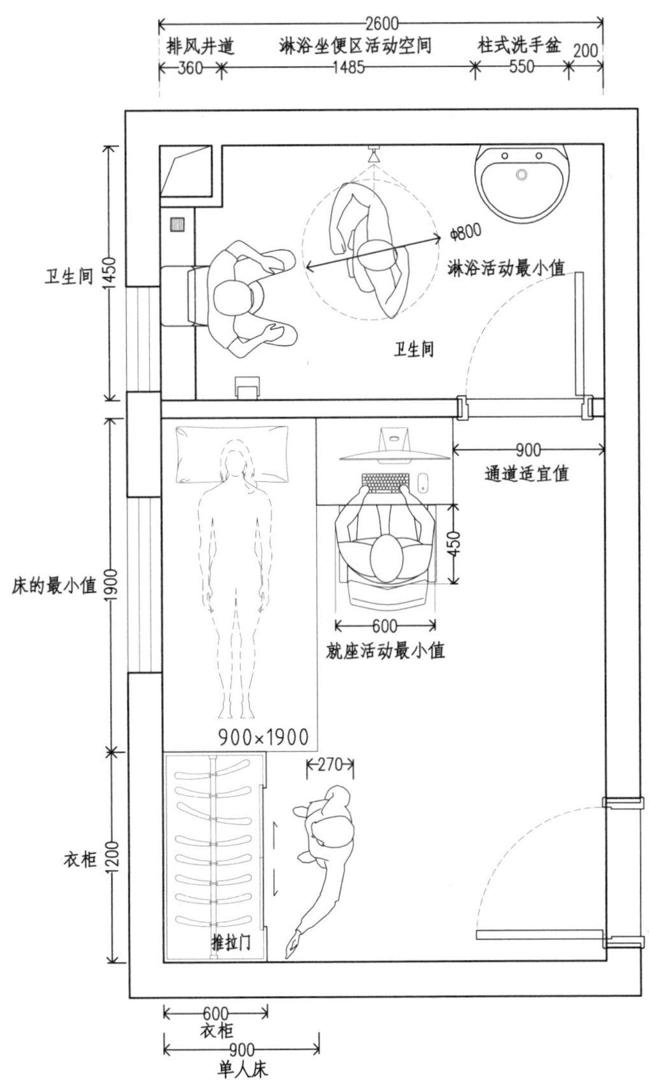

工人房单人床平面尺寸

2. 双层床

管家房、保姆房、工人房放置双层床的面积为 6.4 m^2。

双层床尺寸：

上方床为 900 mm × 1900 mm；

下方书写台尺寸为 950 mm × 750 mm × 600 mm，台面与置物板的距离宜为 550 mm；

下方衣柜的尺寸宜为 600 mm × 600 mm × 1700 mm，衣柜门最常见的为平开门；

通道尺寸不宜小于 900 mm。

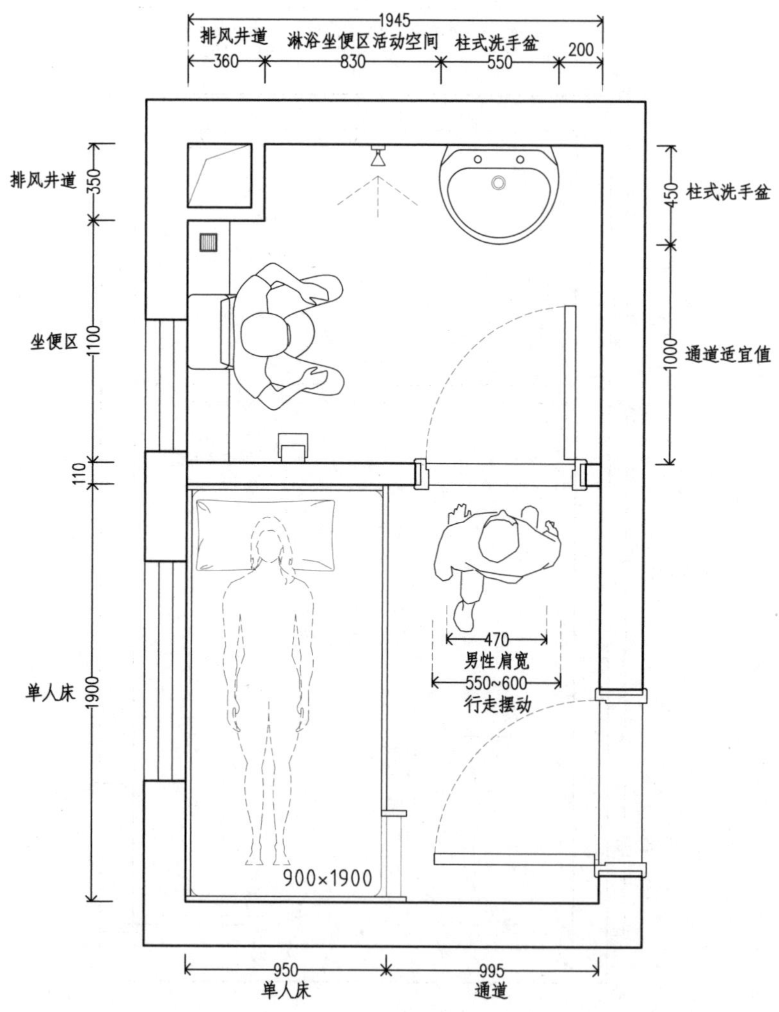

工人房双层床平面尺寸

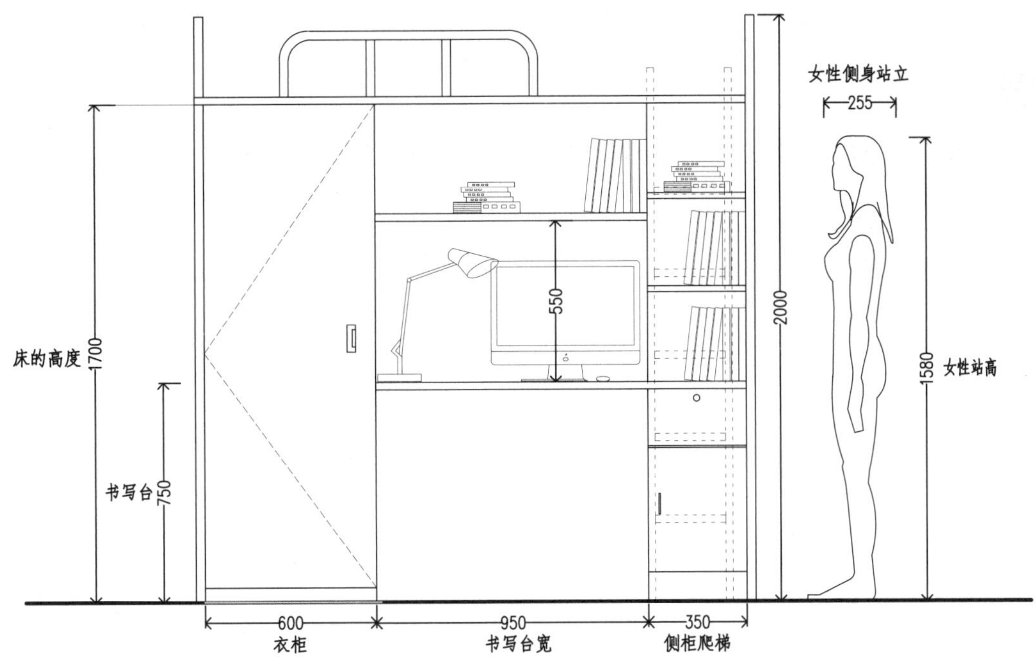

工人房双层床立面尺寸

2.11 阳台

阳台分为生活阳台与景观阳台，它们侧重的功能及作用不同。

（1）生活阳台。

生活阳台一般是晾晒衣服和摆放洗衣机、家庭清洁用具的地方。

（2）景观阳台。

景观阳台是将阳台设计成集休闲娱乐、运动于一体的区域，用来喝茶聊天、运动、观景等。

1. 生活阳台

功能配置

洗衣柜、洗衣机、柱式洗手盆、拖把池、燃气式热水器、晾衣架。

（1）生活阳台最小值。

面积为 1.95 m^2，长 1.95 m × 宽 1.0 m。

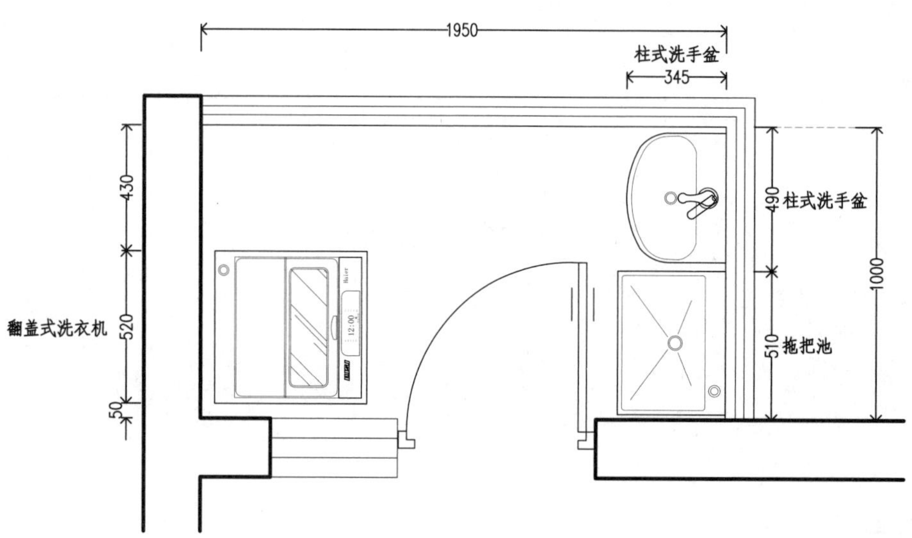

生活阳台最小值

（2）生活阳台合理值。

面积为 4.2 m^2，长 3.5 m × 宽 1.2 m。

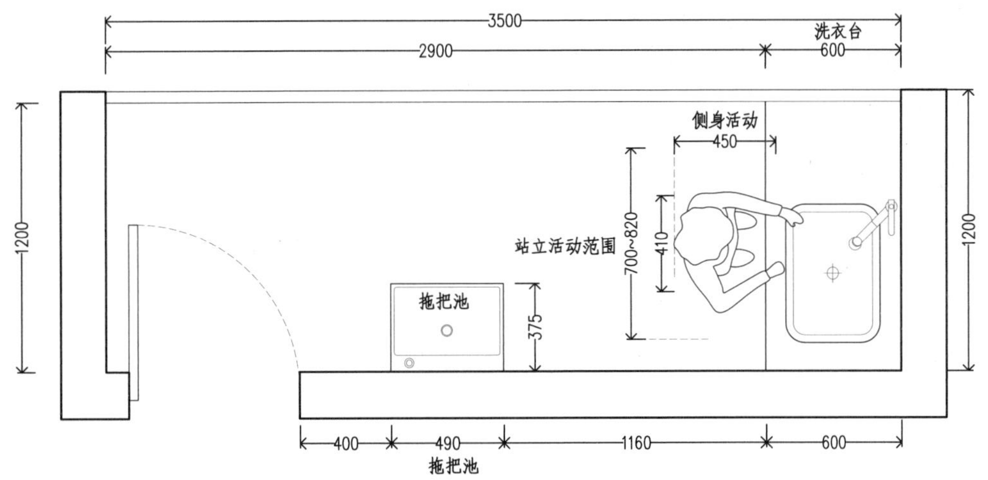

生活阳台合理值

（3）拖把池。

拖把池的整体尺寸宜为 490 mm × 375 mm × 410 mm。

拖把池前面应预留 600 mm 的活动空间。

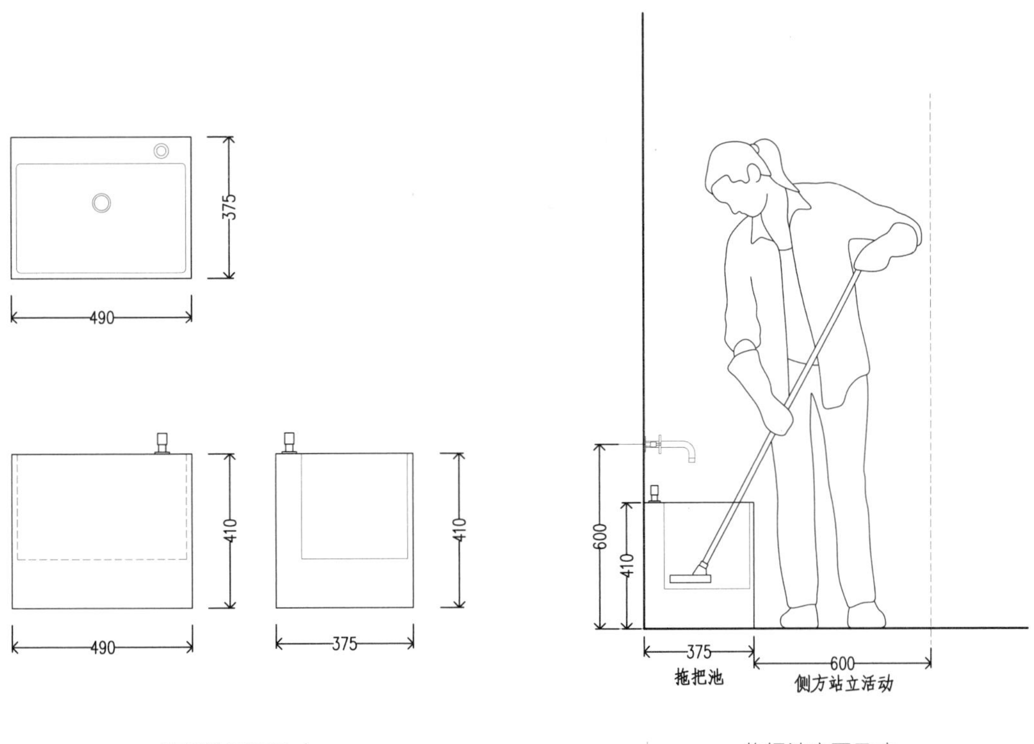

拖把池平面尺寸　　拖把池立面尺寸

（4）电动晾衣架。

电动晾衣架的高度应参考女性伸手能拿到物品的最高限度为 1850 mm，男性伸手能拿到物品的最高限度为 1980 mm 来设计。

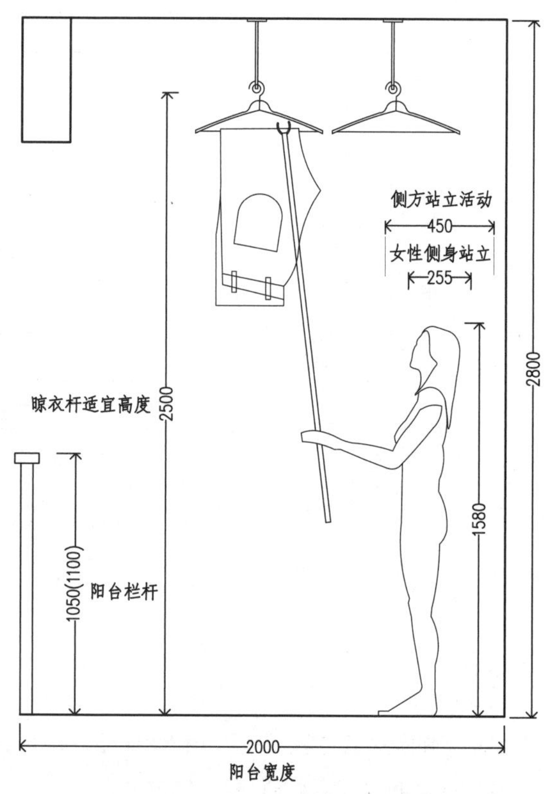

晾衣杆适宜高度

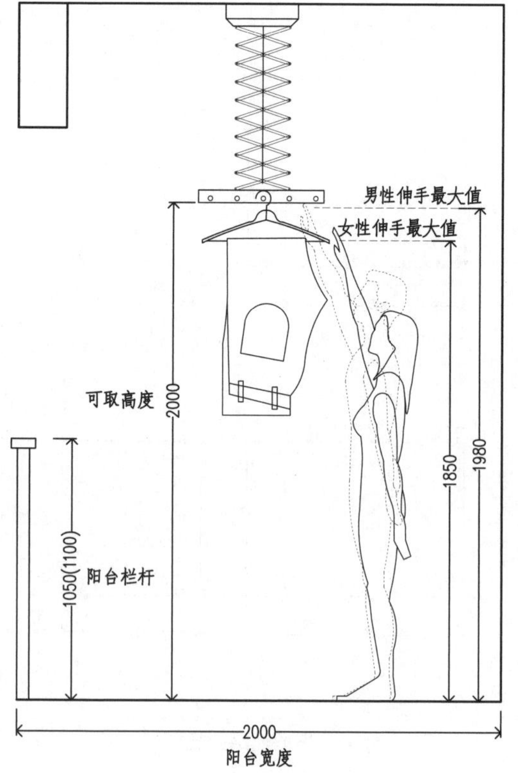

电动晾衣架高度

（5）柱盆。

柱式盆是指有柱体支撑上方的洗手盆，简称柱盆。

柱盆因尺寸多样、安装面积较小、价格实惠、方便耐用而受到人们的欢迎。

柱盆的整体尺寸为 440 mm × 360 mm × 850 mm；

柱盆外沿到墙面的距离不应小于 600 mm。

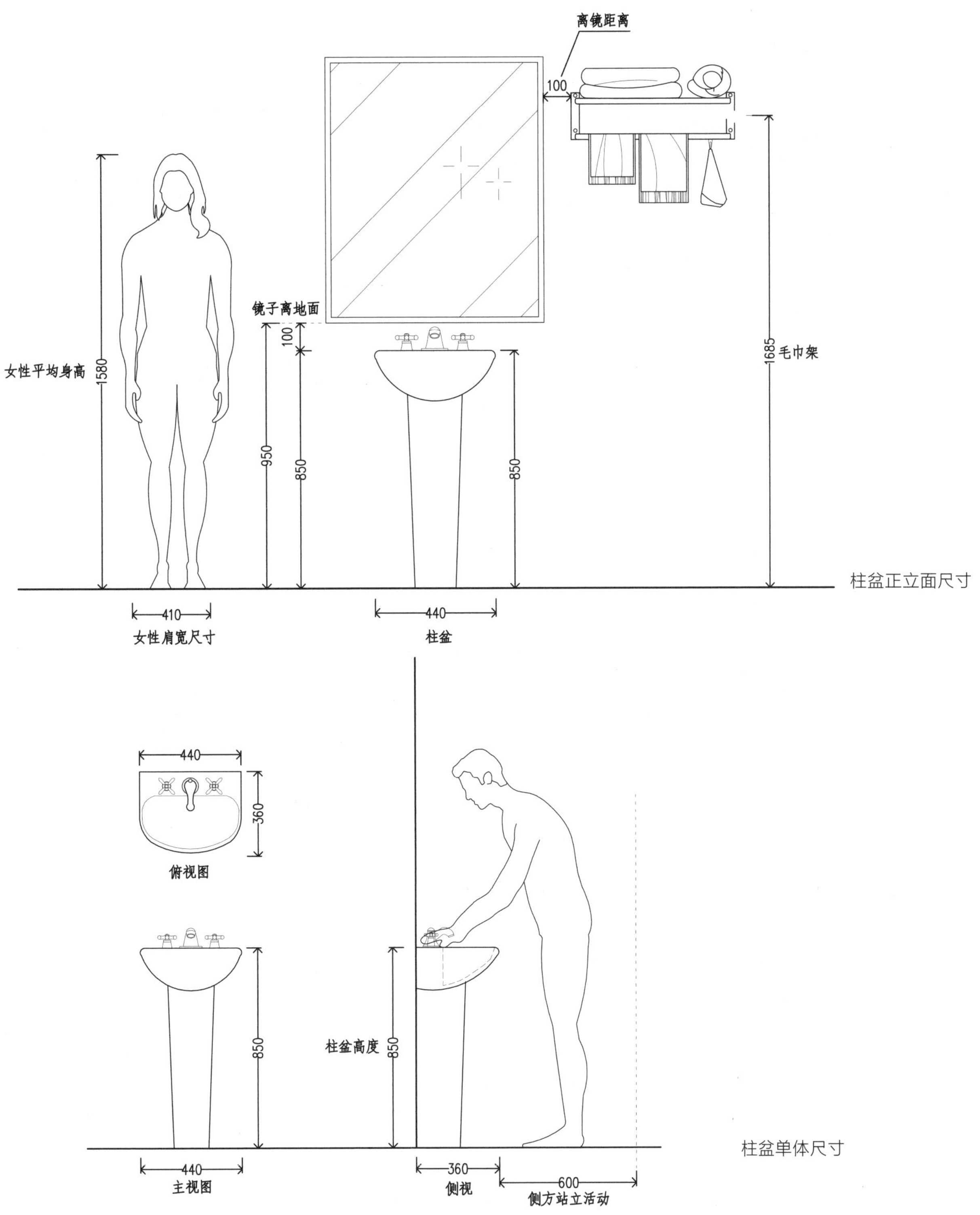

柱盆正立面尺寸

柱盆单体尺寸

2. 景观阳台

景观阳台的长度宜为 4000~5500 mm，宽度宜为 1500 mm。

景观阳台有以下的平面设计：

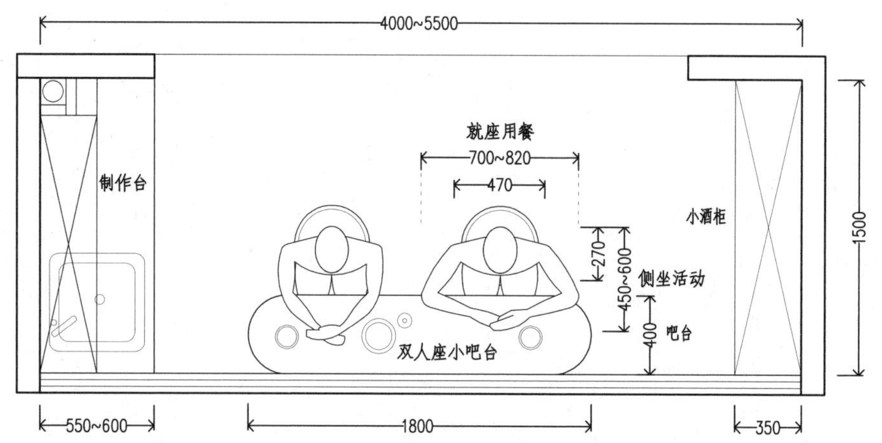

横向双人吧台尺寸

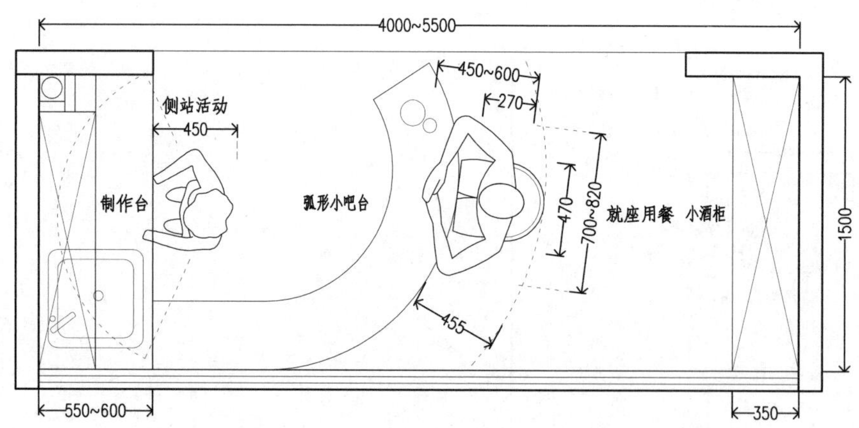

弧形吧台尺寸

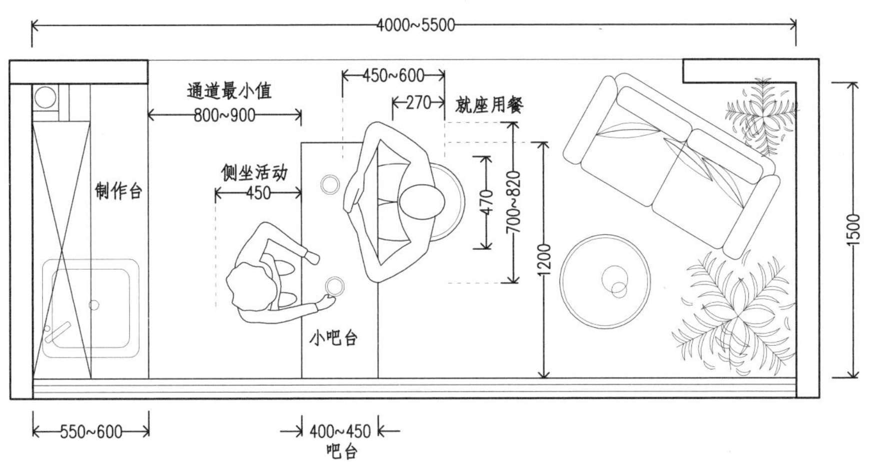

吧台 + 休闲座椅尺寸

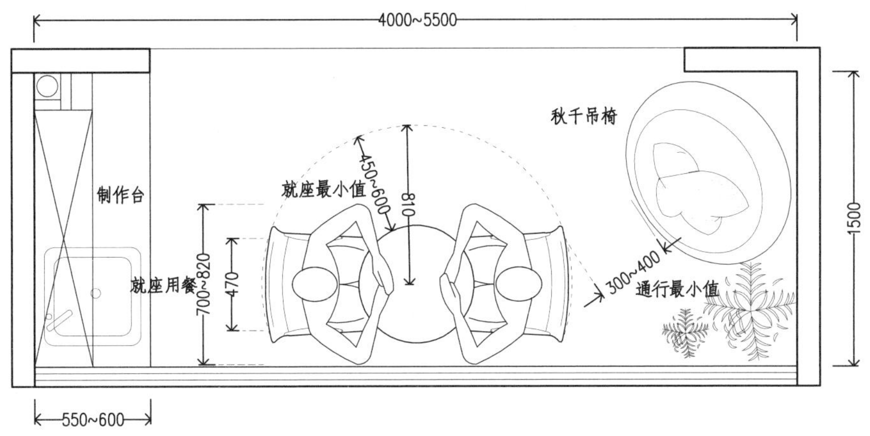

两人休闲座椅 + 吊椅尺寸

2.12 入户花园

入户花园，是在入户门与客厅门之间类似玄关作用的花园，起到入户门与客厅的连接、过渡作用。

住户可在入户花园内摆放一些绿色植物和休闲座椅，让人与自然有亲密接触，真正体现绿色生态的居住涵义。

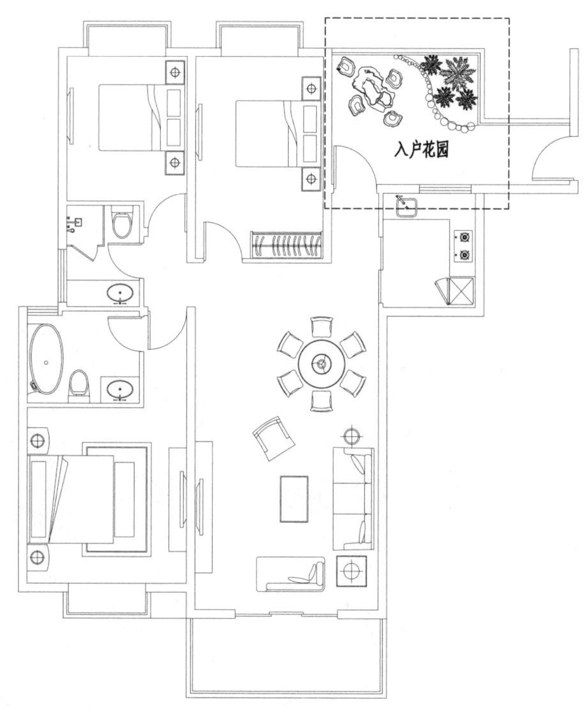

入户花园平面示意（一）

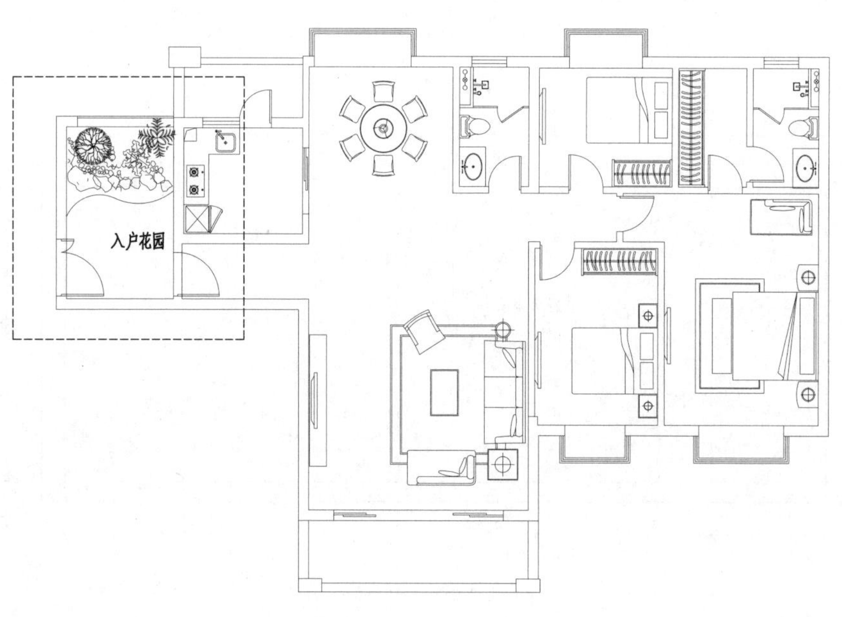

入户花园平面示意（二）

卧室

套房

更衣尺寸

衣帽间

衣柜尺寸与衣柜门分类

衣柜存放的常用物品

衣柜功能分隔尺寸

3 私密区域

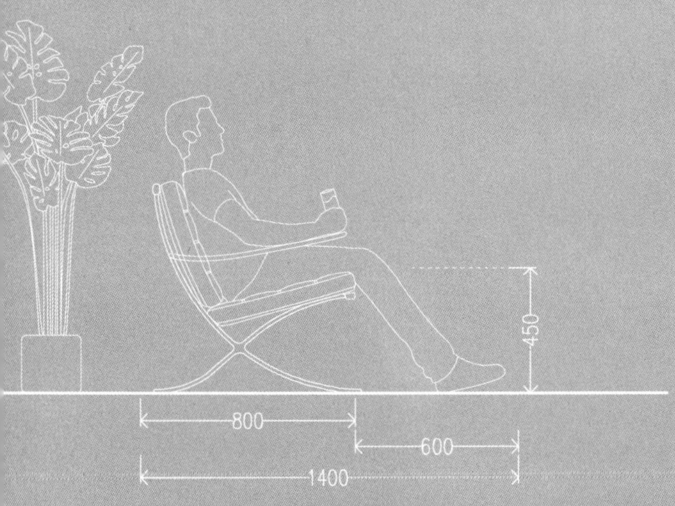

3.1 卧室

卧室是供居住者在其内休息、睡觉的地方。

卧室讲究私密性，因而要创造安静、轻松的环境空间便于人员休息、睡眠。

卧室设计的好坏，直接影响居住人员夜晚的睡眠质量，睡眠质量好坏会影响白天的工作和学习。

功能配置

床、床头柜、床尾凳、衣柜、书写台、化妆桌、电视机、电视柜、贵妃椅、婴儿床等。

重要提示

根据《住宅设计规范》GB 50096—2011 的规定，卧室的使用面积应符合下列要求：

（1）双人卧室不应小于 9 m^2；

（2）单人卧室不应小于 5 m^2；

（3）兼起居的卧室不应小于 12 m^2。

1. 床

市面上常见的床及其尺寸类型如下：

单人床：900 mm × 1900 mm、900 mm × 2000 mm、1200 mm × 2000 mm。

上下床：900 mm × 1900 mm、900 mm × 2000 mm、1200 mm × 2000 mm。

双人床：1500 mm × 2000 mm、1800 mm × 2000 mm、2000 mm × 2000 mm。

2. 单人卧室

单人卧室的最小面积为 6 m^2。

功能配置

900 mm 宽单人床、推拉门式衣柜、单边床头柜、一张书写梳妆一体台。

单人床尺寸：900 mm × 2000 mm，适合单个成人就寝。

单人床旁通道的尺寸：床外沿与衣柜及物品、墙体的距离不应小于 550 mm。

衣柜的尺寸：宽度宜为 600 mm，长度宜为 1700 mm。

床头柜的尺寸：长度宜为 450~500 mm，宽度宜为 350~450 mm，高度宜为 450~500 mm。

书写台尺寸：宽度宜为 600 mm，高度宜为 750 mm。

书写台的台面与上方置物板的距离宜为 550 mm。为了满足下方工作、放置电脑的需要，上方置物板的宽度宜为 250 mm。

书写台外沿应预留不小于 900 mm 的移动、站立、就座空间。

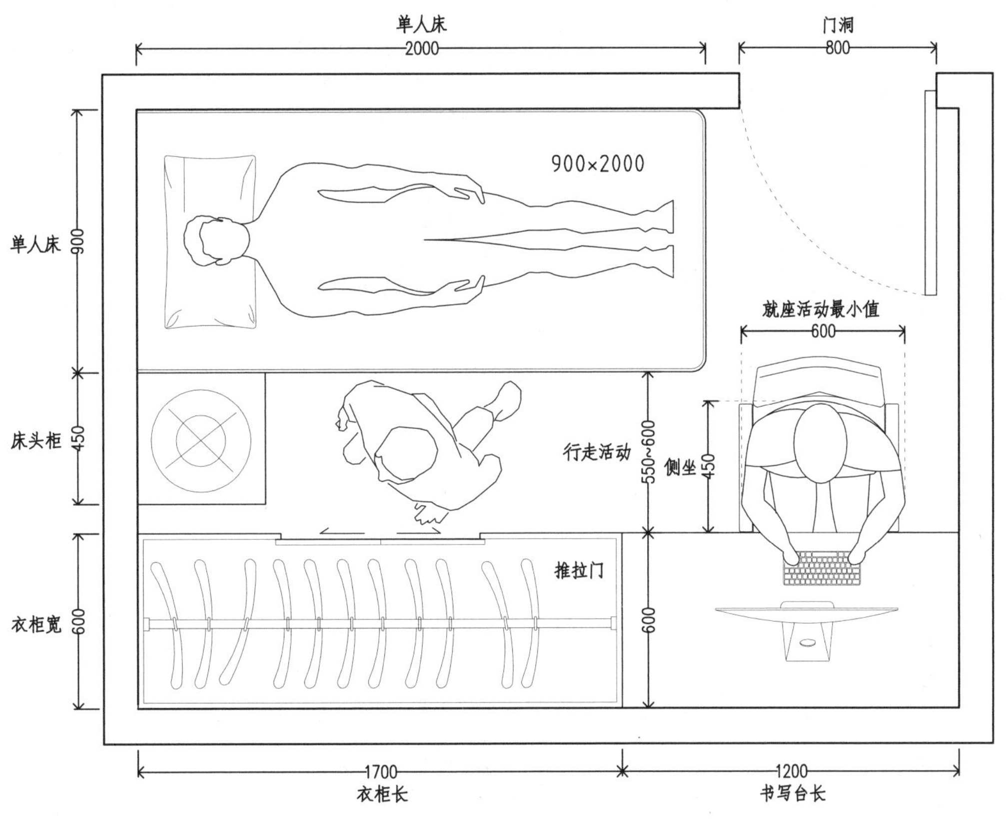

单人卧室平面尺寸（6 m^2）

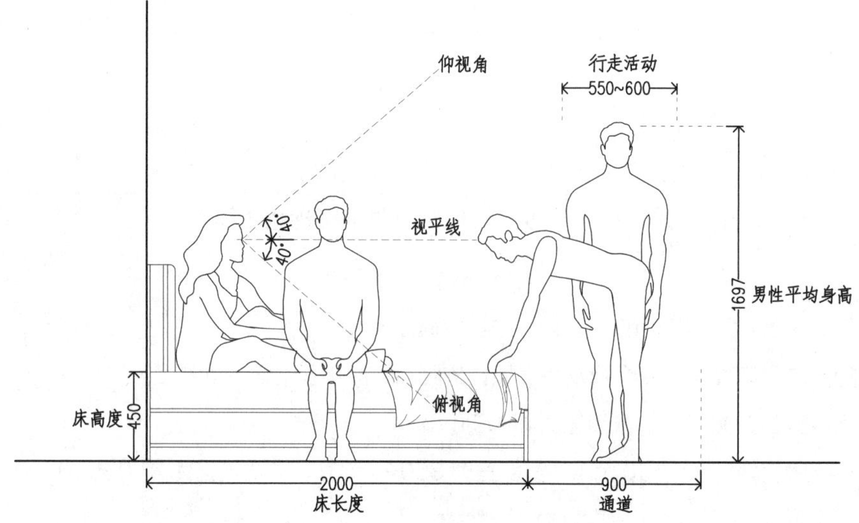

单人卧室立面尺寸

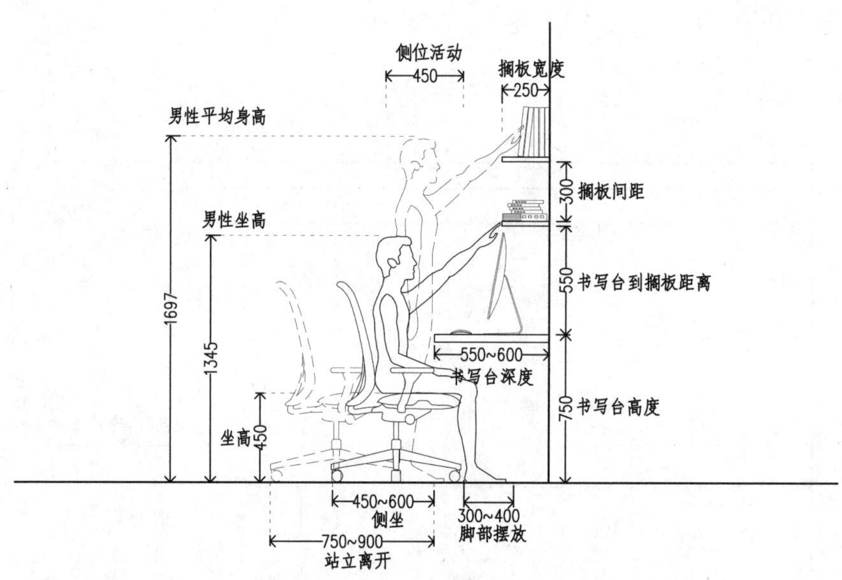

书写台立面尺寸

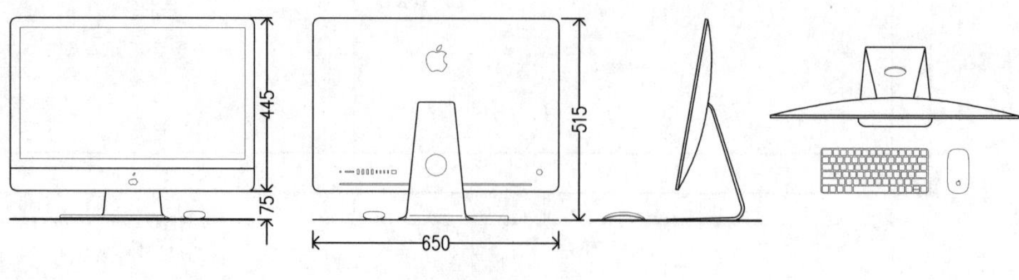

27 英寸电脑尺寸

3. 双层单人床卧室

双层单人床卧室的最小面积宜为 10 m^2。

功能配置

1200 mm 宽双层单人床、推拉门式衣柜、可容纳两人工作的书写台。

该类型的房间适合家中两个男孩或两个女孩共同使用。

双层单人床的尺寸宜为 1200 mm × 2000 mm。

双层单人床与周围关系的尺寸：

床侧沿与衣柜之间的距离不应小于 550 mm；

床侧沿与书写台之间的距离不应小于 1200 mm。

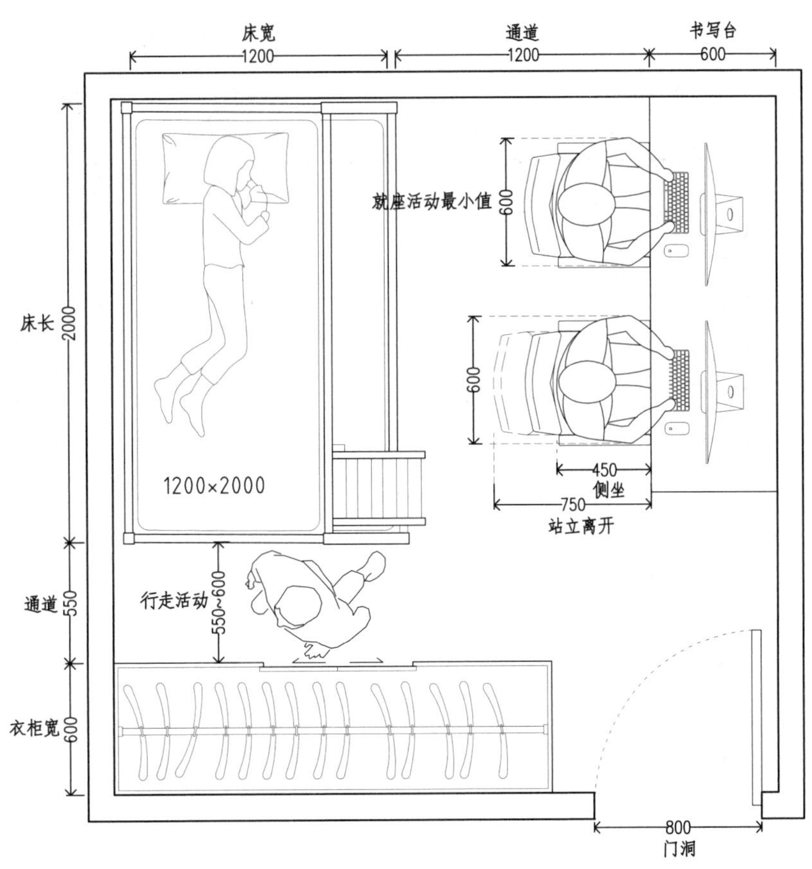

双层单人床卧室平面尺寸（10 m^2）

4. 标准双人床卧室

标准双人床卧室的最小面积为 10.7 m^2。

功能配置

1500 mm 宽双人床、推拉门式衣柜、两个床头柜、电视柜。

双人床的最小尺寸为 1500 mm × 2000 mm。

双人床与周围关系的尺寸：

床两侧沿离墙的尺寸不应小于 550 mm；

床两侧沿与衣柜之间的距离不应小于 550 mm；

床尾边沿与电视柜之间的距离不应小于 900 mm，应满足单个人员的正面通行；

电视柜、高柜的尺寸宽度宜为 350~400 mm，高度宜为 600~800 mm；

不带电视柜、高柜的房间挂壁电视机安装高度宜为中心点离地 1200 mm。

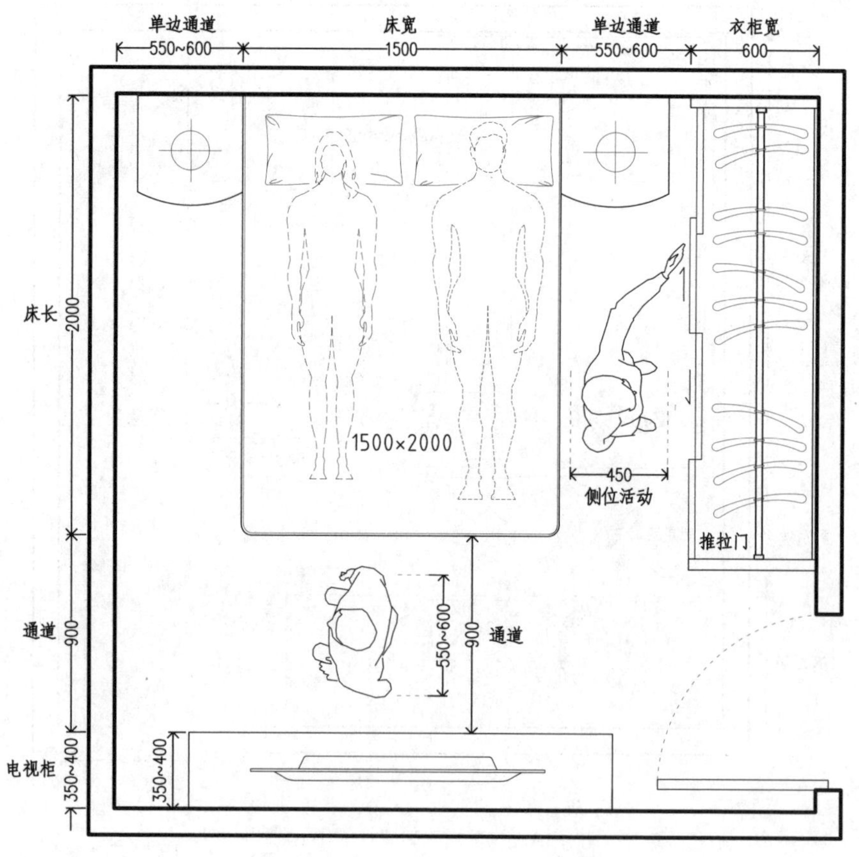

标准双人床卧室平面尺寸（10.7 m^2）

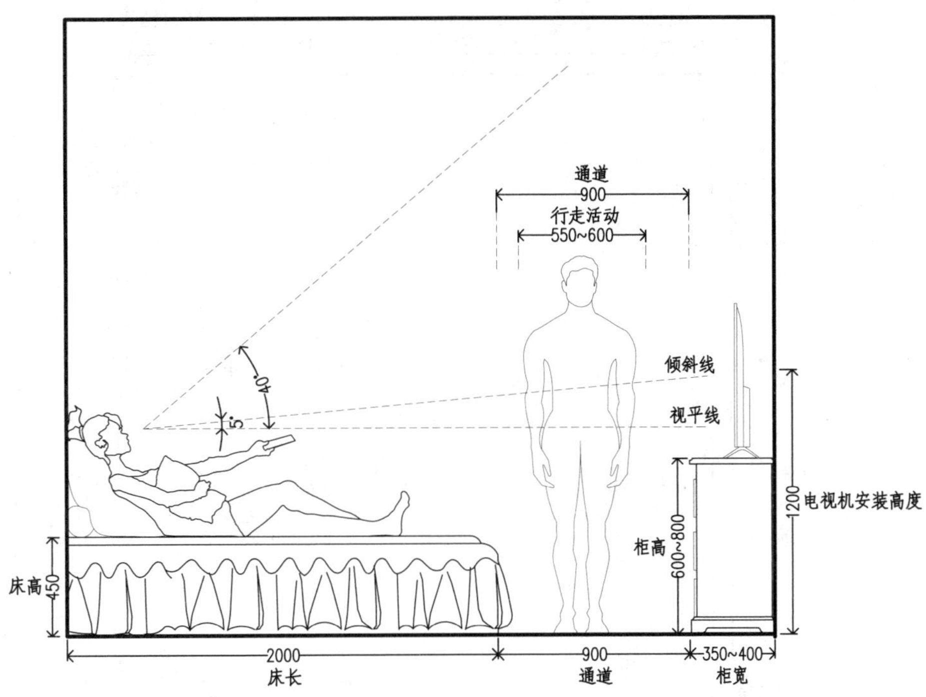

标准双人床卧室立面尺寸

5. 大双人床卧室

大双人床卧室的面积宜为 15.5 m^2。

功能配置

1800~2000 mm 宽双人床、平开门的衣柜、两个床头柜、电视柜、一张书写梳妆一体台。

双人床尺寸为（1800~2000）mm × 2000 mm。

双人床与周围关系的尺寸：

床侧沿离墙的尺寸不应小于 550 mm；

床侧沿与衣柜开启门后的距离不应小于 550 mm；

床尾沿与书桌之间的距离宜为 1200 mm。

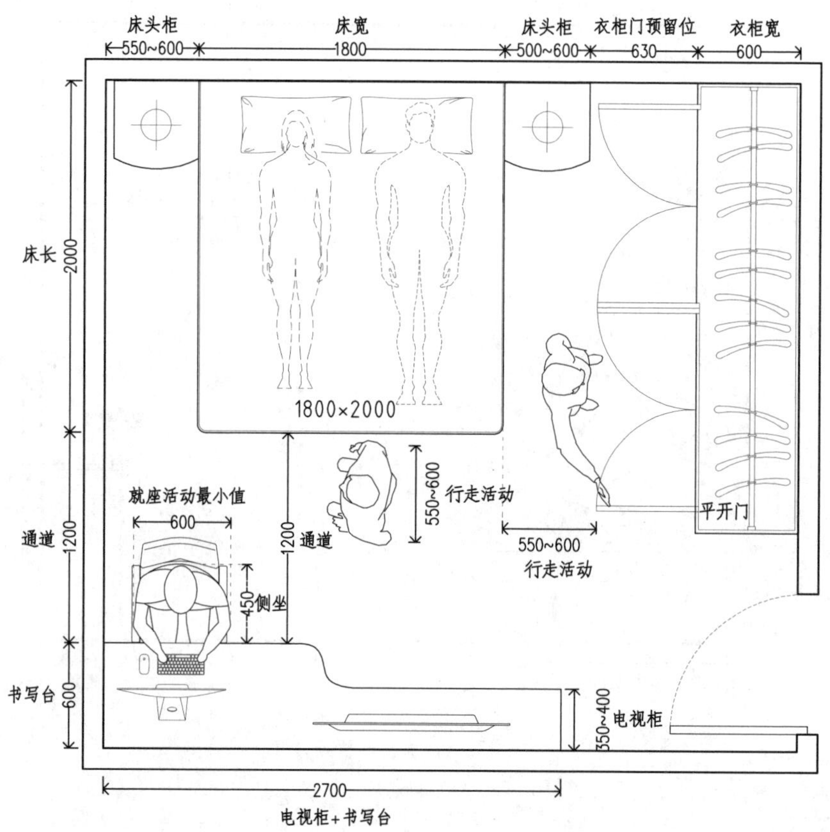

大双人床卧室平面尺寸（15.5 m^2）

6. 标准双床卧室

标准双床卧室的标准面积为 14.6 m^2。

功能配置

两张单人床、一个推拉门的衣柜、三个床头柜、一个电视柜和一张书写台。

单人床尺寸为 900 mm × 2000 mm。

双人床与周围关系的尺寸：

床外沿离墙的尺寸不应小于 550 mm；

床外沿与衣柜之间的距离不应小于 550 mm；

床外沿与电视柜之间的距离不应小于 900 mm；

两个单人床中间通道的尺寸不应小于 900 mm。

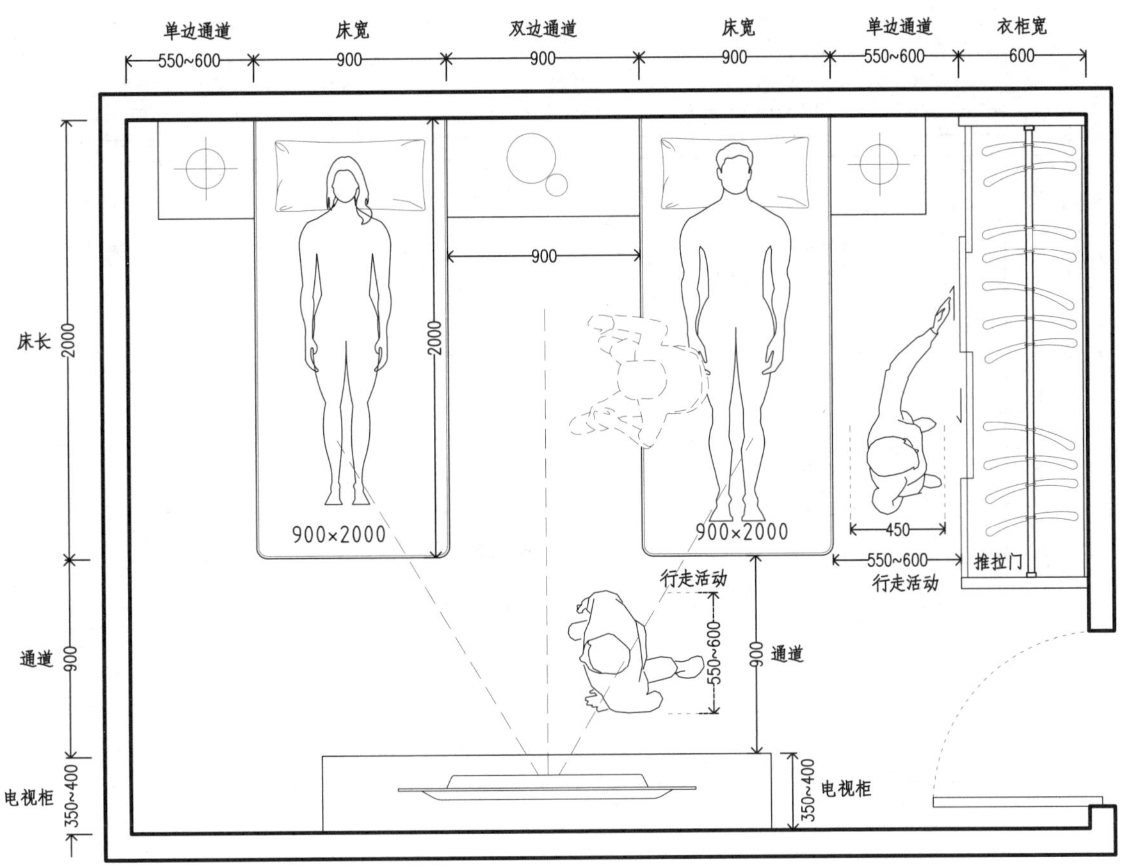

标准双床卧室平面尺寸（14.6 m²）

7. 带婴儿床卧室

带婴儿床卧室的面积宜为 18.7 m²。

功能配置

1800~2000 mm 宽双人床、平开门的衣柜、两个床头柜、婴儿床、电视柜、一张书写梳妆一体台。

双人床尺寸为 2000 mm × 2000 mm。

婴儿床尺寸：长度宜为 800~1200 mm，宽度为 650 mm，高度为 750~830 mm。

双人床与周围关系的尺寸：

床侧沿与婴儿床之间的距离不应小于 900 mm；

床侧沿与衣柜开启门后的距离不应小于 550 mm；

床尾沿与电视柜之间的距离宜为 1200 mm；

书写台外沿应预留不小于 900 mm 的活动空间。

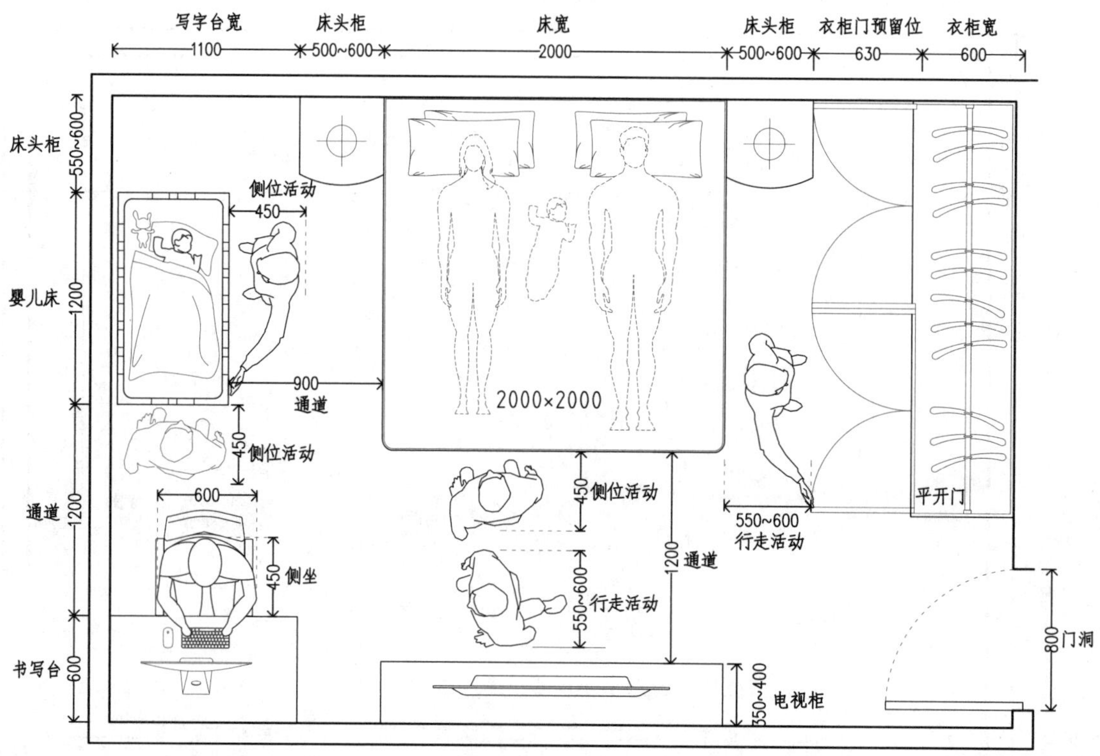

带婴儿床卧室平面尺寸（18.7 m^2）

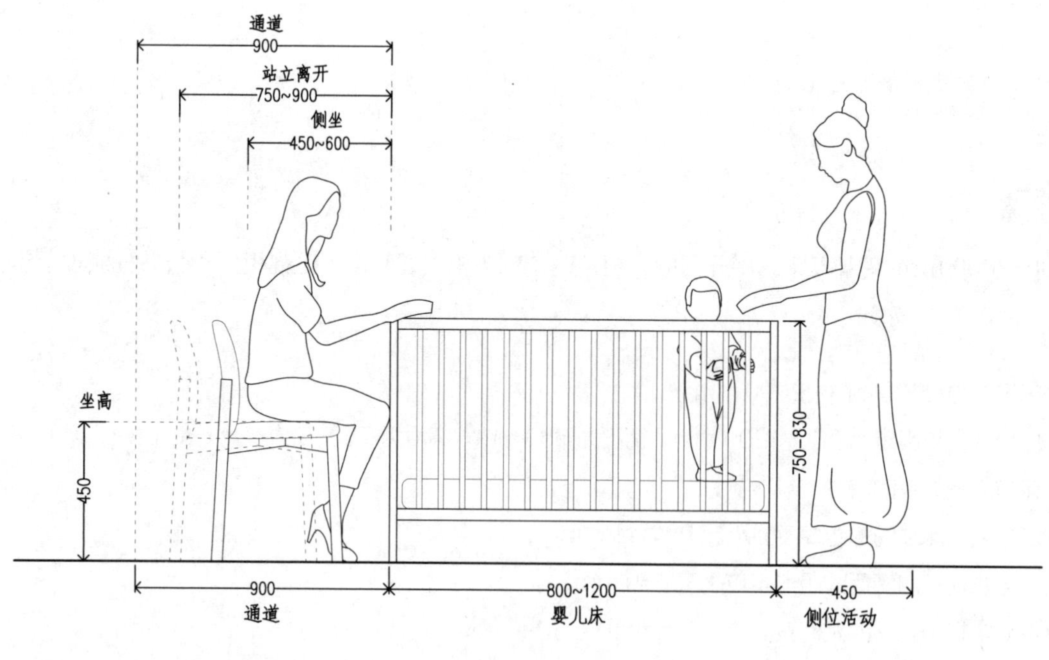

婴儿床立面尺寸

8. 豪华版卧室

豪华版卧室的面积宜为 25.6 m^2。

功能配置

2000 mm 宽双人床、平开门的衣柜、两个床头柜、床尾凳、贵妃椅、电视柜、一张书写梳妆一体台。

双人床尺寸为 2000 mm × 2100 mm。

标准版的床尾凳尺寸：长度为 1200~1800 mm，宽度为 450 mm，高度为 450 mm。

豪华版的床尾凳尺寸：长度为 1200~1800 mm，宽度为 550~600 mm，高度为 450 mm。

床尾凳前宜预留不小于 300 mm 的腿部摆放空间。

贵妃椅距床外沿不宜小于 900 mm。

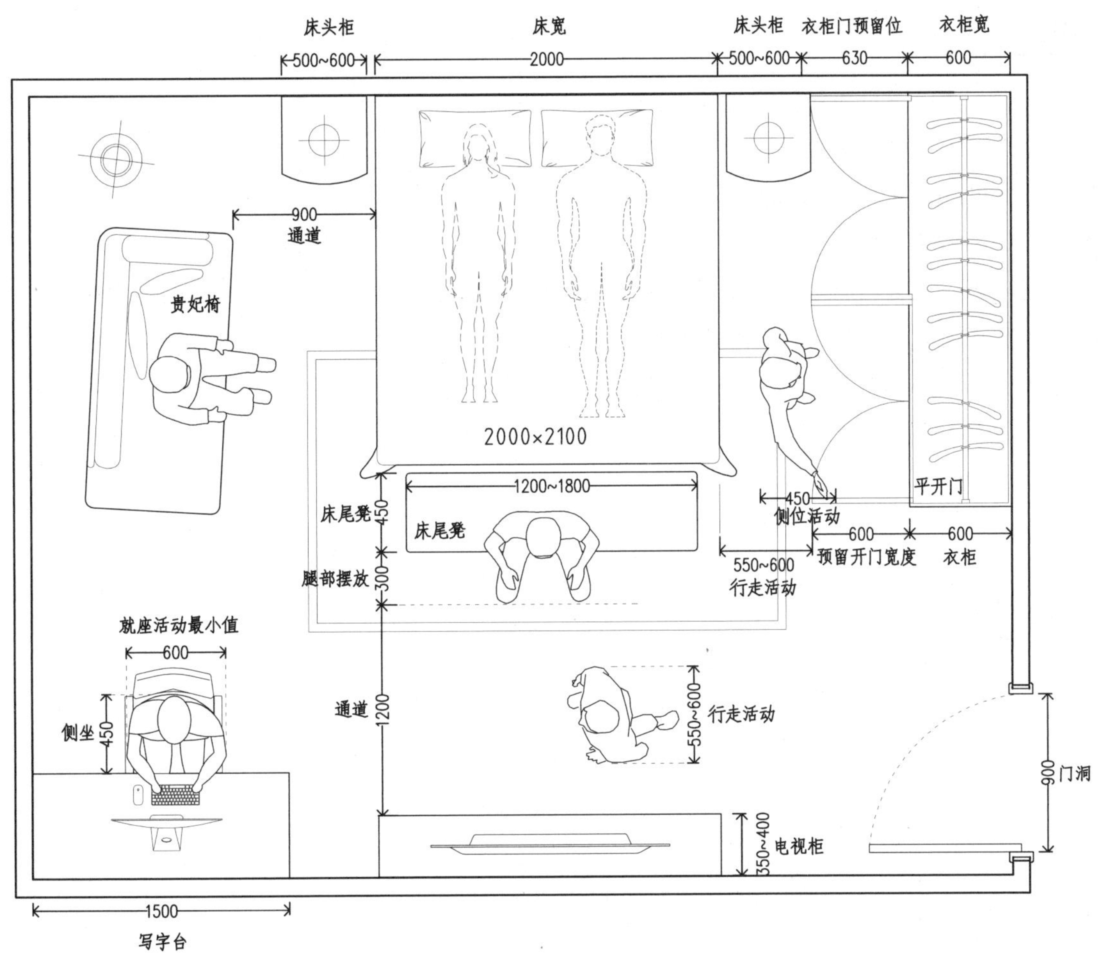

豪华版卧室平面尺寸（25.6 m^2）

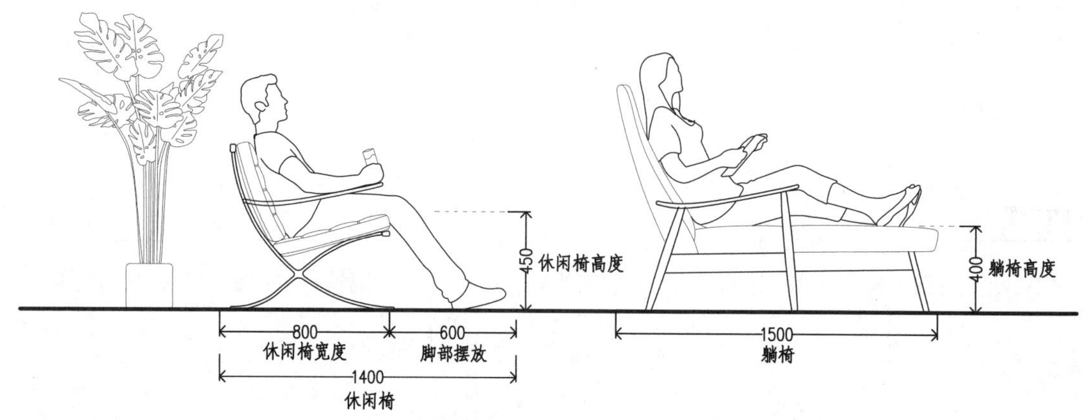

休闲椅与躺椅空间尺寸

9. 老人护理房

老人护理房的面积宜为 13.6 m^2。

功能配置

900 mm 宽护理床、推拉门的衣柜、床头柜、电视柜。

护理床尺寸为 900 mm × 2000 mm。

护理床与周围关系的尺寸：

如果被护理的人需要轮椅辅助，从入门到床边的通道应预留直径 1200 mm 轮椅转动的活动空间；

床外沿与电视柜的距离不应小于 900 mm；

护理床的一侧应预留看护人员的通道，通道的尺寸不应小于 900 mm。

衣柜尺寸：衣柜的挂衣区高度宜为 1200 mm，以方便轮椅辅助人群拿取衣物。

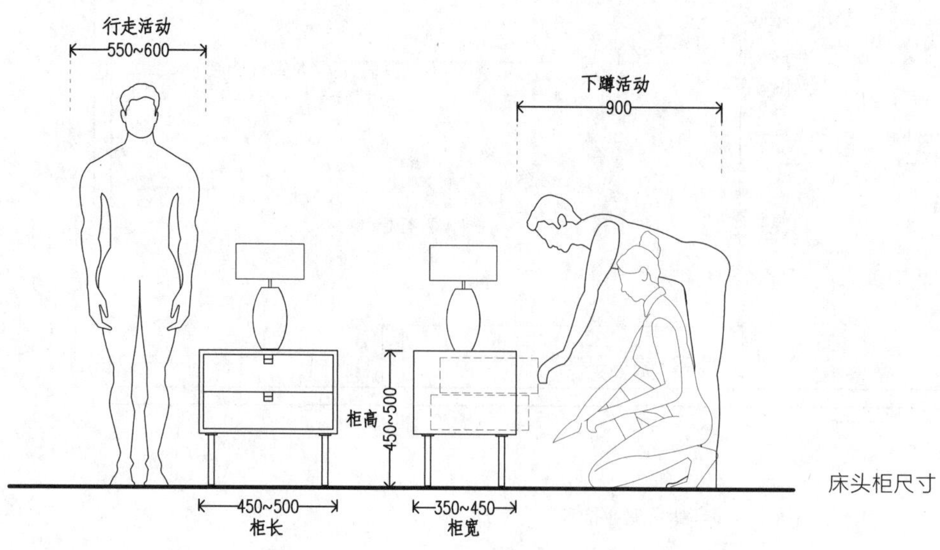

床头柜尺寸

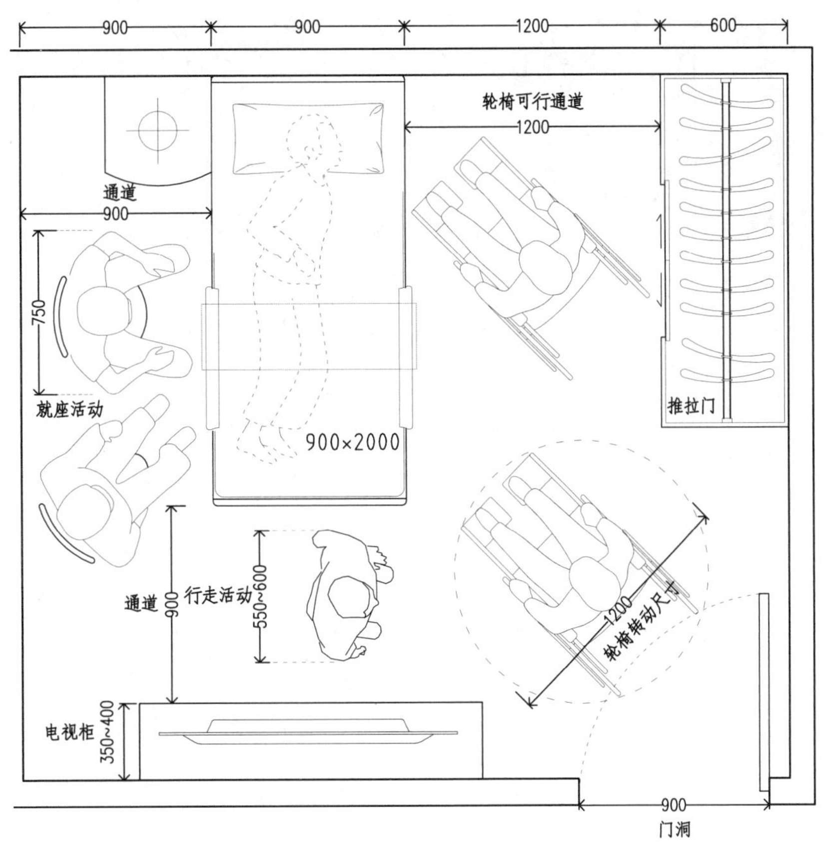

老人护理房平面尺寸（13.6 m^2）

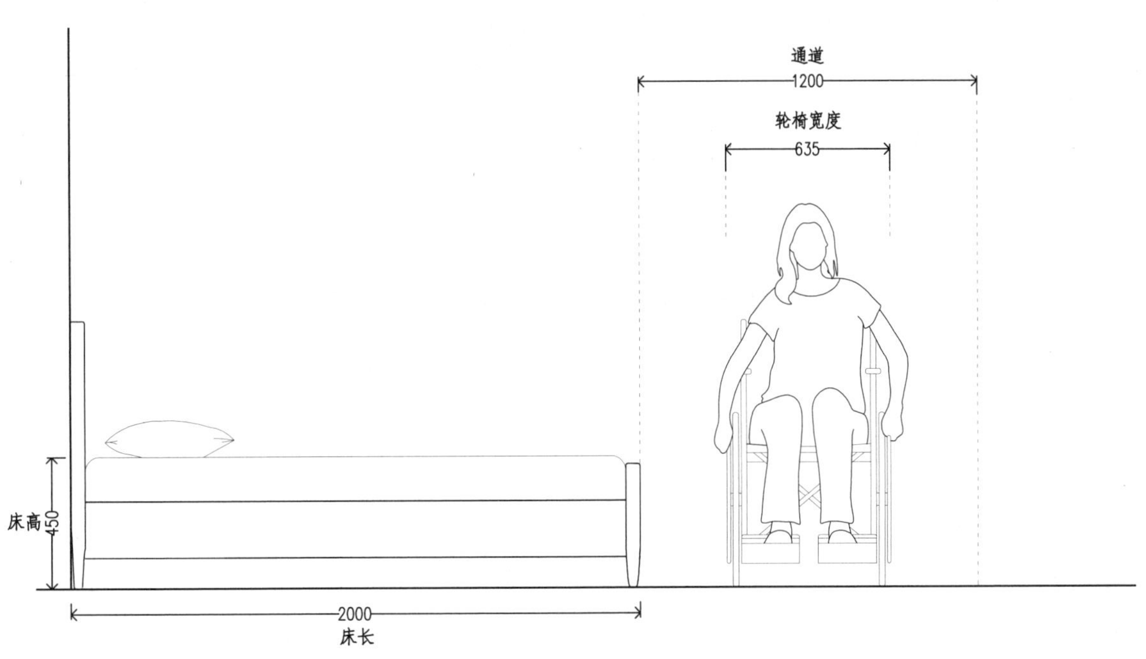

老人护理房立面尺寸

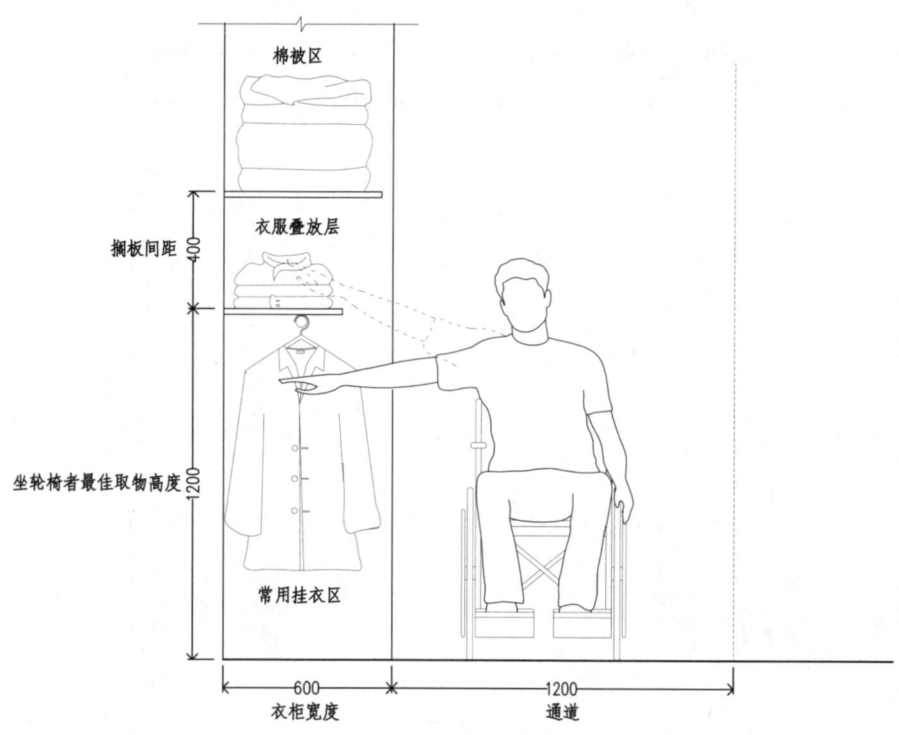

老人护理房挂衣区尺寸

10. 老人护理套房

主要根据《无障碍设计规范》GB 50763—2012 的规定：老人护理套房的面积宜为 18.3 m²。

功能配置

900 mm 宽护理床、床头柜、电视柜、无障碍卫生间。

坐便区尺寸：

坐便器两侧应设高度为 1400 mm 的垂直安全扶手和高度为 700 mm 的水平安全扶手；

在坐便器旁的墙面上应设高 400~500 mm 的救助呼叫按钮；

取纸器应设在坐便器的侧前方，高度宜为 550mm。

清洗区尺寸：

洗手台两侧水平安全抓杆的高度为 700 mm；

无障碍厕所里的镜子应设置 10° 向下倾斜的夹角。

淋浴区尺寸：

淋浴间应设高度为 1400 mm 的垂直安全抓杆和高度为 700 mm 的水平安全抓杆；

淋浴间内的淋浴喷头的控制开关的高度距地面不应大于 1200 mm；

毛巾架的高度不应大于 1200 mm。

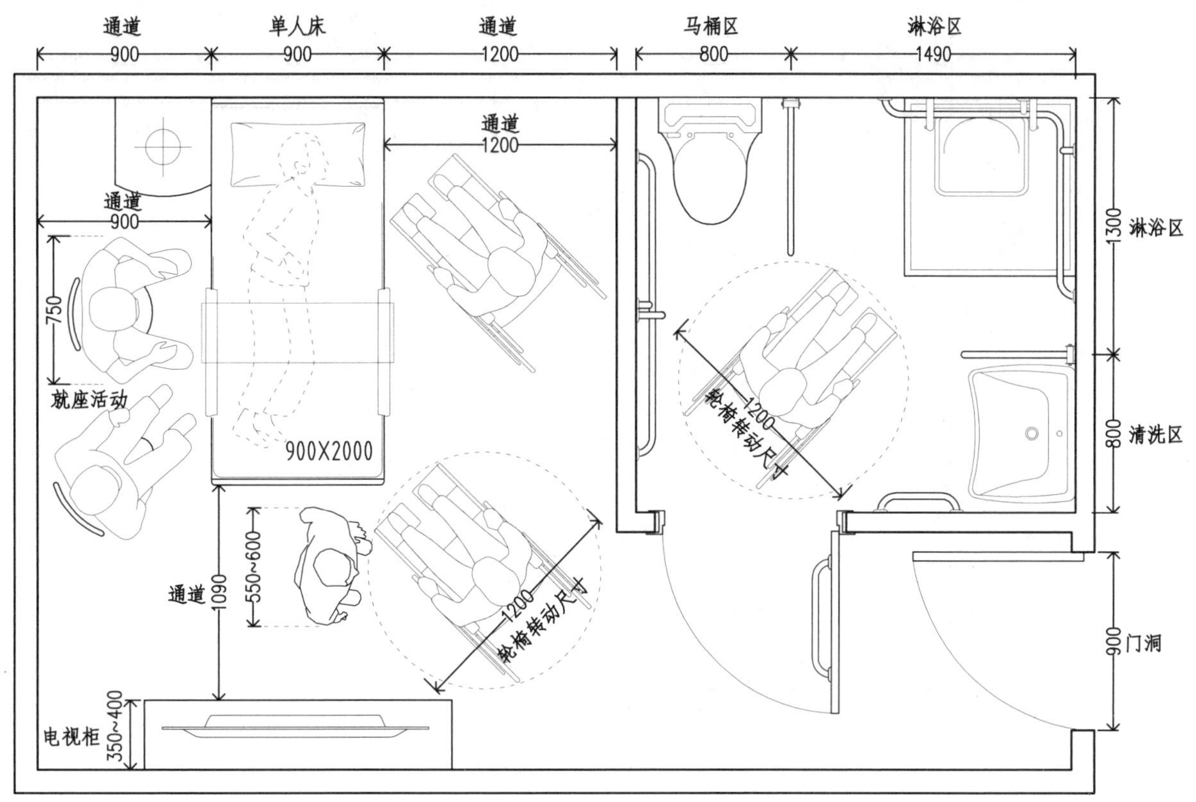

老人护理套房平面尺寸

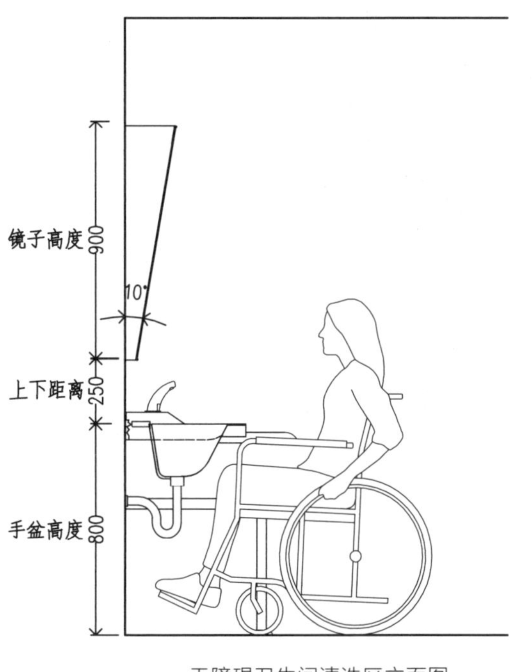

无障碍卫生间清洗区立面图

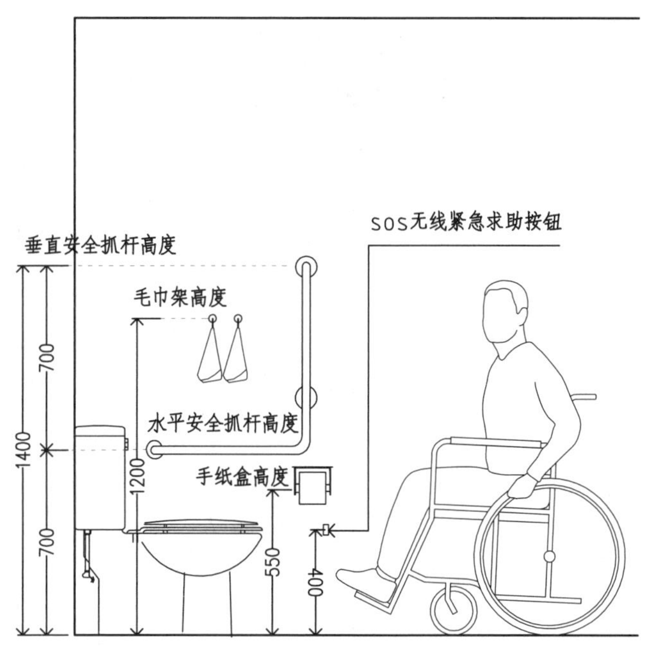

无障碍卫生间坐便区立面图

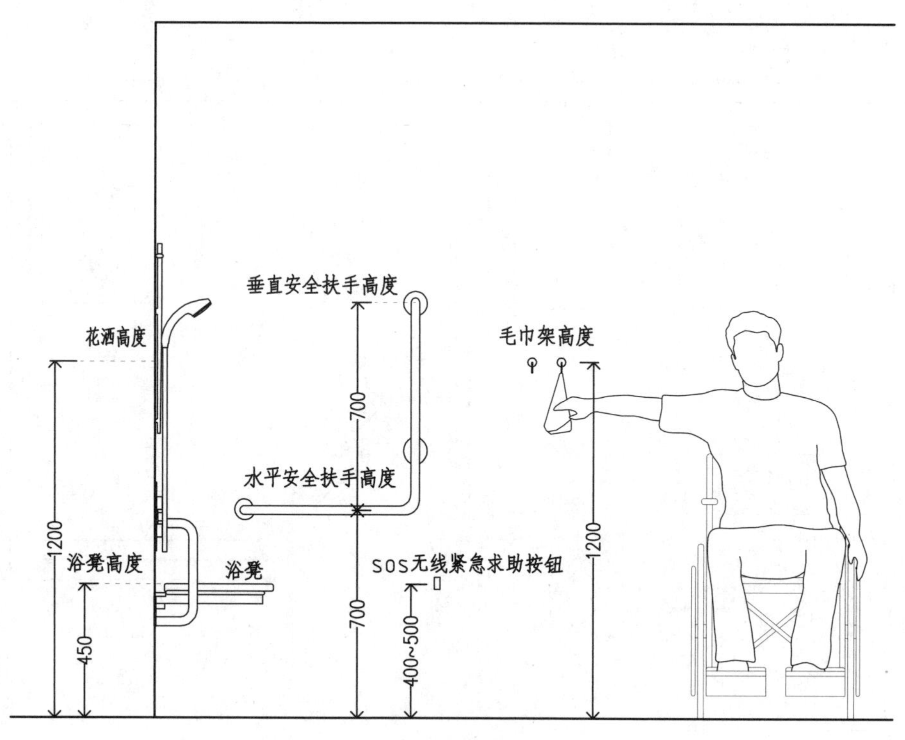

无障碍卫生间淋浴区立面图

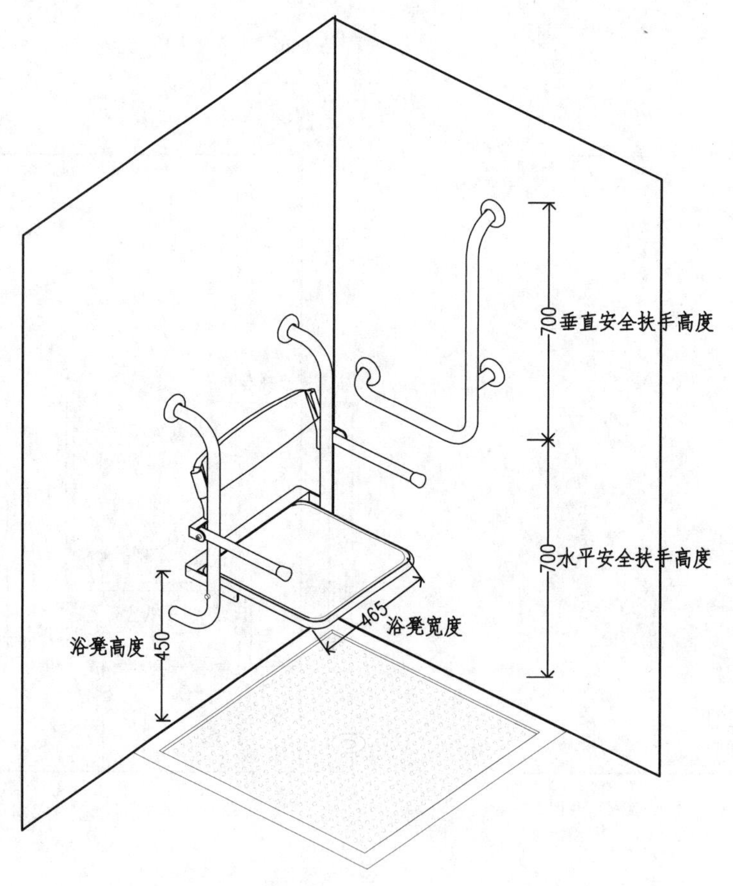

浴凳立面图

3.2 套房

套房指由卧室、起居室、衣帽间、化妆间、卫生间等组合为不对外的独立空间。

套房基本满足了人们休息、睡眠、书写、更衣收纳、梳妆、洗漱、淋浴和如厕的生活功能。这种套间的设计，一般出现在面积较大的平层及别墅。

功能配置

双人床、床头柜、床尾凳、贵妃椅（按摩椅）、梳妆台、衣帽间、淋浴间、浴缸、妇洗器、小便器、坐便器、洗手台等。

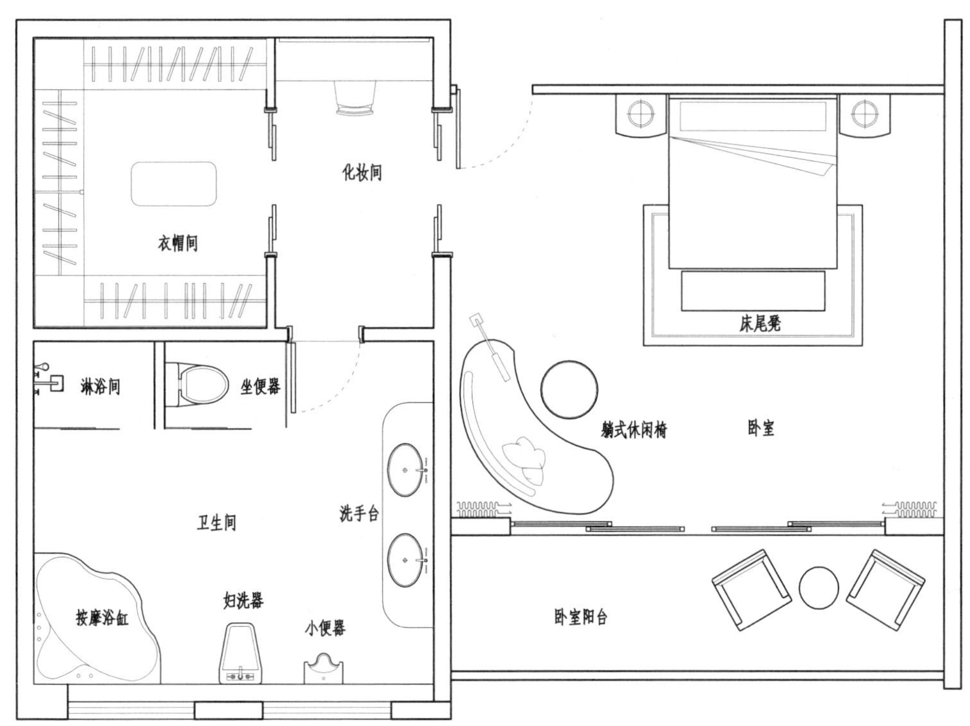

套房平面示意

1. 起居室

起居室是指卧室旁边的一个类似于小客厅的区间，较小户型的起居室等同于客厅功能；大户型的起居室是家庭内部客厅，不接待来访客人。大平层户型的起居室一般设置在卧室的边上，属私密性空间。

别墅的起居室一般设置在二、三层，私密性高，不对外接待客人，只供家庭内部人员聚会、聊天、娱乐等使用。

连接套房的起居室供主人起床后穿着便衣、睡衣醒神，看报纸、电视的地方。起居室不等同于客厅，也在不同面积的户型中发挥不同的功能作用。

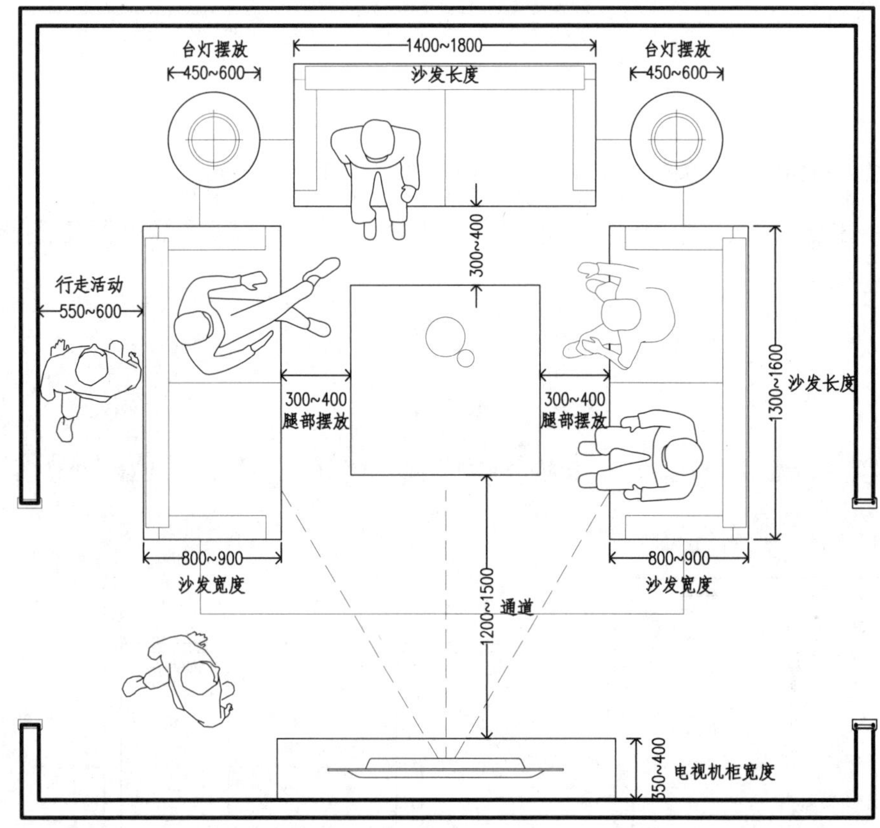

起居室平面尺寸

2. 卧室起居室

卧室带起居室时，卧室起居室的面积不应小于 10 m^2。

功能配置

休闲沙发、茶几、电视柜、影音设备等。

单人沙发尺寸：

长度为 700~900 mm，宽度为 800~900 mm，高度为 450 mm。

电视高柜尺寸：

长度为 2000 mm，宽度为 300~400 mm，高度为 600~800 mm。

电视矮柜尺寸：

长度为 2000 mm，宽度为 300~400 mm，高度为 400~450 mm。

电视机的安装高度宜为中心离地 1200 mm。

沙发边与茶几的距离不应小于 300 mm，较为舒适的距离为 400 mm。

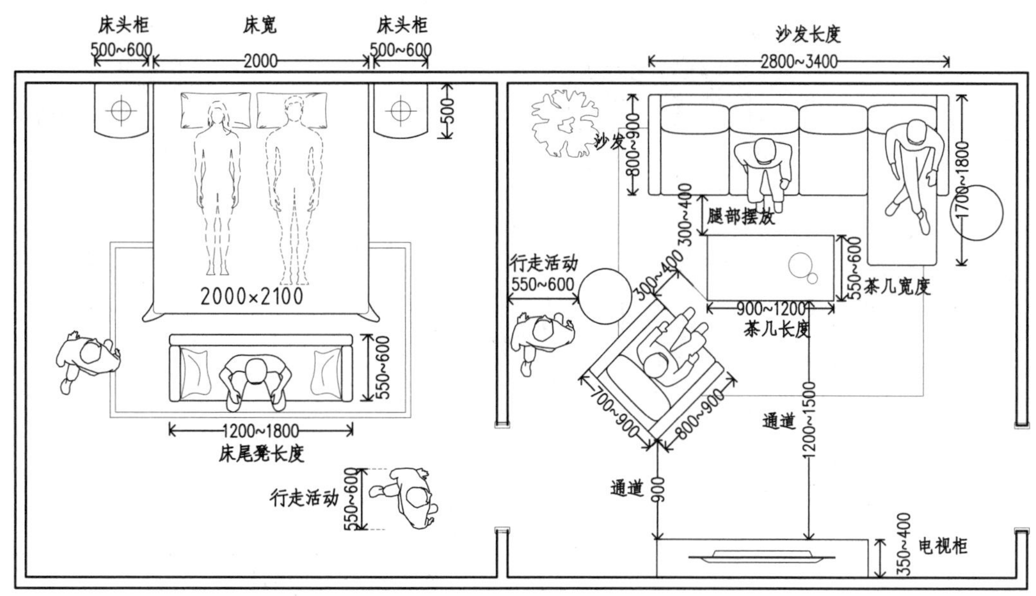

床头柜 500~600 　床宽 2000 　床头柜 500~600

500

沙发长度 2800~3400

2000×2100

沙发 800~900

1700~1800

行走活动 550~600

腿部摆放 300~400

550~600 茶几宽度

550~600

300~400

900~1200 茶几长度

通道 1200~1500

1200~1800 床尾凳长度

700~900　800~900

通道 900

350~400 电视柜

行走活动 550~600

卧室加起居室平面尺寸

行走活动 550~600

仰视角

视平线

40°　40°

俯视角

电视机安装高度 1200

电视柜 400~450

茶几高度 400~450

350~400 柜宽

1200~1500 通道

550~600 茶几宽度

300~400 腿部摆放

800~900 沙发尺寸

900 通道

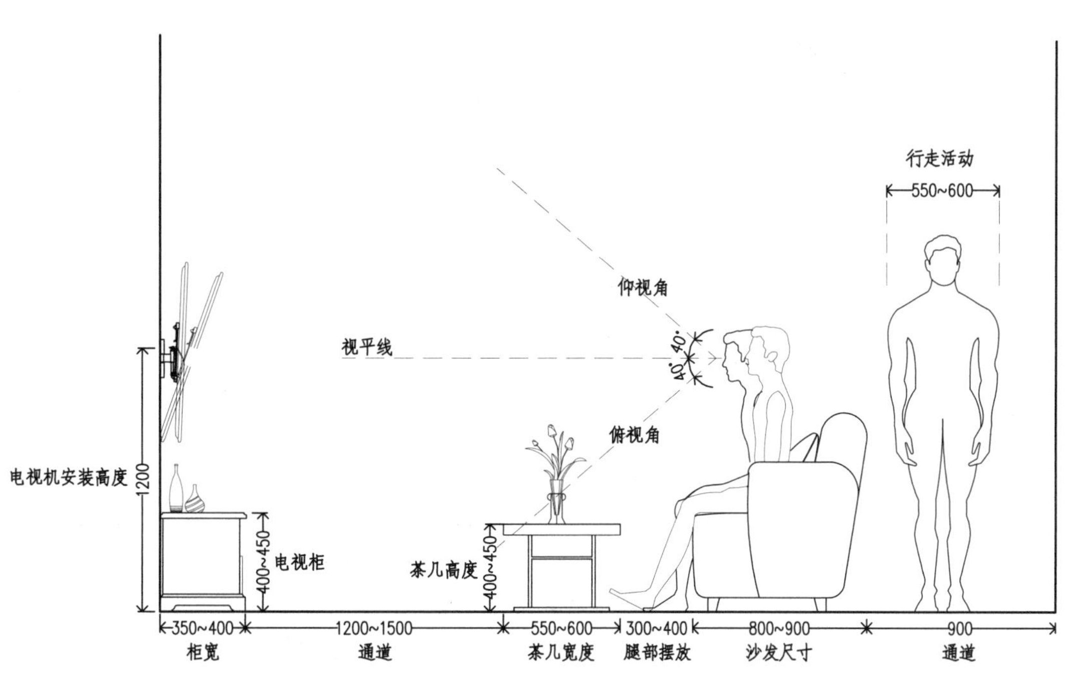

起居室立面尺寸

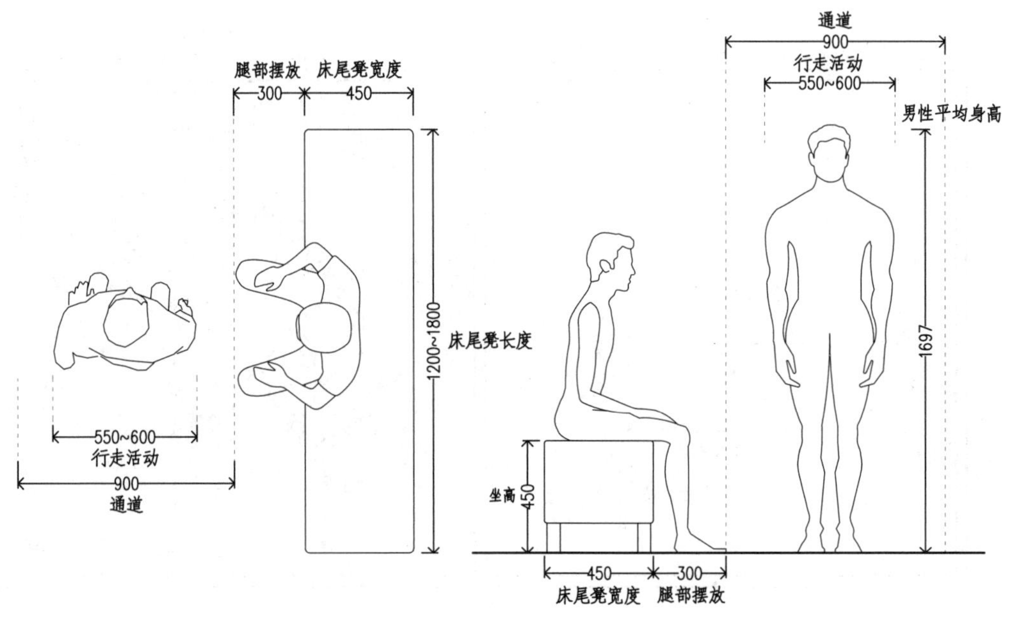

普通床尾凳平面尺寸

普通床尾凳立面尺寸

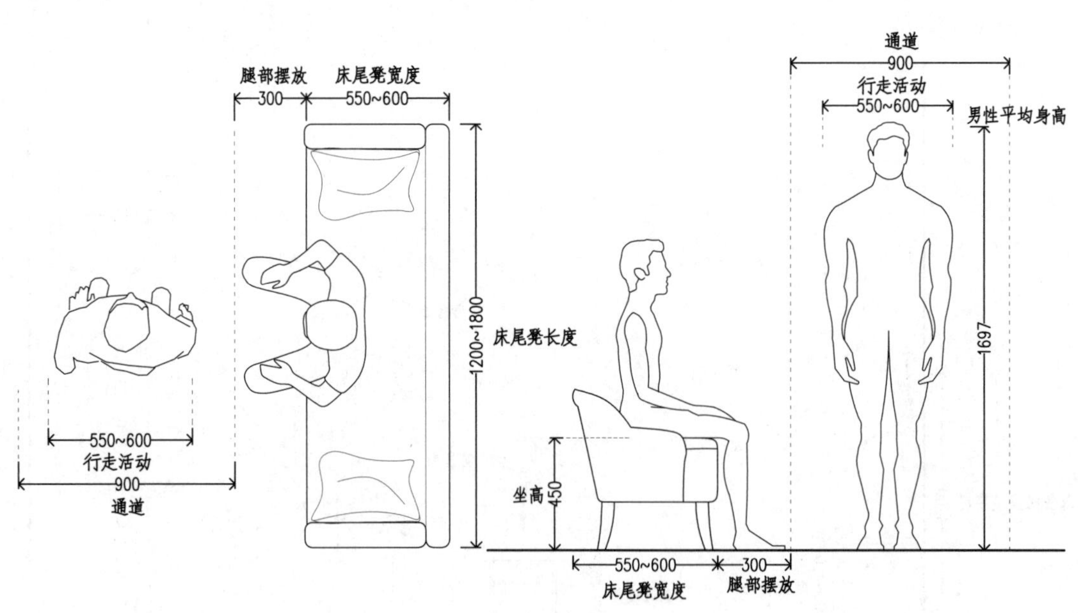

豪华版床尾凳平面尺寸

豪华版床尾凳立面尺寸

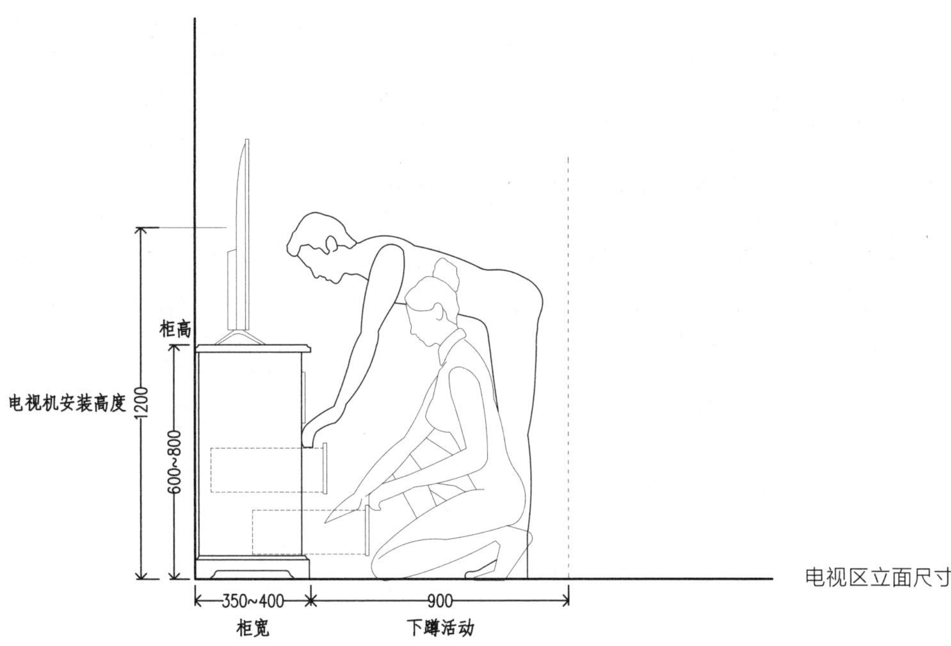

电视区立面尺寸

3.3 更衣尺寸

更衣所需尺寸为1500~1700 mm。

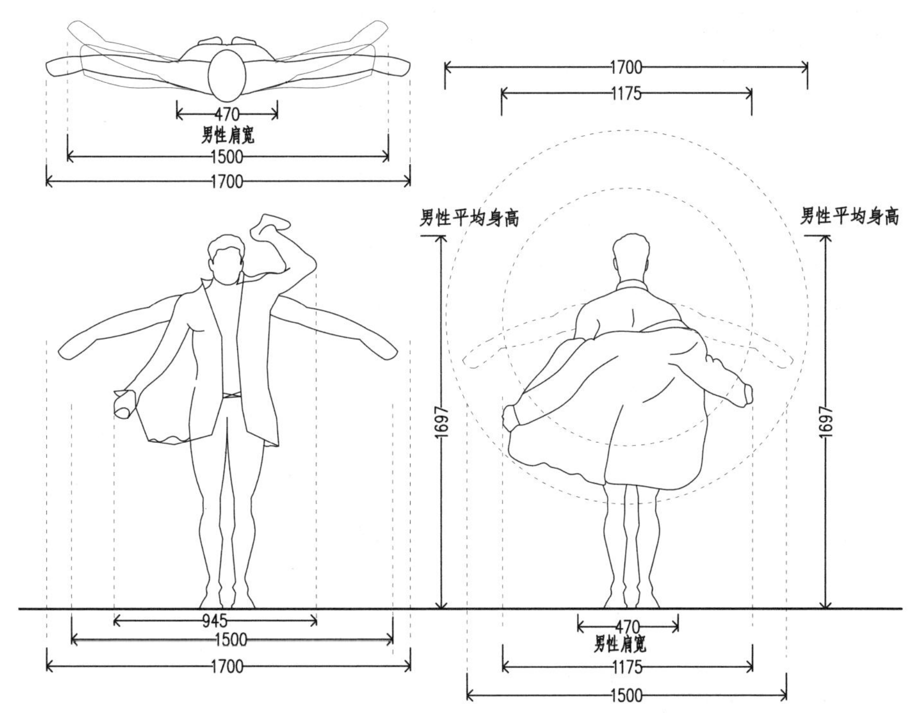

更衣尺寸

3.4 衣帽间

衣帽间是指在住宅内对衣物、首饰、配饰品进行分类收纳的区间。

衣帽间是随着人们生活质量提高、穿戴衣物的增加出现的一个专门用于摆放衣物的房间，逐步成为每个家庭空间中不可或缺的一部分。衣帽间的内部尺寸跟人们的生活使用有关，其内部尺寸由不同的格局决定，满足不同衣物存放的功能需求。

功能配置

衣柜、化妆台、中岛柜等。

1. 衣帽间带中岛柜

衣帽间中岛柜一般设置在较大的衣帽间内，是衣帽间的中心位置，便于存取衣物的临时放置。衣帽间中岛柜顶部为玻璃饰面，透过玻璃可以看到存放的首饰。该柜子起到分隔两边及周边的作用，柜子的上方可用于置物。

中岛柜的尺寸可根据衣帽间的大小来定制，中岛柜的高度宜为 1050 mm。

中岛柜外沿与衣柜的距离不应小于 900 mm。

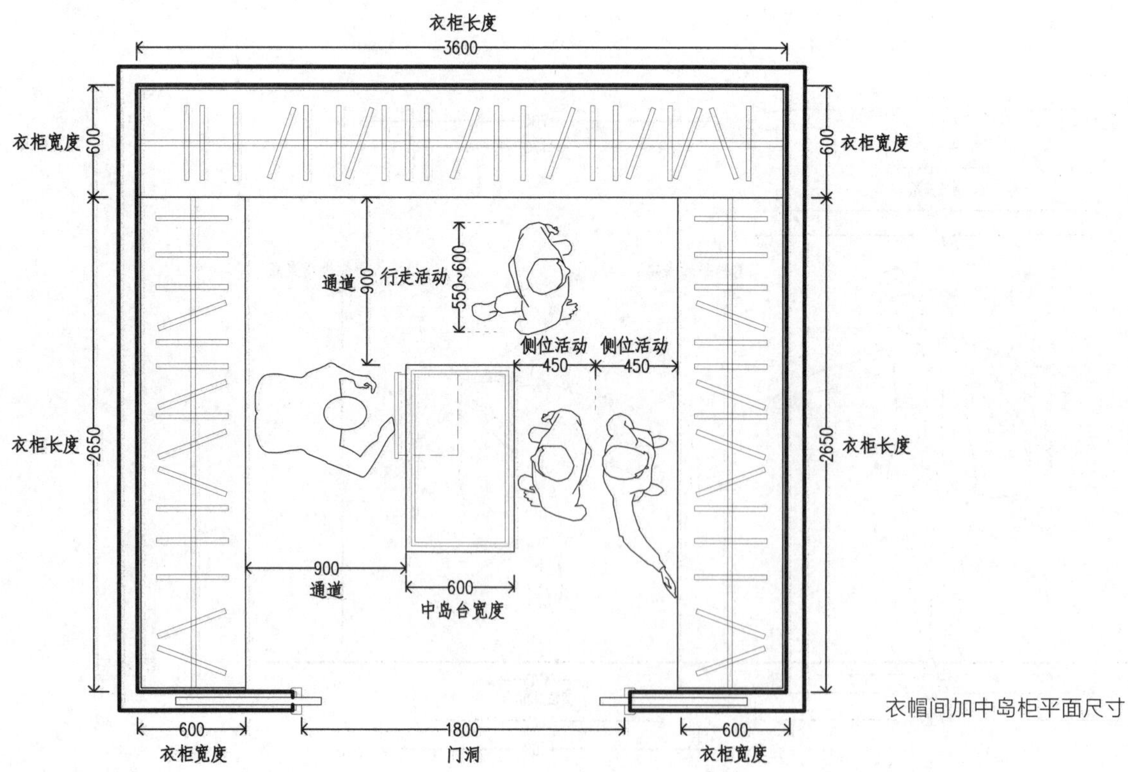

衣帽间加中岛柜平面尺寸

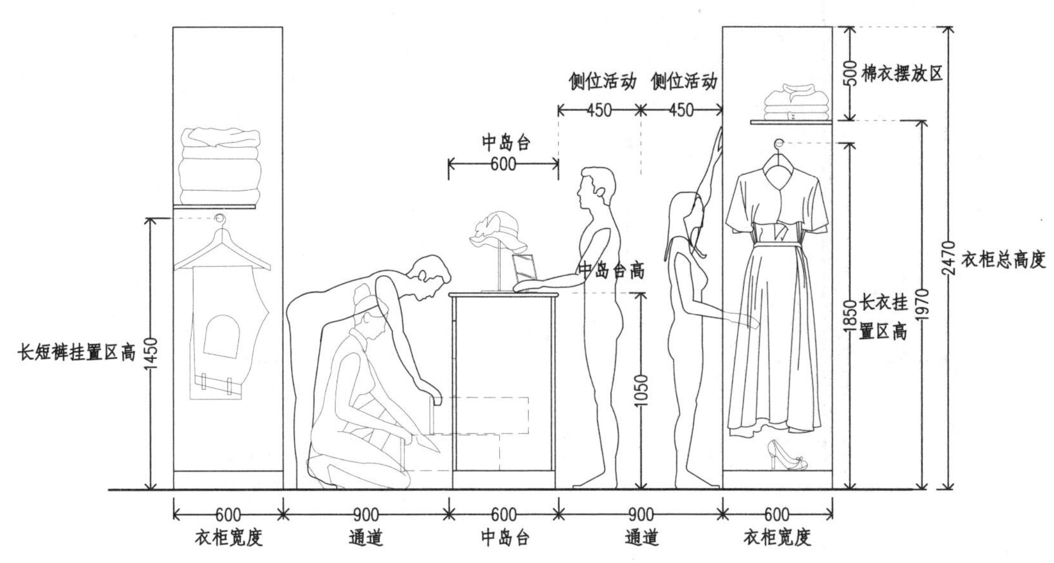

衣帽间加中岛柜立面尺寸

2. 衣帽间带梳妆台

梳妆台外沿与衣柜的距离不应小于 900 mm。

梳妆时的活动范围：侧坐为 450~600 mm，竖向为 750~900 mm。

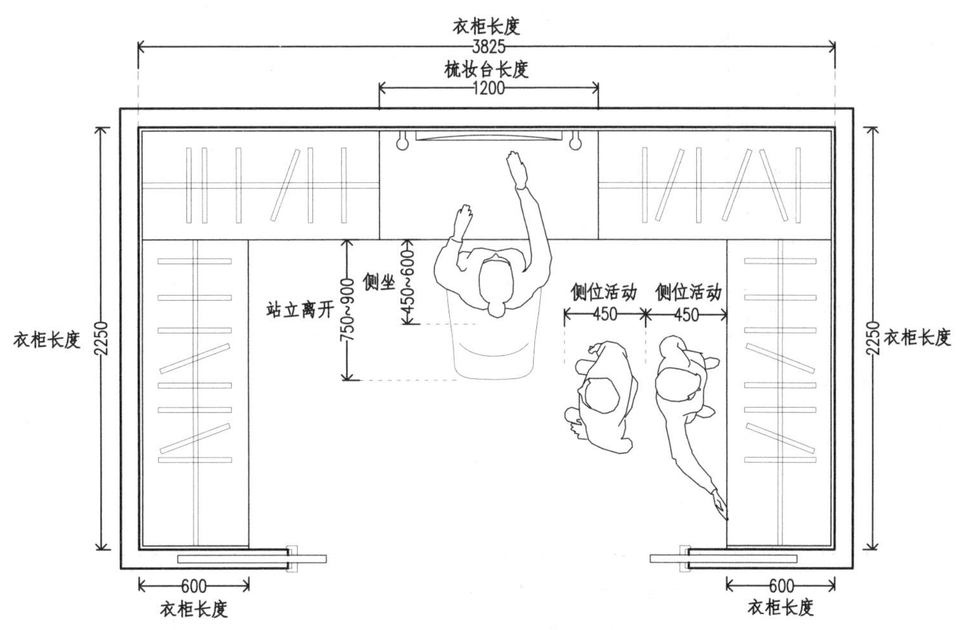

衣帽间加梳妆台平面尺寸

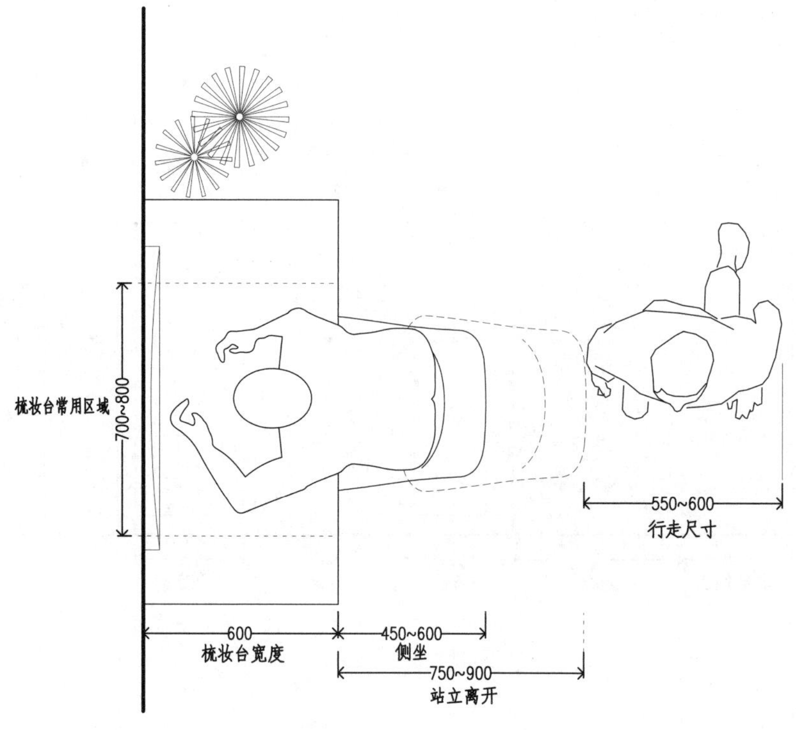
梳妆台常用区域
700~800
550~600
行走尺寸
600
梳妆台宽度
450~600
侧坐
750~900
站立离开

梳妆台平面尺寸

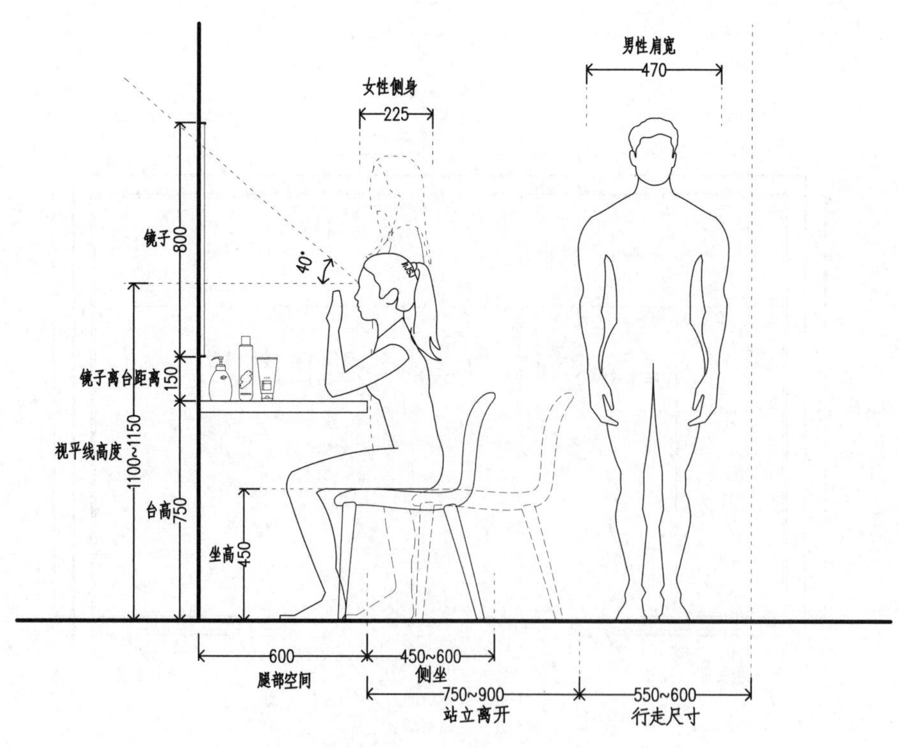
男性肩宽
470
女性侧身
225
镜子
800
40°
镜子离台距离
150
视平线高度
1100~1150
台高
750
坐高
450
600
腿部空间
450~600
侧坐
750~900
站立离开
550~600
行走尺寸

梳妆台立面尺寸

3.5 衣柜尺寸与衣柜门分类

衣柜深度宜为 600 mm。

女性站立能拿到物品的最大值为 1850 mm，男性站立能拿到物品的最大值为 1980 mm。

衣柜高度在 2300 mm 左右时，需增加 450 mm 高的脚踏椅才能拿取东西。

衣柜门常见为推拉门、平开门两种。

1. 推拉门

推拉门的原理是利用上下轨道，进行左右推拉开启。

推拉门的缺点：无论你往哪一边开启，衣柜的内部空间都有一侧被门阻挡，不便于存取衣物。

推拉门的优点：衣柜放置前方不需预留柜门的对外开启面积，推拉门更适合在较小的房间使用。

推拉门前应预留不小于 450 mm 的活动空间。

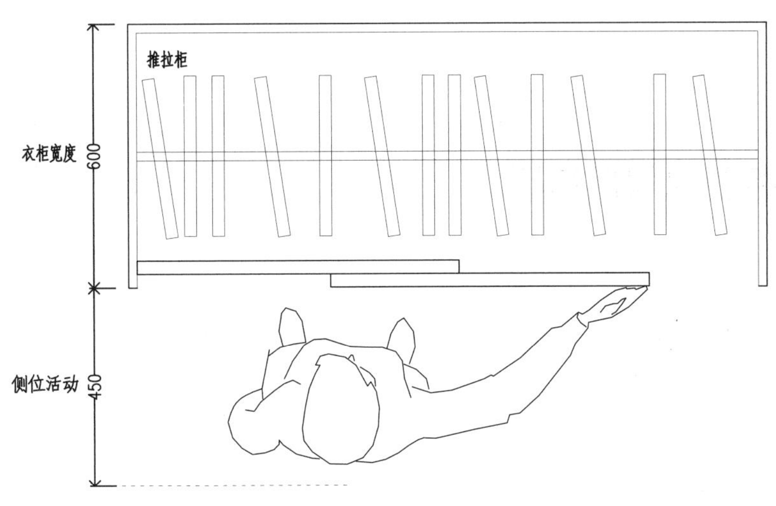

推拉门平面尺寸

2. 平开门

平开门的原理是合页（铰链）装于门侧面，开门时向外开启。

平开门的缺点：衣柜需要预留门扇开启的空间，门扇越大需预留的尺寸就越大，门扇与预留的尺寸成正比。

平开门的优点：可使衣柜内的各区域整体地呈现在眼前，没有阻挡便于存取衣物。如果房间足够大，建议设计平开门的衣柜。

平开门前应预留不小于 450 mm 的门扇开启、拿取衣物的活动空间。

推拉门与平开门两者各有优劣，只是在不同的空间下会发挥自身的更大作用。

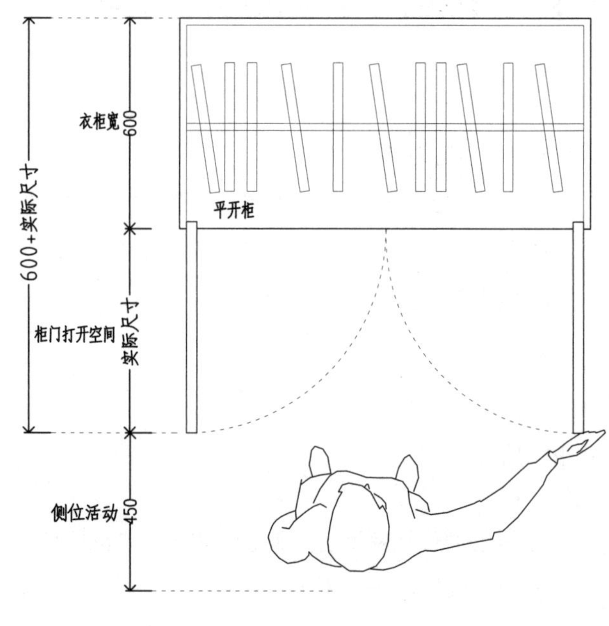

平开门平面尺寸

3.6 衣柜存放的常用物品

衣柜存放的常用物品包括如下几类：

（1）上衣、裤子、裙子、鞋子。

（2）被褥、枕头。

（3）内衣、袜子、手套。

（4）领带、围巾、丝巾、领花、眼镜、手表、腰带、手提包、帽子。

（5）保险柜、行李箱、烫衣板、穿衣镜。

450
175
衣架
400
包
405
350
折叠衬衫
650~800
300~400
折半的裤子
200
450
折叠被子
500
250
折半的毛巾
600
100
领带
400~700
短袖
156
372
男士皮鞋
180
300
休闲鞋
207
256
高跟鞋
454
255
靴子
750~1000
夹克
800~1050
短外套
700~900
毛衣
900~1160
中长外套
1300
长外套
1400
连衣裙

常用衣物尺寸

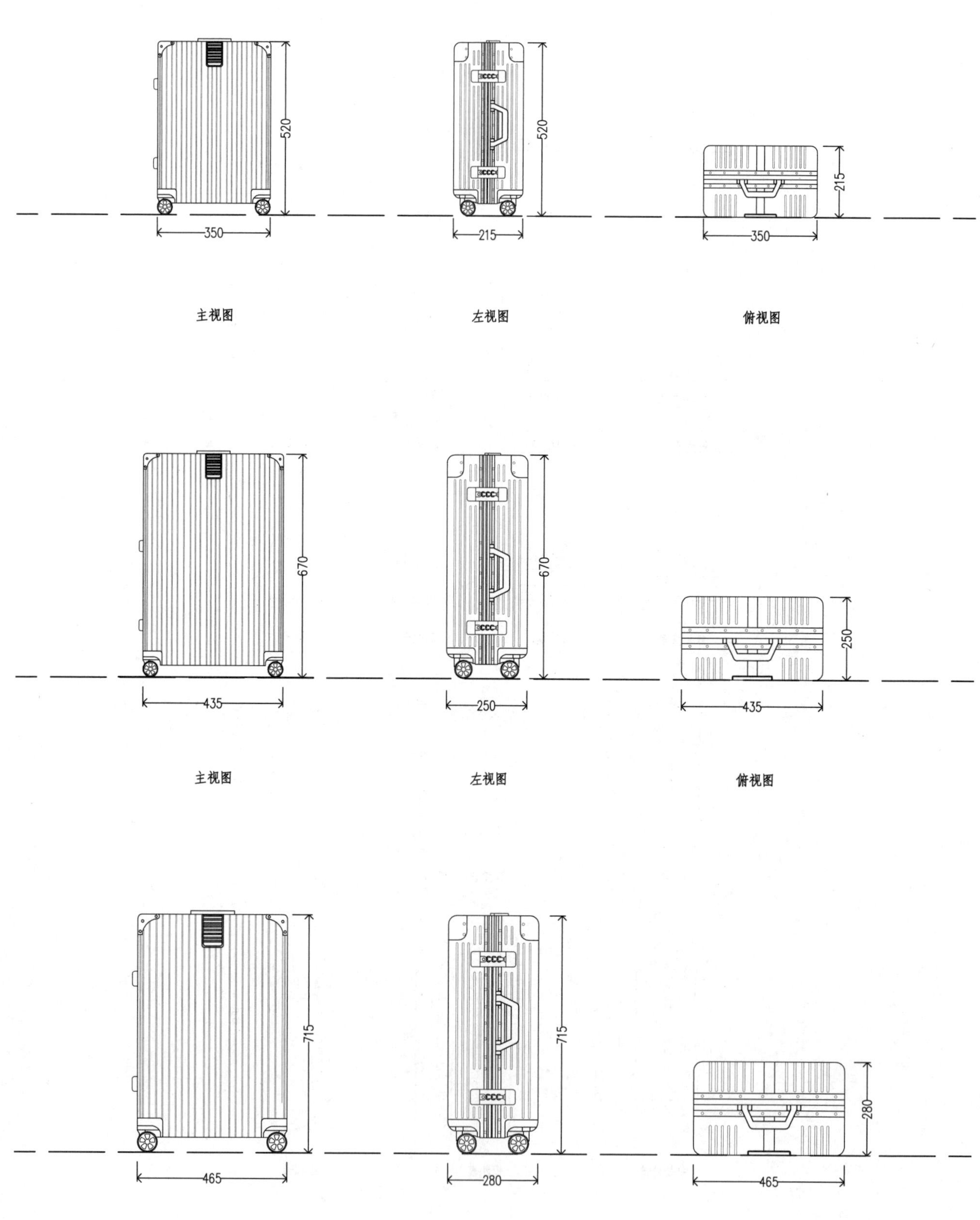
520
350
520
215
215
350
主视图
左视图
俯视图
670
435
670
250
250
435
主视图
左视图
俯视图
715
465
715
280
280
465
主视图
左视图
俯视图

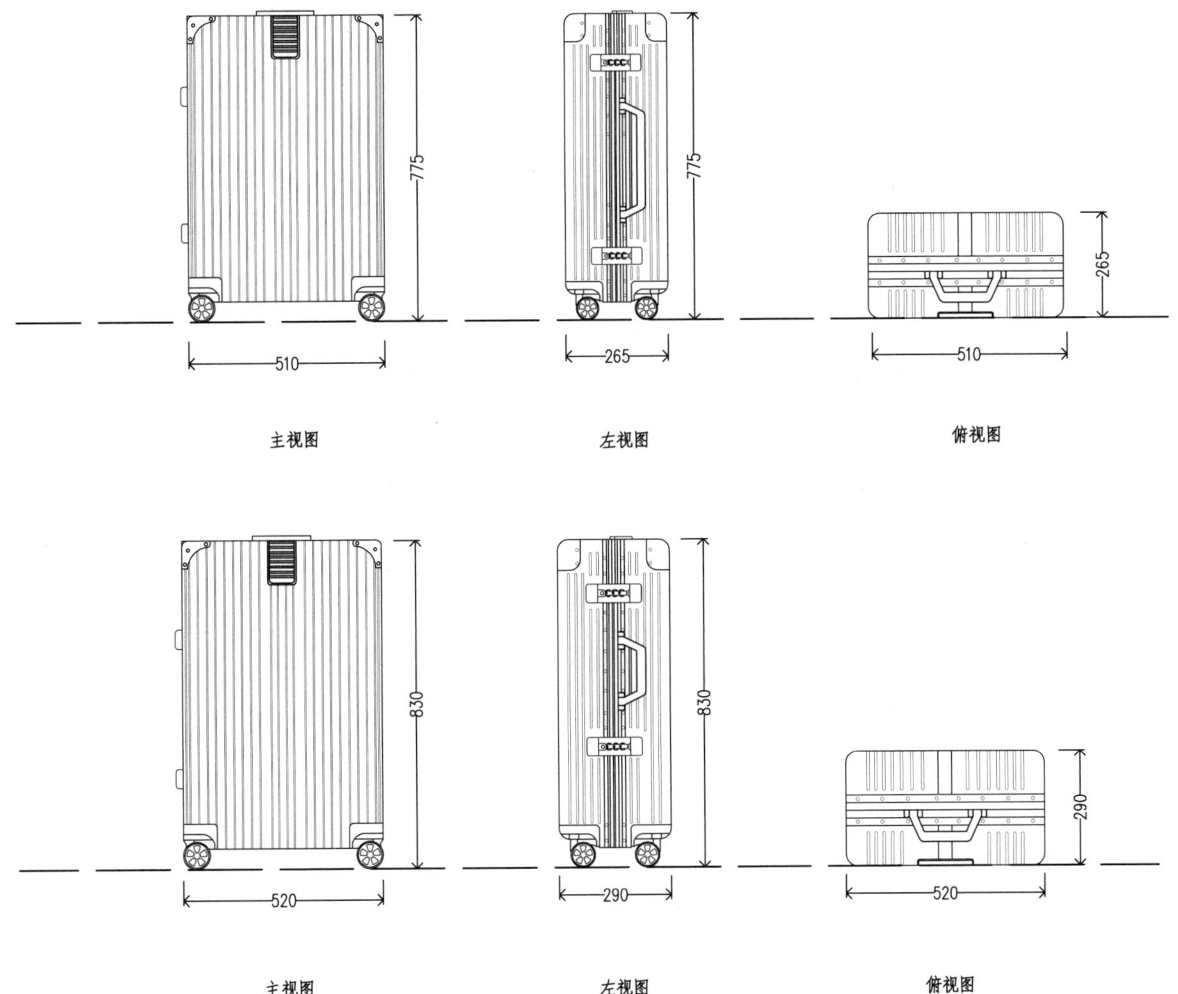
775
775
265
510
265
510
主视图
左视图
俯视图
830
830
290
520
290
520
主视图
左视图
俯视图

不同规格行李箱尺寸

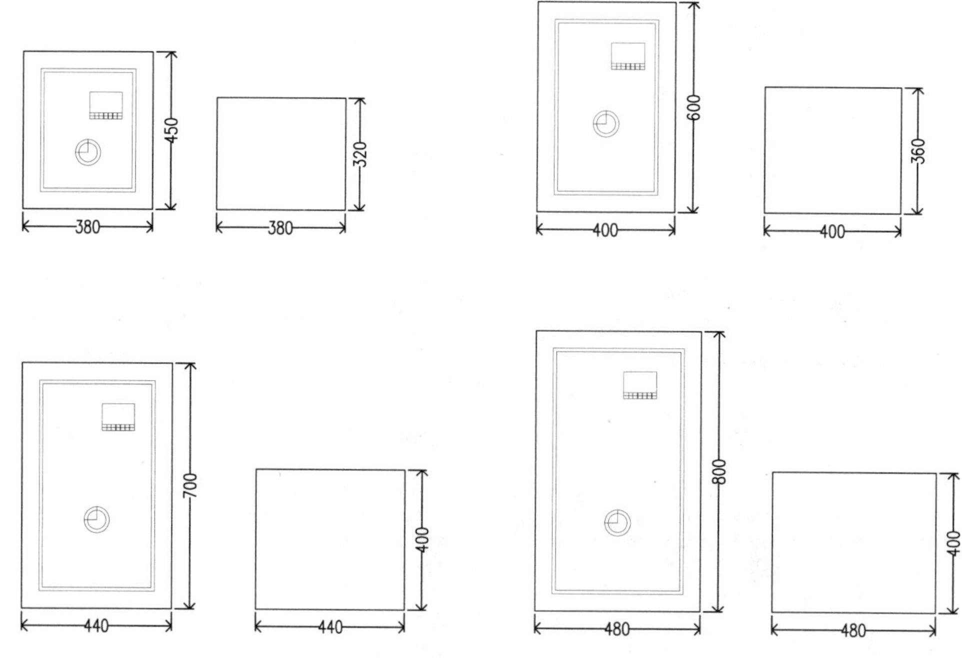

保险柜尺寸

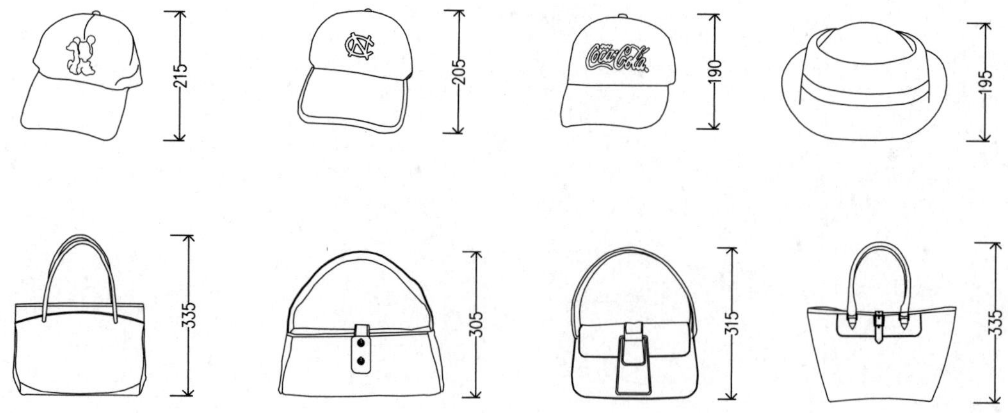

常用帽子及包尺寸

3.7 衣柜功能分隔尺寸

衣柜通常包括长短衣挂置区、常用衣挂置区、短衣挂置区、长短裤挂置区、换季衣挂置区、棉被区、鞋子层、手提包层、衣服叠放层、帽子放置层、首饰穿戴台、抽屉放置区、保险柜层、烫衣板放置区等。

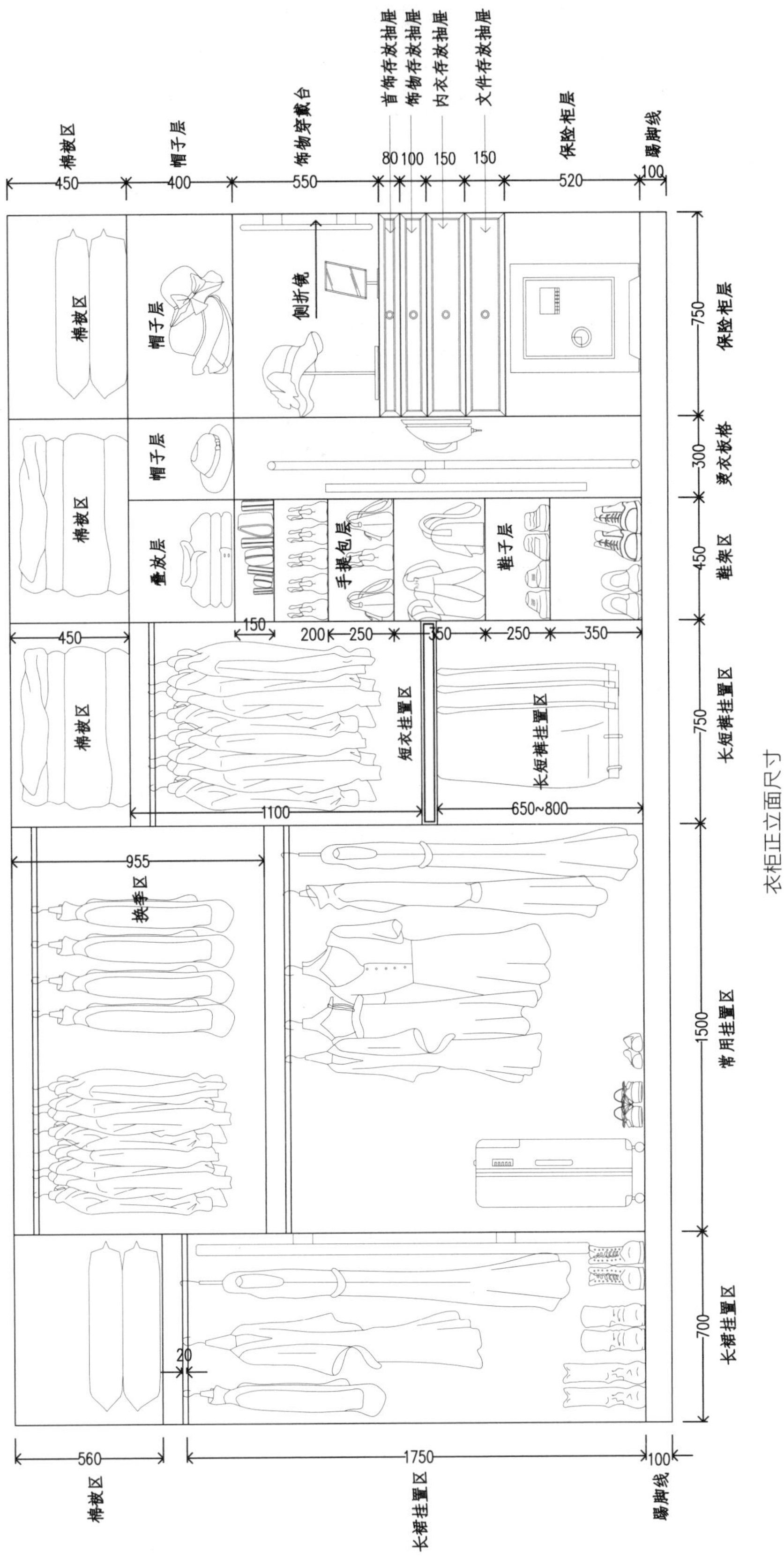

衣柜正立面尺寸

1. 挂衣区

挂衣区分为常用衣挂置区、长短衣挂置区、换季衣挂置区。

常用衣挂置区应设在人员正常站立可拿取 1450 mm 的高度，长短衣挂置区应设在拿到物品 1850 mm 的最大限度值，换季挂衣区可设在较高位置，需通过收衣架或踏椅取放。

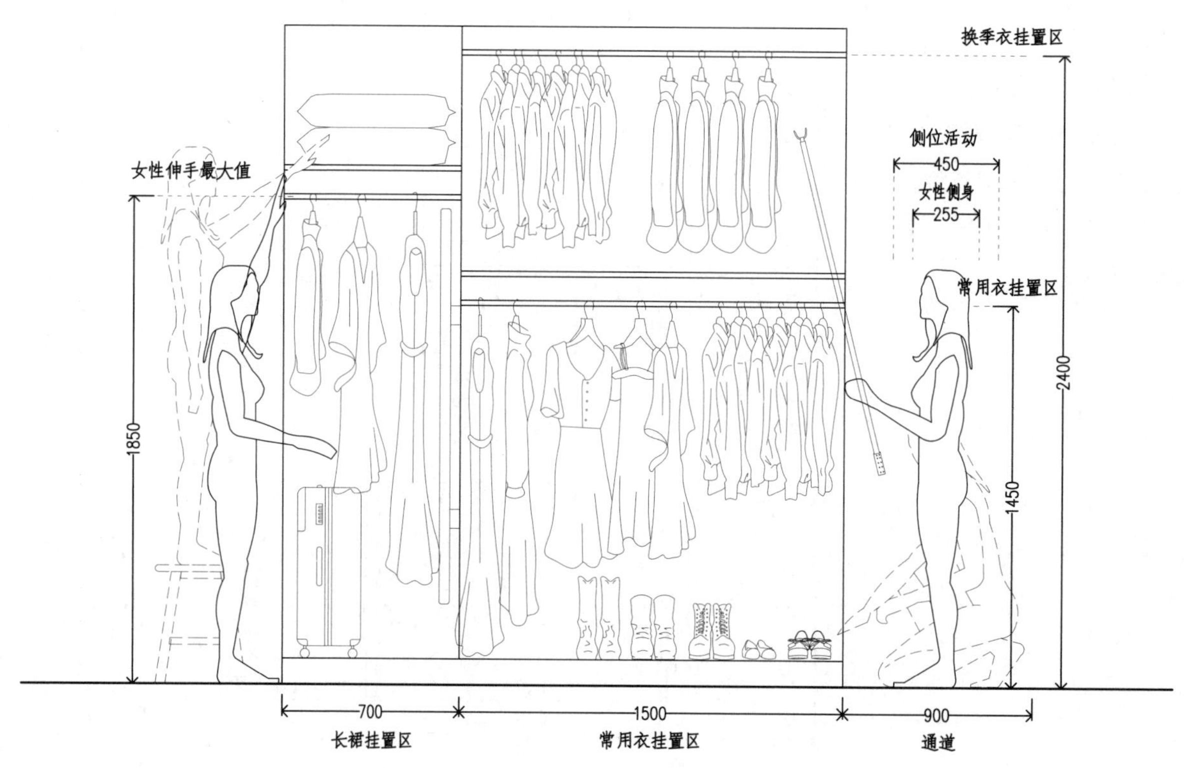

挂衣区立面尺寸

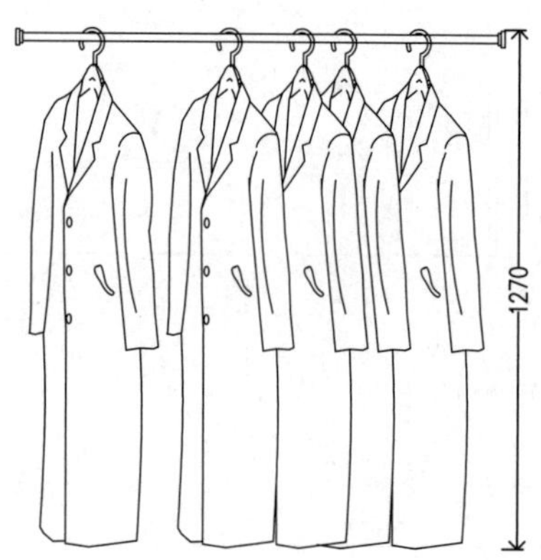

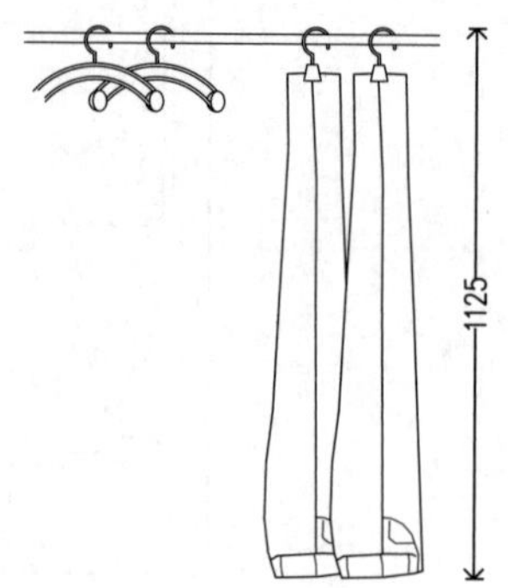

挂衣区衣裤单体尺寸

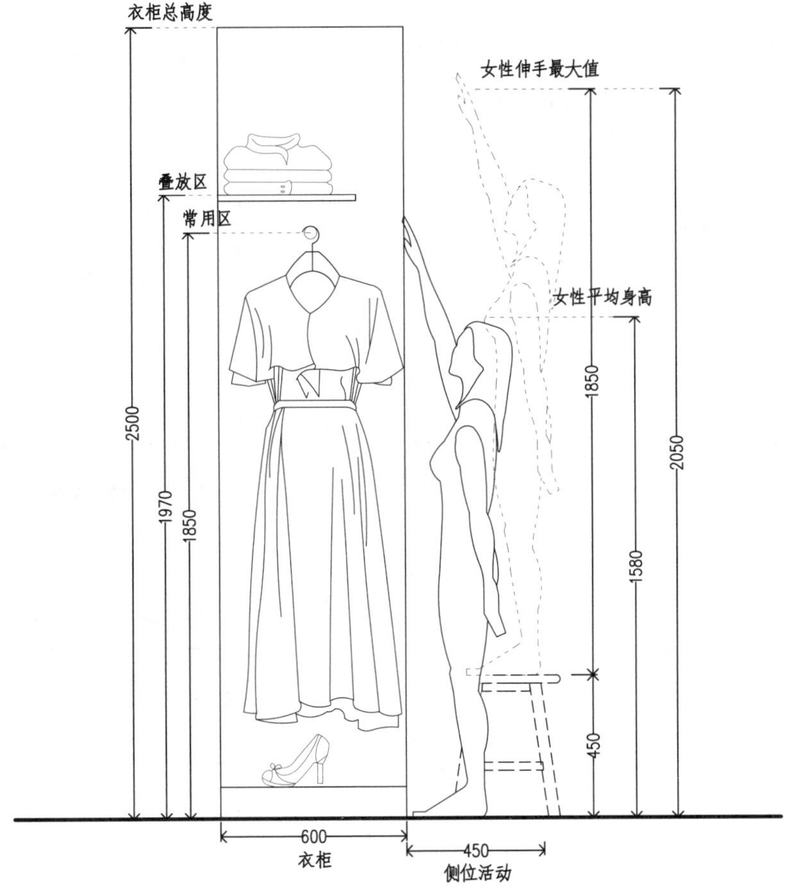

长裙挂衣区立面尺寸

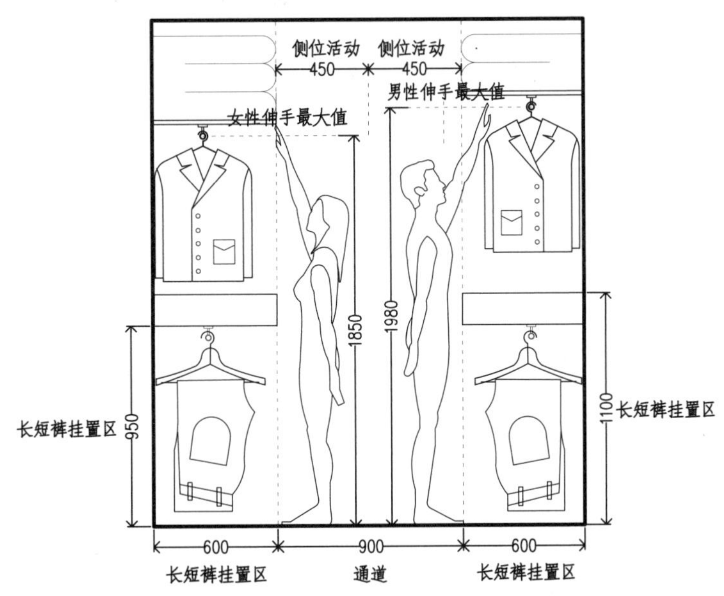

衣柜侧立面尺寸

2. 裤架区

裤架区应设置在衣柜下方区域，亦可与挂衣区为同一格，上方为衣架，下方为裤架；裤架内净空高度为650~800 mm，裤架可使用铝合金成品采购安装。

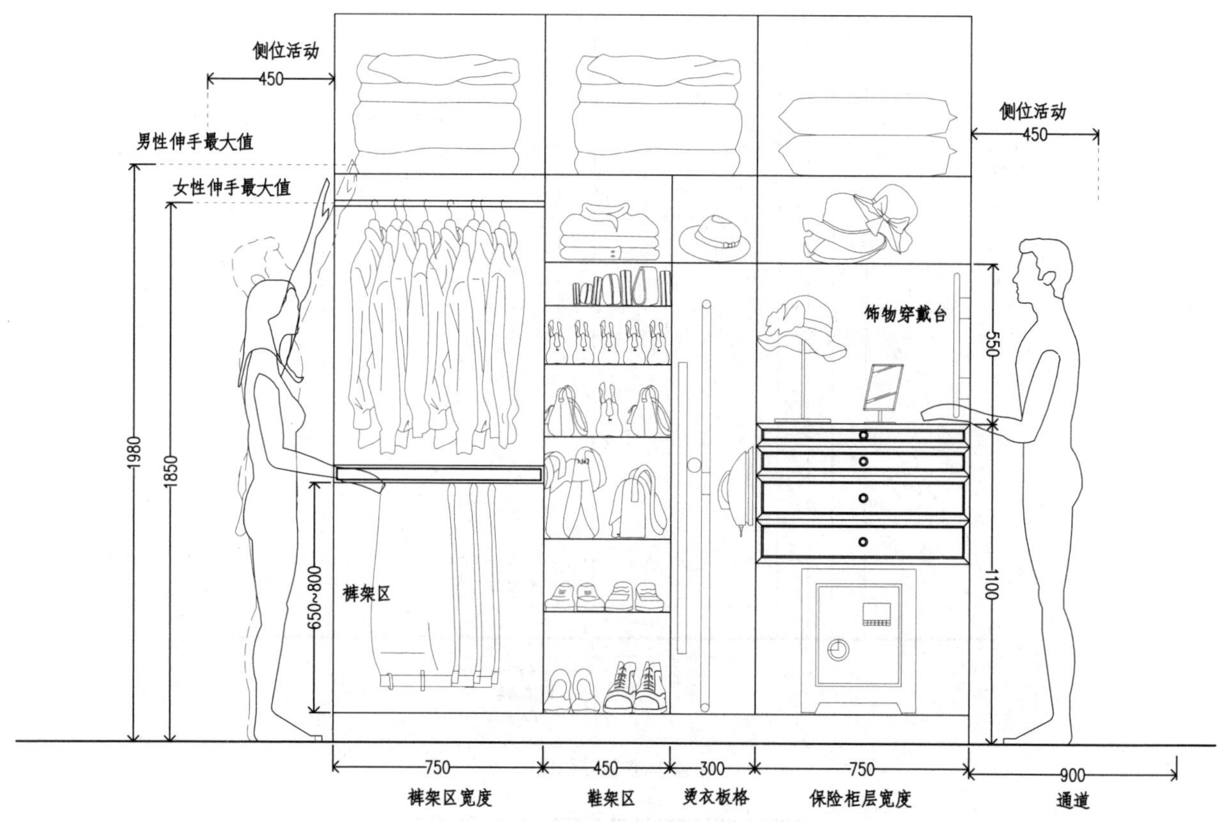

衣柜立面尺寸

3. 饰物穿戴台

饰物穿戴台主要用于更换饰物时的临时摆放，这层应设在饰物抽屉层的上方，方便饰物的收纳与更换。

存放物品：化妆镜、帽架、首饰盒等。

外规格尺寸：饰物穿戴台离地高度宜为 1100 mm，饰物穿戴台高度宜为 550 mm。

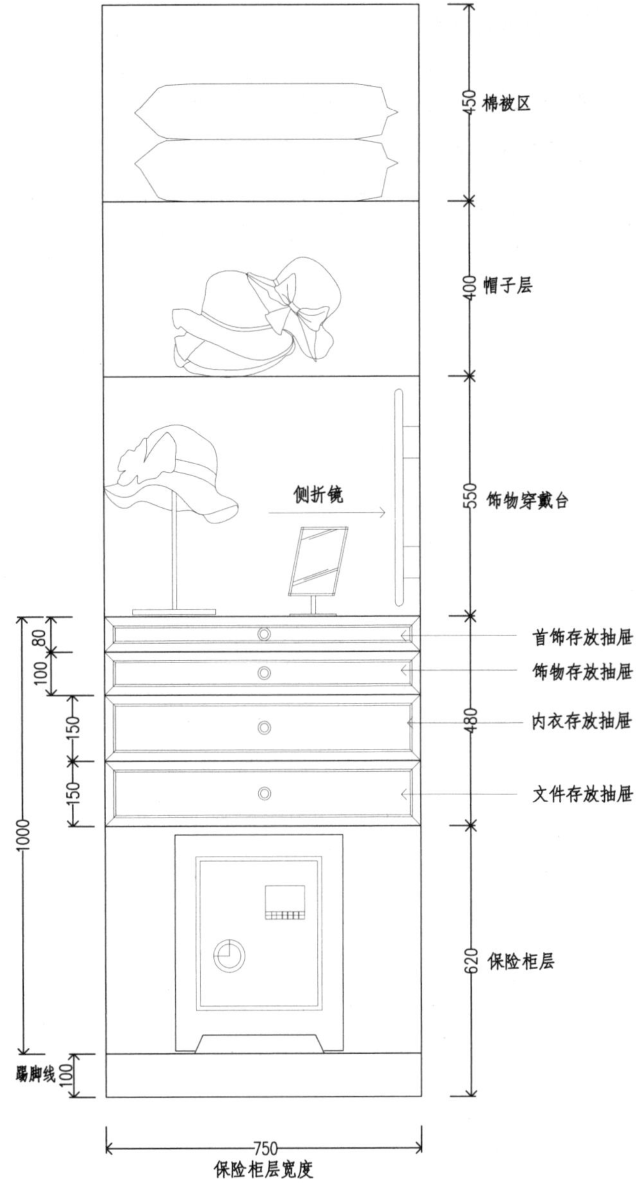

饰物穿戴台立面尺寸

4. 裤架

裤架高度为 650~800 mm，长度可随意增减，但不应超 1200 mm，裤架可使用铝合金成品采购安装。

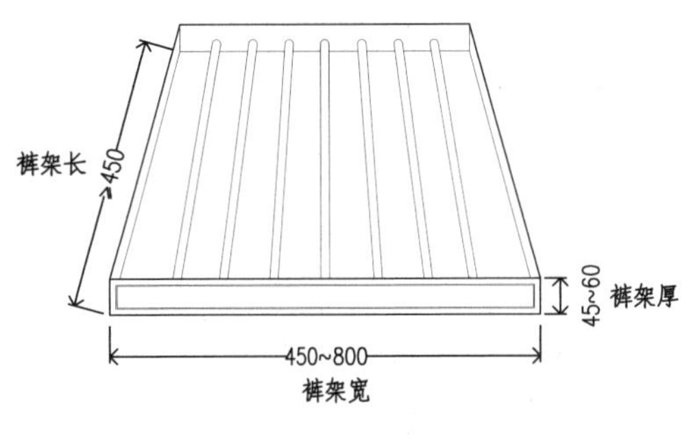

裤架尺寸

5. 首饰存放抽屉

首饰存放抽屉应设置在抽屉功能区的最顶层。

存放物品：手链、戒指、胸花、胸针等。

外规格尺寸：抽屉高度宜为 45~60 mm，长度宜为 450~800 mm。

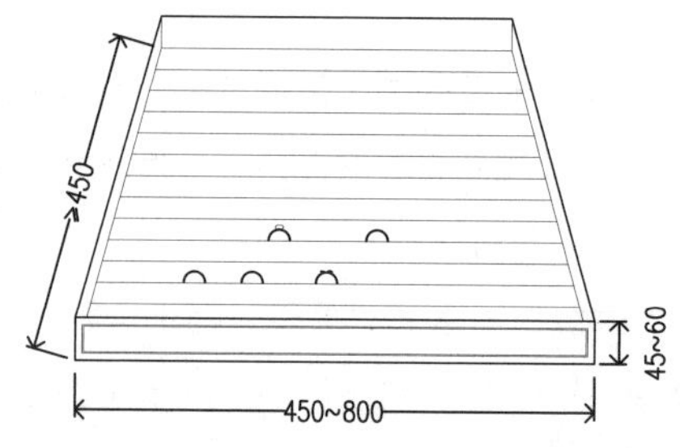

首饰存放抽屉尺寸

6. 饰物存放抽屉

饰物存放抽屉与首饰存放抽屉都是存放同一类型的穿戴物品，只是穿戴饰物比首饰物体积大得多，所以存放的空间要求不一样，饰物抽屉宜设在首饰抽屉的下方。

存放物品：手表、眼镜、领带、皮带、腰带等。

外规格尺寸：抽屉高度宜为 45~60 mm，长度宜为 450~800 mm。

内分割尺寸：眼镜摆放格长度不应小于 200 mm，宽度可自行调节，其他物品存放格分隔宜为长 100 mm、宽 100 mm 的方形格，可外购成品分隔盒。

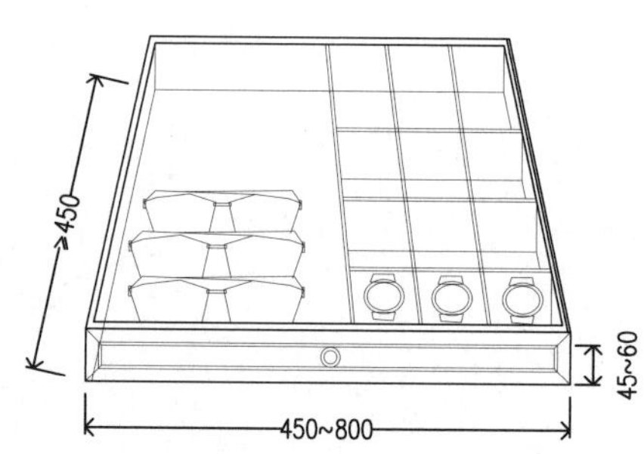

饰物存放抽屉尺寸

7. 内衣抽屉

内衣抽屉一般设置在饰物抽屉的下层，内衣抽屉以存放贴身的内衣裤为主，所以对卫生要求较高。

存放物品：文胸、内裤、丝袜、丝巾等。

外规格尺寸：高度宜为 100~150 mm，长度宜为 450~800 mm。

内分割尺寸：文胸存放格宽度不应小于 350 mm，宽度可自行调节，其他物品存放格分隔宜为长度 80 mm、宽度 80 mm 的方形格，可外购成品分隔盒。

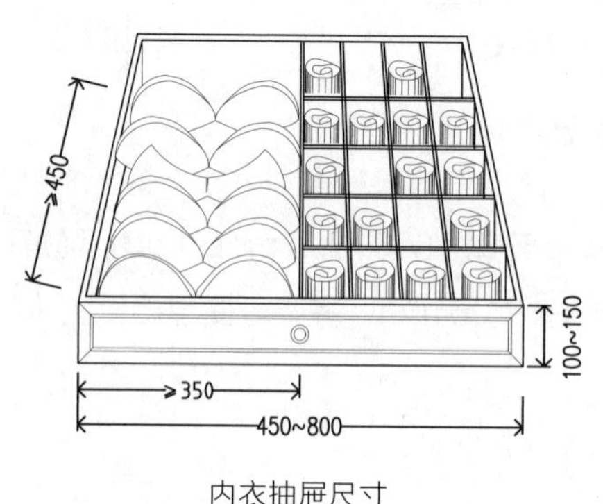

内衣抽屉尺寸

8. 文件抽屉

文件抽屉一般设置在抽屉功能区的最底层，离保险柜较近，由于保险柜存放空间有限，一般不是太贵重的东西就存放到文件抽屉。

存放物品：合同、证书、护照、单据、纪念照片等。

外规格尺寸：高度为 100~150 mm，长度宜为 450~1200 mm。

内分割尺寸：文件存放格可按 A4 纸规格尺寸进行分格，敞开式亦可。

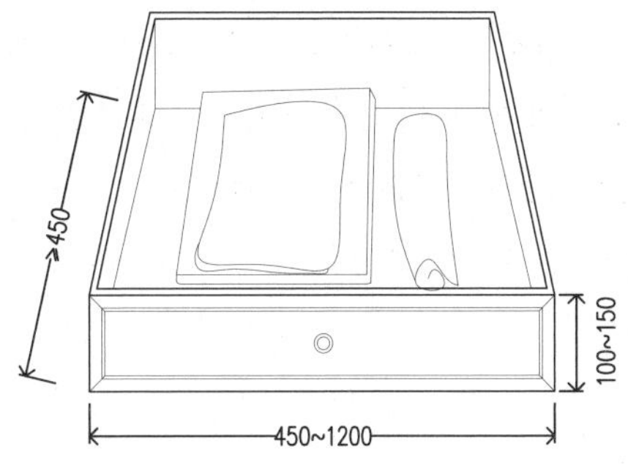

文件抽屉尺寸

9. 穿衣镜

穿衣镜一般设置在衣柜侧板位置，可活动抽拉使用，亦可设置在平开的衣柜门内位，打开衣柜门使用。

规格尺寸：长度宜为 380 mm，高度宜为 1500 mm。

安装尺寸：安装高度离地宜为 300 mm。

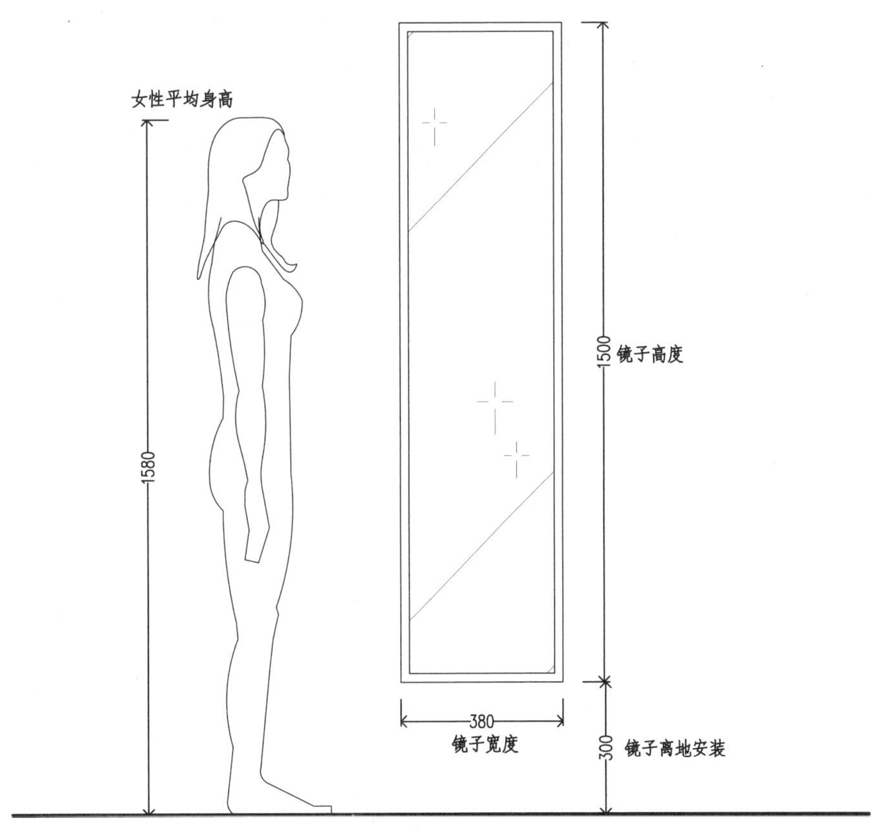

穿衣镜高度安装尺寸

10. 烫衣板格

烫衣板格主要用于摆放烫衣板与熨斗，家庭有杂物房、杂物柜或洗衣房的，衣柜内不需设烫衣板格。

设置高度离地不应大于 150 mm。

规格尺寸：长度宜为 300 mm，高度不应小于 1550 mm。

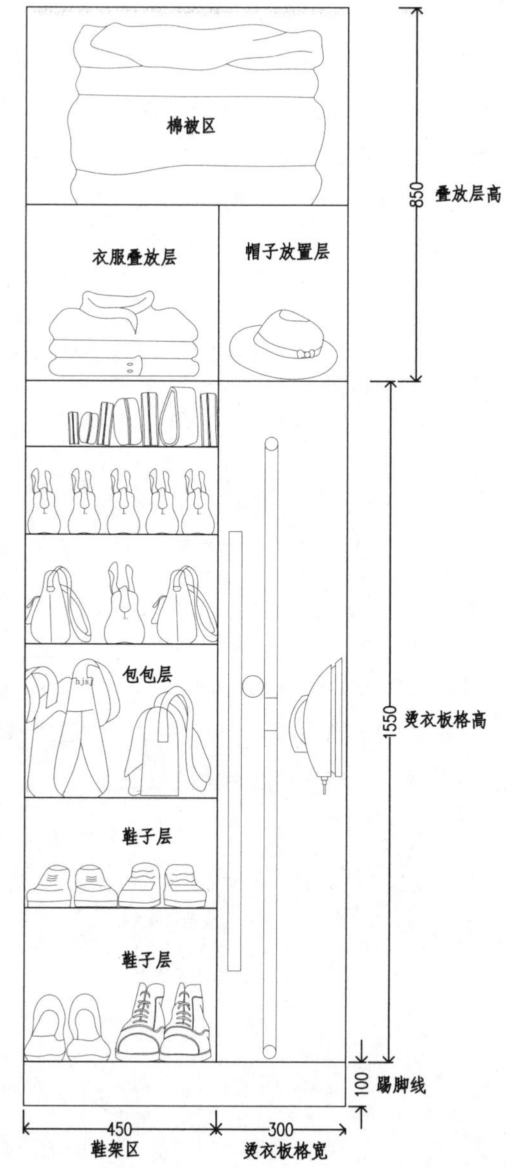

烫衣板格尺寸

11. 保险柜层

由于保险柜较重，保险柜层应设置在衣柜底层区域，保险柜上方应为抽屉区域。

对于开放式衣帽间里较重的保险柜，建议保险柜层下方不设踢脚线，直接摆放在地面上。

注意：由于保险柜的尺寸不一，设置该区域应先选取合适的保险柜，根据保险柜大小预留尺寸。

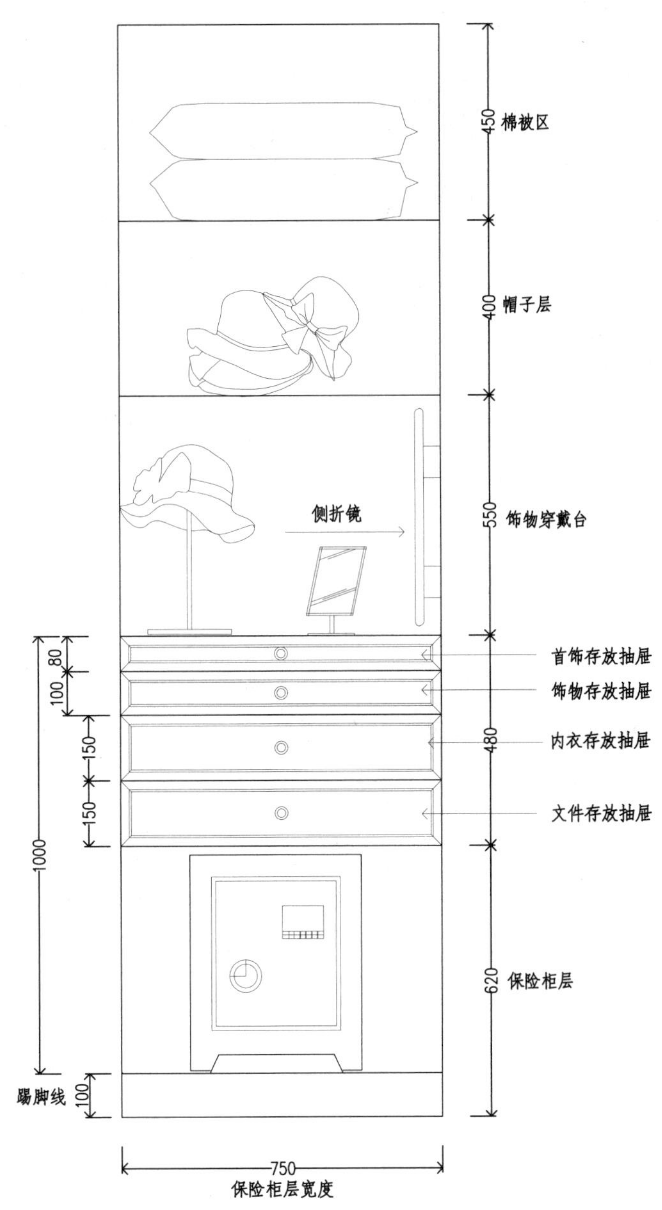

保险柜层尺寸

4 功能区域

书房
品茶室
娱乐室
影视室
健身房
藏酒室
雪茄房
车库

4.1 书房

书房是住宅内的一个功能性房间，主要作为阅读、学习或工作的场所。

书房需要一个安静的环境，所以在空间布置时应设在清静的区域内。

书房的面积决定书房的功能配置，有的大型书房还兼作会客室，在书房里可增加休息椅或沙发。

功能配置

书写台、书架、书柜、座椅、休闲躺式沙发。

1. 小型书房

较为小型的书房，可以依墙定制书柜，书桌也可以采用转角式或贴墙式的设计，书桌还可利用飘窗位置设置，最大程度地利用室内空间。

小型书房的面积宜为 3 m^2。

小型书房中上柜下桌的设计方式，既能保证书写空间，又可以增加储物空间。

下方书写台的宽度为 600 mm，高度为 750 mm。腿部在书桌下方需要一定的活动空间，要求书桌下净高不应小于 600 mm。座椅高度宜为 450 mm。

台面与上柜的距离宜为 550 mm，预留放置电脑的空间。

书写台外沿应预留不小于 900 mm 的坐立、进出空间。

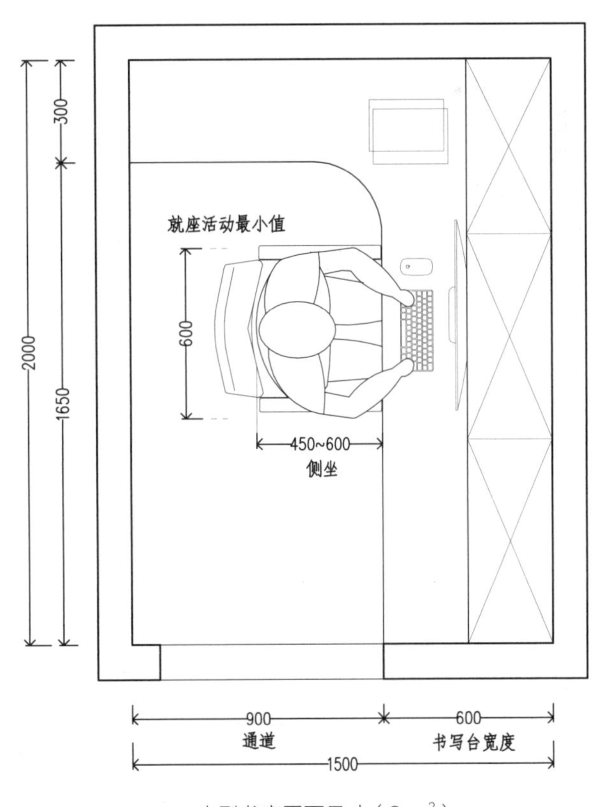

小型书房平面尺寸（3 m^2）

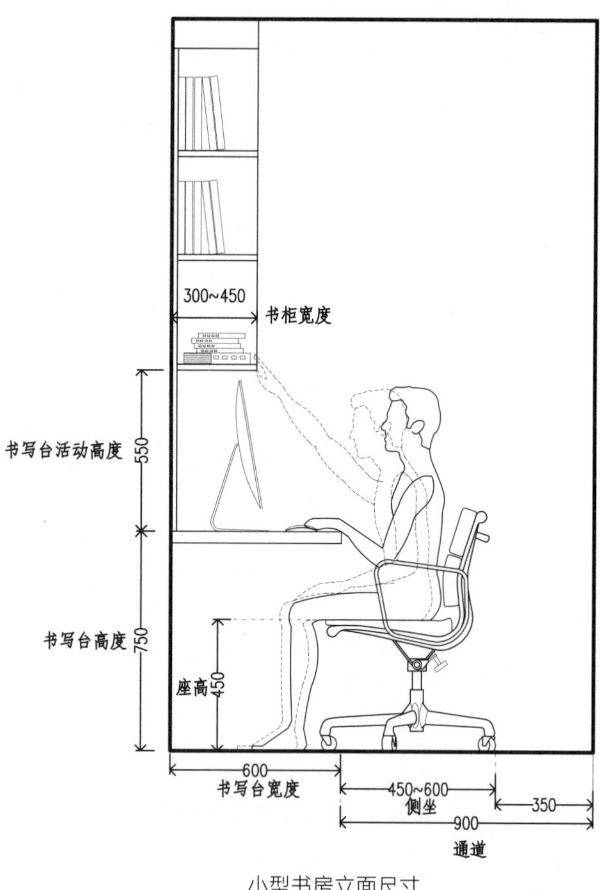

小型书房立面尺寸

2. 标准型书房

标准型书房的面积宜为 11.9 m^2。

书桌尺寸宜为 1600 mm × 800 mm × 750 mm；

书桌左右两边的通道尺寸不应小于 900 mm；

书桌外沿距离后方墙面或物体的距离宜为 1200 mm。

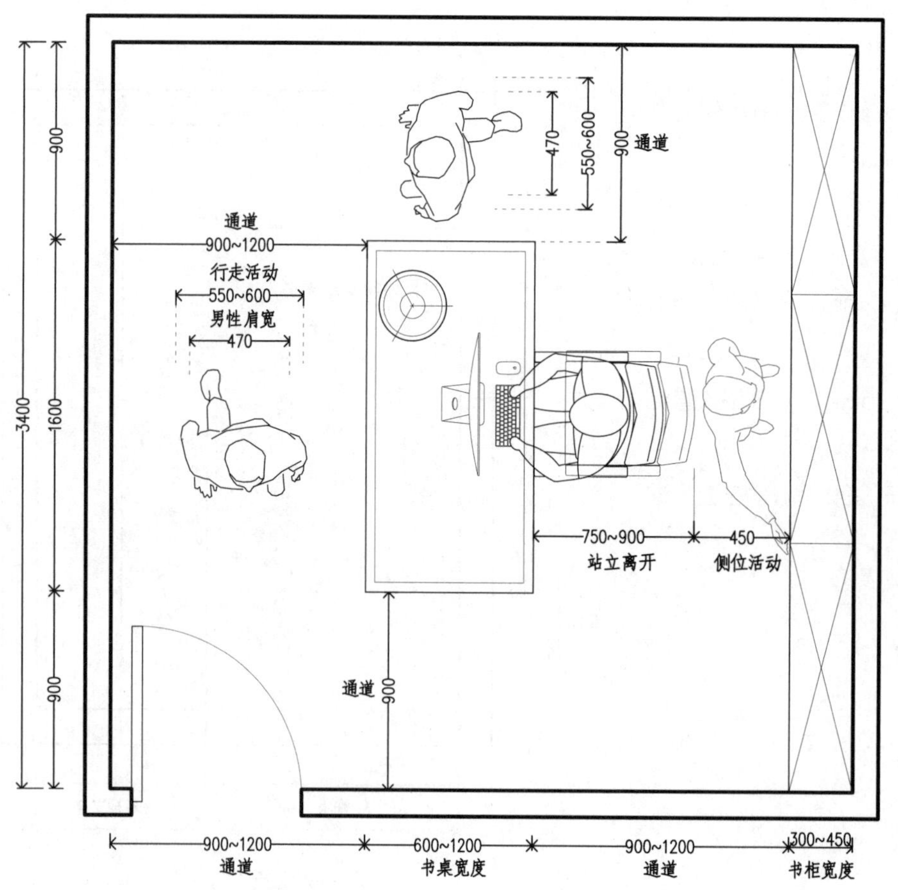

标准型书房平面尺寸（11.9 m^2）

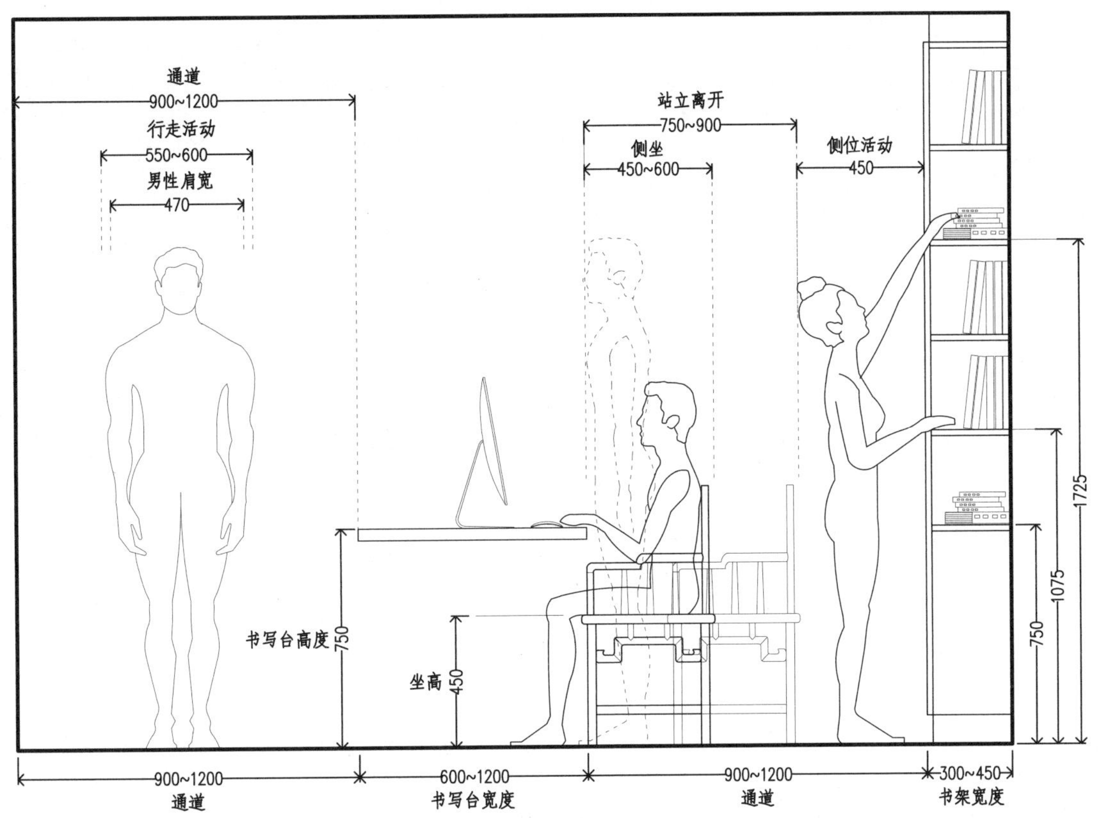

通道
900~1200

行走活动
550~600

男性肩宽
470

站立离开
750~900

侧坐
450~600

侧位活动
450

书写台高度 750

坐高 450

1725

1075

750

900~1200
通道

600~1200
书写台宽度

900~1200
通道

300~450
书架宽度

标准型书房立面尺寸（一）

通道
900~1200

行走活动
550~600

男性肩宽
470

侧身
300

弯腰取物
900

书写台高度 750

坐高 450

900~1200
通道

600~1200
书写台宽度

900~1200
通道

300~450
书架宽度

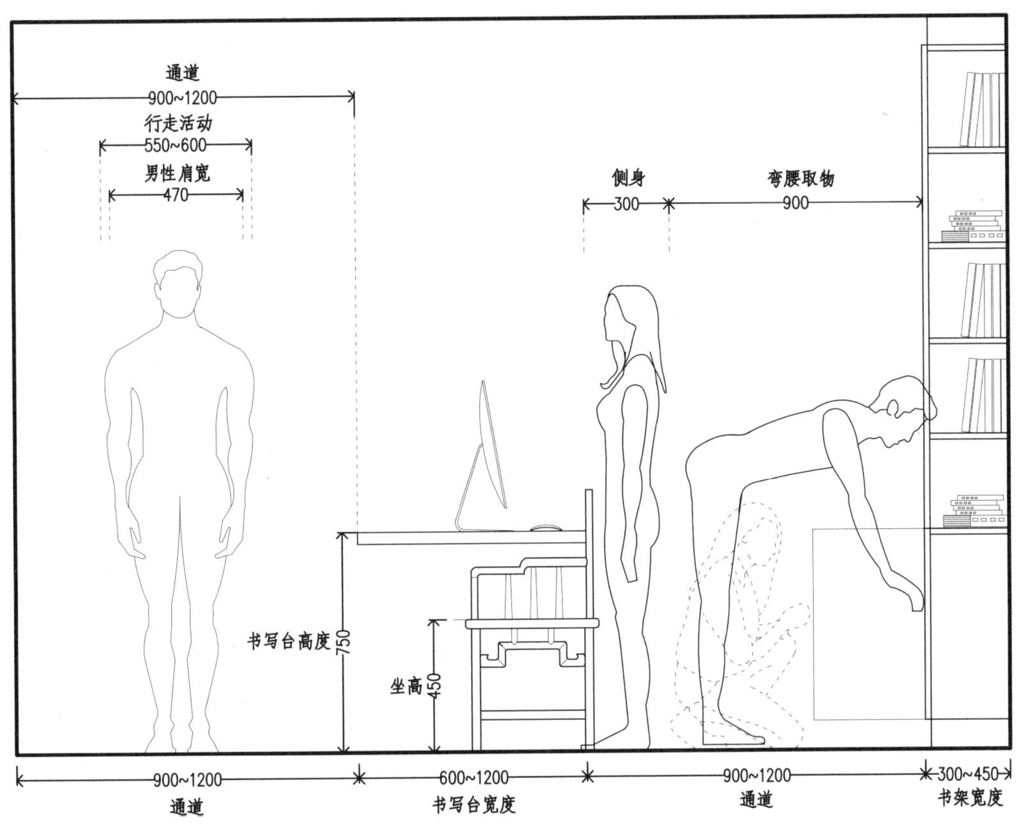

标准型书房立面尺寸（二）

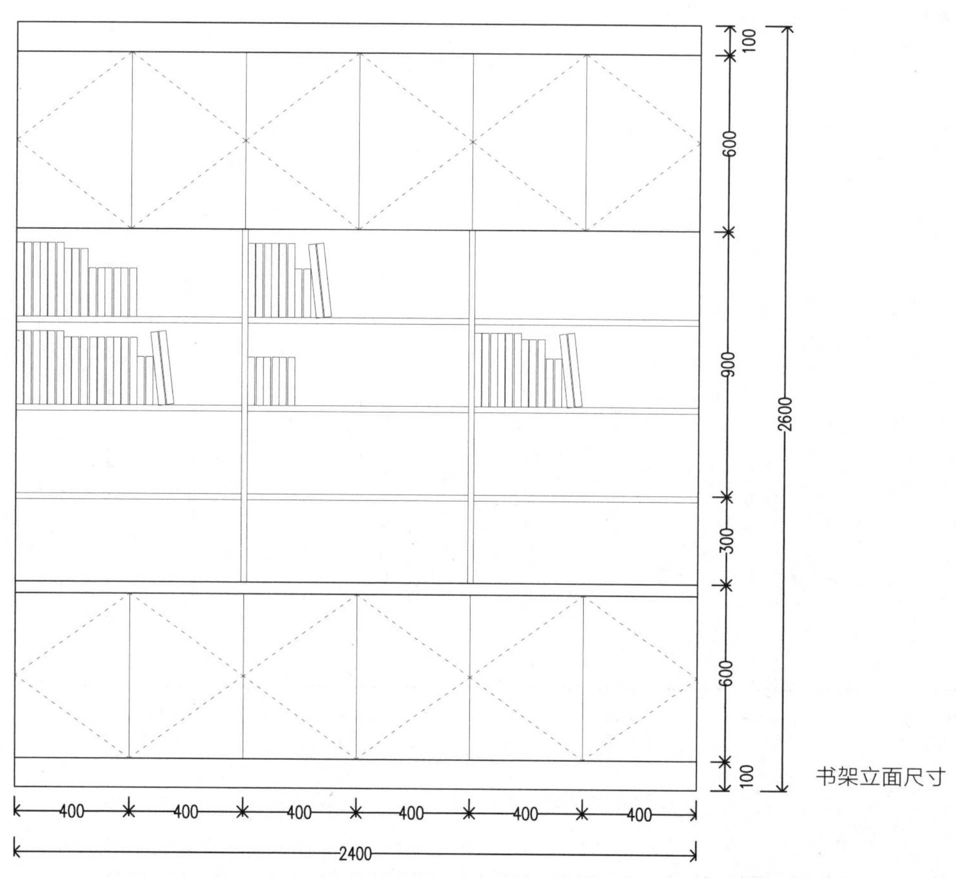

书架立面尺寸

3. 常见的书籍尺寸

书柜分隔设置应按书本大小尺寸设置。

16 开书籍尺寸：260 mm × 185 mm。

16 开书籍（大）尺寸：297 mm × 210 mm。

8 开书籍尺寸：375 mm × 260 mm。

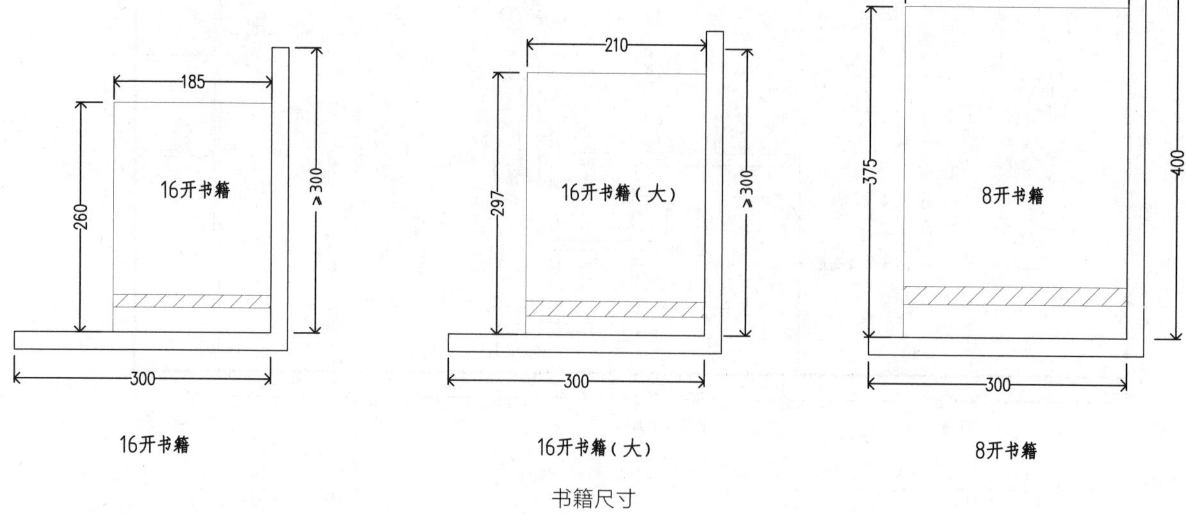

书籍尺寸

4.2 品茶室

品茶室是住宅中的一个功能性房间，是供接待客人、交谈聊天的场所。

茶室设计有开放式的与封闭式的，开放式多连接客厅、景观阳台等；也有专门独立封闭式的茶室，独立性的茶室受到外界的干扰也相对较小。小户型设置茶室时可与书房共用一室，茶室应设置直饮水及排水设备。

功能配置

茶台、椅子、装饰柜。

茶室的面积宜为 10.7 m^2；

茶台尺寸宜为 1500 mm × 800 mm × 750 mm；

茶台左右两边的通道尺寸不应小于 900 mm；

茶台外沿距离墙面或物体的距离不应小于 900 mm；

装饰柜的宽度宜为 350 mm。

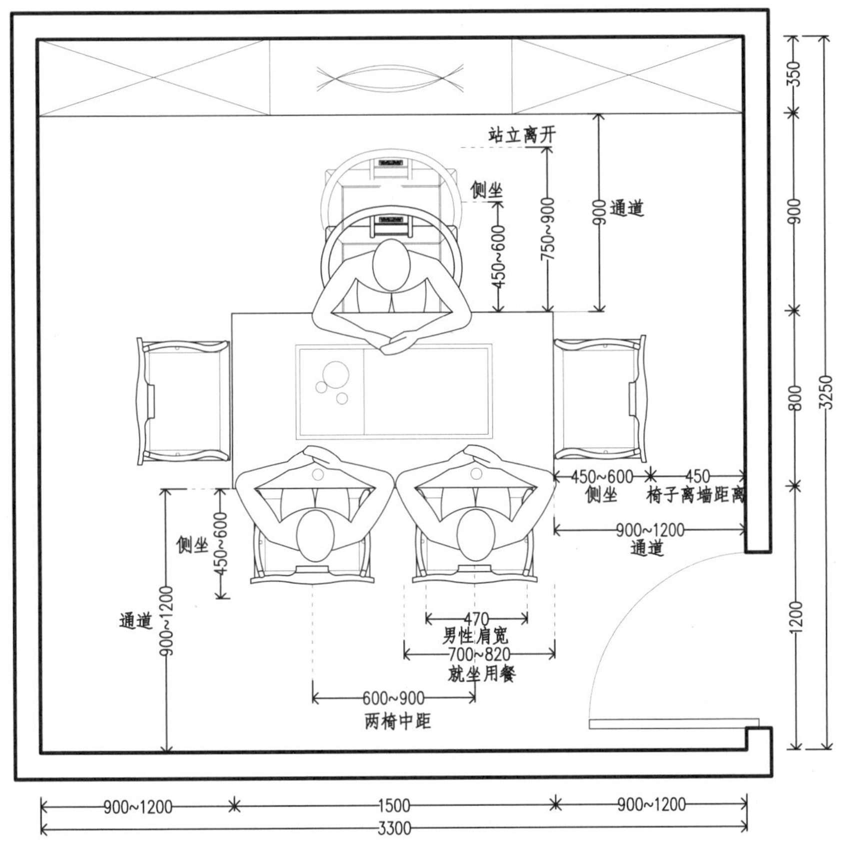

茶室平面尺寸（10.7 m^2）

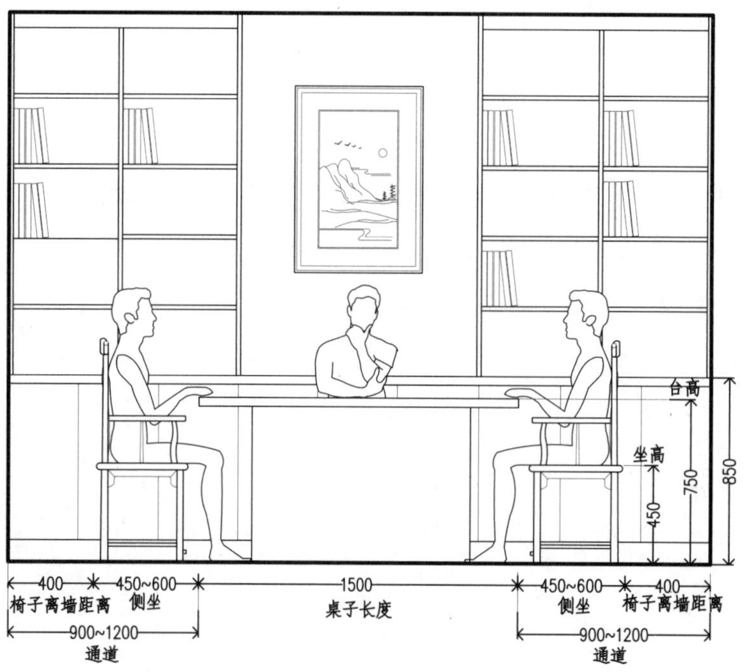

茶室立面尺寸

4.3 娱乐室

家庭娱乐室是指在房屋某区间内设置的一个供家人娱乐的房间。

家庭娱乐室的功能是多样化的，根据主人的偏好，会有不同的功能设计，常见的有乒乓球室、台球室（英式、美式）、麻将房（扑克房）、酒吧台等。

娱乐室不能设置在卧室周围及边上，以免影响卧室内人员休息、睡眠。

1. 乒乓球室

（1）乒乓球台尺寸。

根据国际乒乓球联合会（ITTF）的规定，乒乓球台标准尺寸为长度 2.74 m、宽度 1.525 m、高度 0.76 m、中网两侧突出尺寸 0.152 5 m。

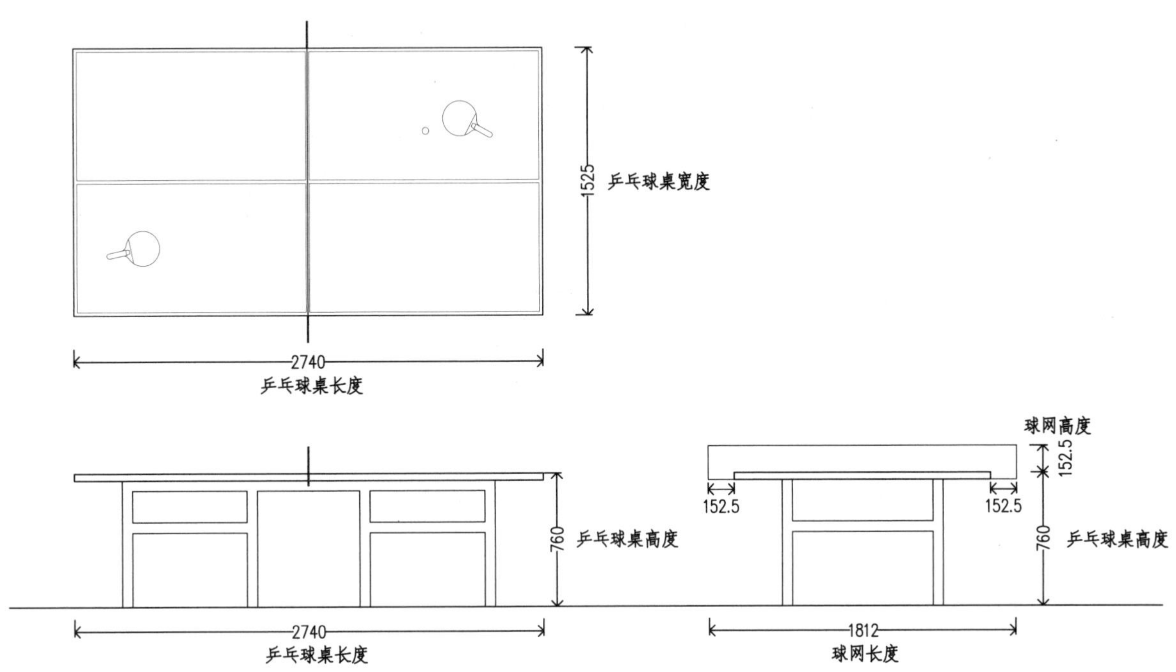

乒乓球台尺寸

（2）乒乓球最小运动范围。

为了避免打球者受到干扰和阻碍，乒乓球桌的周围预留最小的运动范围为：

乒乓球台左右两侧外沿离墙面或物体不应小于 900 mm；

乒乓球台上下两侧外沿离墙面或物体不应小于 1500 mm；

总长宽为 5740 mm × 3325 mm；

总面积为 19.0 m^2；

乒乓球台上方的光源离地宜为 2500~3000 mm。

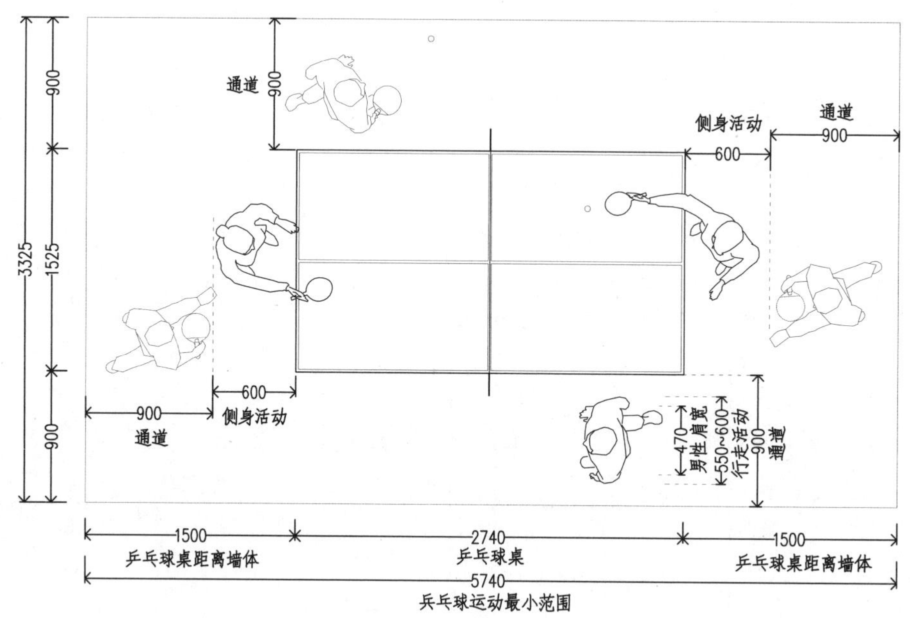

乒乓球最小运动范围平面尺寸

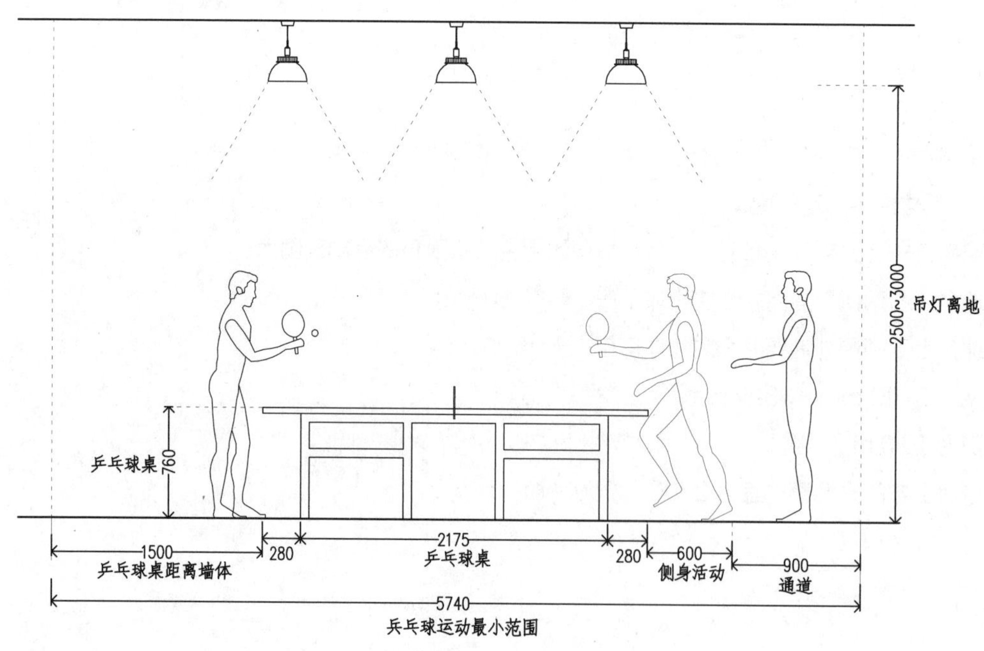

乒乓球最小运动范围侧立面尺寸

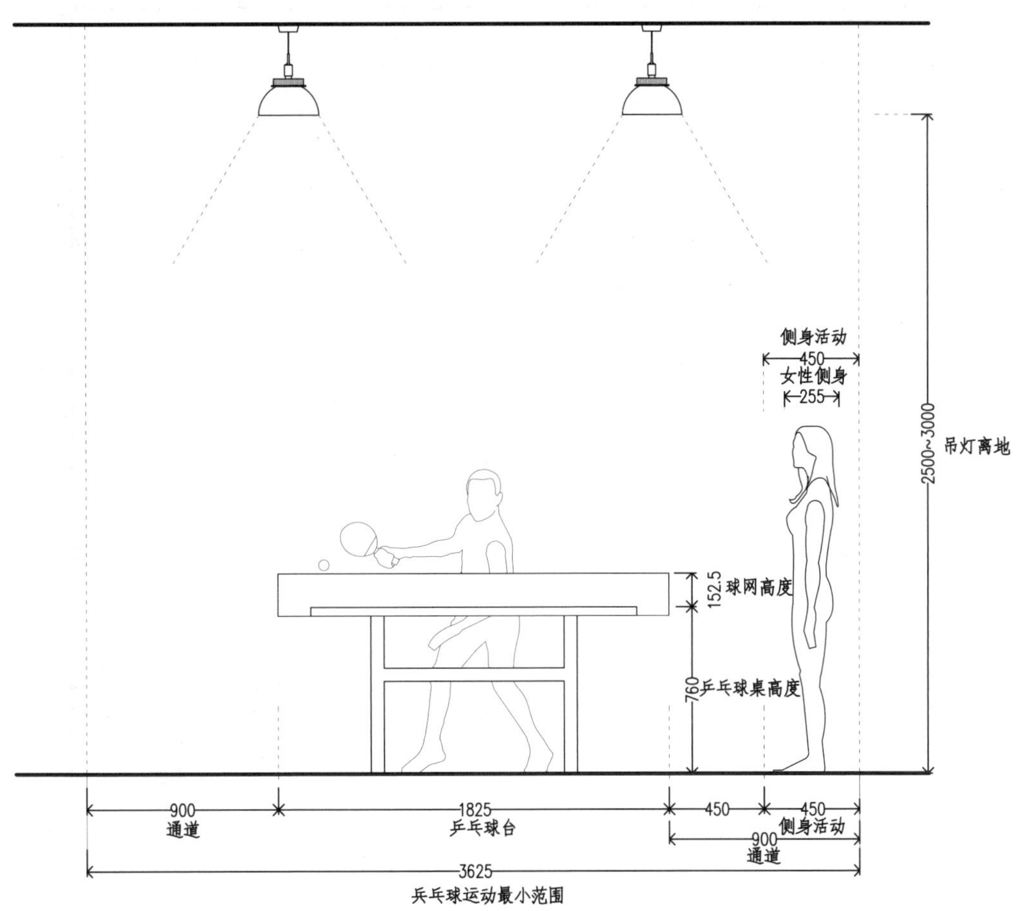

乒乓球最小运动范围正立面尺寸

（3）乒乓球室设计最小尺寸。

乒乓球室在满足乒乓球最小运动范围的基础上，左右两侧宜增加 1200 mm，满足行走和增加观看座位功能，上下两边宜增加不小于 900 mm 的通道尺寸。

总长宽为 7540 mm × 5725 mm。

总面积为 43.1 m^2。

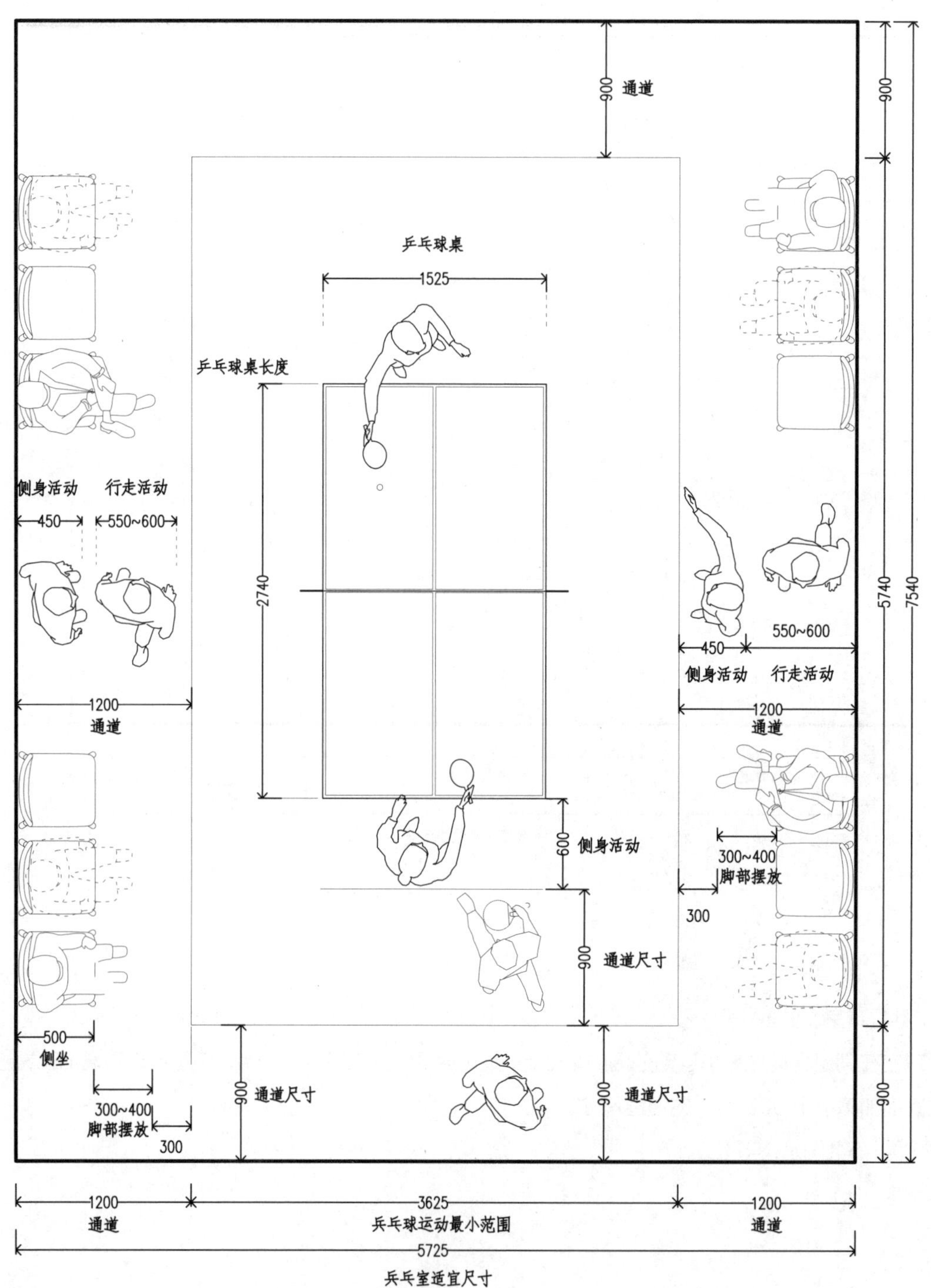

900
通道
900
乒乓球桌
1525
乒乓球桌长度
侧身活动
行走活动
450
550~600
2740
5740
7540
550~600
450
侧身活动
行走活动
1200
通道
1200
通道
600
侧身活动
300~400
脚部摆放
300
900
通道尺寸
500
侧坐
300~400
脚部摆放
300
900
通道尺寸
900
通道尺寸
900
1200
通道
3625
乒乓球运动最小范围
1200
通道
5725
乒乓室适宜尺寸

乒乓球室最小平面尺寸

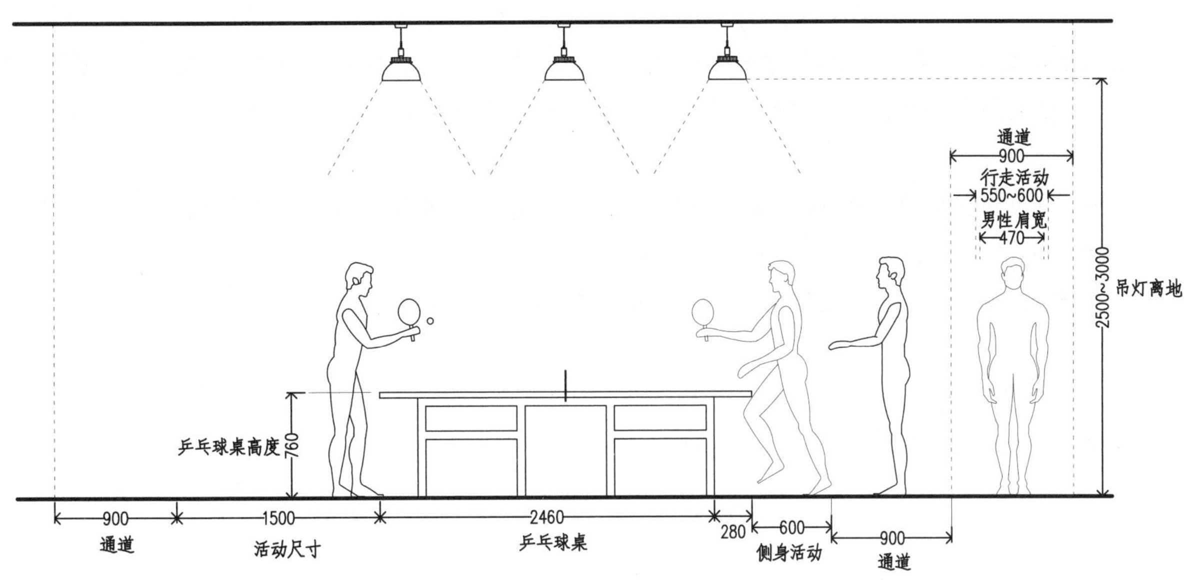

乒乓球室最小侧立面尺寸

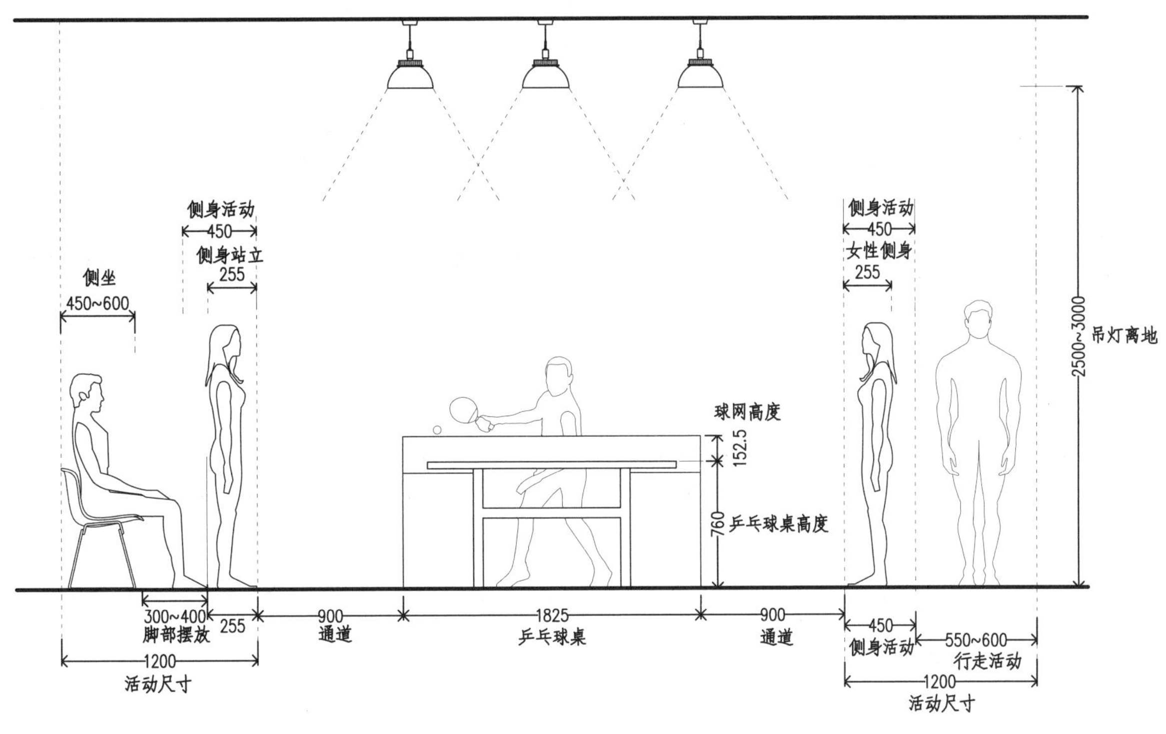

乒乓球室最小正立面尺寸

2. 台球室（英式、美式）

台球是球类运动项目之一，是运动员在台球桌上，用超过 91.4 cm 长的球杆，按照一定的规则，通过击打白色主球，使目标球入袋的一项体育休闲项目。台球分英式与美式，两者需要大小尺寸不一，需确定后设置各区间尺寸。

台球的玩法有多种，常见的有在 7 英尺（1 英尺 =30.48 厘米）、8 英尺、9 英尺、10 英尺长的六口袋桌上打的，其中包括八球、九球、十球。

7 英尺台球桌的尺寸小于专业规定，适合在小型住宅等狭小的空间中设计使用。

（1）台球桌尺寸。

7 英尺台球桌的尺寸：长 2.36 m、宽 1.37 m、高 0.813 m。

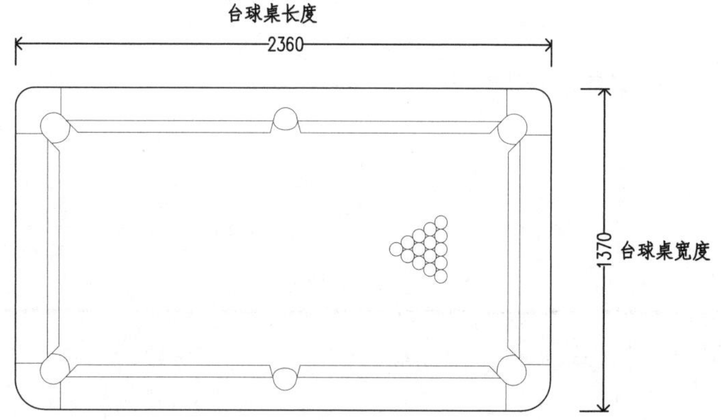

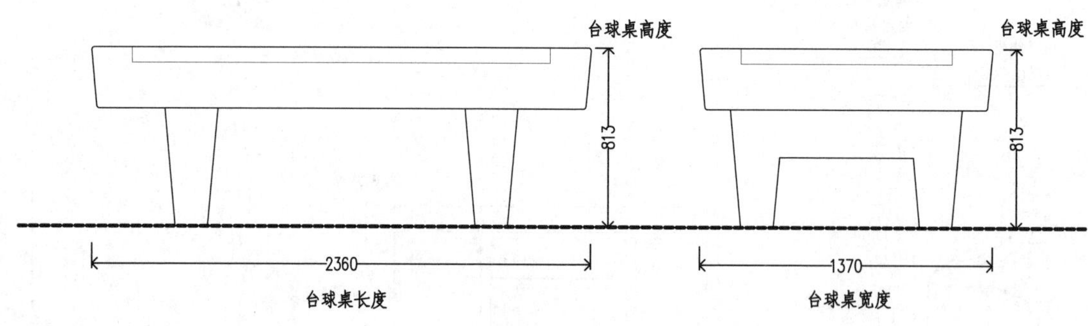

7 英尺台球桌尺寸

8 英尺台球桌的尺寸：长 2.62 m、宽 1.50 m、高 0.813 m。

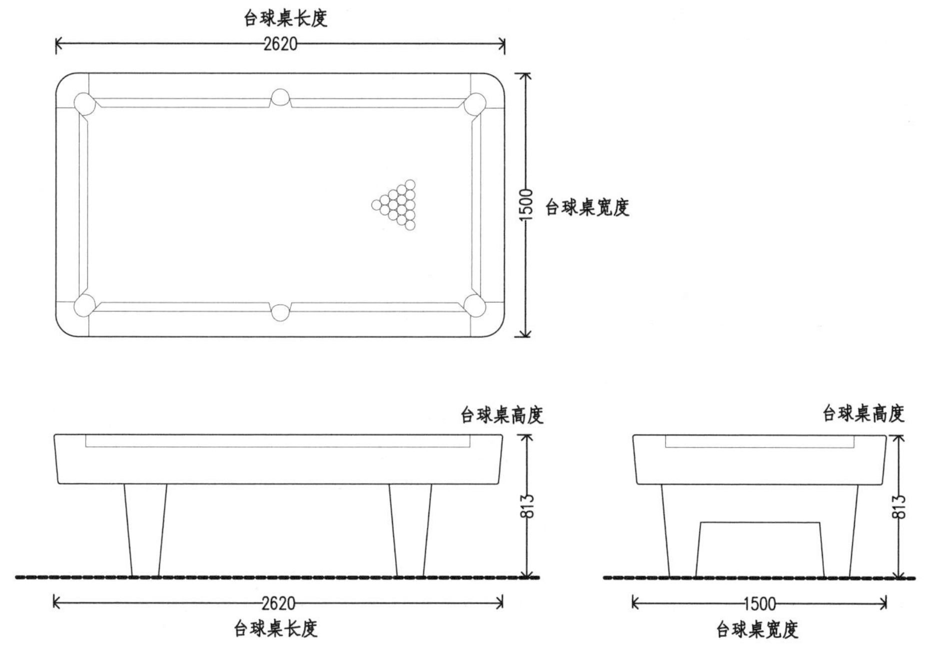

8 英尺台球桌尺寸

8.5 英尺台球桌的尺寸：长 2.72 m、宽 1.55 m、高 0.813 m。

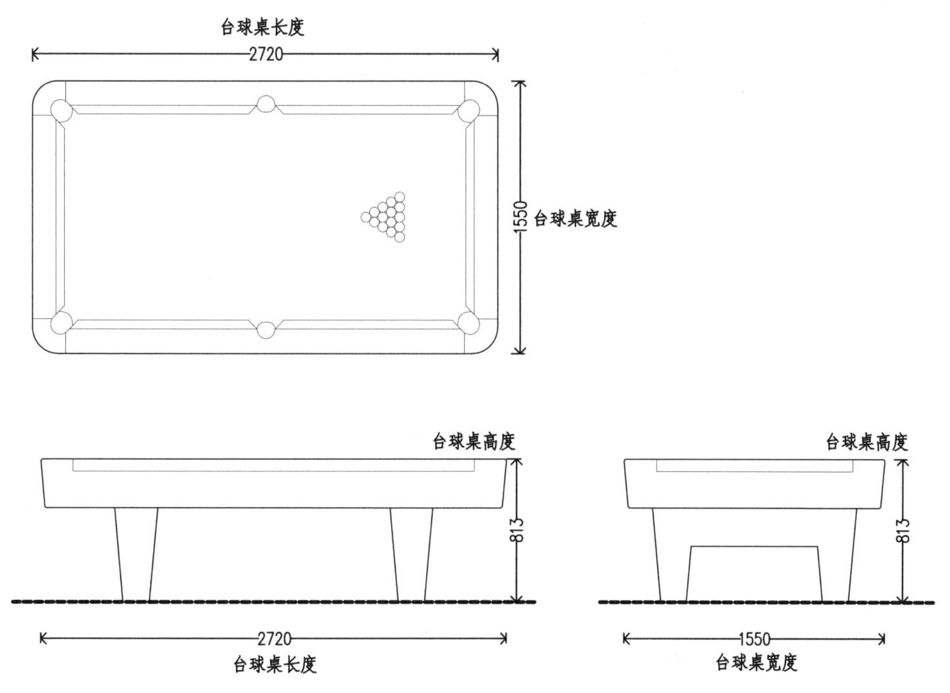

8.5 英尺台球桌尺寸

9 英尺台球桌的尺寸：长 2.90 m、宽 1.63 m、高 0.813 m。

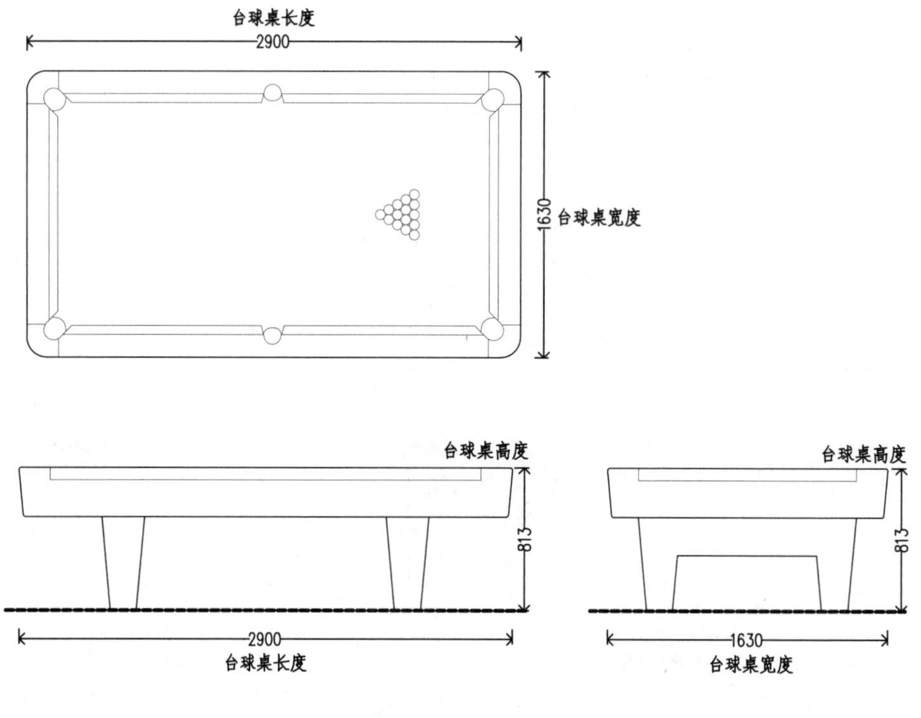

9 英尺台球桌尺寸

美式台球桌的尺寸：长 2.815 m、宽 1.530 m、高 0.840 m。

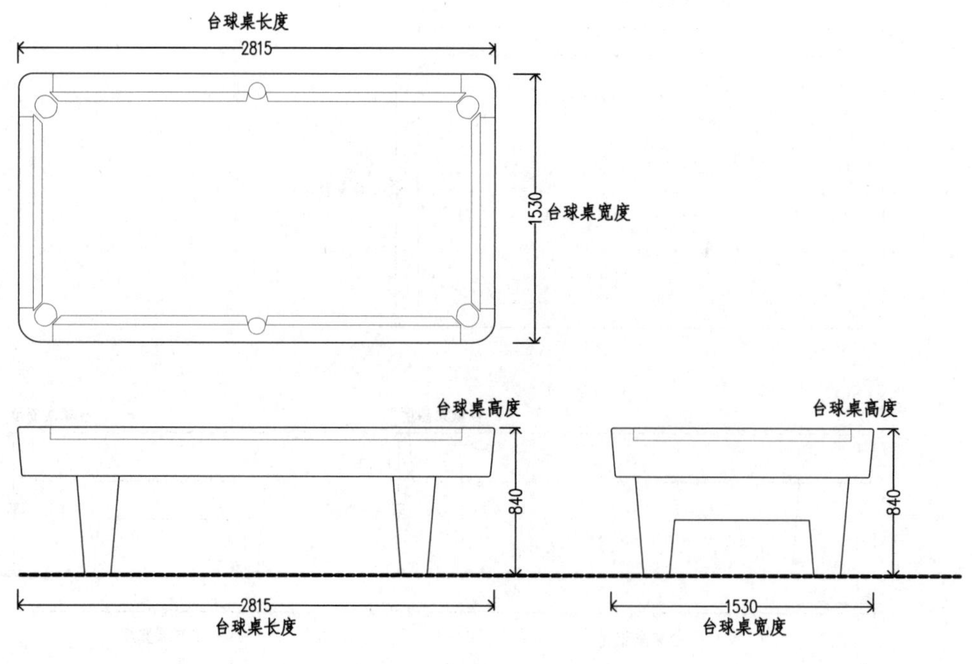

美式台球桌单体尺寸

（2）台球场地最小运动范围。

台球桌四周外沿距离墙体或物体不应小于 1200 mm。

总长宽为 4760 mm × 3770 mm。

总面积为 17.9 m^2。

光源离台面高度宜为 950~1200 mm。

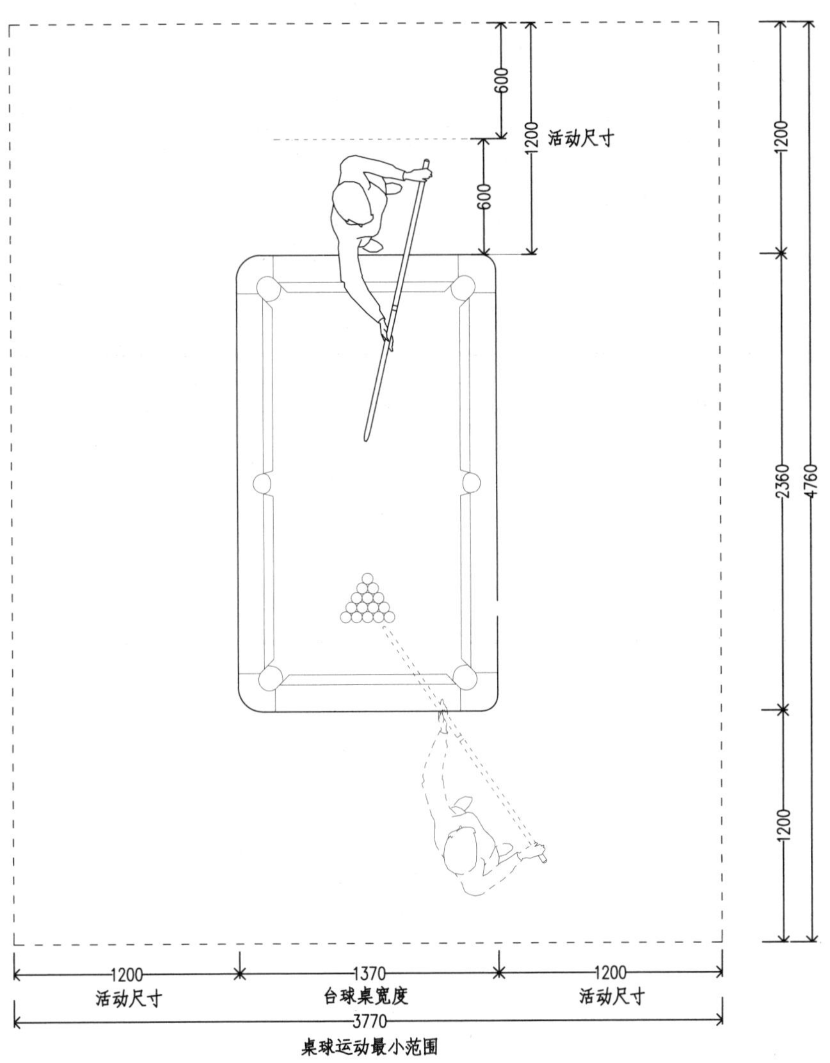

台球场地最小运动范围平面尺寸

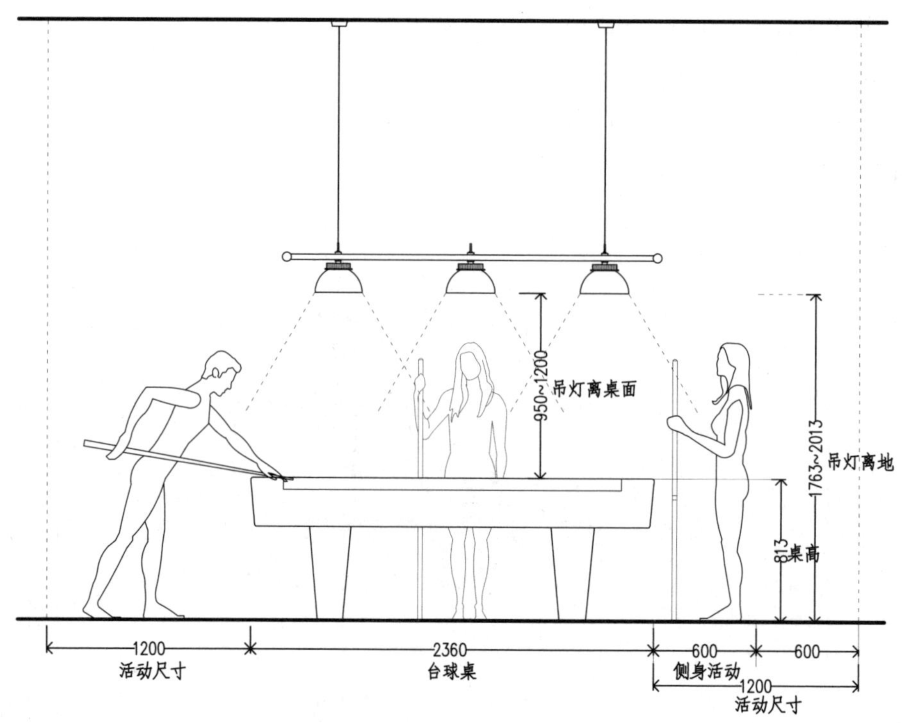

台球场地最小运动范围正立面尺寸

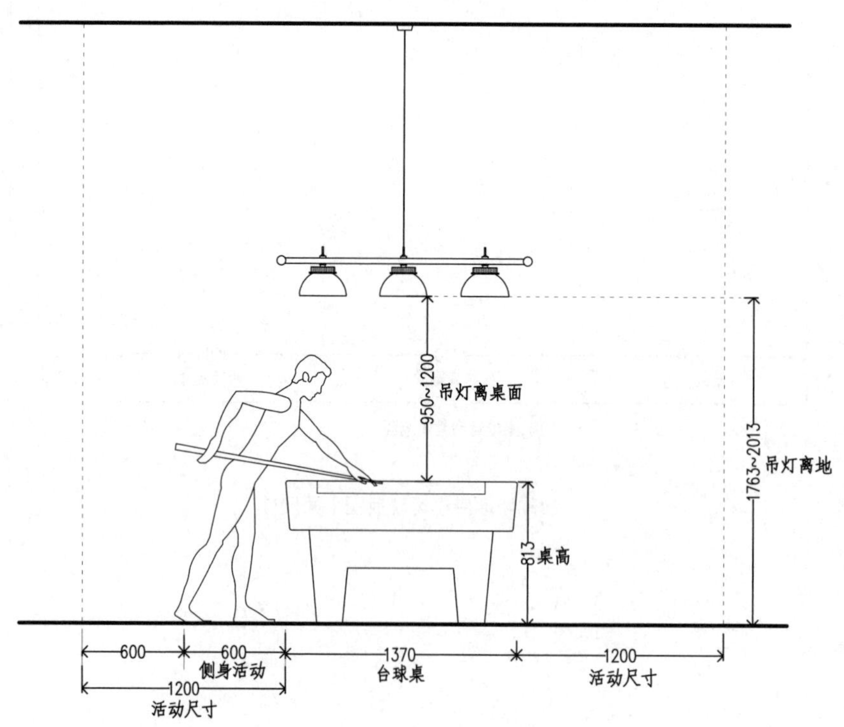

台球场地最小运动范围侧立面尺寸

（3）台球室最小尺寸。

在台球场地左右侧边沿宜增加 1200 mm，满足行走和座位需求。

在台球场上下两边宜增加不小于 900 mm 的通道尺寸。

总长宽为 6160 mm × 5770 mm。

总面积为 35.5 m^2。

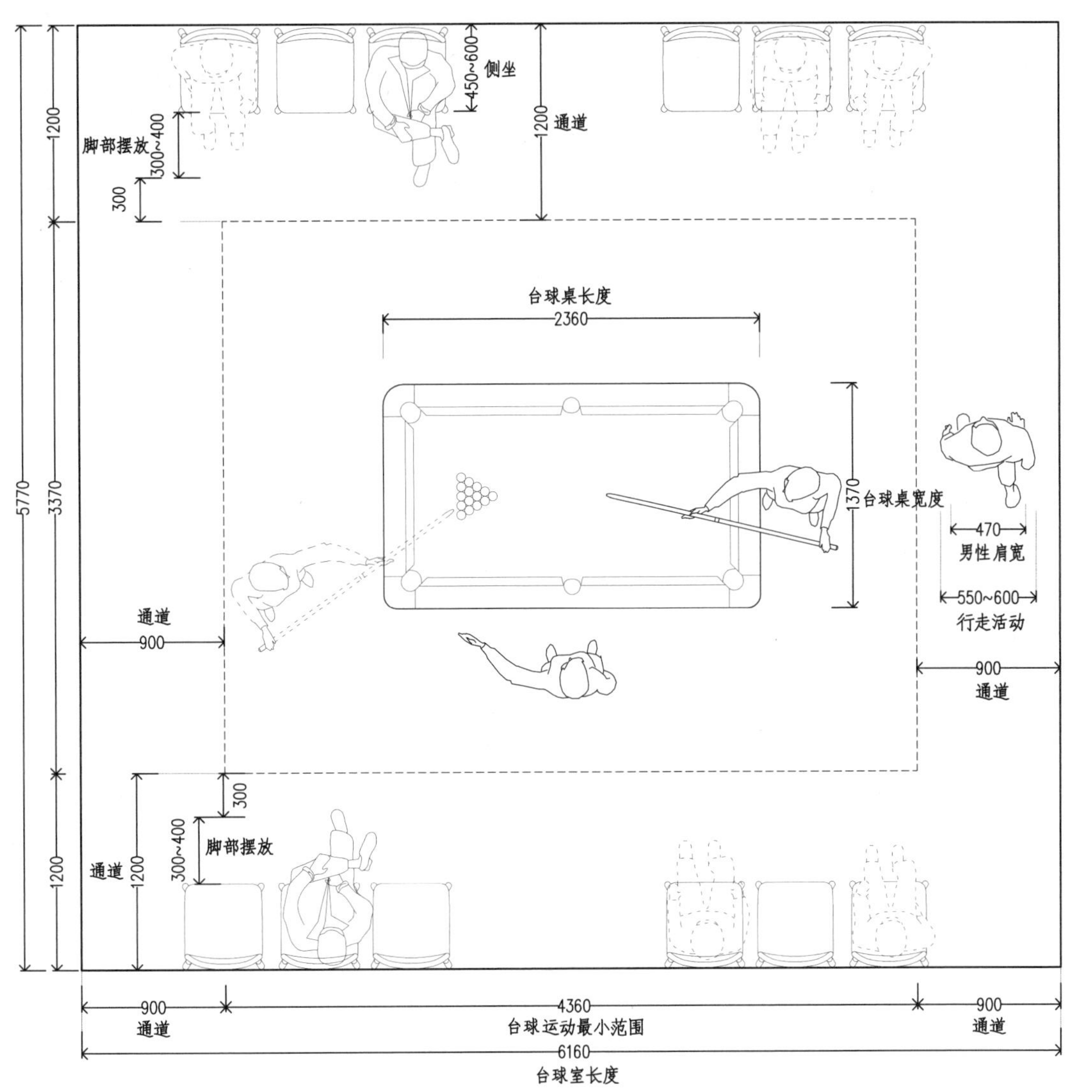

台球室最小平面尺寸

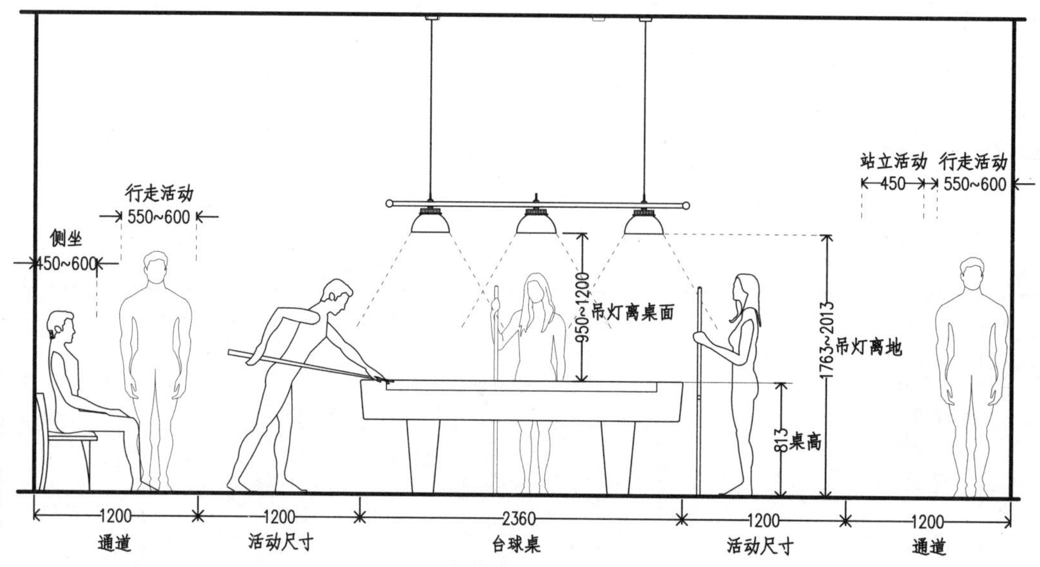

台球室最小正立面尺寸

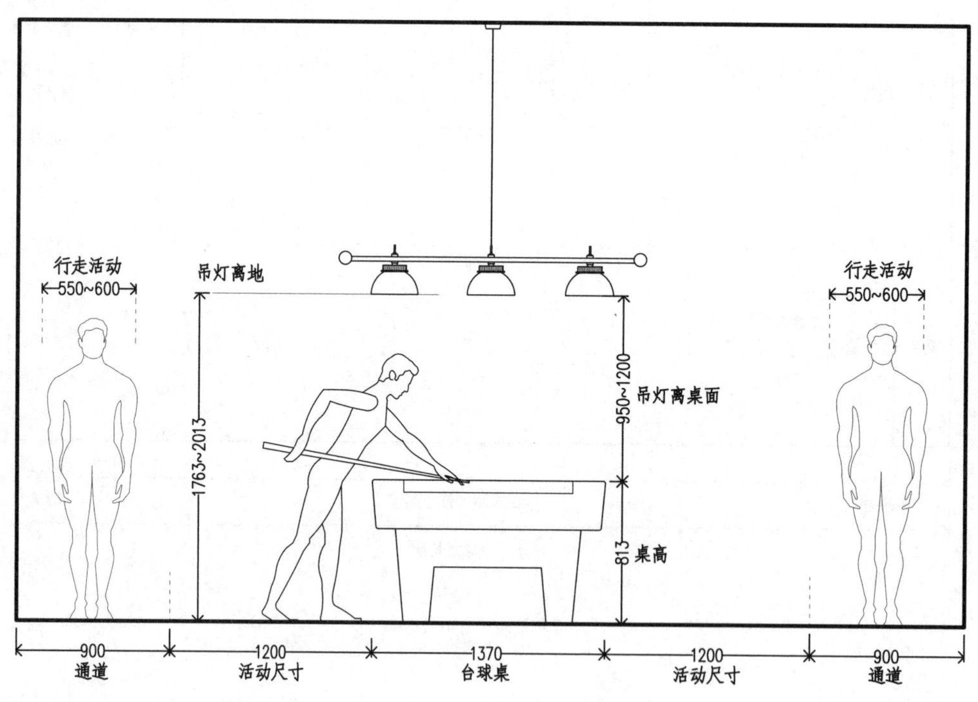

台球室最小侧立面尺寸

3. 麻将房（扑克房）

麻将桌的尺寸：960 mm × 960 mm × 750 mm。

麻将桌四周外沿到墙体或物体应预留 1400 mm，满足正常人坐在椅子上 450~600 mm 的活动空间与不小于 900 mm 的通行尺寸。

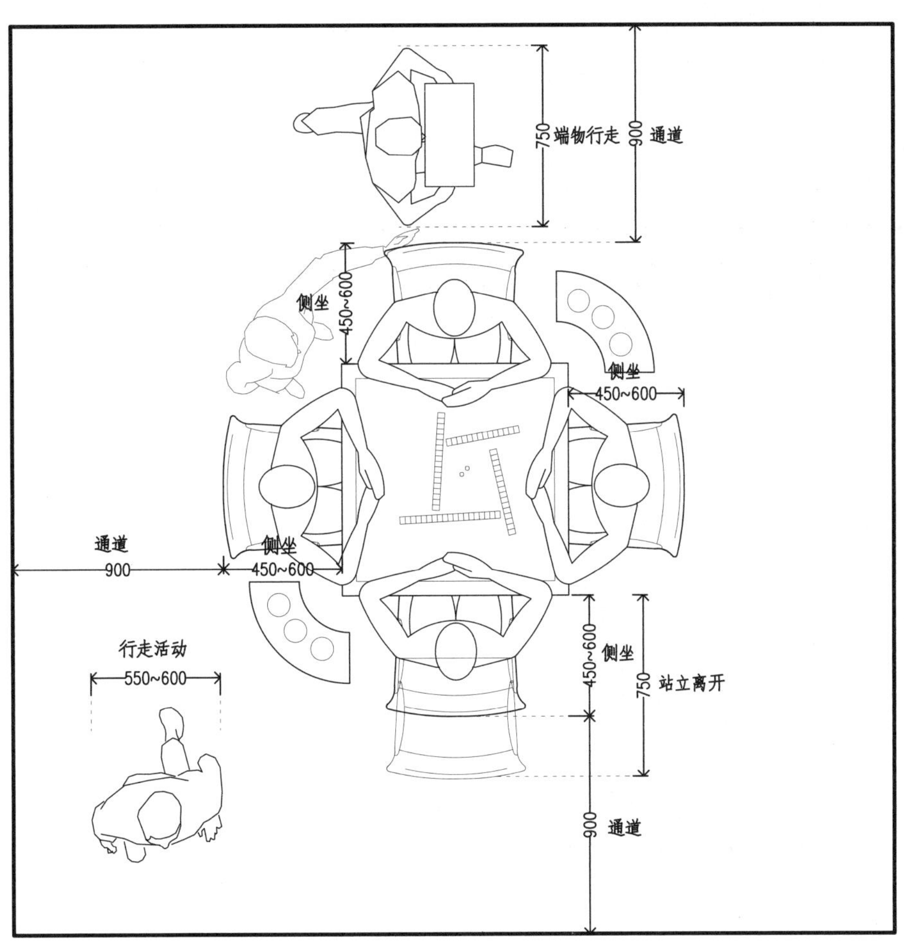

麻将房平面尺寸

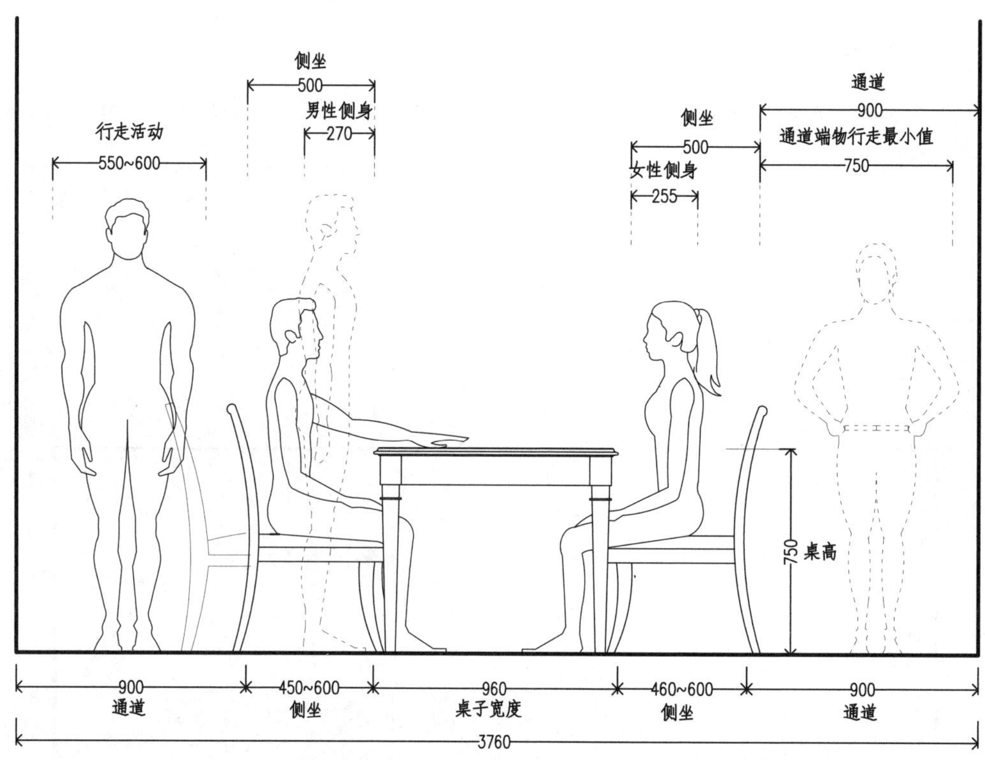

麻将房立面尺寸

4. 酒吧台

（1）单人通道吧台。

吧台橱柜的标准尺寸：台面宽度为 600 mm，台面到地面的高度为 800~850 mm，台面距离上方存放柜 700~800 mm，上方存放柜的宽度为 350 mm。

吧台的宽度宜为 400 mm，高度宜为 1100 mm，配备的椅子高度宜为 750~800 mm。

橱柜与吧台之间的通道宽度宜为 900 mm。

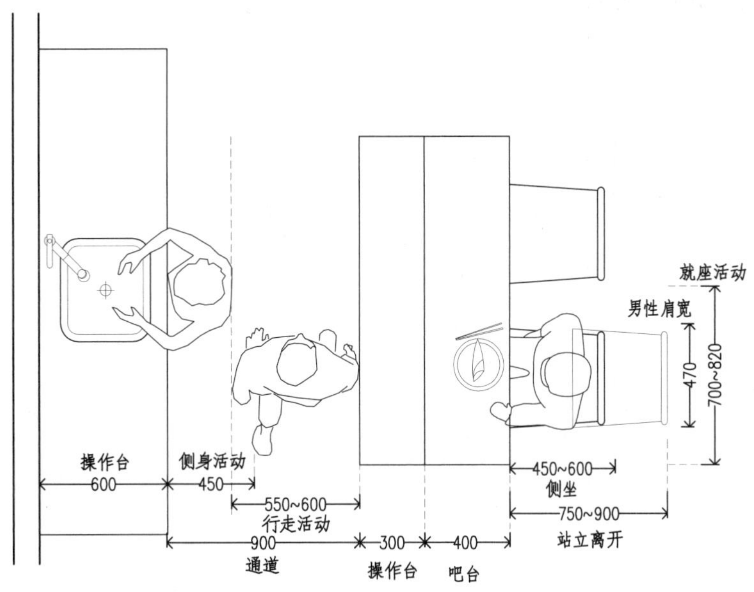

单人通道吧台平面尺寸

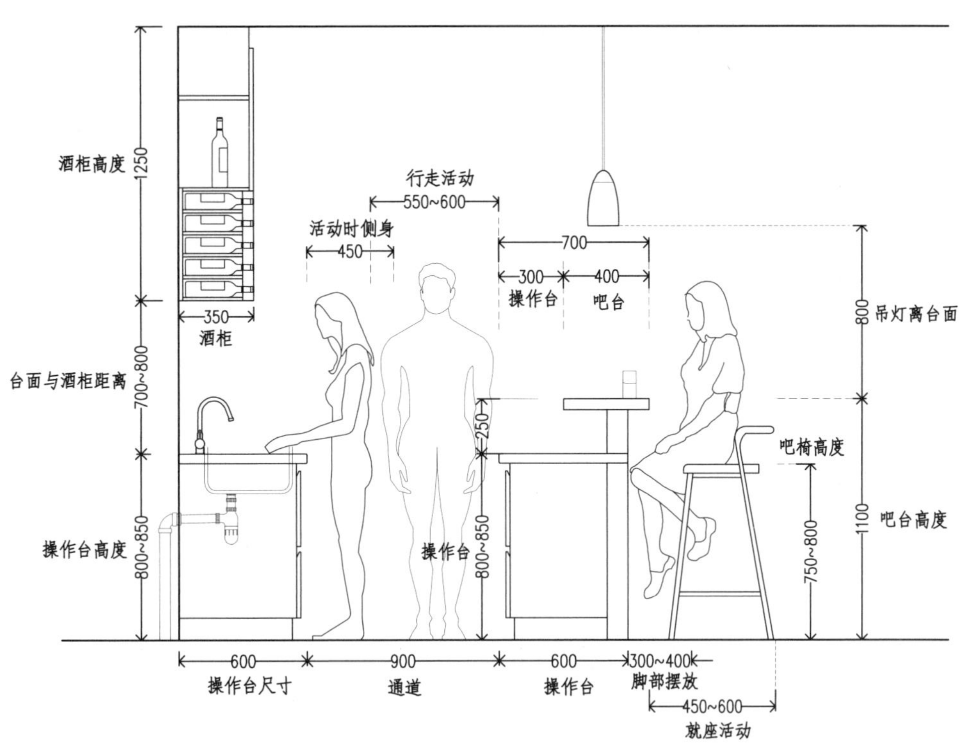

单人通道吧台立面尺寸

（2）双人通道吧台。

橱柜与岛台之间的通道宽度宜为 900 ~ 1200 mm。

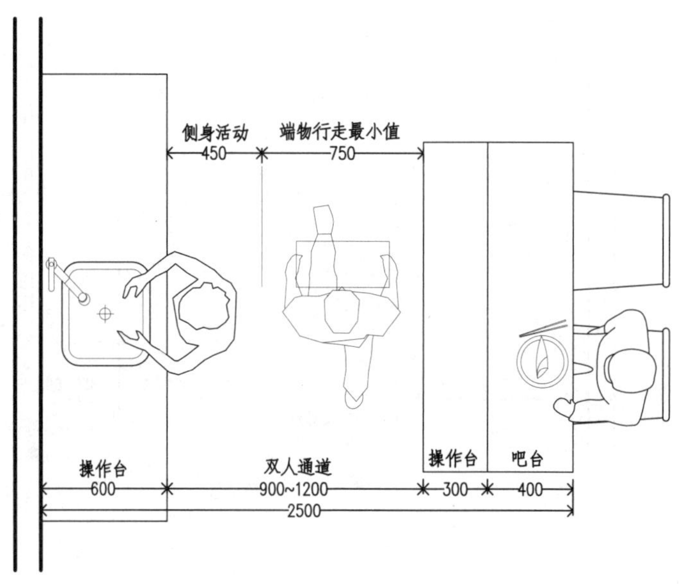

双人通道吧台平面尺寸

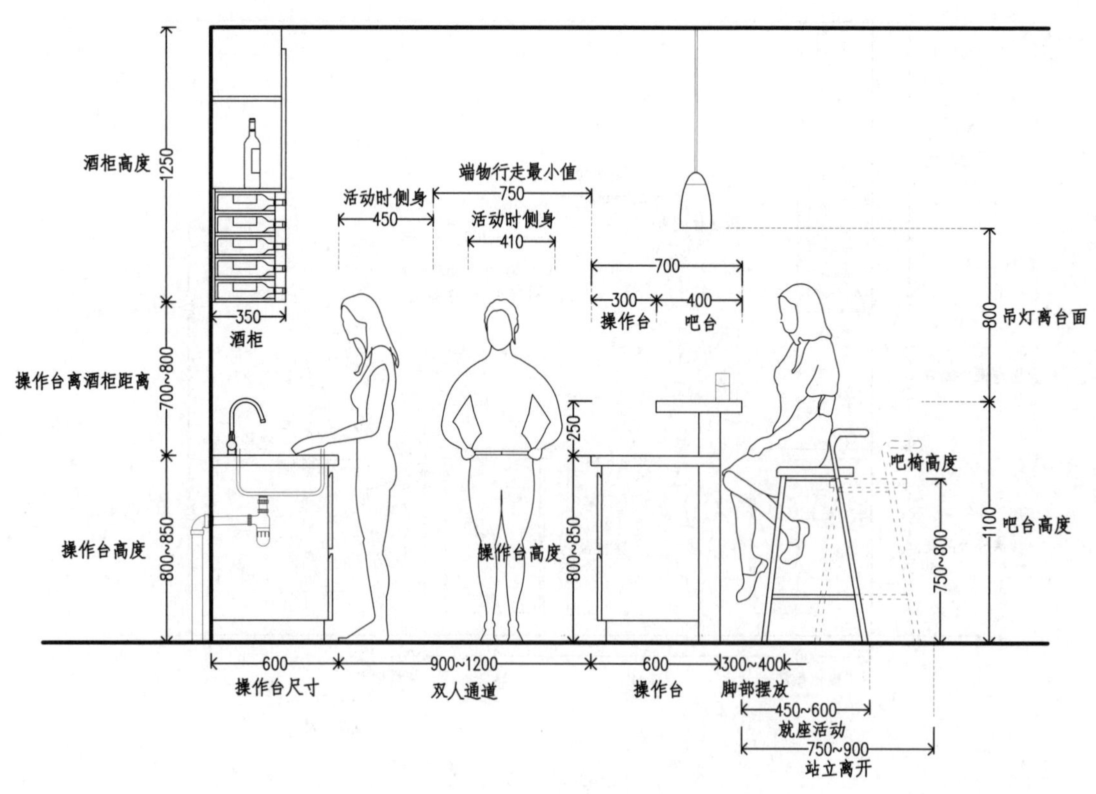

双人通道吧台立面尺寸

4.4 影视室

1. 单一影视室

影视室是指住宅中一个用独立房间打造的类似电影院效果的视听空间，可以集影视、音乐视听于一体。

走道宽度：影视室按照特级电影院的规范设计，边走道净宽不应小于 900 mm；后排外沿与墙面的距离不应小于 1000 mm；两个席位中间应预留不小于 450 mm，可侧身通过一个人。

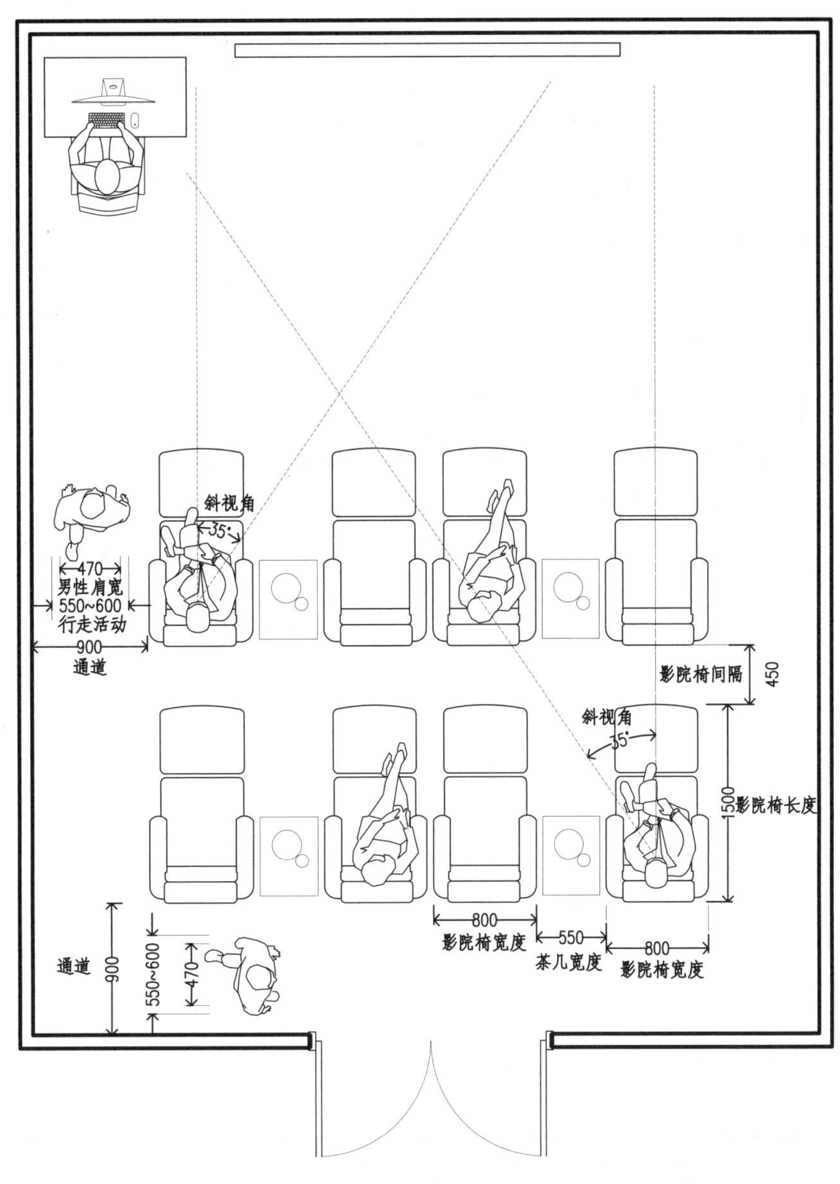

影视室平面尺寸

坐下时视平线高度为 1000~1100 mm，座椅倾斜角度为 118° 。

观众应根据屏幕的大小选择观看距离，屏幕底部距离地面不宜高于 1500 mm。

视线超高值为第一排坐立人员与第二排坐立人员之间相差 120 mm，可避免第一排人员遮挡第二排人员的观看视线。

重要提示

根据《电影院建筑设计规范》（JGJ 582008）的规定：特级仰视角不应大于 40°，斜视角不应大于 35°。

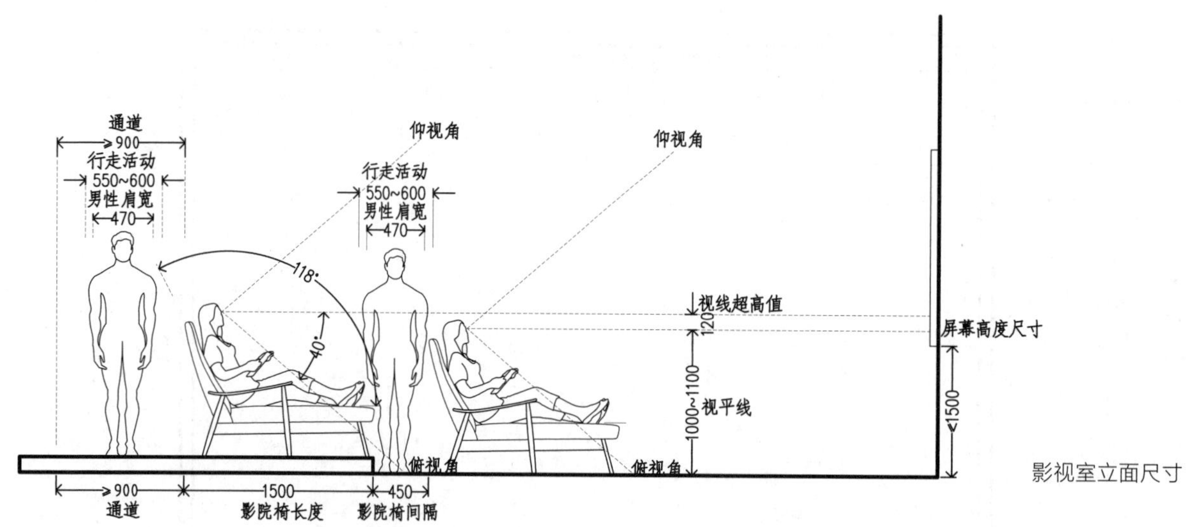

影视室立面尺寸

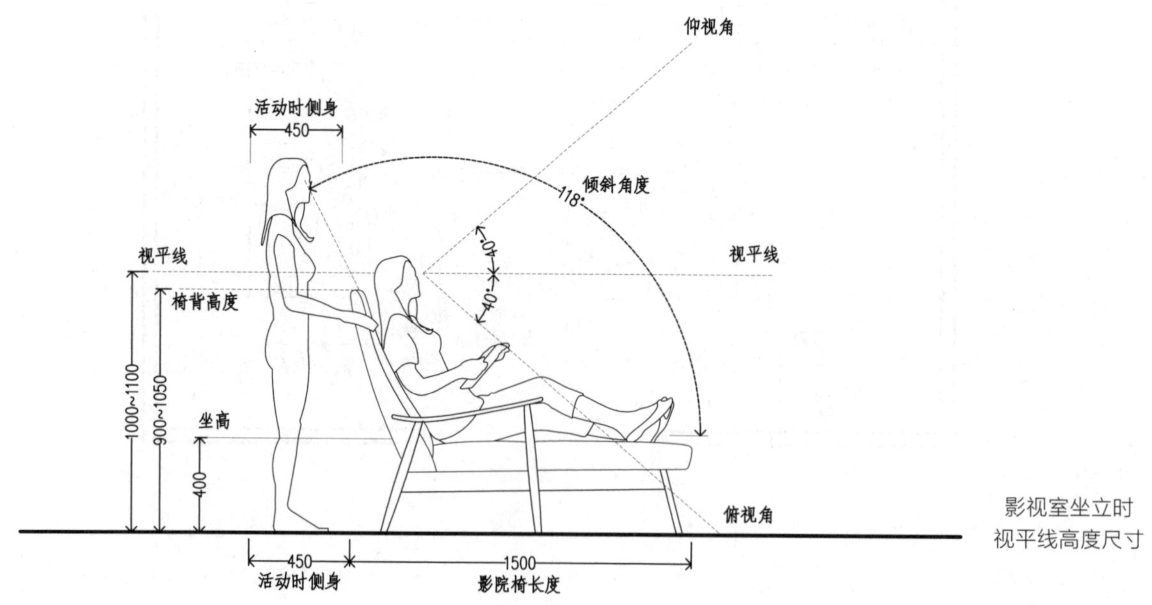

影视室坐立时视平线高度尺寸

2. 多功能影视室

多功能影视室是集影视、视听、电竞游戏、唱卡拉 OK 于一体的影视室。

功能配置

电视机、点唱电脑、投影仪（影视屏）、音响、座椅等。

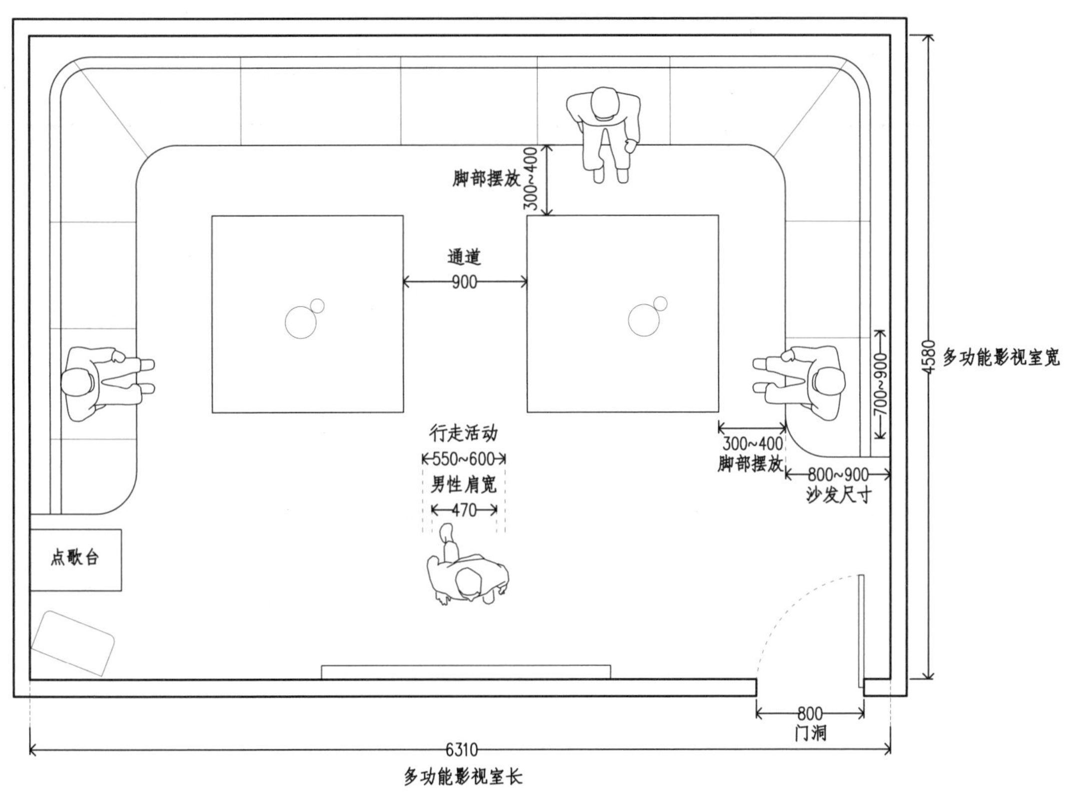

多功能影视室平面尺寸

4.5 健身房

健身房是指用来健身、运动和锻炼的场所，住宅里也可以配置一个家庭健身房供家庭成员运动健身。

健身房不需要过多的装饰，主要能合理地摆放健身器械及预留足够的运动空间。

健身房的主要通道宜为 1200 mm；

不同健身器械左右之间需要预留的距离不一样，但最小值宜为 900 mm；

健身器械正前方距离墙体及障碍物宜为 200 mm。

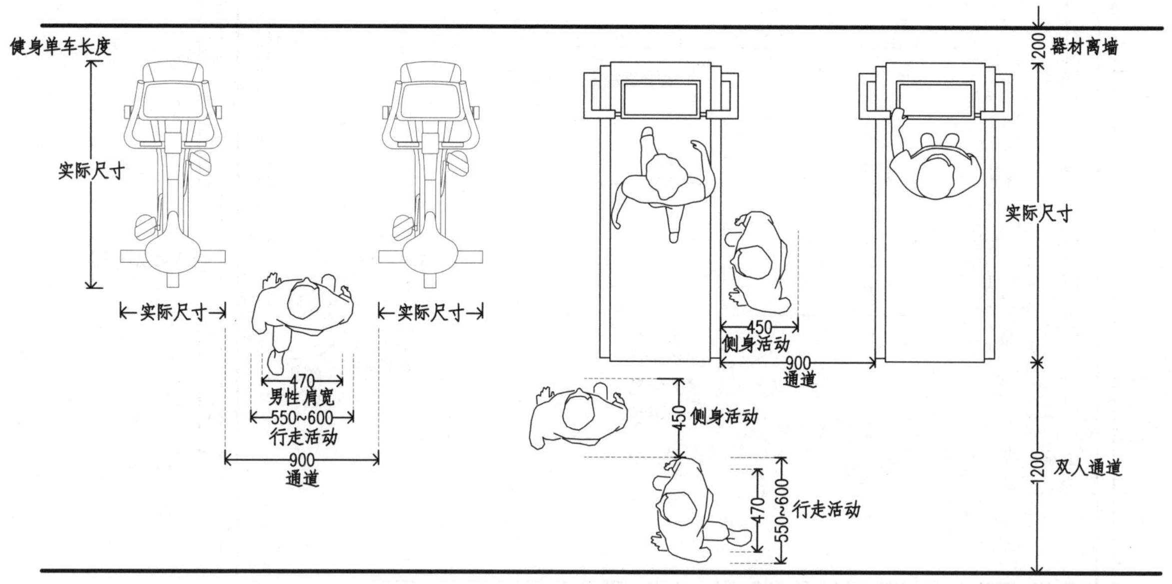

健身房平面尺寸

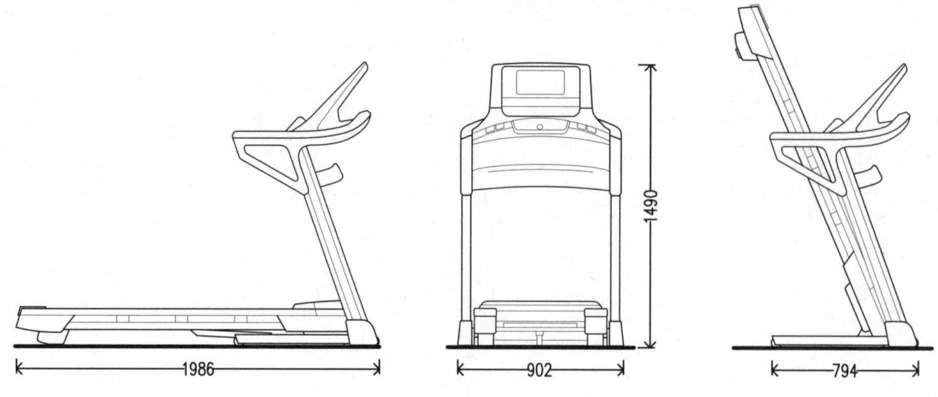

跑步机单体尺寸

跑步机距离墙体尺寸

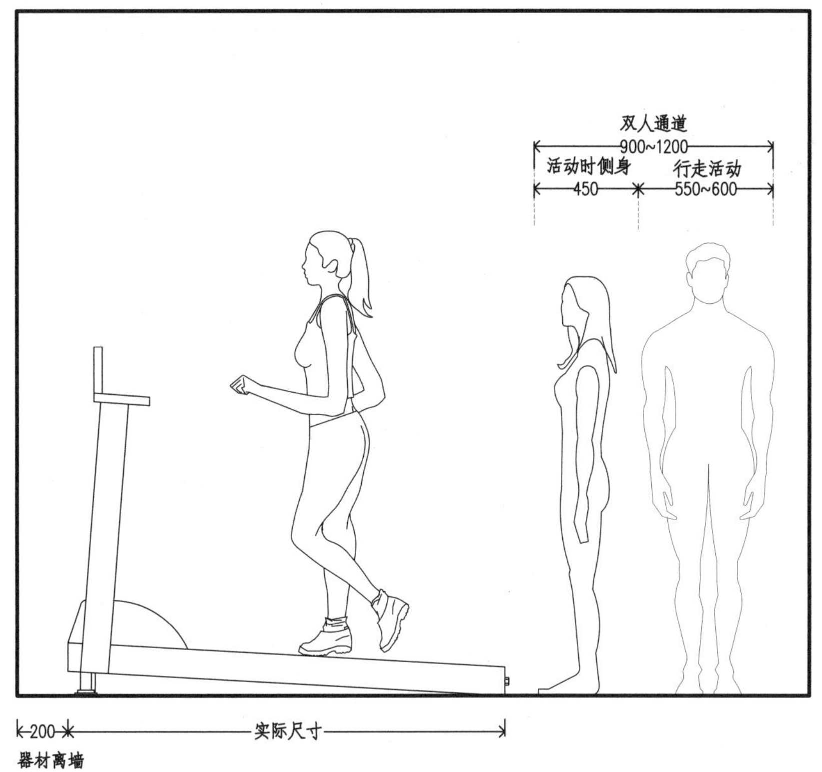

跑步机立面空间尺寸

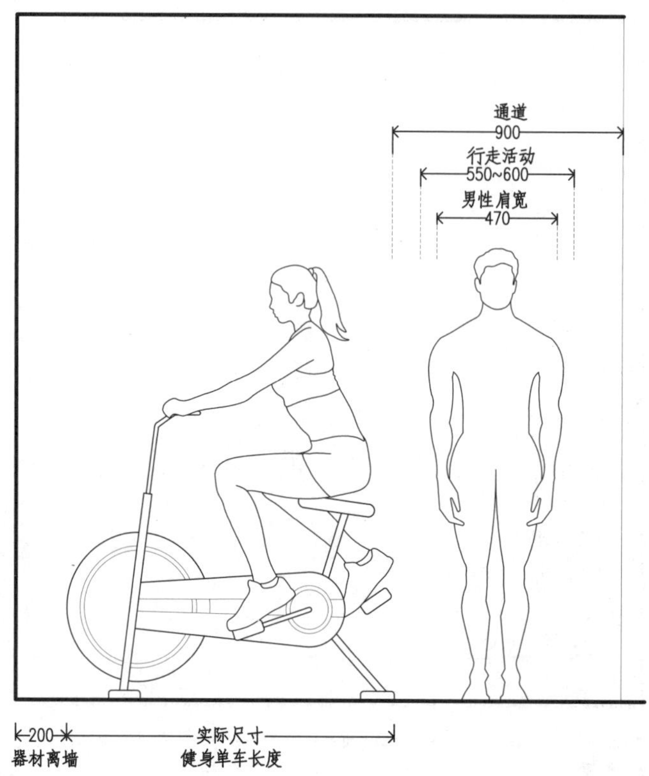

动感单车尺寸

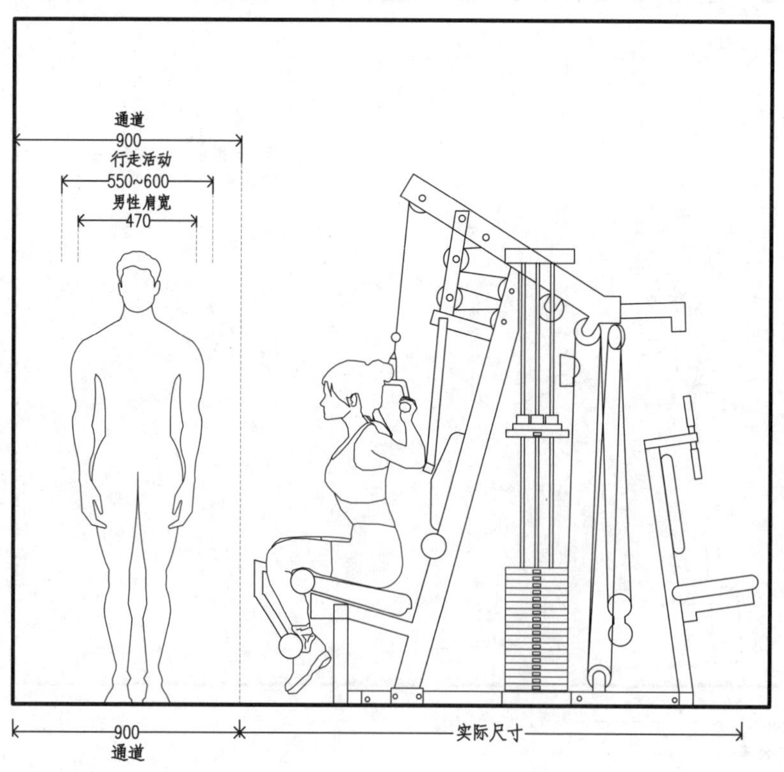

大型运动器械空间尺寸

4.6 藏酒室

藏酒室又称酒窖，是贮存、摆放酒的场所。

一般住宅内阴暗、较小的角落区域可用于设计酒窖，如地下室、楼梯底部等。

独立隔间的酒窖需设置恒温设备，小型的酒窖可将酒摆放在恒温酒柜内。

酒的摆放方式多为横置或斜置摆放，这样可使酒液浸润瓶塞，木质瓶塞被酒液浸泡膨胀，起隔绝空气的作用。

功能配置

酒柜（酒架）、中岛柜（中间岛台）等。

酒柜是指用来摆放、展示、存放酒的柜子。

酒柜尺寸：

宽度：平放时需要 300 mm，斜放时需要 350 mm。

高度：每层的净高度不应小于 85 mm。

女性站立能拿到物品的最大值为 1850 mm，男性站立能拿到物品的最大值为 1980 mm。

中岛柜一般指摆放在不同区域中间的柜子，该柜子起到分隔两边及周边的作用，柜子的上方可用作置物。

中间岛台的高度宜为 1100 mm，宽度宜为 800 mm。

中间通道宽度不应小于 900 mm。

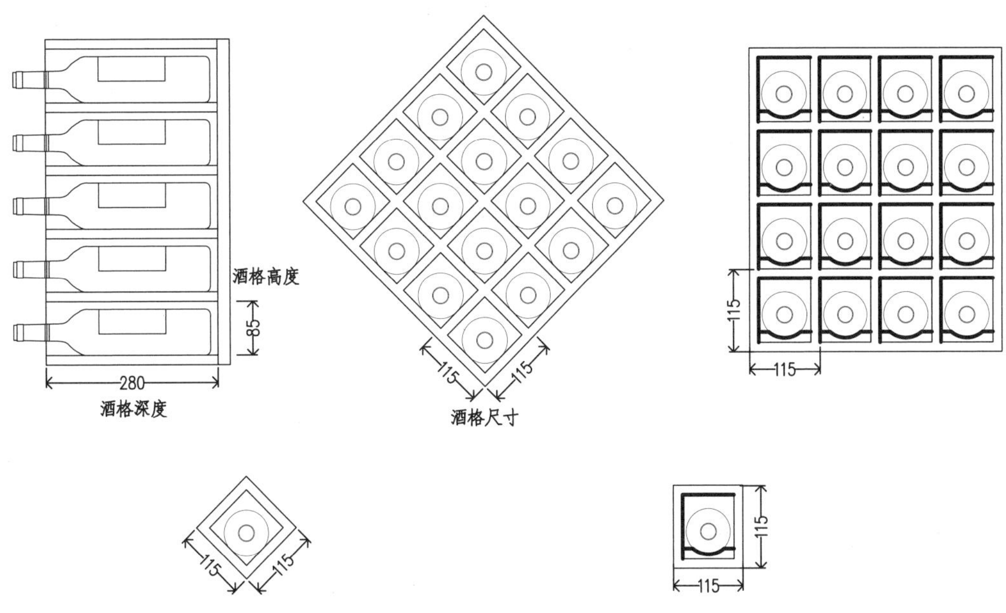

藏酒格尺寸

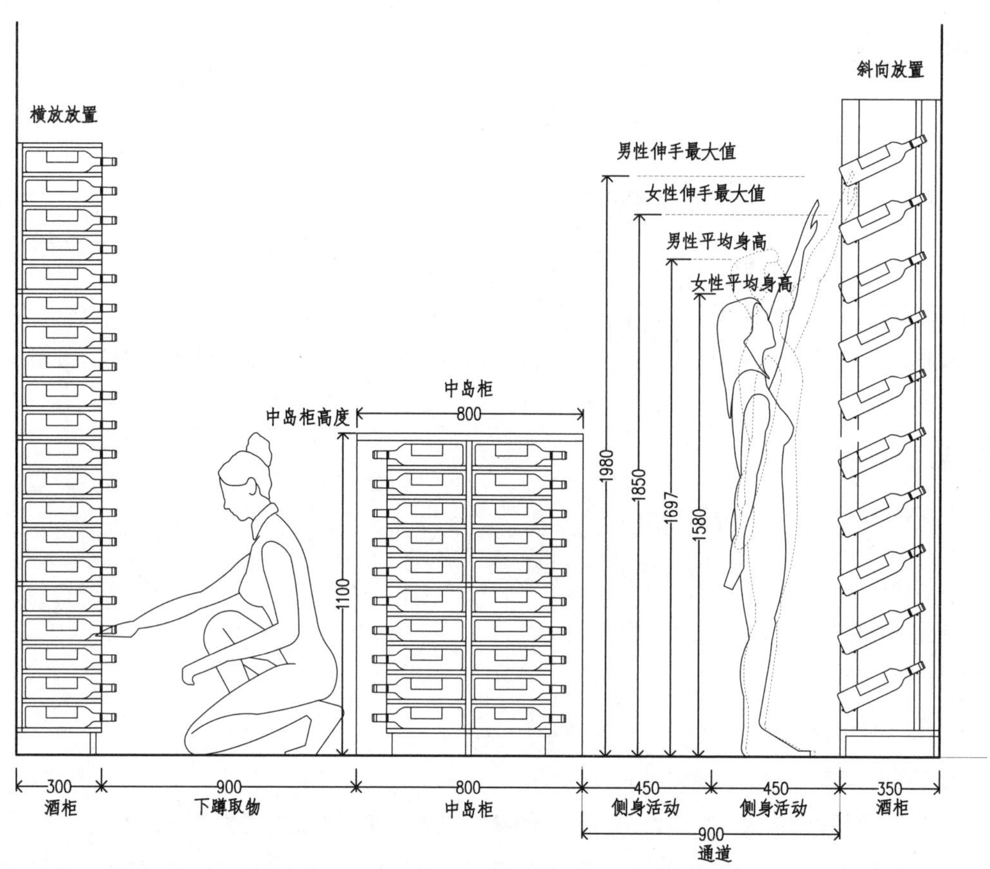
横放放置
斜向放置
男性伸手最大值
女性伸手最大值
男性平均身高
女性平均身高
中岛柜
中岛柜高度
800
1100
1980
1850
1697
1580
300
酒柜
900
下蹲取物
800
中岛柜
450
侧身活动
450
侧身活动
350
酒柜
900
通道

藏酒室立面尺寸

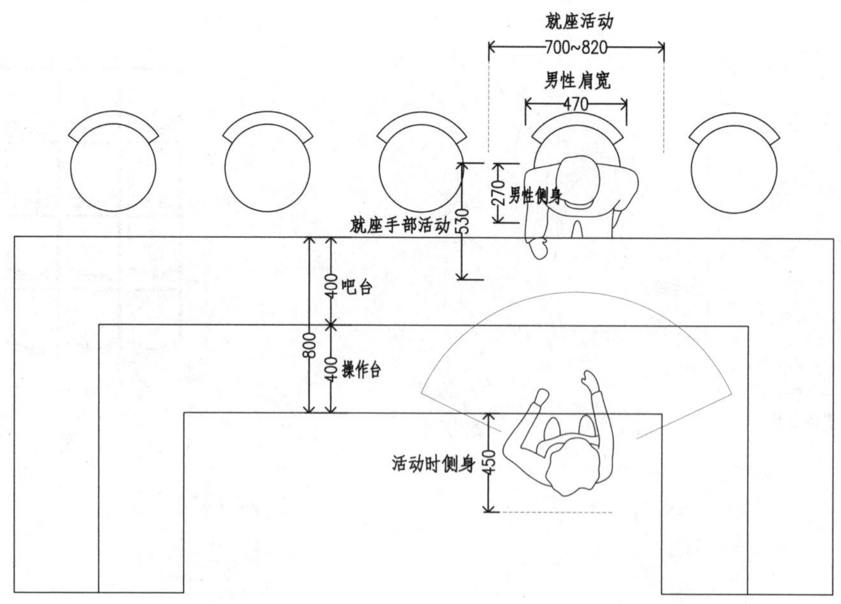
就座活动
700~820
男性肩宽
470
270
男性侧身
就座手部活动
530
400
吧台
800
400
操作台
活动时侧身
450

吧台平面尺寸

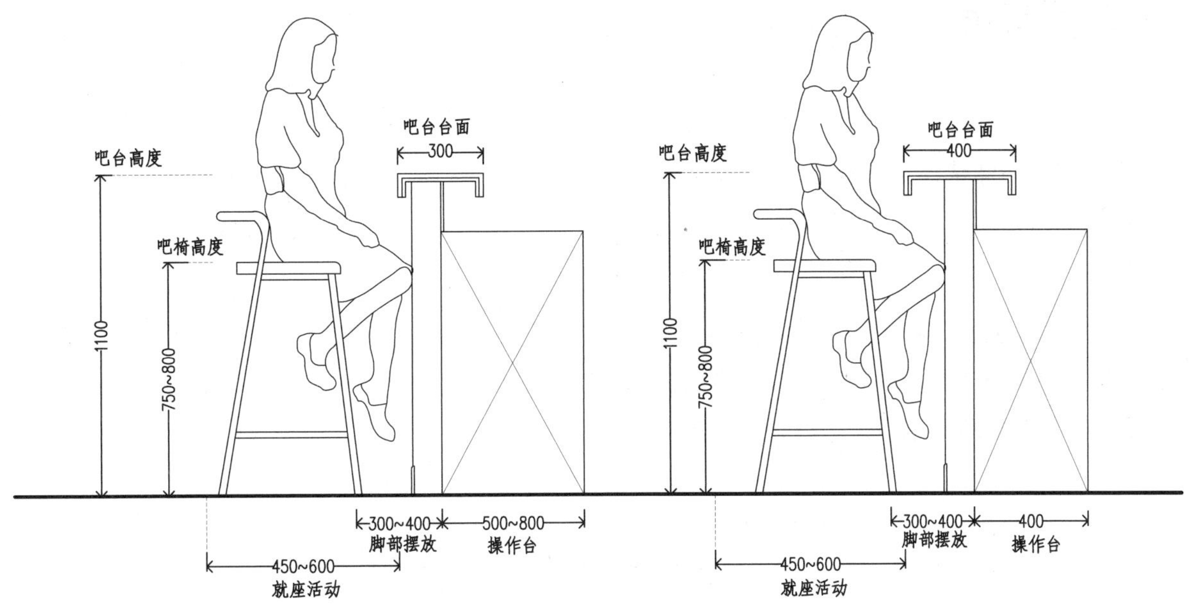

吧台侧立面尺寸

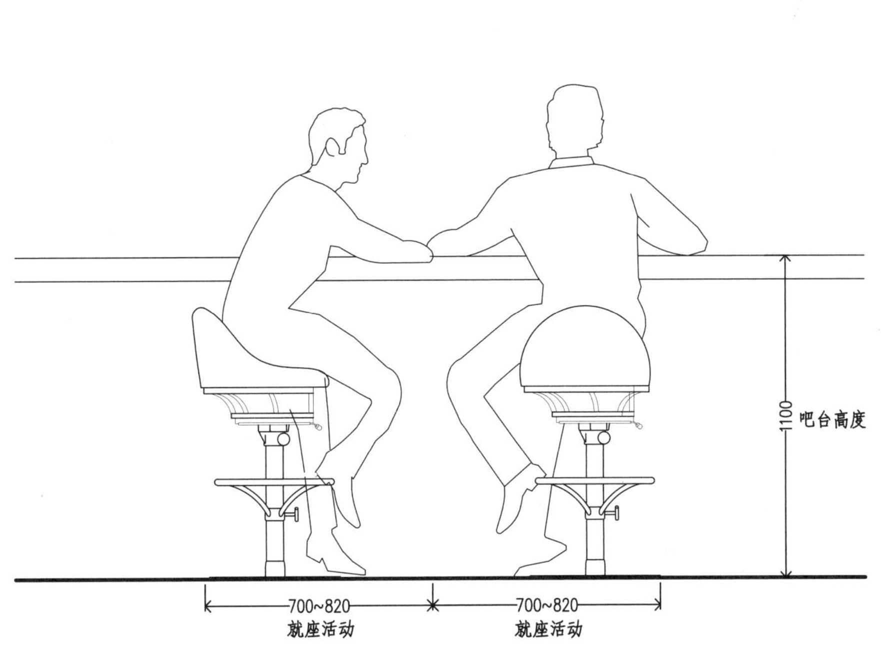

吧台立面尺寸

4.7 雪茄房

雪茄房是指储藏雪茄的场所。

雪茄需要在一定的温度和湿度条件下储藏，所以雪茄房要保持一定的温度和湿度，且需要确保空气流通和隔绝异味。

雪茄柜一般用雪松木制作，雪松木不仅能增加雪茄的风味，还能防止雪茄被虫蛀，且它的材质具有保湿透气、隔热阻异味、防腐防潮等功能，使其成为储存雪茄的最佳木材之一。

面积较小的雪茄房可将雪茄摆放在恒温柜内。

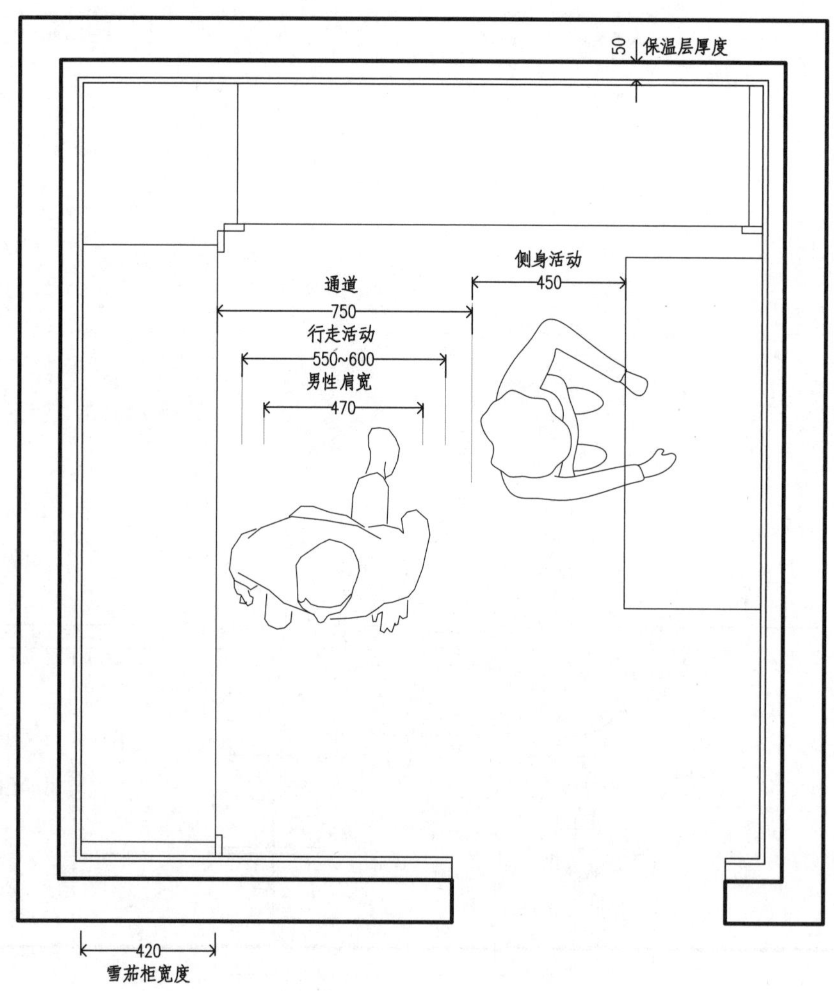

雪茄房平面尺寸

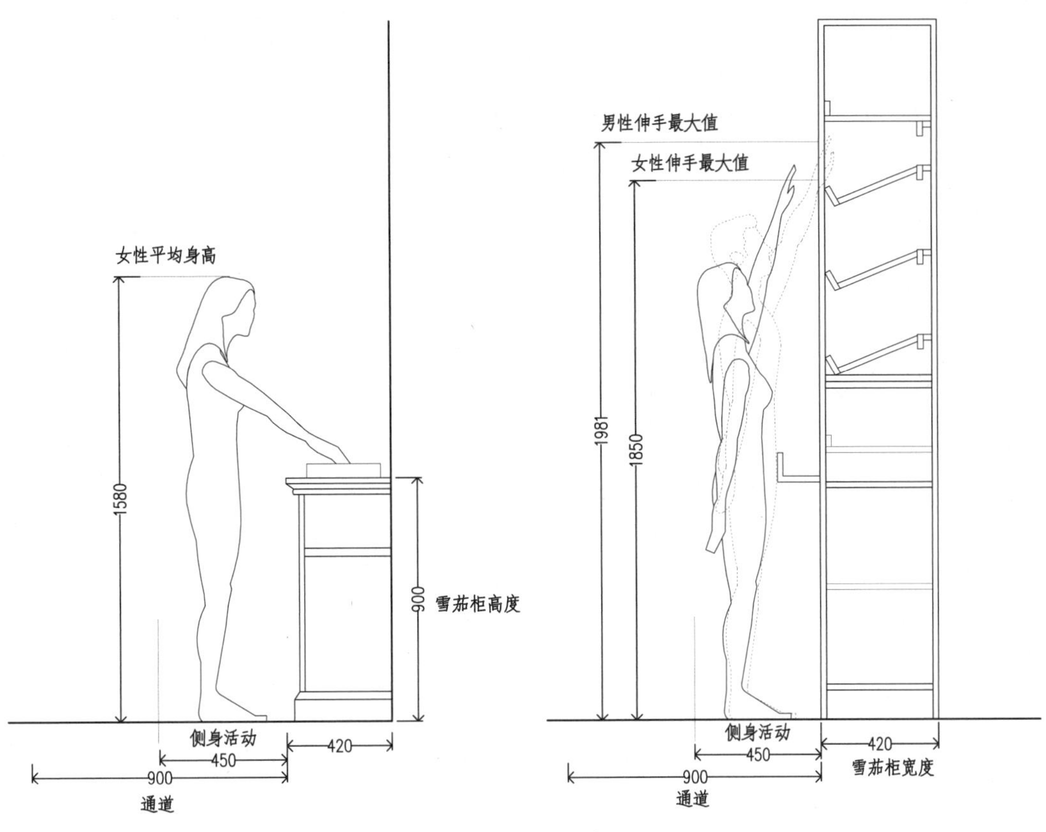

雪茄房立面尺寸

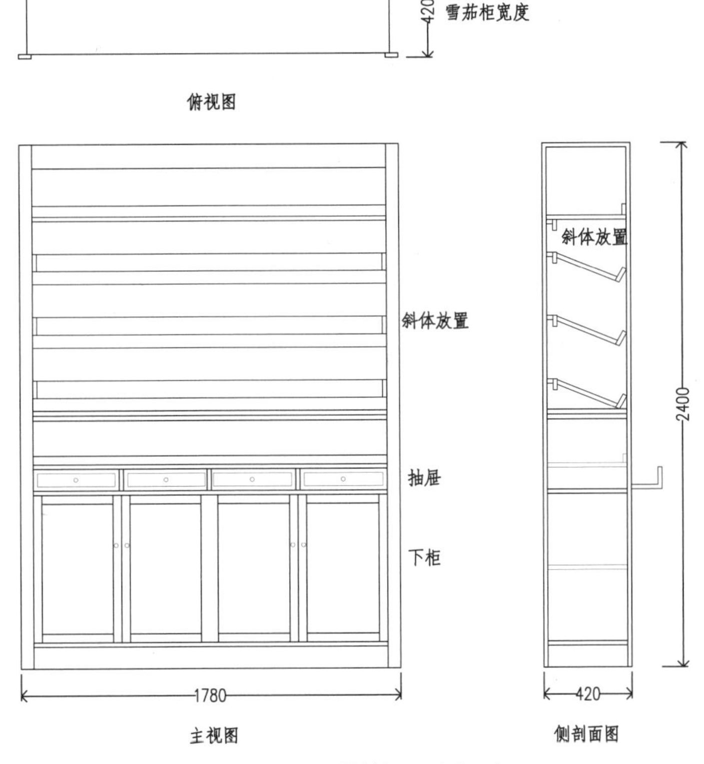

雪茄柜尺寸（一）

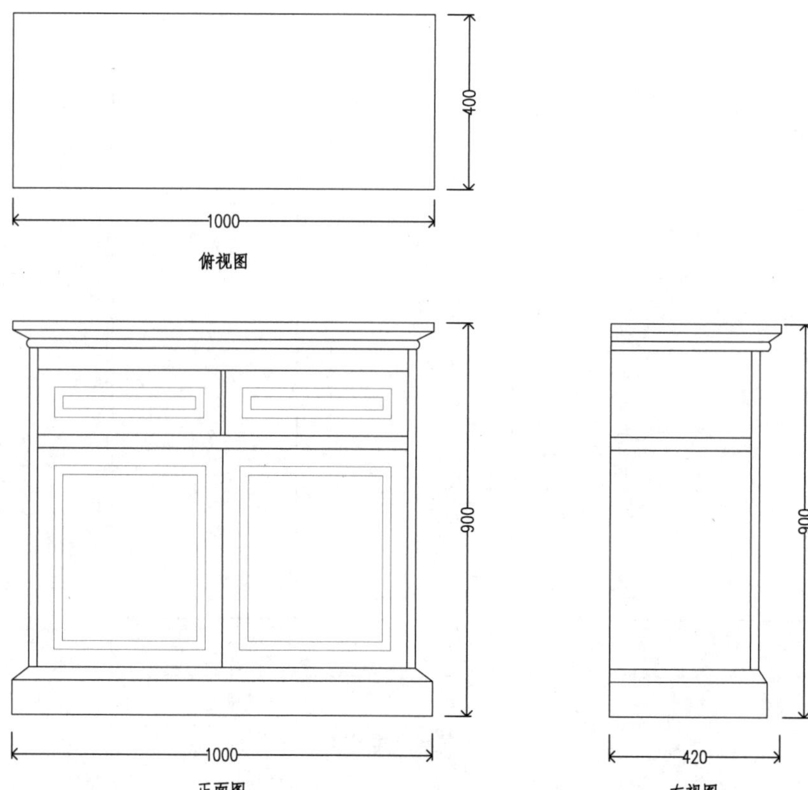

雪茄柜尺寸（二）

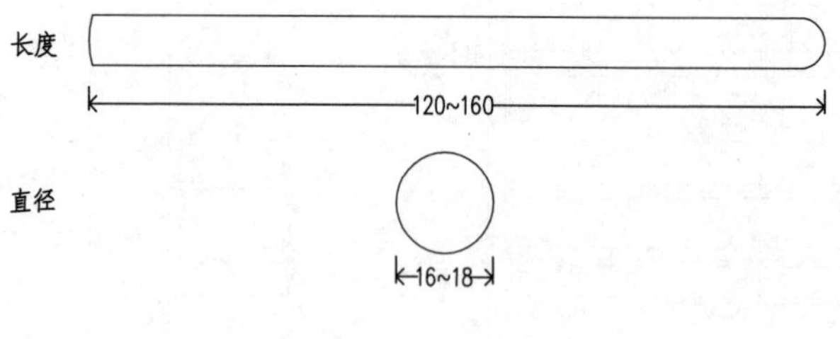

雪茄尺寸

4.8 车库

室内车库一般指别墅首层连带的独立停车区域，用来停放车辆，摆放维修工具、配件及杂物等。

车库需要满足一定的通风条件，避免发生火险时车库内的人员因不通风导致吸入浓烟而发生意外。非敞开式车库，应在车库中设置排风设施。

重要提示

根据《车库建筑设计规范》JGJ 100—2015 的规定：车库出入口宽度应大于所存放的机动车设计车型宽度加 0.50 m，且不应小于 2.50 m，高度不应小于 2.00 m。

1. 常见的家用汽车

长度：4000~5500 mm；

宽度：1800~2100 mm；

高度：1600~1800 mm。

（1）中型车辆。

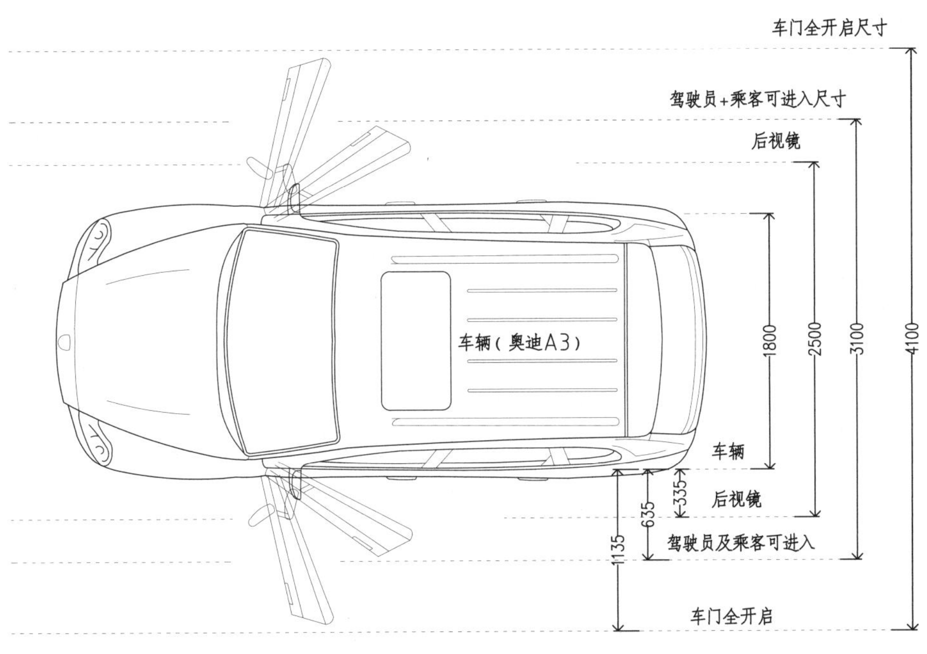

中型车辆尺寸

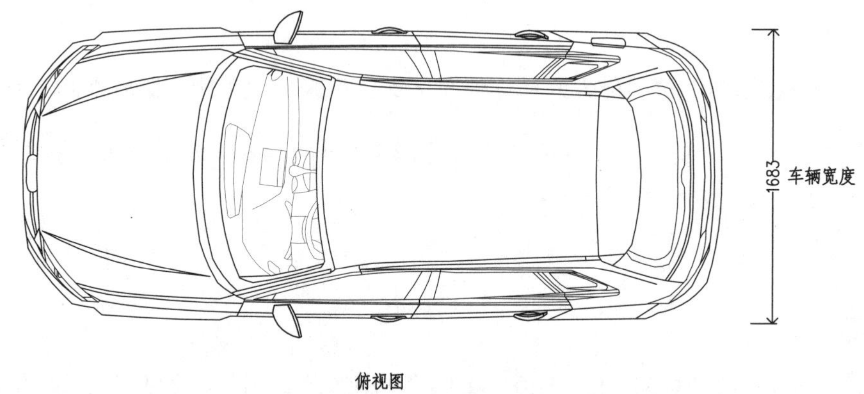

俯视图

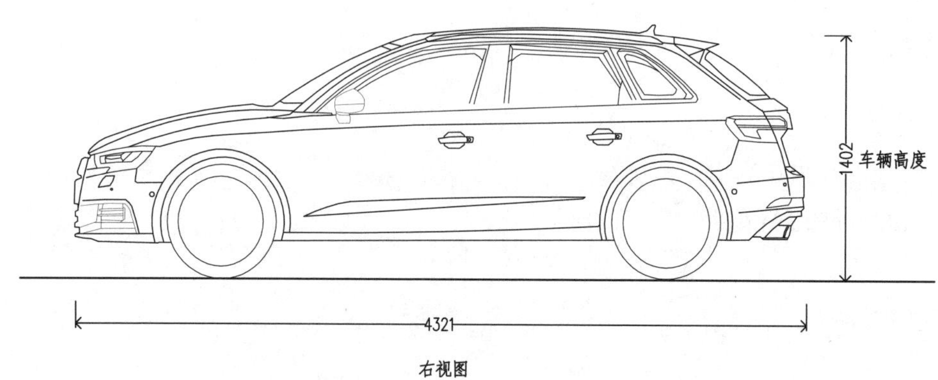

右视图

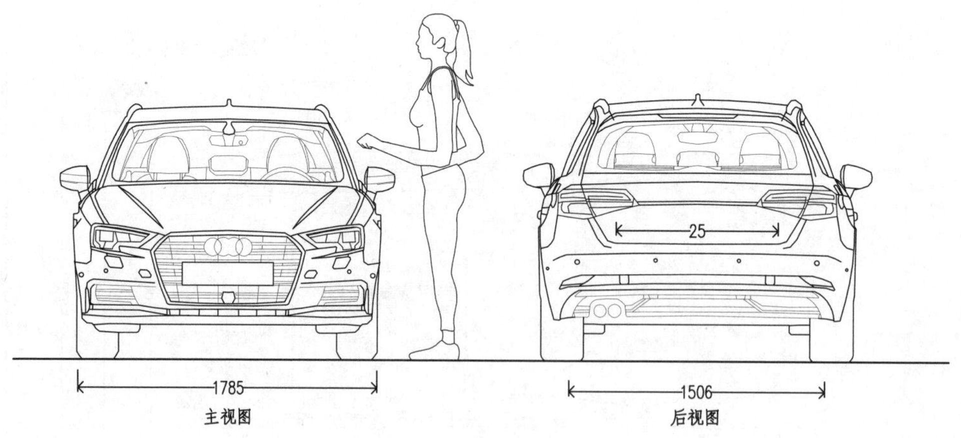

主视图 后视图

奥迪 A3 车辆尺寸

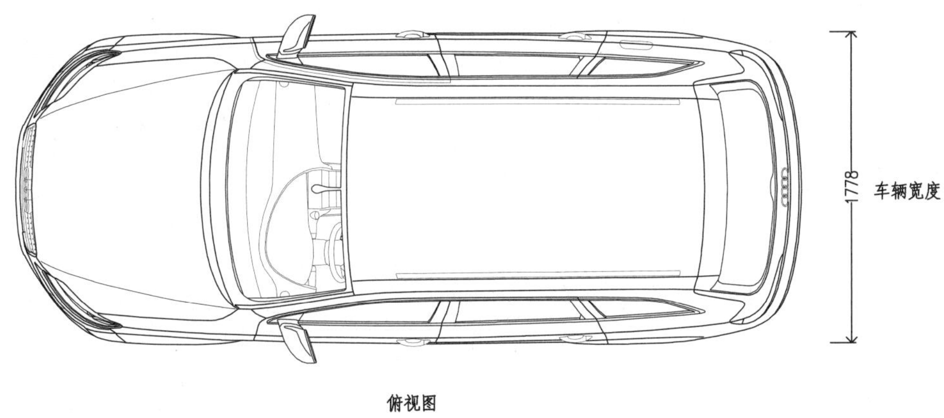

俯视图

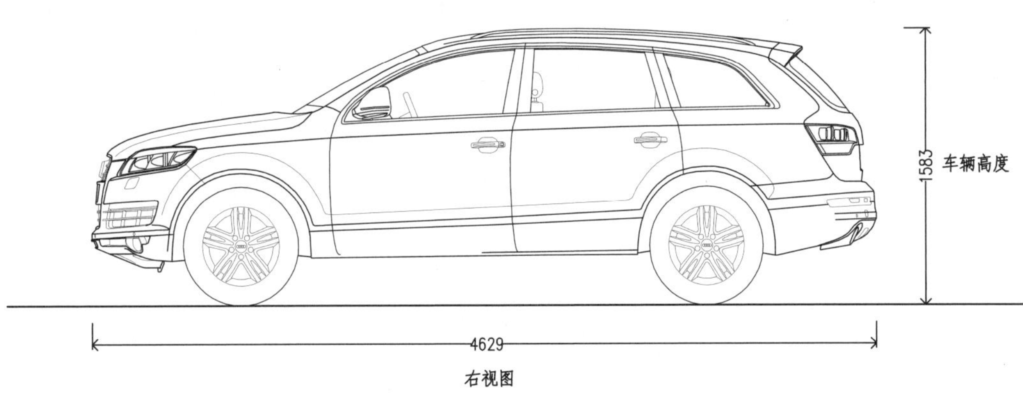

右视图

主视图 后视图

奥迪 Q7 车辆尺寸

（2）大型车辆。

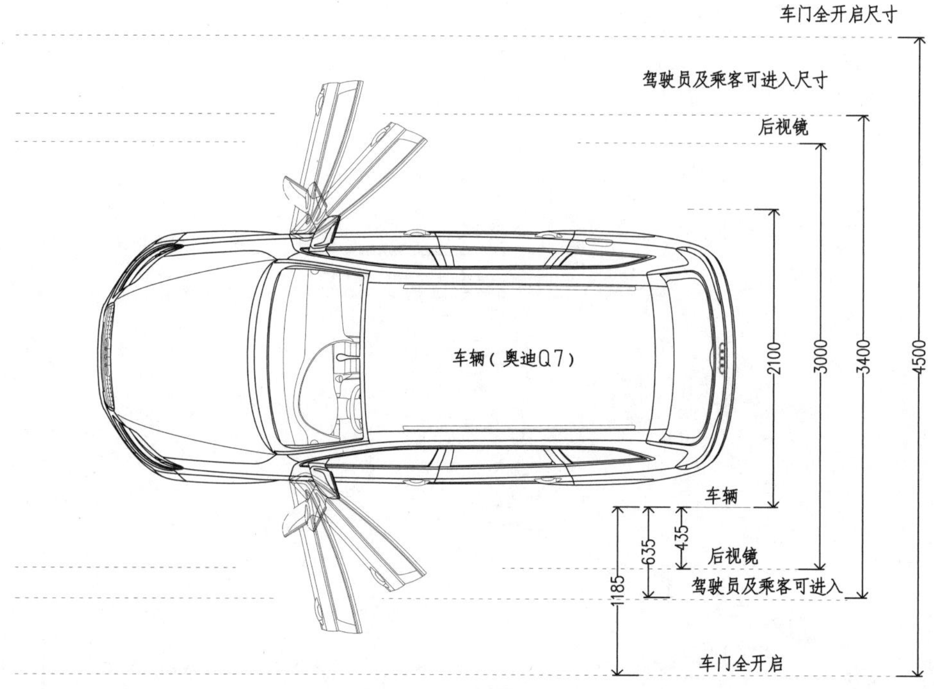

大型车辆尺寸

2. 单边最小车库

长度：5600 mm；

宽度：2700 mm；

高度：2400 mm；

面积：15.1 m²；

车库门最小尺寸：2400 mm × 2000 mm。

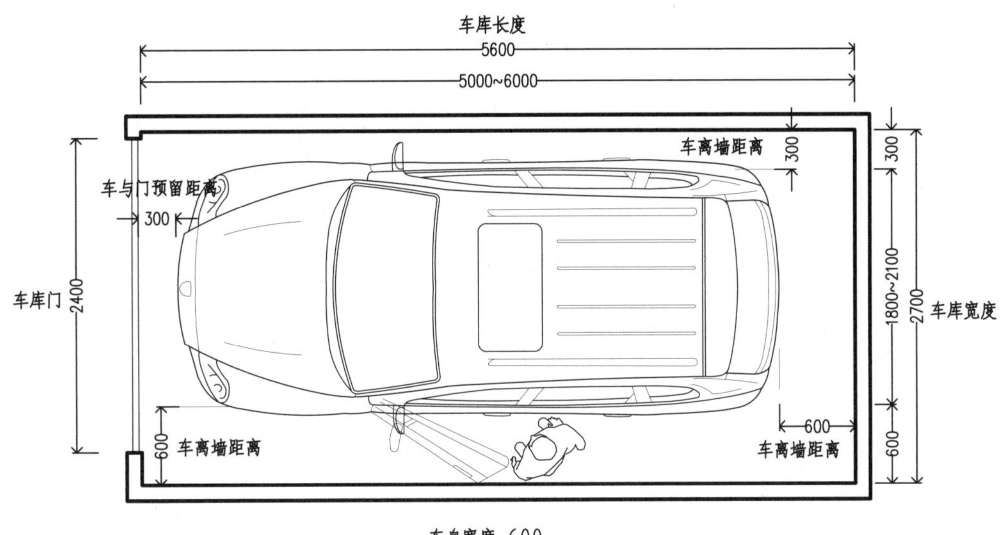

单边最小车库尺寸

3. 最小车库

长度：5600 mm；

宽度：3600 mm；

高度：2400 mm；

面积：20.2 m^2；

车库门最小尺寸：2500 mm × 2000 mm。

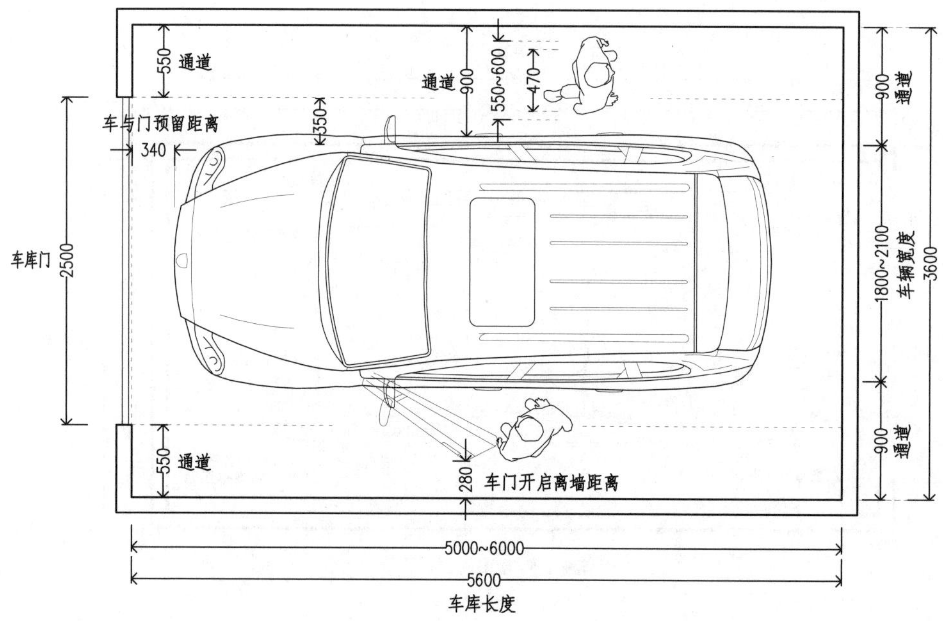

最小车库尺寸

4. 单辆车库（以常见家用汽车尺寸为例）

长度：6000 mm；

宽度：3600 mm；

高度：2400 mm；

面积：21.6 m^2；

车库门最小尺寸：2500 mm × 2000 mm。

如果是较为大型的车辆，可以根据车辆的实际尺寸往两边各增加 900 mm，便可得到车库的大小。

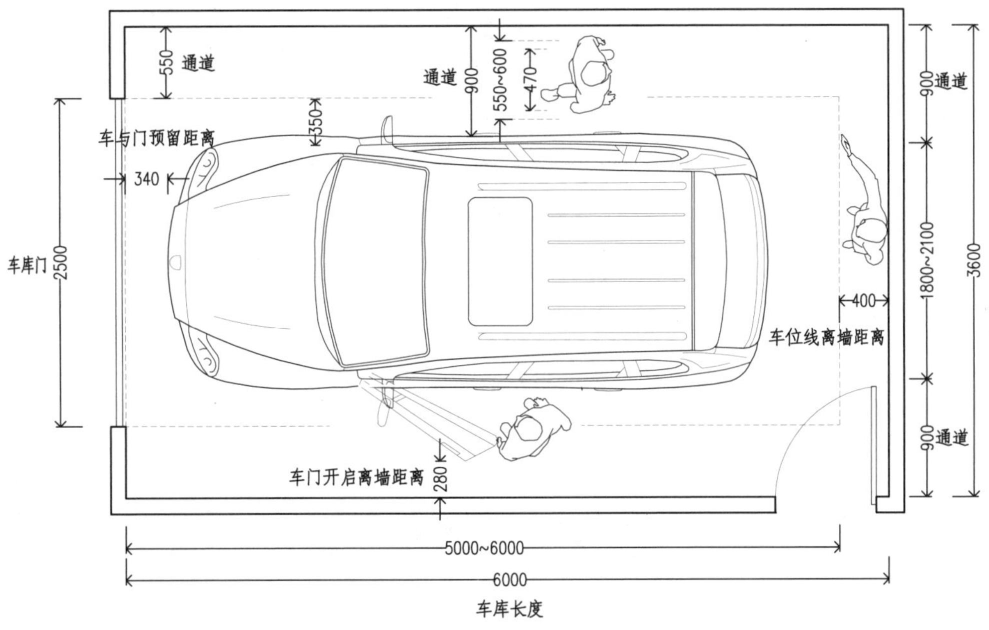

单辆车库平面尺寸

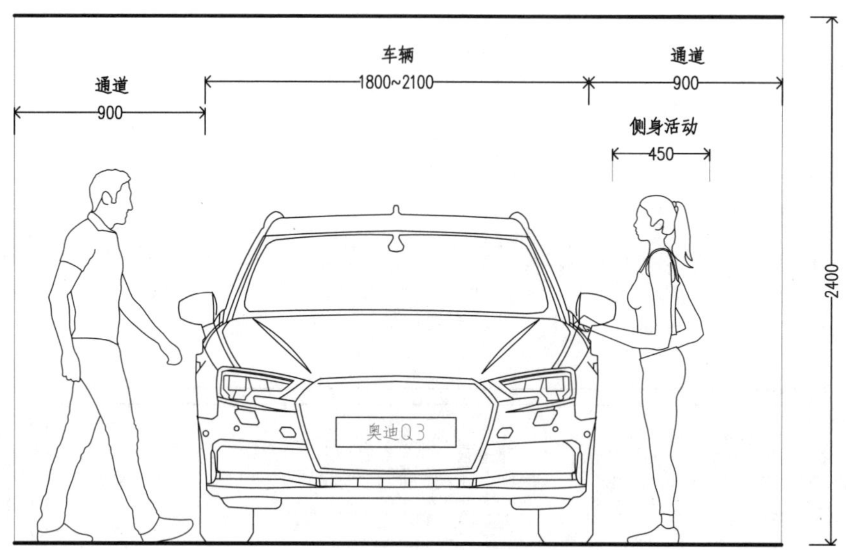

单辆车库正立面尺寸

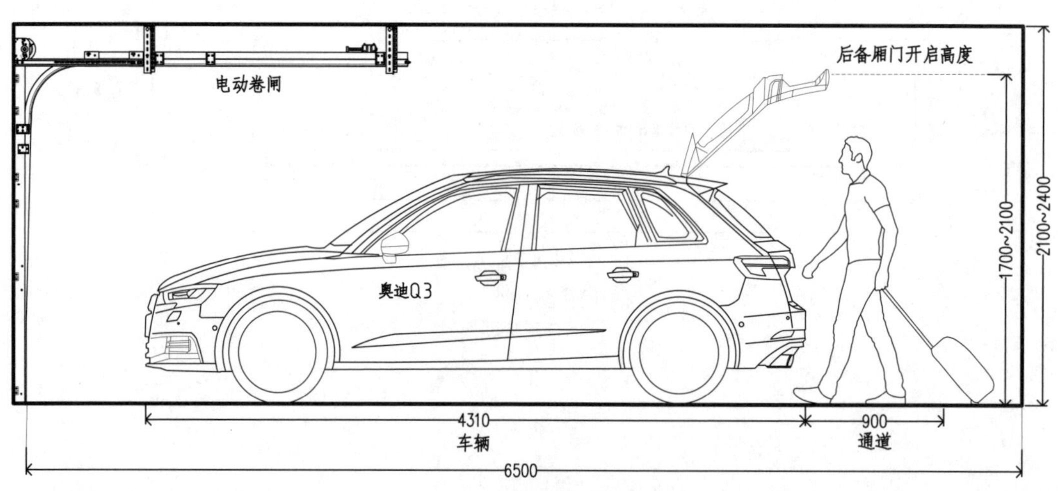

单辆车库侧立面尺寸

5. 双辆车库（单门）

长度：6300 mm；

宽度：6000 mm；

高度：2400 mm；

面积：37.8 m^2；

车库门最小尺寸：5000 mm × 2000 mm。

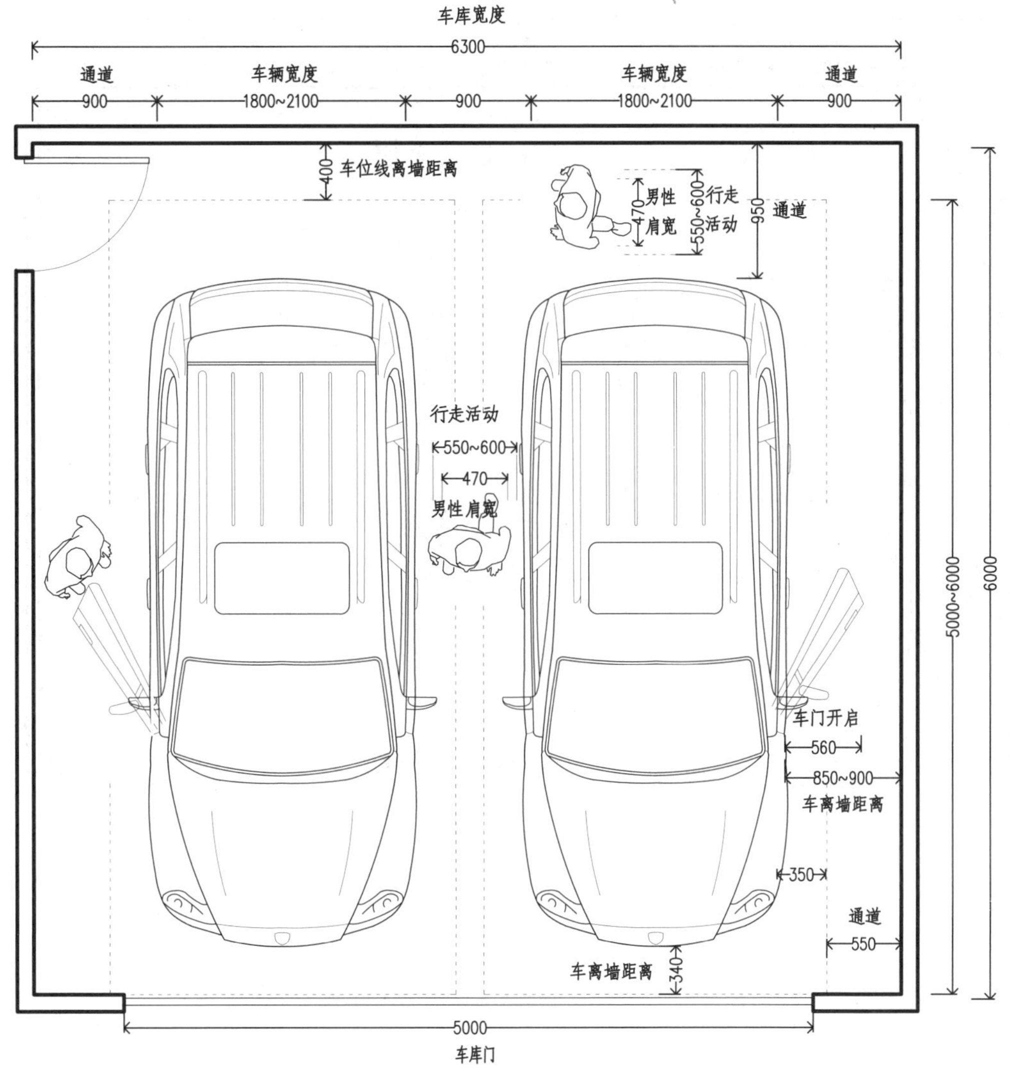

双辆车库平面尺寸

6. 三辆车库

长度：9000 mm；

宽度：6000 mm；

高度：2400 mm；

面积：54 m^2；

车库门最小尺寸：2500 mm × 2000 mm。

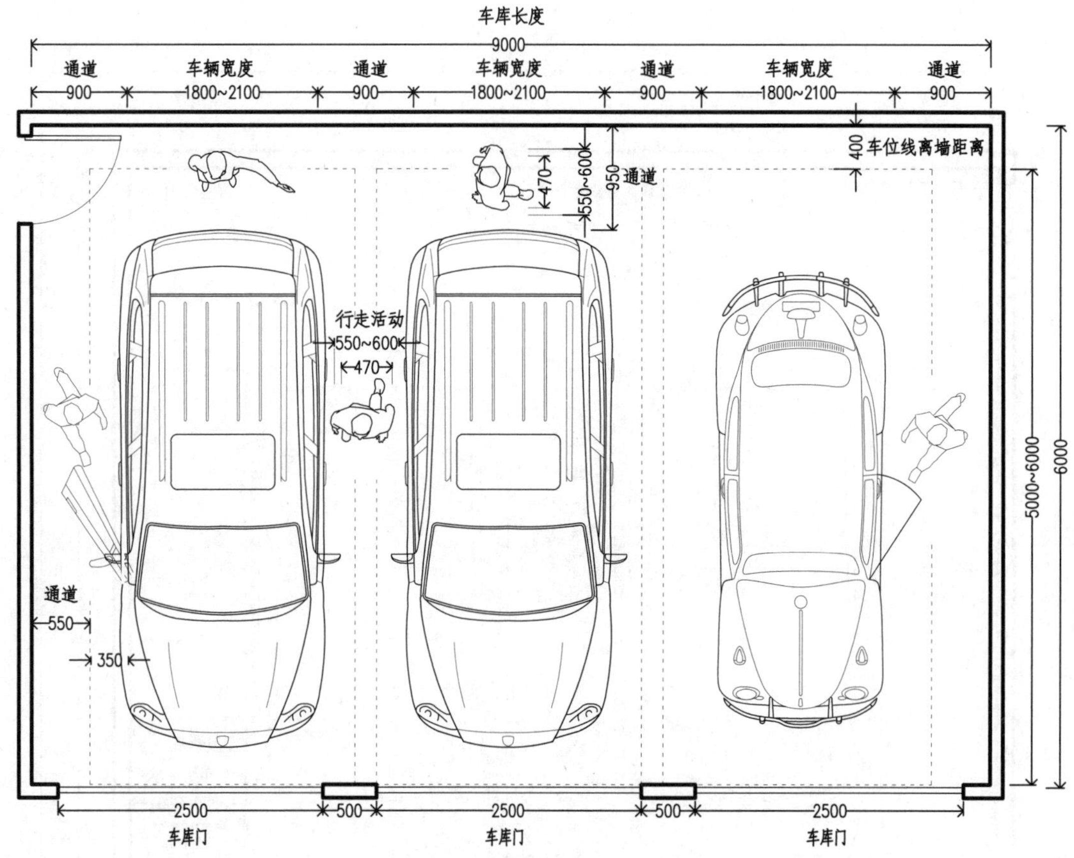

三辆车库平面尺寸

7. 车库后方带工具箱

长度：7100 mm；

宽度：3600 mm；

高度：2400 mm；

面积：25.5 m^2；

车库门最小尺寸：2500 mm × 2000 mm。

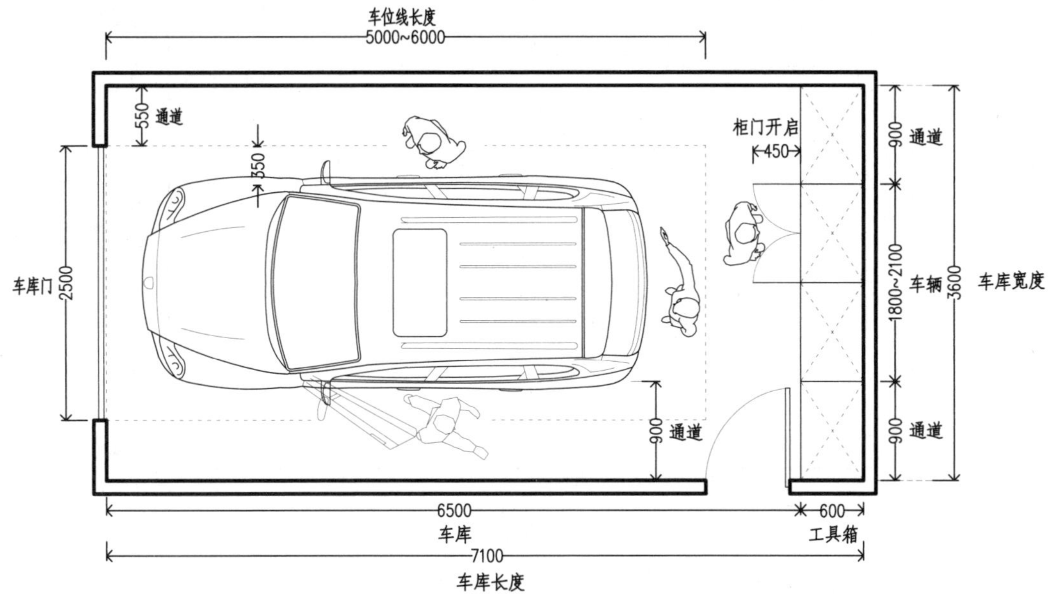

车库后方带工具箱平面尺寸

8. 车库两侧墙壁上部带吊柜

如果车库有足够高的高度安装，满足汽车可以在储物箱下方运动，就可以很好地解决储藏问题。

长度：6500 mm；

宽度：4300 mm；

高度：2400 mm；

面积：27.9 m^2；

车库门最小尺寸：2500 mm × 2000 mm。

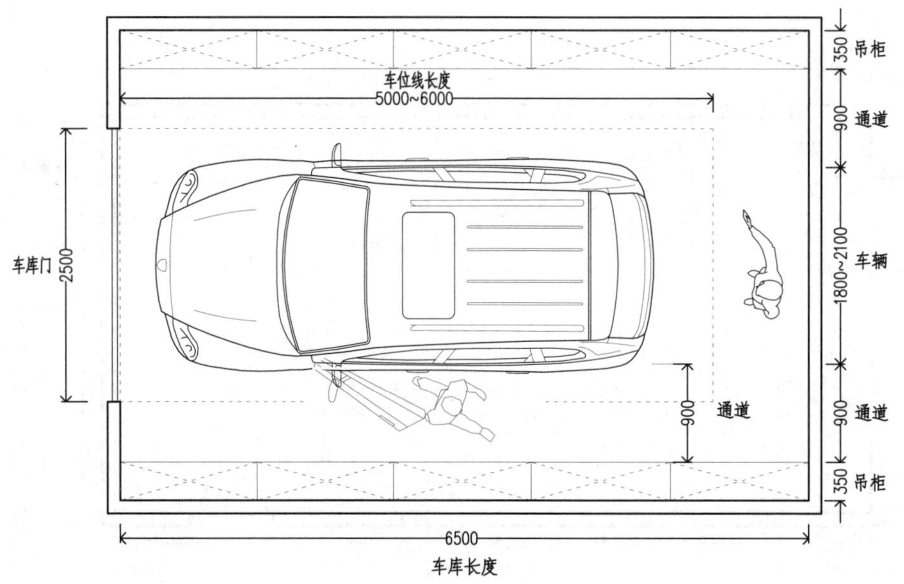

车库两侧墙壁上部带吊柜平面尺寸

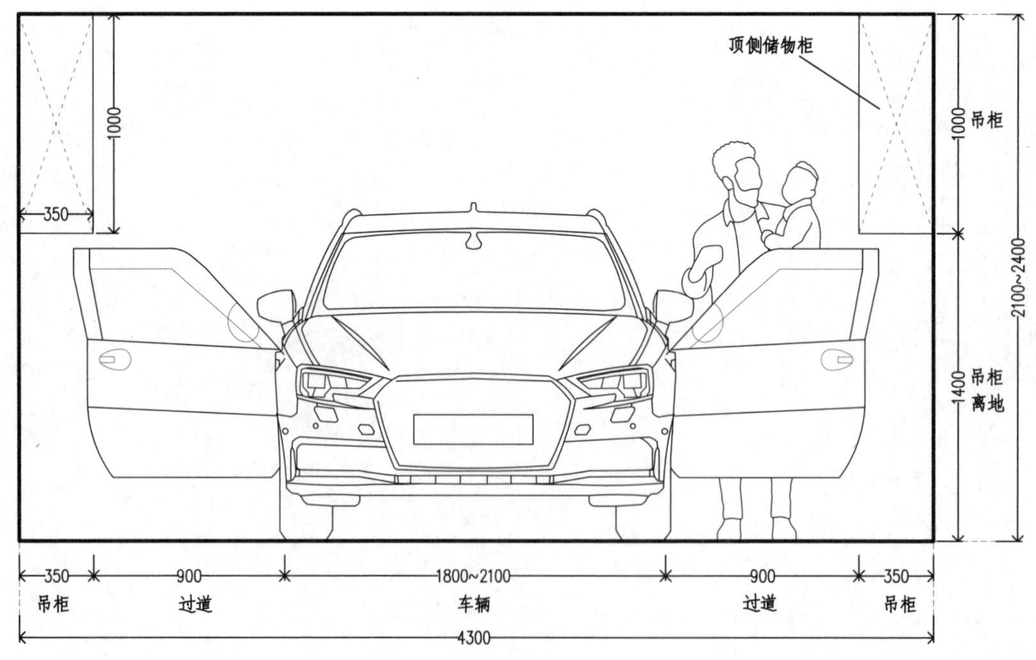

车库两侧墙壁上部带吊柜立面尺寸

9. 车库单侧墙壁地柜加吊柜

长度：6500 mm；

宽度：4200 mm；

高度：2400 mm；

面积：27.3 m^2；

车库门最小尺寸：2500 mm × 2000 mm。

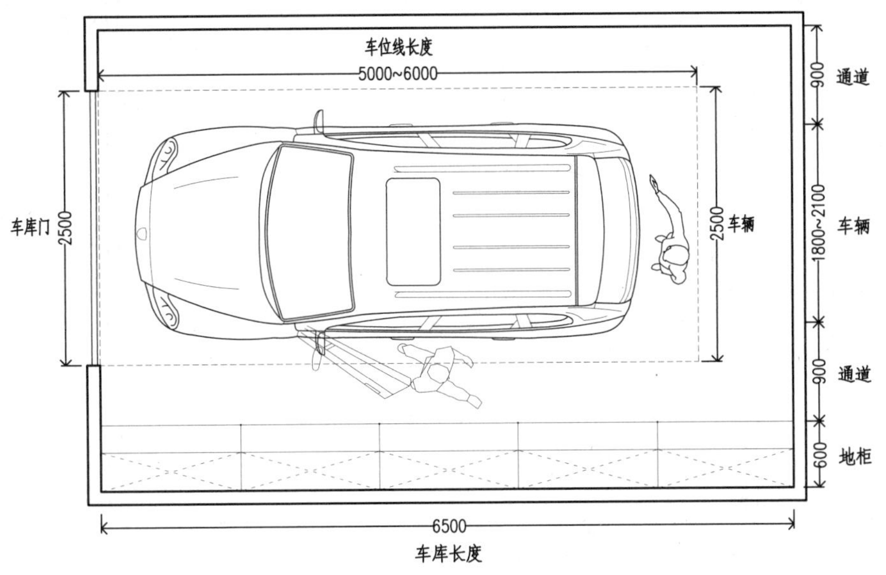

车库单侧墙壁地柜加吊柜平面尺寸

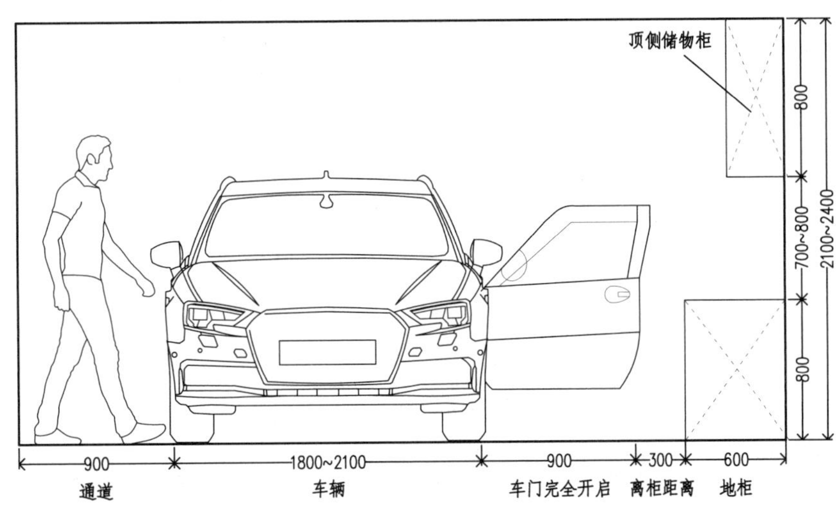

车库单侧墙壁地柜加吊柜立面尺寸

10. 车库两侧墙壁地柜加吊柜

长度：6500 mm；

宽度：5400 mm；

高度：2400 mm；

面积：35.1 m^2；

车库门最小尺寸：2500 mm × 2000 mm。

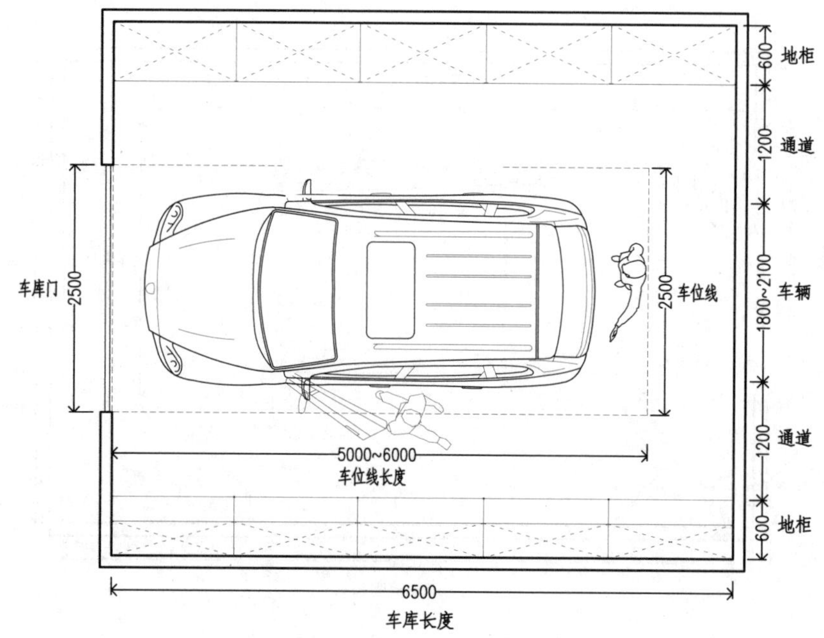

车库两侧墙壁地柜加吊柜平面尺寸

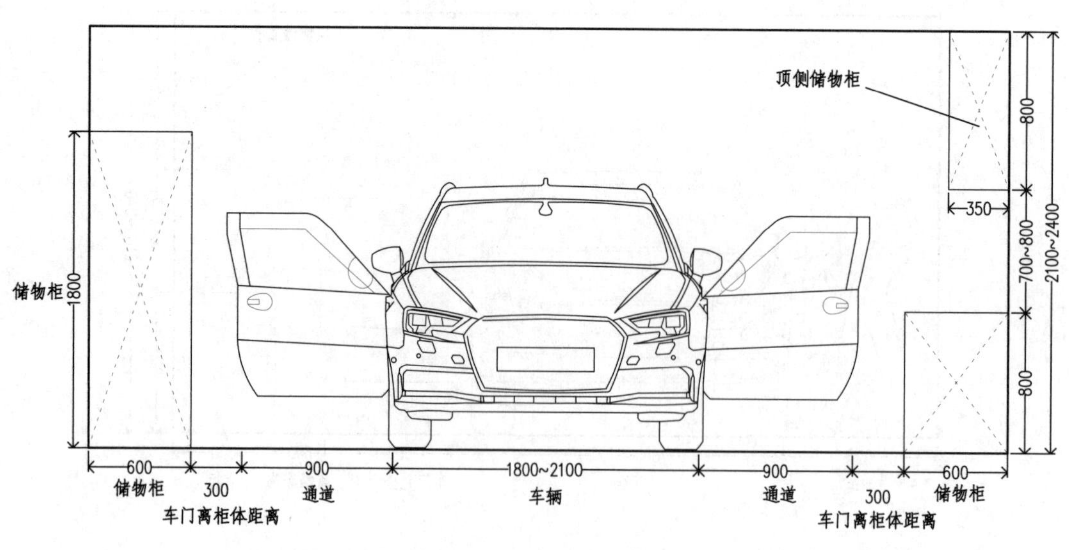

车库两侧墙壁地柜加吊柜立面尺寸

11. 车库末端墙壁顶部加储藏柜（架）

储藏柜底面外沿离地高度宜为 1600 mm，宽度宜为 1600 mm。

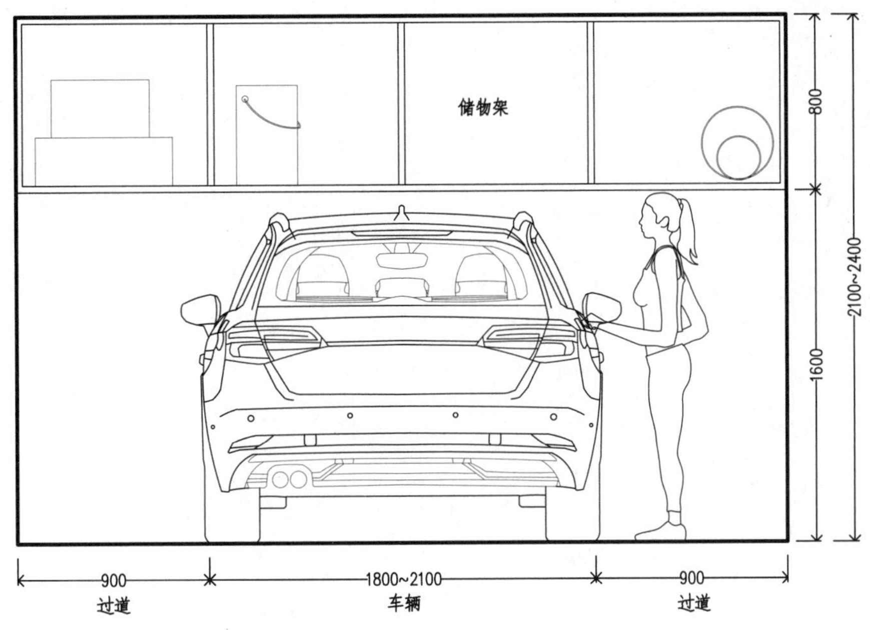

车库末端墙壁顶部加储藏柜（架）正立面尺寸

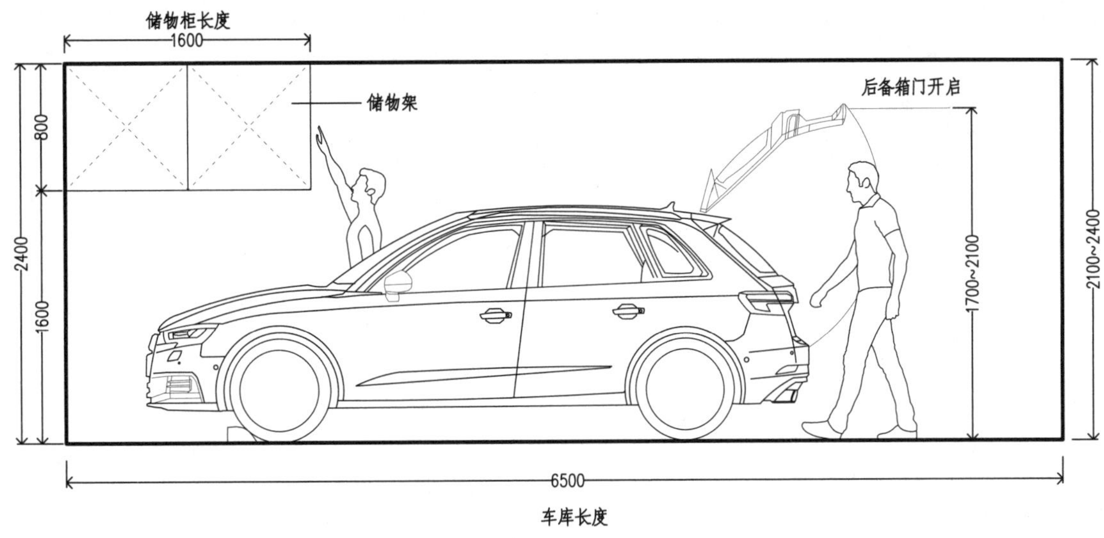

车库末端墙壁顶部加储藏柜（架）侧立面尺寸

5 公共区域

飘窗

住宅通道

栏杆

楼梯

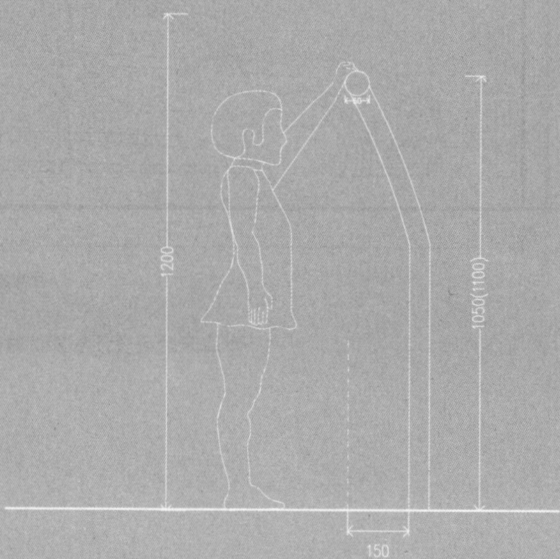

5.1 飘窗

飘窗也叫作凸窗，是向室外凸出的窗子。

飘窗的形状多样，有矩形，有梯形。根据功能，飘窗可作观景、躺座、储物等使用。

重要提示

根据《民用建筑设计统一标准》GB 50352—2019 的规定：当凸窗窗台高度低于或等于 0.45 m 时，其防护高度从窗台面起算不应低于 0.9 m；当凸窗窗台高度高于 0.45 m 时，其防护高度从窗台面起算不应低于 0.6 m。

1. 飘窗的宽度

飘窗宽的最小值为 330 mm；
飘窗宽的合理值为 500 mm；
飘窗宽的宽阔值为 600 mm。

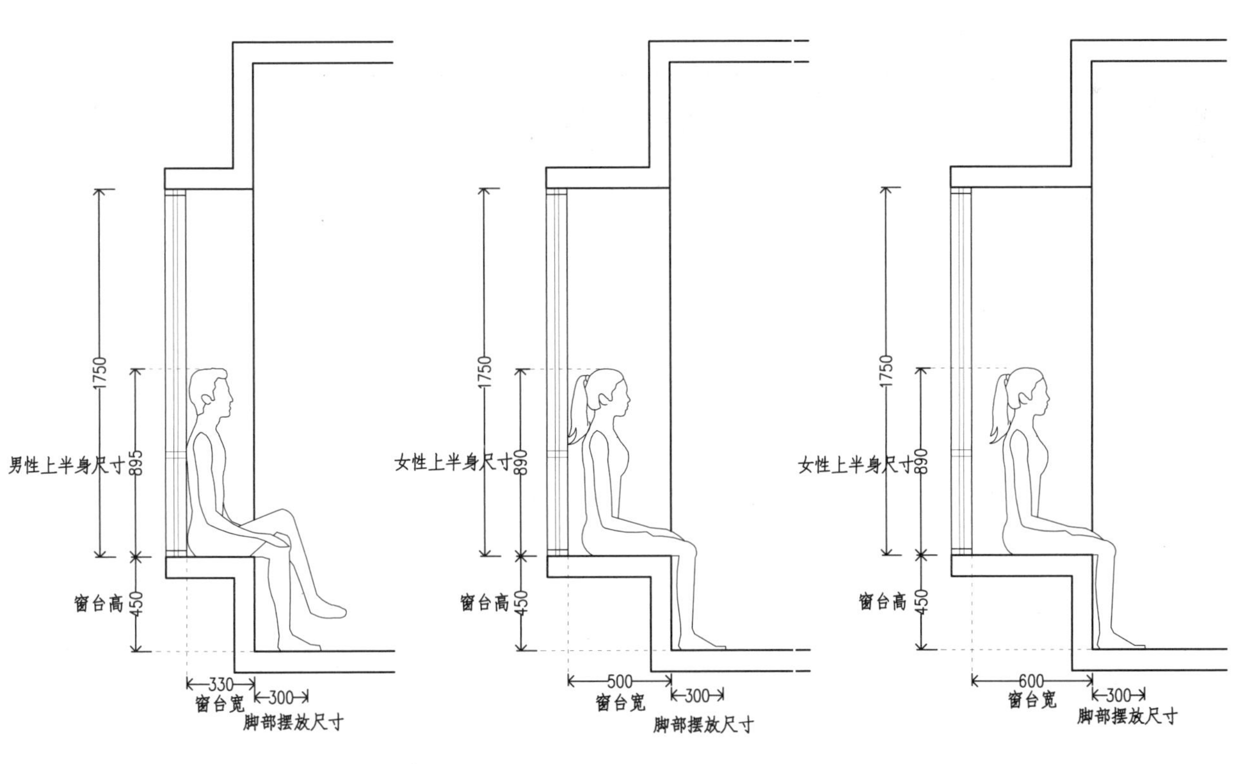

飘窗宽度最小值（330 mm）　　飘窗宽度合理值（500 mm）　　飘窗宽度宽阔值（600 mm）

2. 飘窗的长度

坐式飘窗长度宜为 1500 mm。

曲脚坐式飘窗长度宜为 1200 mm。

全躺式飘窗长度宜为 2000 mm。

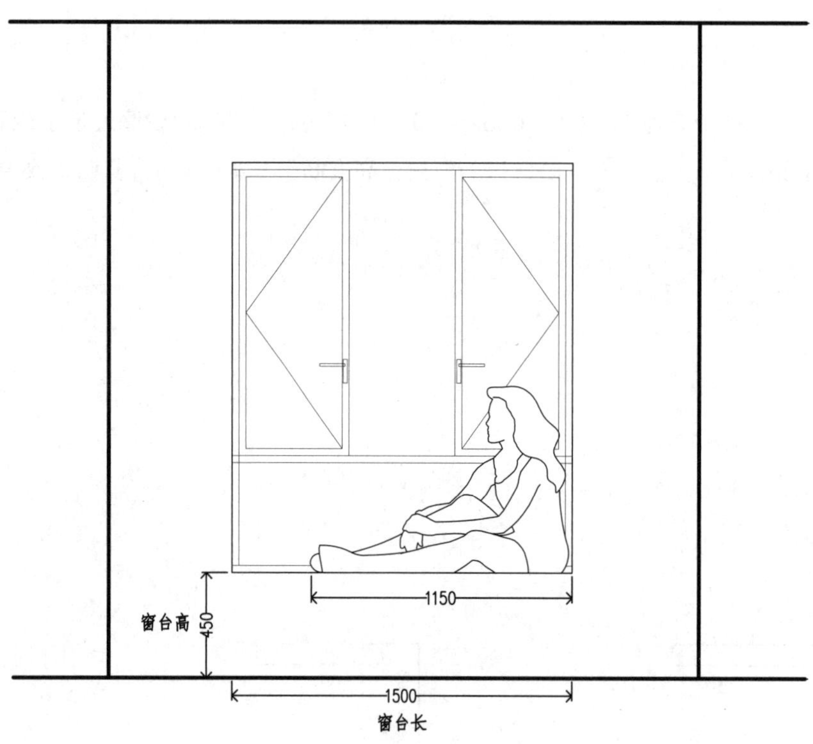

坐式飘窗长度

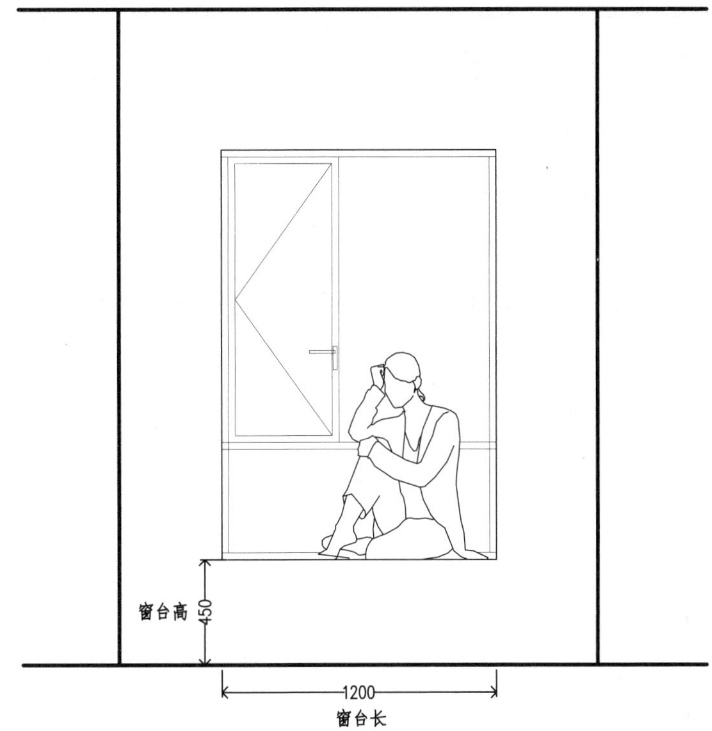

曲脚坐式飘窗长度

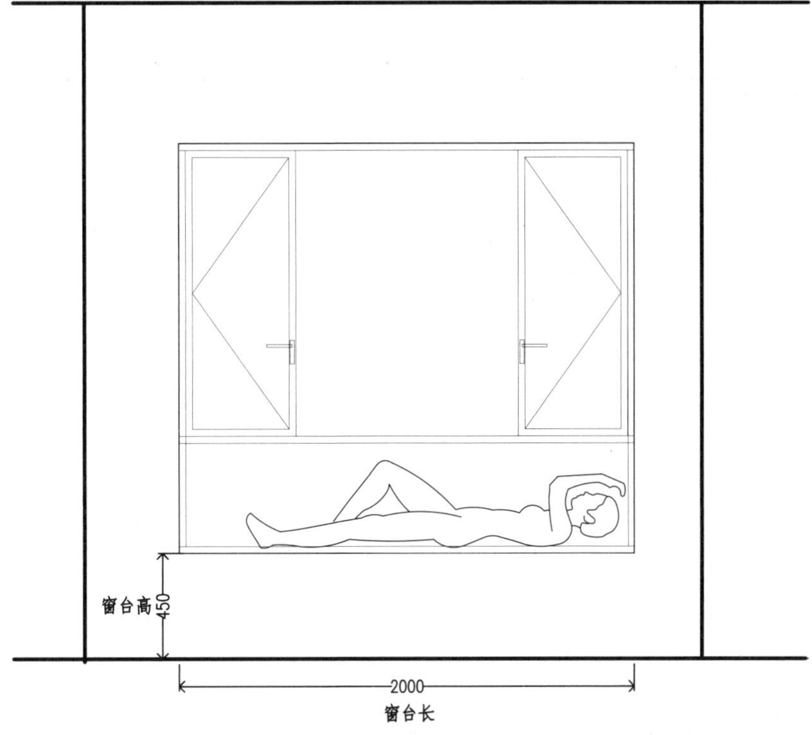

全躺式飘窗长度

3. 飘窗栏杆安装高度

窗下部有能上人站立的宽窗台面时，贴窗护栏或固定窗的防护高度应从窗台面起算。

按照一般成年人正常踏步情况，窗台净高低于或等于 0.45 m 的凸窗台面，容易造成无意识攀登。

凸窗有效防护高度应从台面起算，其净高不应低于 900 mm。

专业建议

不能因为美观性而把窗台护栏拆除，应安装符合规定的护栏，特别是有老人与小孩的家庭。

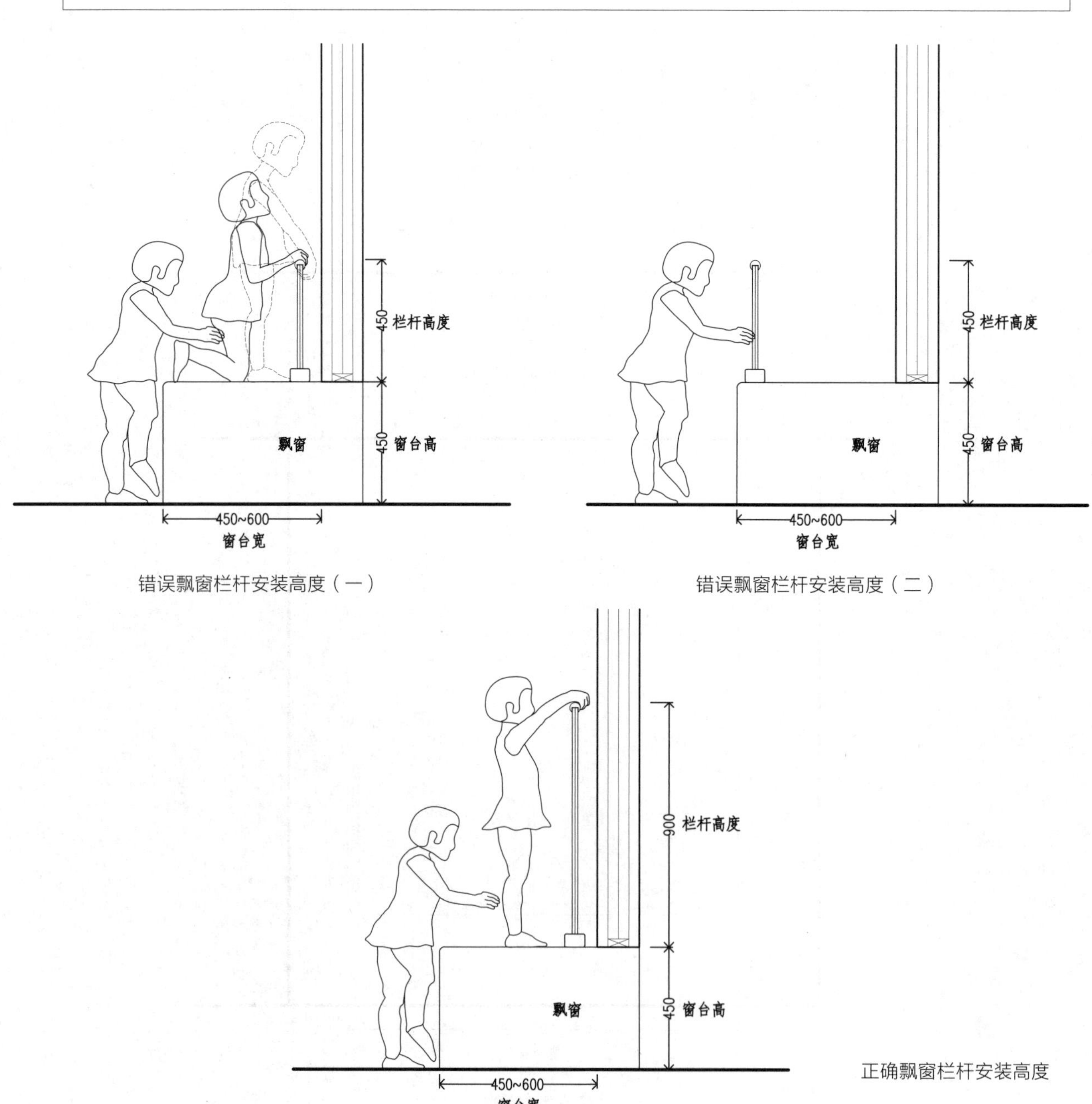

错误飘窗栏杆安装高度（一）

错误飘窗栏杆安装高度（二）

正确飘窗栏杆安装高度

4. 栏杆垂直间距

栏杆应采取不易攀爬的构造，可采用垂直杆件做栏杆。

成人栏杆垂直杆件间的净距不应大于 110 mm；

儿童栏杆垂直杆件间的净距不应大于 90 mm；

住宅应执行儿童栏杆间距标准。

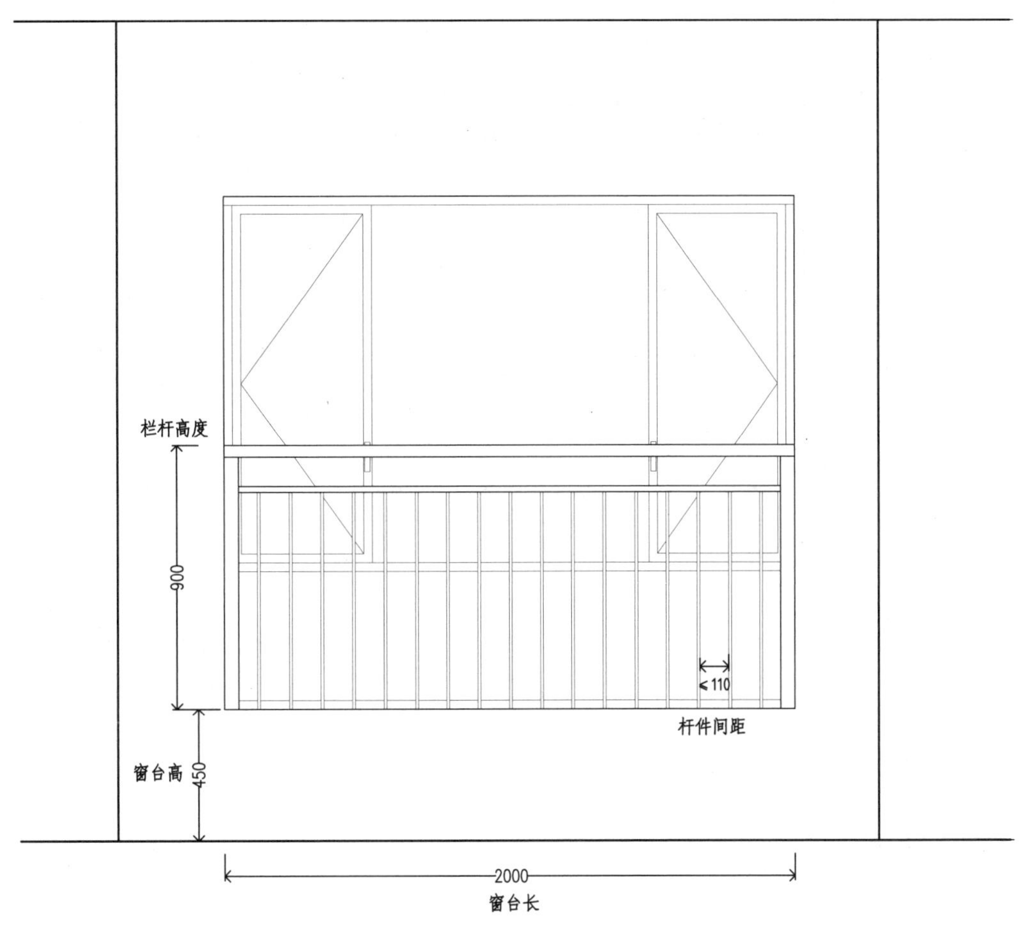

成人栏杆垂直间距

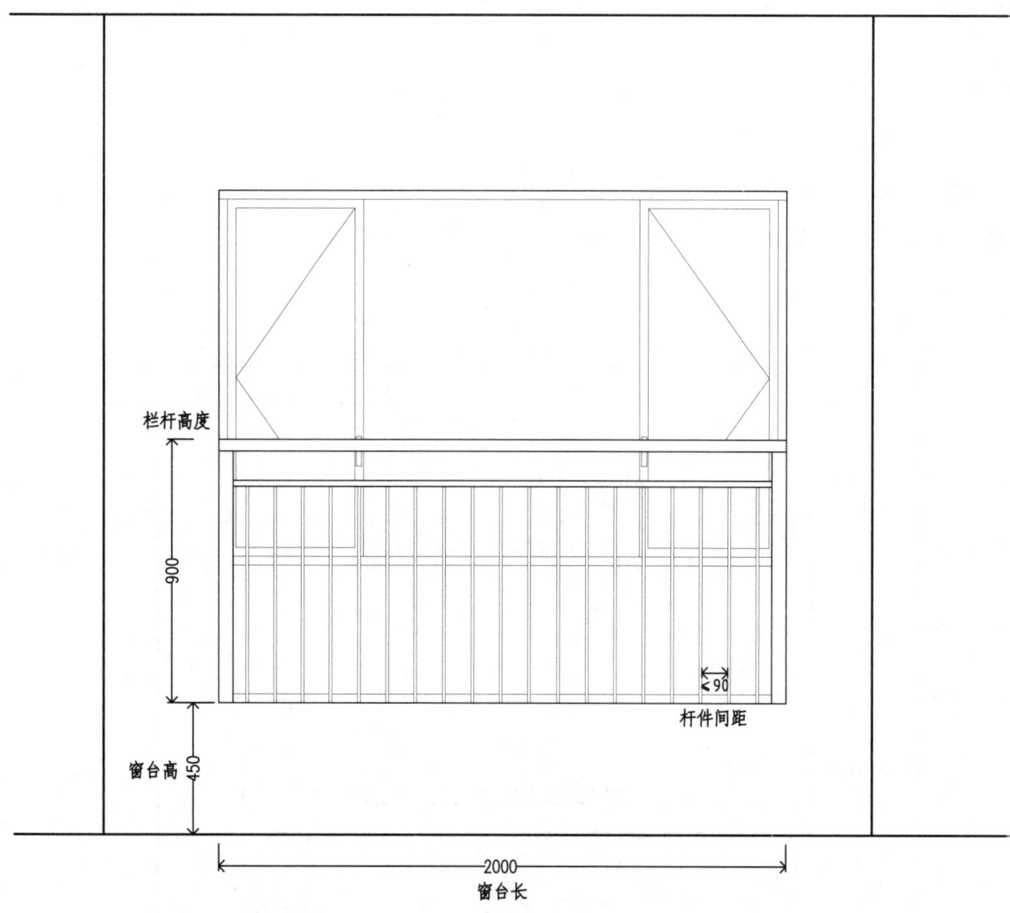

儿童栏杆垂直间距

5.2 住宅通道

重要提示

根据《住宅设计规范》GB 50096—2011 的规定：通往卧室、起居室（厅）的过道净宽不应小于 1.00 m，通往厨房、卫生间、贮藏室的过道净宽不应小于 0.90 m。

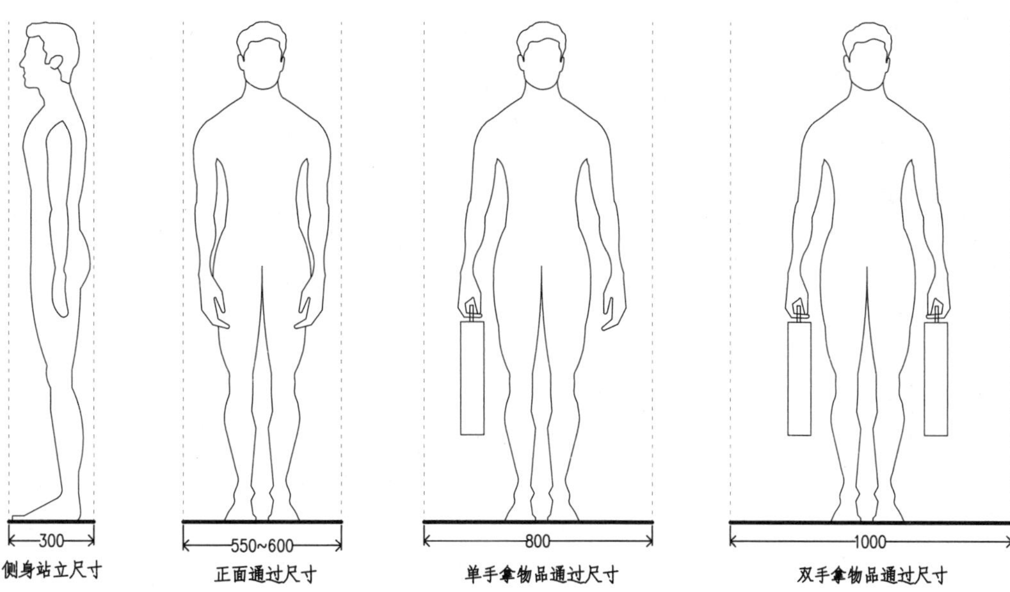

人体通过尺寸（一）

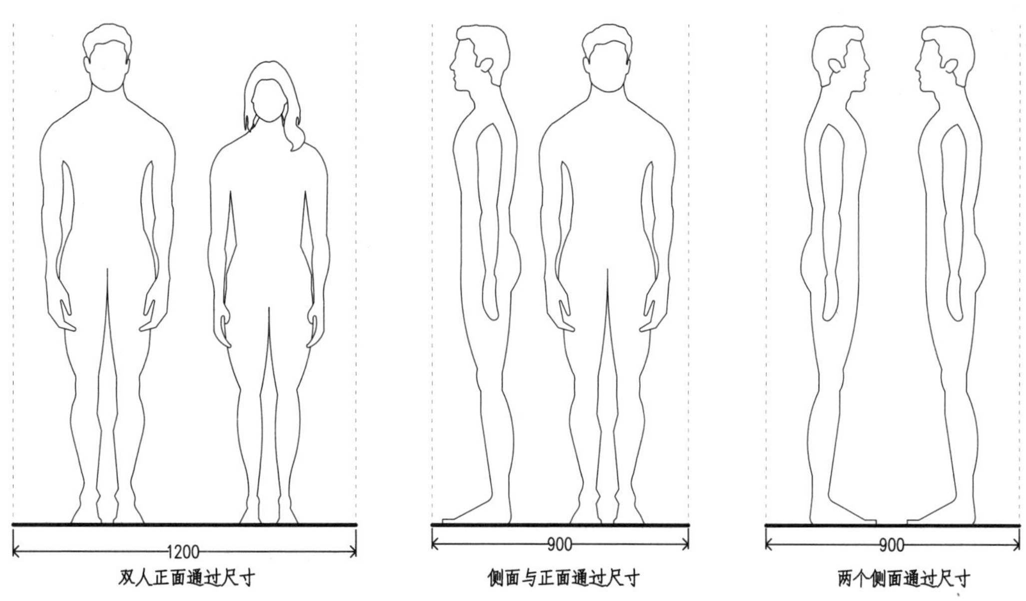

人体通过尺寸（二）

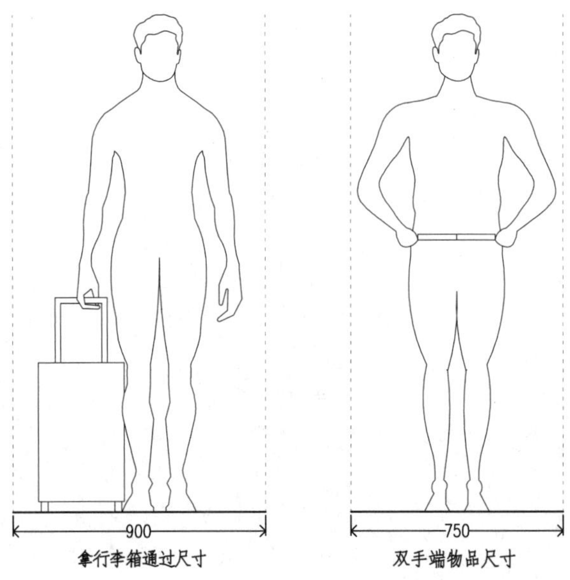

人体通过尺寸（三）

1. 住宅通道规范尺寸

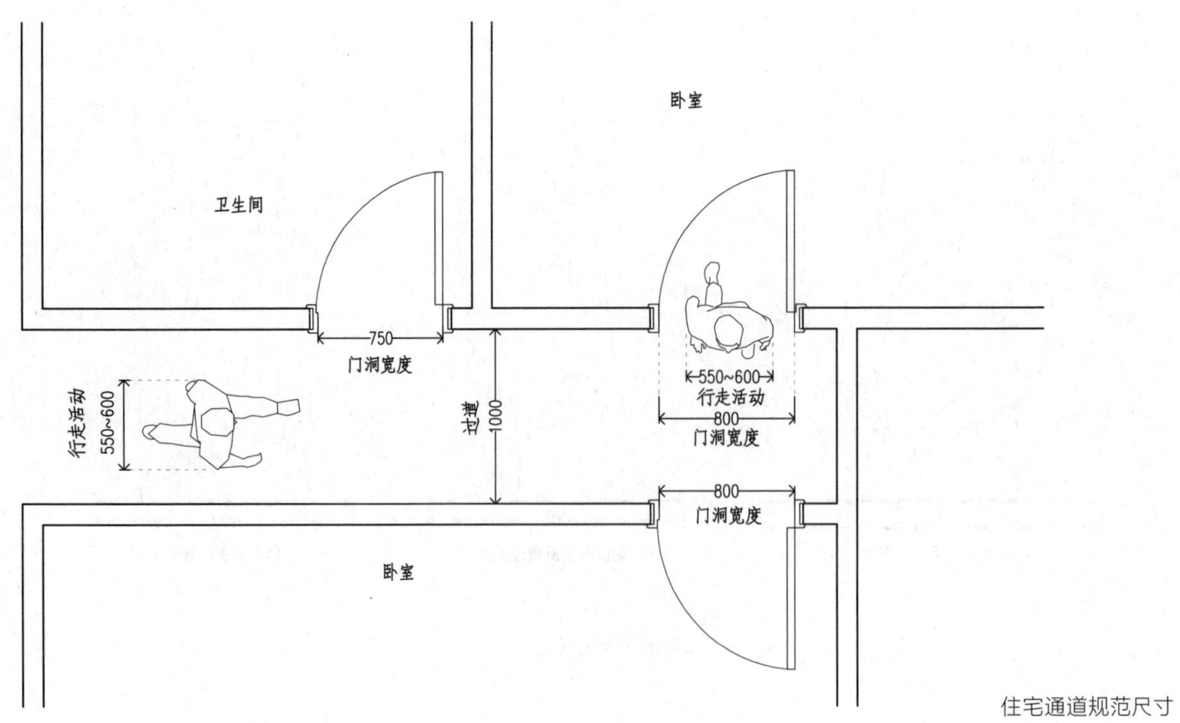

住宅通道规范尺寸

2. 住宅通道最小尺寸

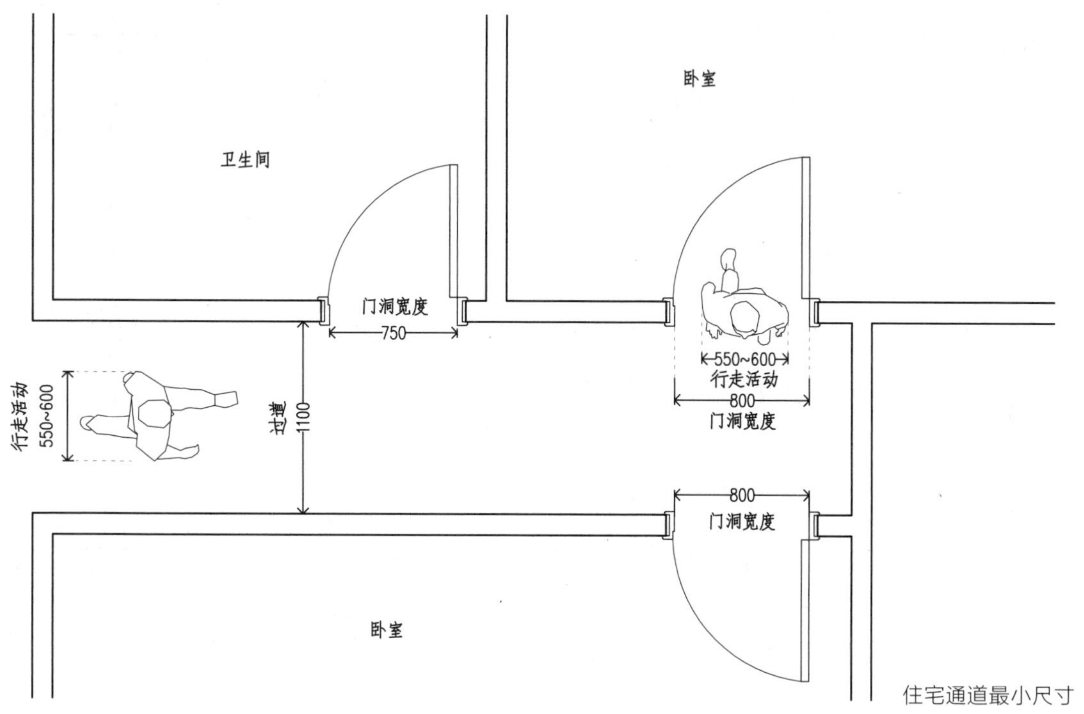

住宅通道最小尺寸

专业建议

由于衣柜与床垫尺寸较大，住宅通道宽度不宜小于 1100 mm，应便于搬运床垫时拐弯进入房间。

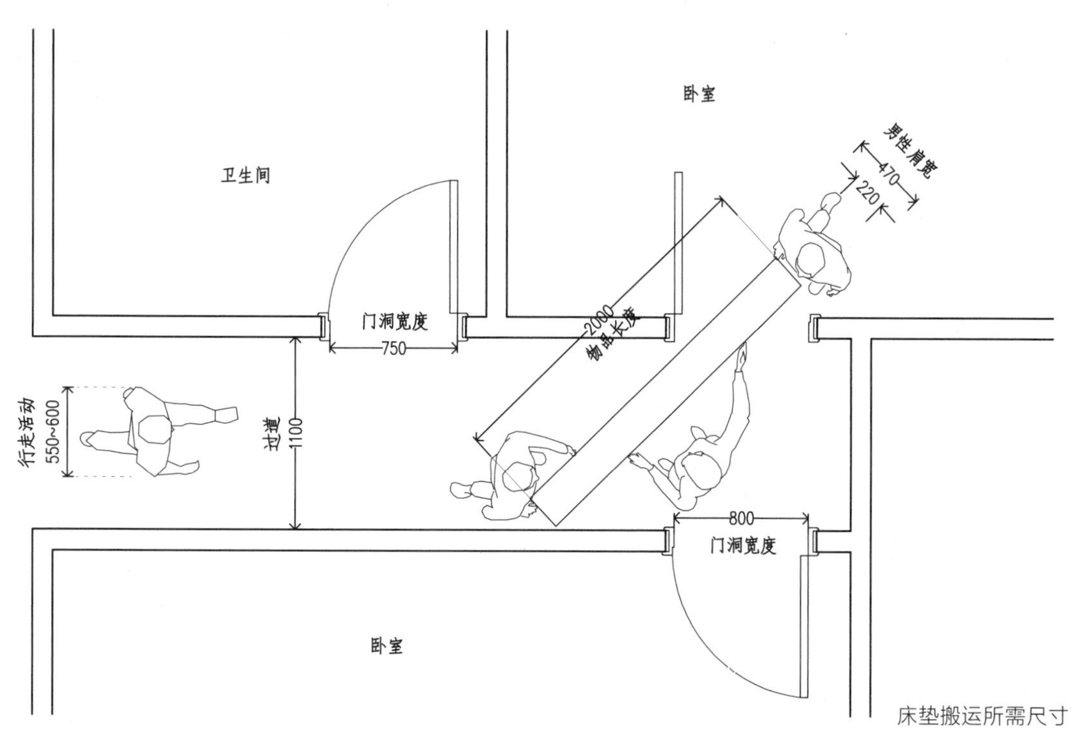

床垫搬运所需尺寸

3. 住宅通道合理尺寸

专业建议

住宅通道合理尺寸宜为 1300 mm。

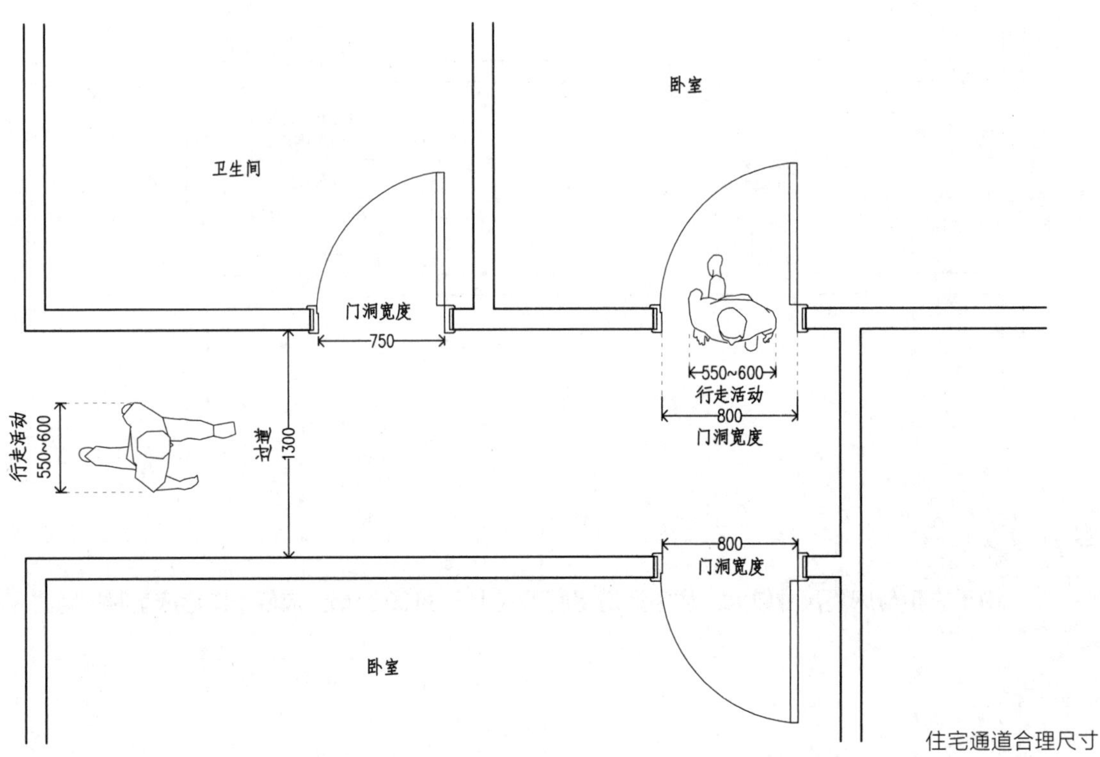

住宅通道合理尺寸

5.3 栏杆

栏杆是住宅楼梯及中空楼层上的安全护栏设施。

栏杆在使用中起分隔、安全阻拦的作用，多出现在复式住宅、跃层式住宅、别墅、中空楼梯、建筑阳台等有安全阻拦要求的位置。

重要提示

根据《民用建筑设计统一标准》GB 50352—2019 的规定：当临空高度在 24.0 m 以下时，栏杆高度不应低于 1.05 m；当临空高度在 24.0 m 及以上时，栏杆高度不应低于 1.1 m。上人屋面和交通、商业、旅馆、医院、学校等建筑临开敞中庭的栏杆高度不应小于 1.2 m。

1. 栏杆高度标准规定

当建筑阳台栏杆临空高度在 24 m 以下时，栏杆高度不应低于 1050 mm。

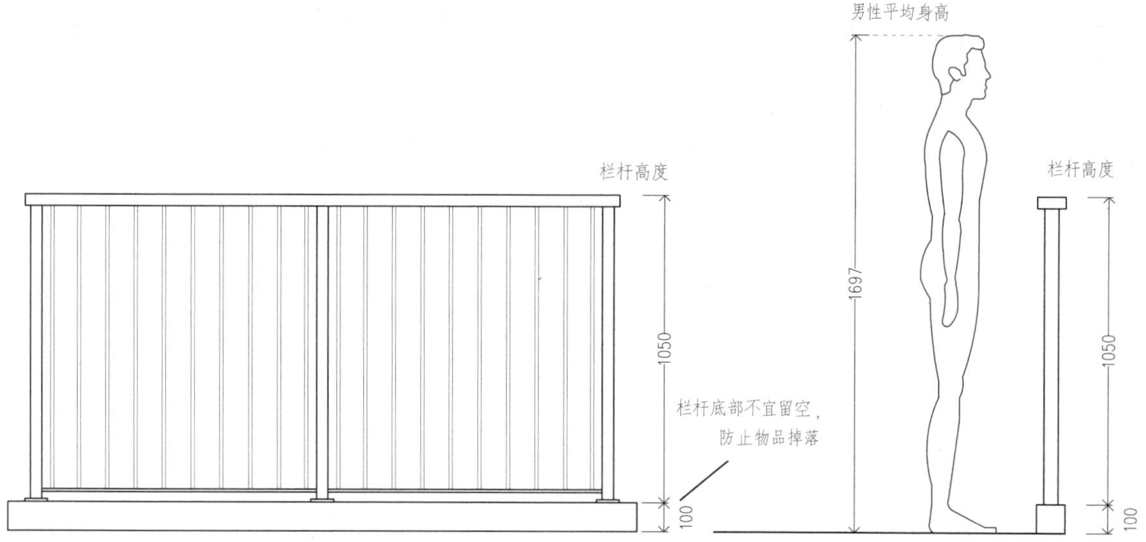

临空高度在 24 m 以下的栏杆高度

当建筑阳台栏杆临空高度在 24 m 及以上时，栏杆高度不应低于 1100 mm。

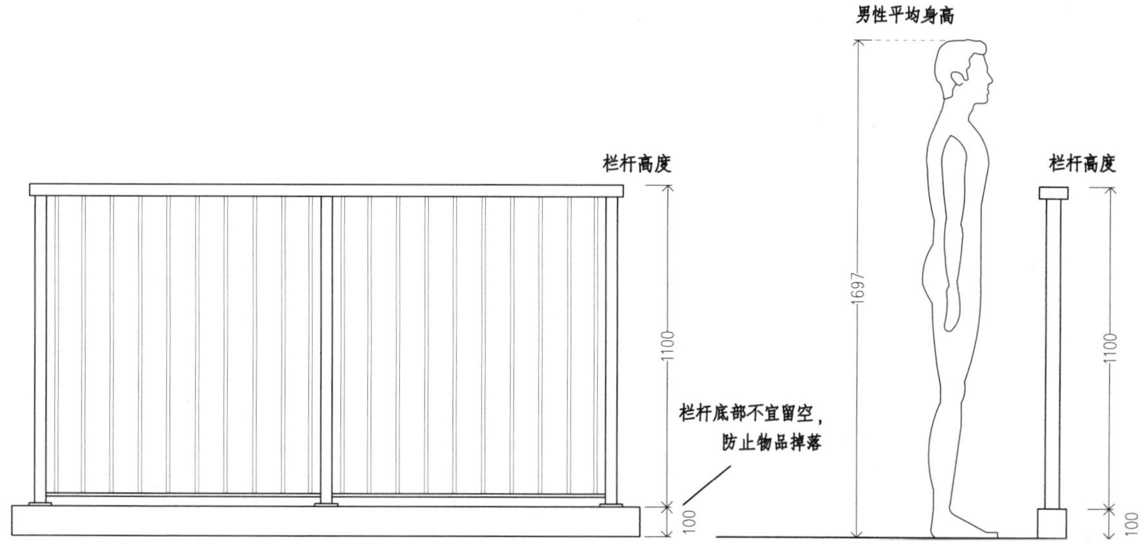

临空高度在 24 m 及以上的栏杆高度

住宅开敞中庭的栏杆高度不应小于 1200 mm。

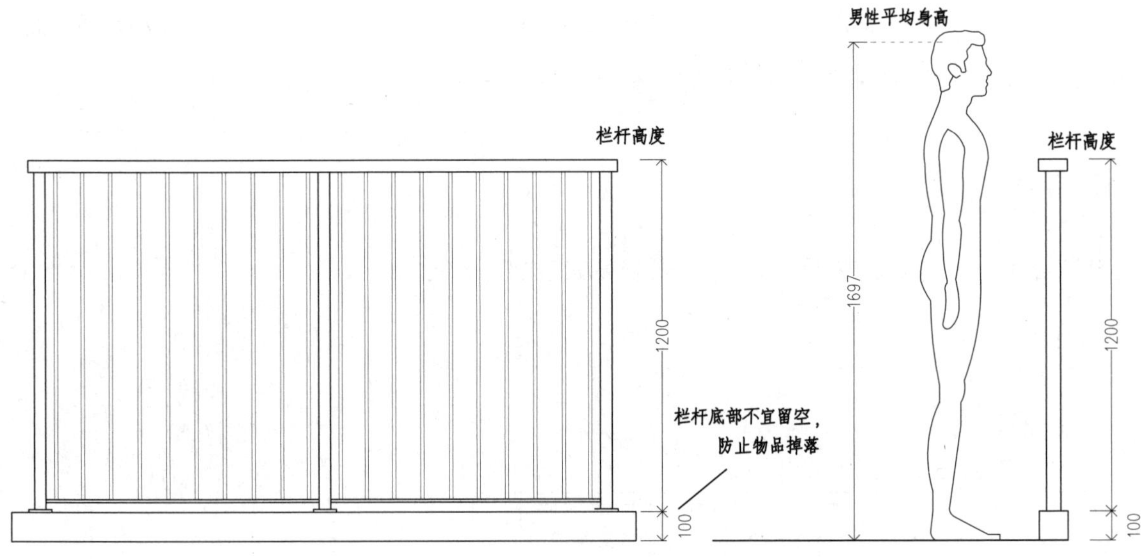

住宅开敞中庭的栏杆高度

2. 栏杆底部标准规定

当底面有宽度大于或等于 220 mm，且高度低于或等于 450 mm 的可踏部位时，应从可踏部位顶面起算。按正常人上踏步情况，人应容易踏上并站立眺望。

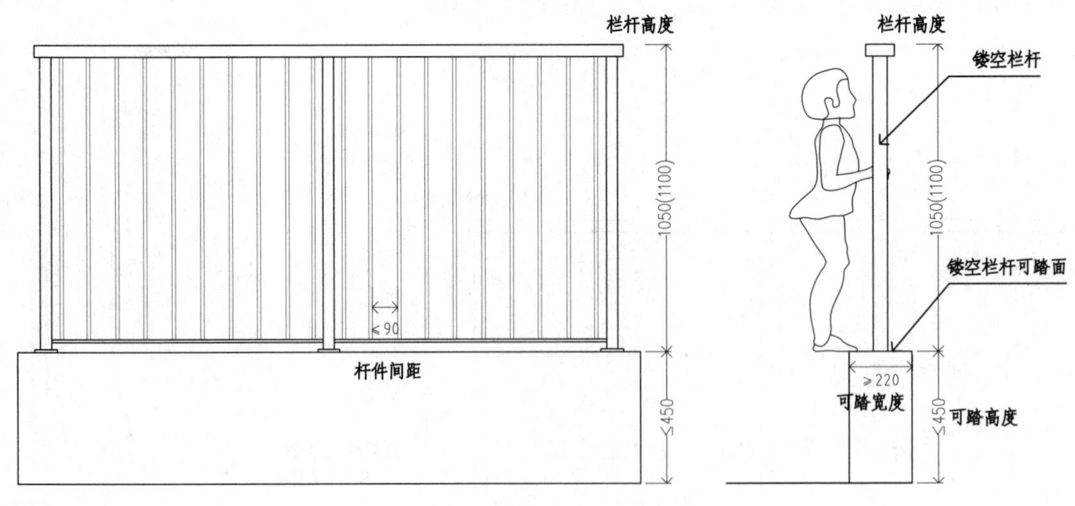

镂空栏杆底部尺寸

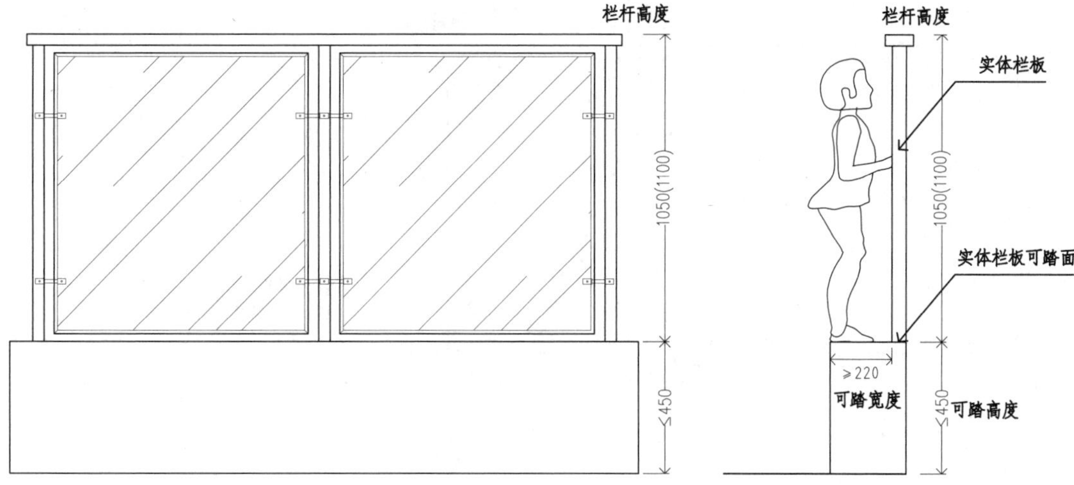

实体栏杆底部尺寸

别墅、复式住宅栏杆离地面 100 mm 高度范围内不宜留空，以防止物品掉落滚动，造成高空坠物。

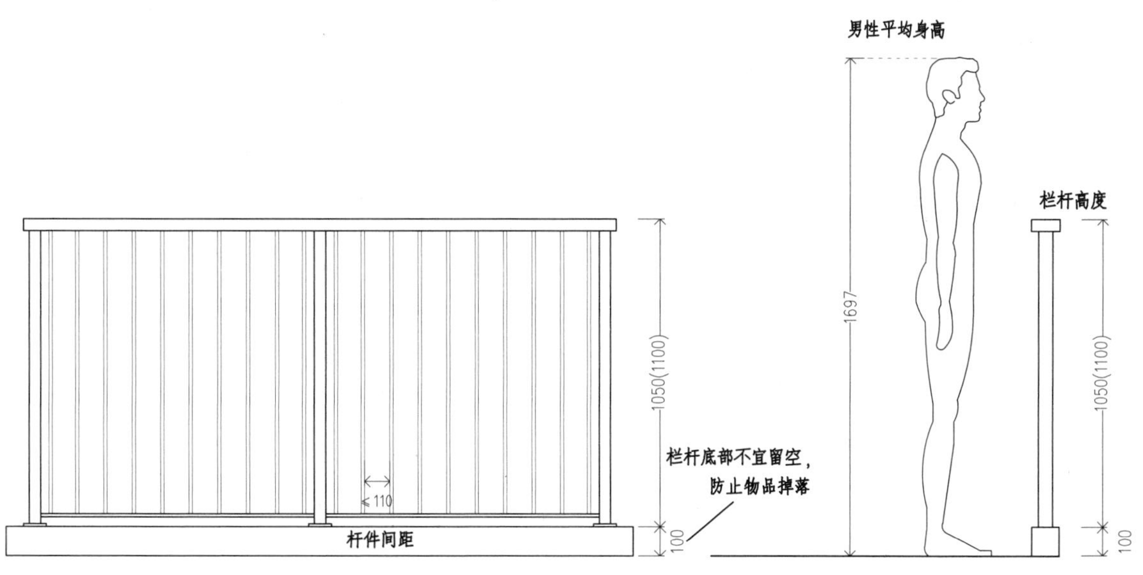

成人栏杆底部尺寸

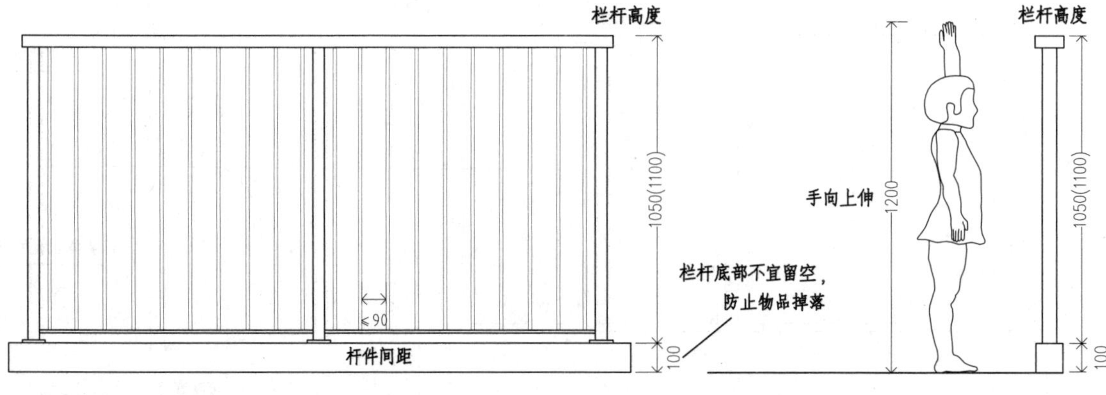

儿童栏杆底部尺寸

3. 儿童栏杆标准

根据原卫生部妇幼保健与社区卫生司发布的《中国 7 岁以下儿童生长发育参照标准》，我国 4 岁儿童的平均身高为 1010 mm，手向上伸为 1200 mm。

通过数据分析，在 0 ～ 5 岁学龄前儿童中，攀爬坠落事故的发生次数较多。从年龄来看，2 岁、3 岁年龄段的儿童好奇心较强，没有对危险的判断力。4 岁以上的儿童可以爬上 650~700 mm 高的物品，为了防止他们可能爬过栏杆，在栏杆外侧小于或等于 600 mm 的地面不应放置物品，以防儿童借物爬上栏杆。

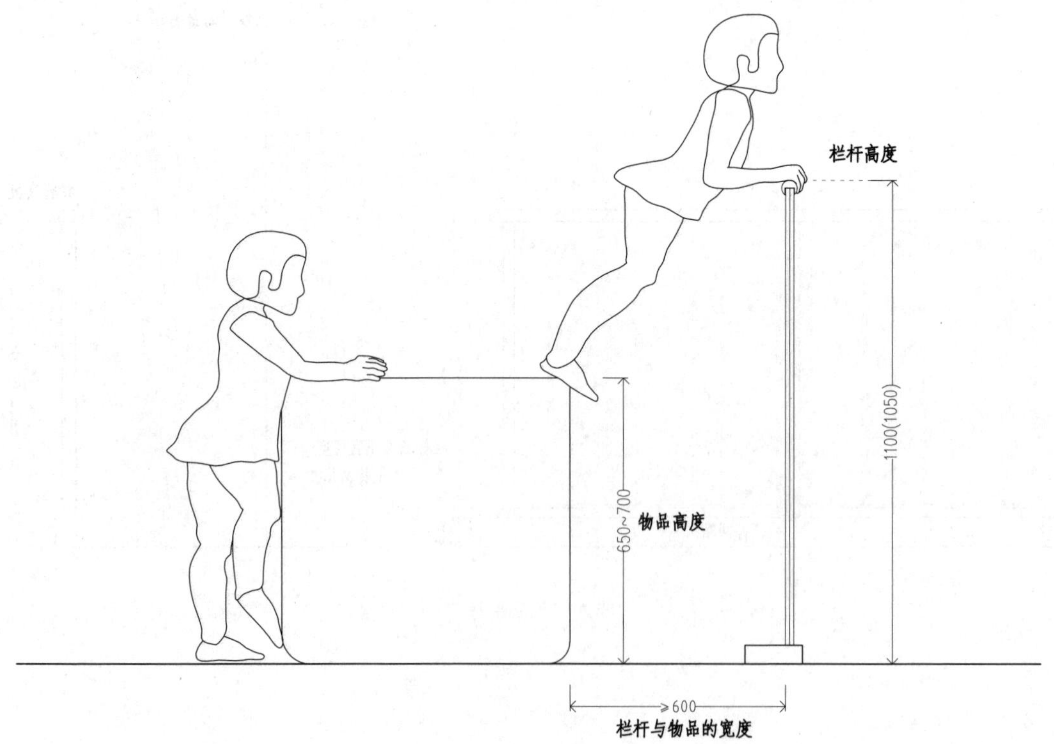

栏杆与物品的距离

4. 防攀爬设计

一般情况下，4 岁儿童的上肢长度为 402 mm，5 岁儿童的为 431 mm，6 岁儿童的为 479 mm。如果幼儿的手指尖不能抓放在栏杆顶部的扶手，则可对阻挡攀爬有一定的效果。例如：栏杆最顶端扶手宽度为 60 mm，则儿童无法抓住顶部抓杆。

栏杆顶部扶手上部应内侧弯曲或倾斜，阻碍儿童攀爬。即使爬上，身体也会向室内一侧倾斜。

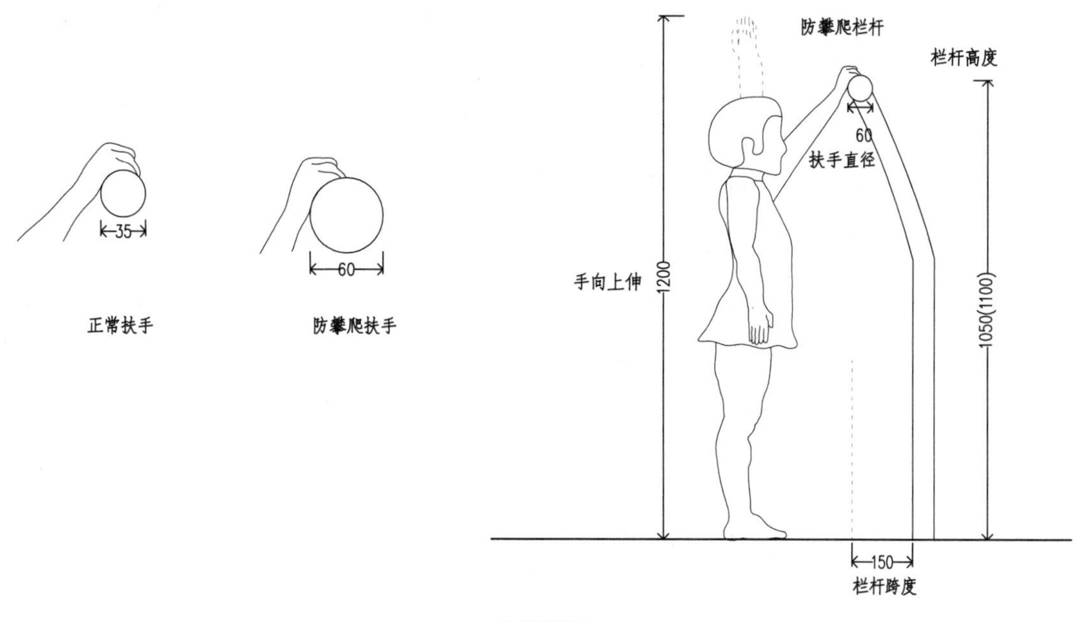

防攀爬设计

5.4 楼梯

住宅楼梯多出现在复式住宅、跃层式住宅、别墅及农村自建房中。

楼梯由连续行走的梯级、休息平台和维护安全的栏杆（或栏板）、扶手以及相应的支托结构组成。

重要提示

楼梯的设计主要根据《民用建筑设计统一标准》GB 50352—2019 中对楼梯的规定。

1. 旋转楼梯

旋转楼梯和扇形踏步离内侧扶手中心 250 mm 处的踏步宽度不应小于 220 mm。

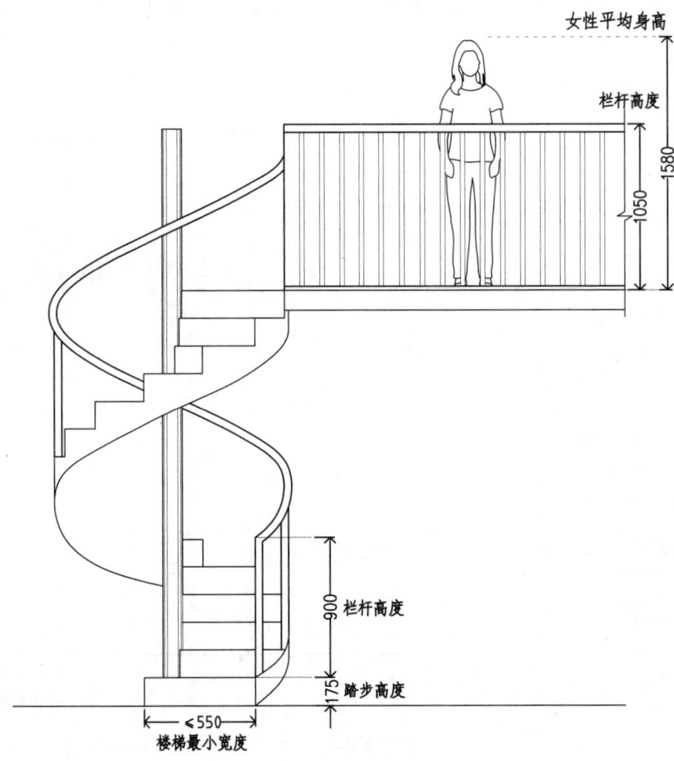

旋转楼梯立面尺寸

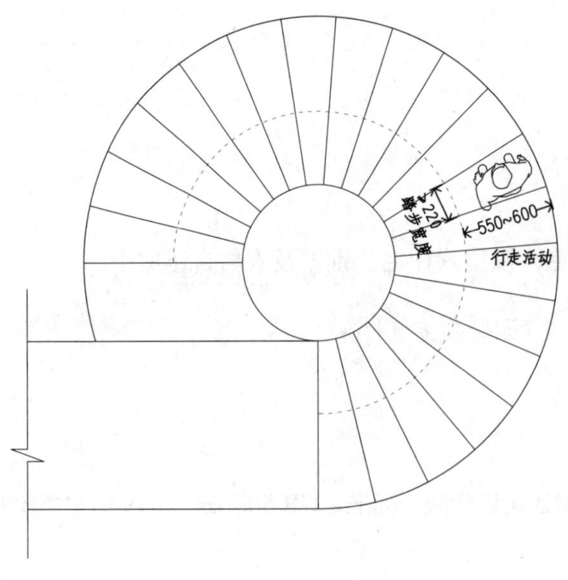

旋转楼梯平面尺寸

2. 楼梯踏步

踏步又分为踏面（供行走时脚踏的水平部分）和踢面（形成踏步高差的垂直部分），两个面组成踏步。

每段梯段的踏步一般不应超过 18 级，亦不应少于 3 级。

住宅共用楼梯踏步的高和宽是由人的步距与人腿的长度来决定的，踏板宽度不应小于 260 mm，踏板的高度不应高于 175 mm 。

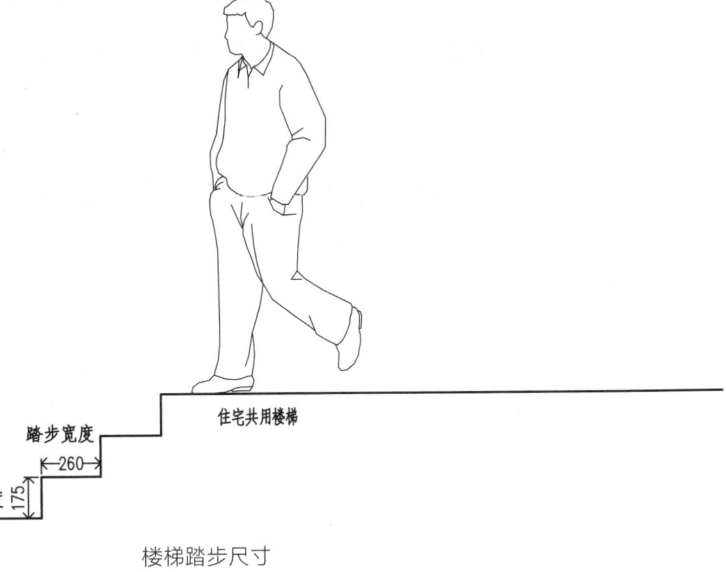

楼梯踏步尺寸

3. 楼梯梯段

楼梯梯段是指设有踏步，供建筑物楼层之间上下行走的通道段落。

楼梯的坡度大小是由踏步尺寸决定的。一般按每股人流宽为 0.55 m+（0~0.15）m 的人流股数确定，且不应少于两股人流。楼梯段的宽度不应小于 550 mm。

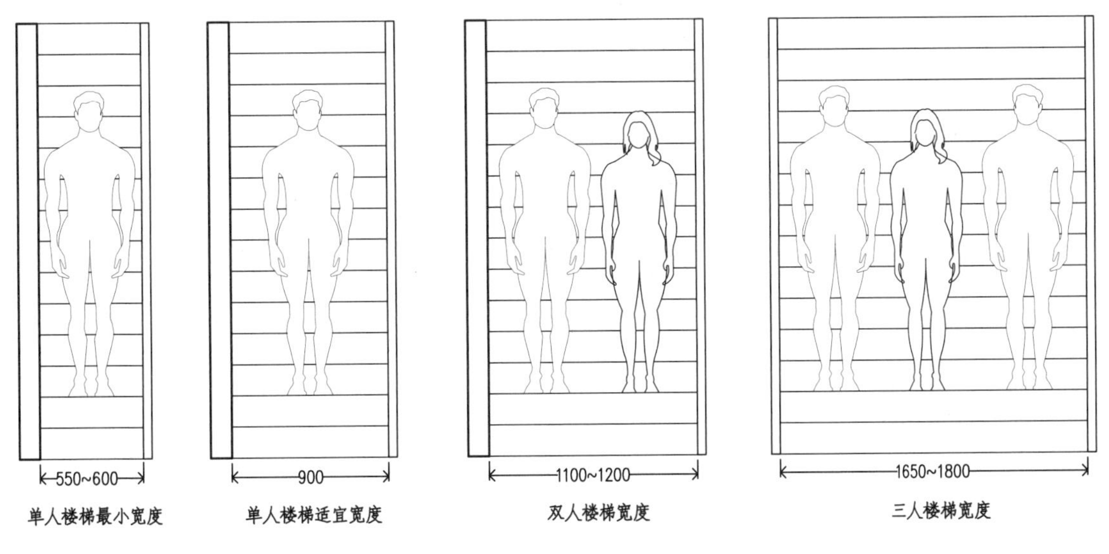

楼梯梯段宽度

4. 楼梯平台

楼梯平台指楼梯梯段缓冲的平行面，一般分为楼层平台与楼梯中间平台，是供人行走休息、转换方向、缓冲的地方。

（1）平台的上部及下部过道处的净高不应小于 2000 mm。

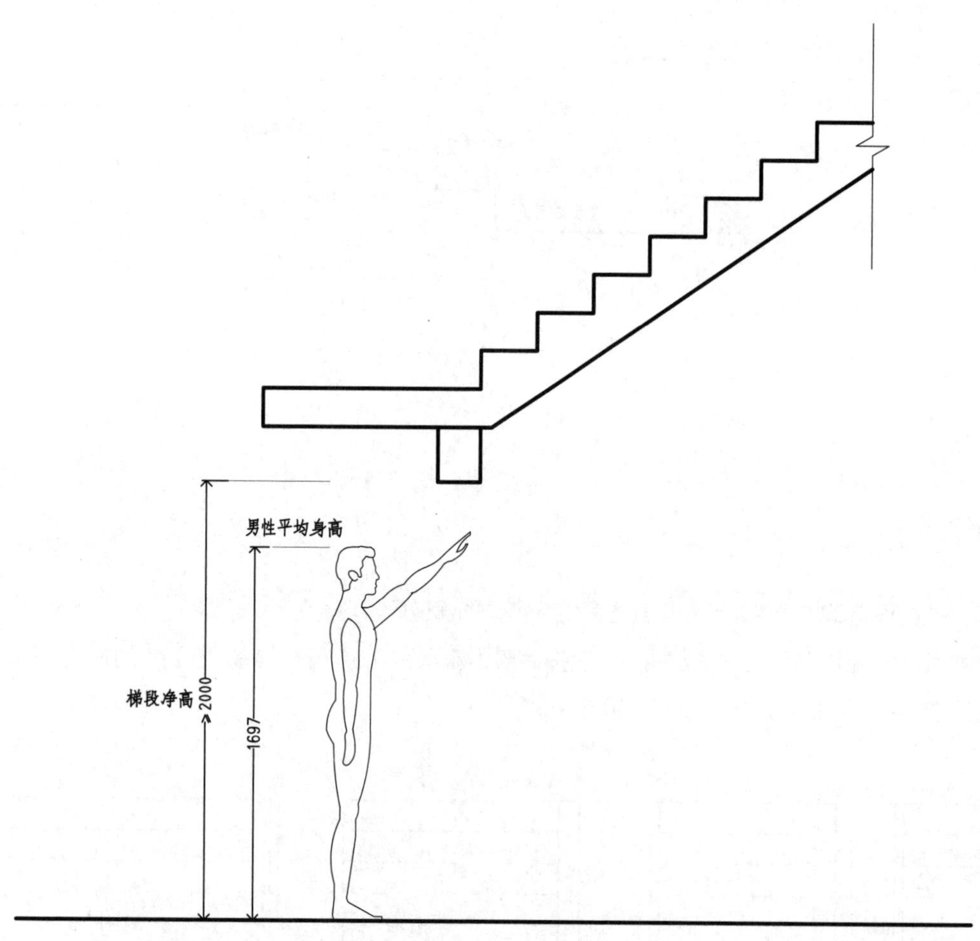

平台的上部及下部过道处的净高

（2）踏步前缘到上部结构底面之间的垂直距离不应小于 2200 mm。

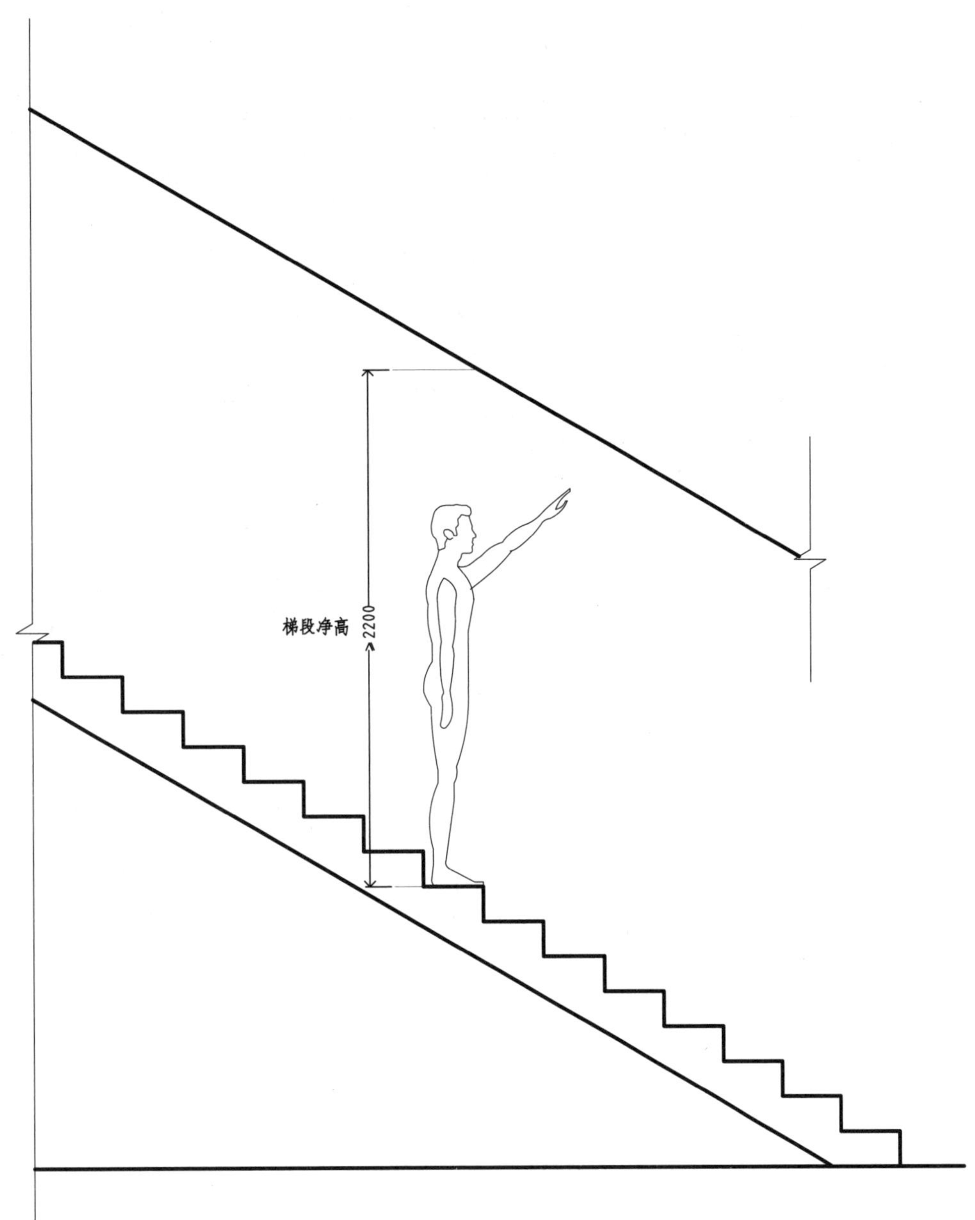

踏步前缘到上部结构底面之间的垂直距离

（3）平台的长度不应少于两股人流，即不应小于 1100 mm。

（4）直跑楼梯的中间平台宽度不应小于 900 mm。

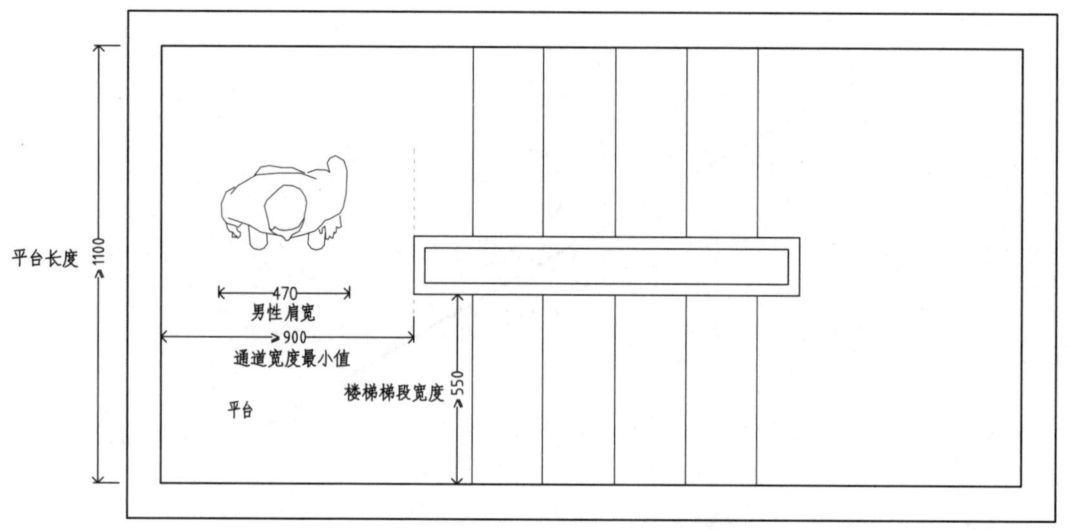

楼梯平面尺寸

5. 楼梯栏杆

室内楼梯扶手高度自踏步前缘线量起不宜小于 900 mm；
楼梯水平段长度大于 500 mm 时，其栏杆高度不应小于 1050 mm；
成人栏杆垂直杆件间的净距不应大于 110 mm；
儿童栏杆垂直杆件间的净距不应大于 90 mm。
住宅多有儿童，栏杆杆件的距离应执行儿童栏杆的设计标准。

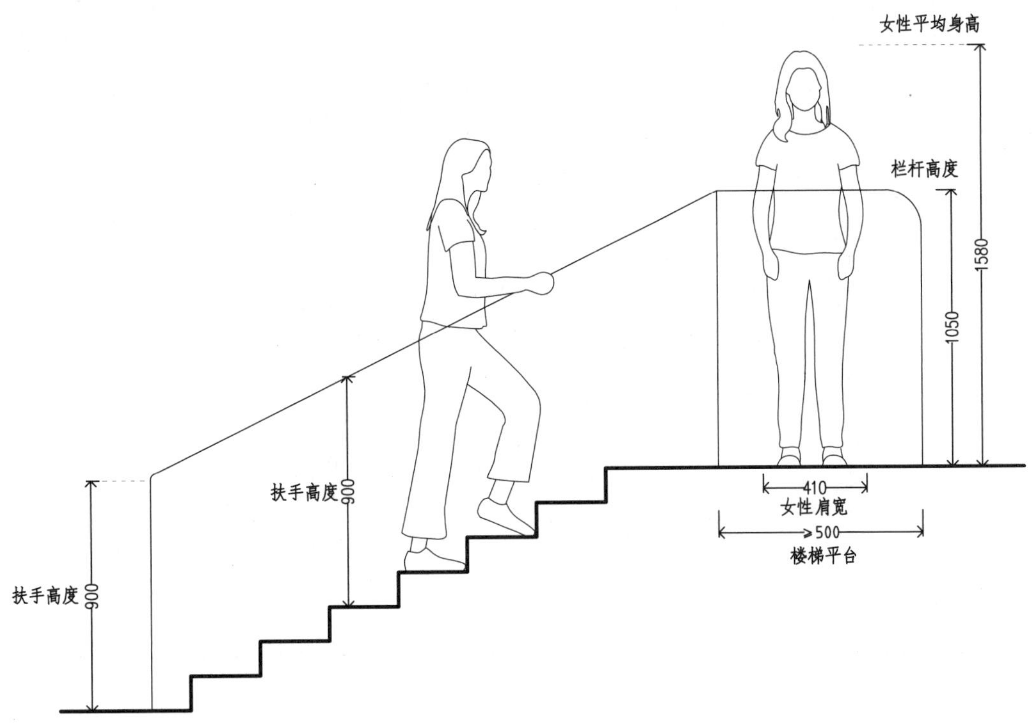

楼梯扶手和栏杆高度

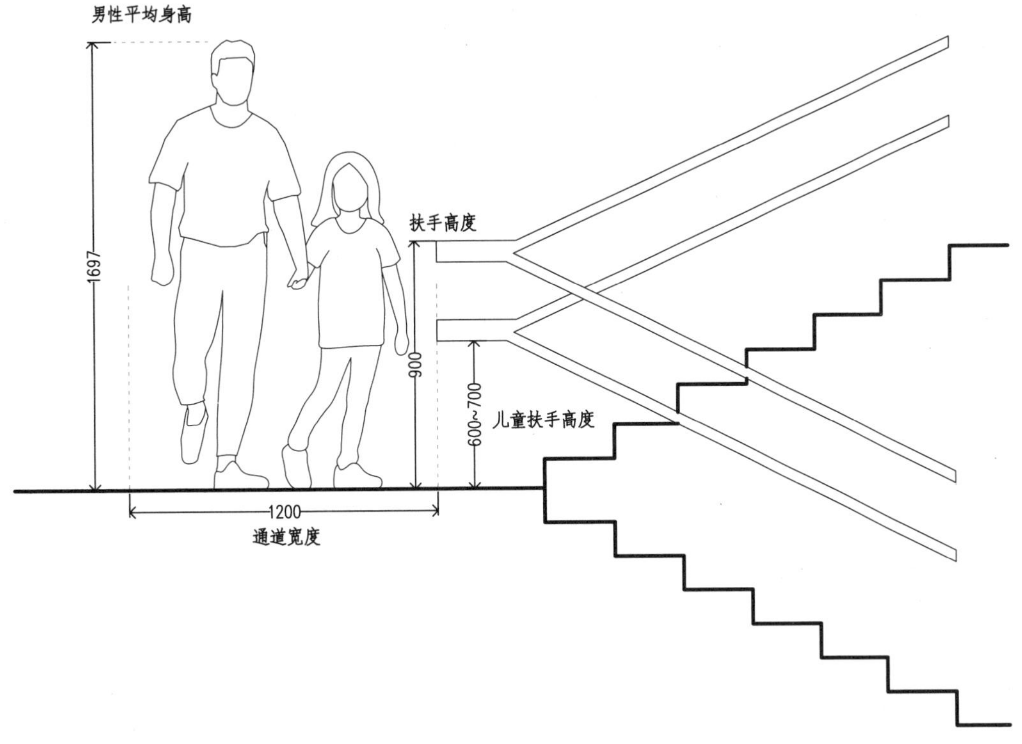

楼梯高低扶手高度

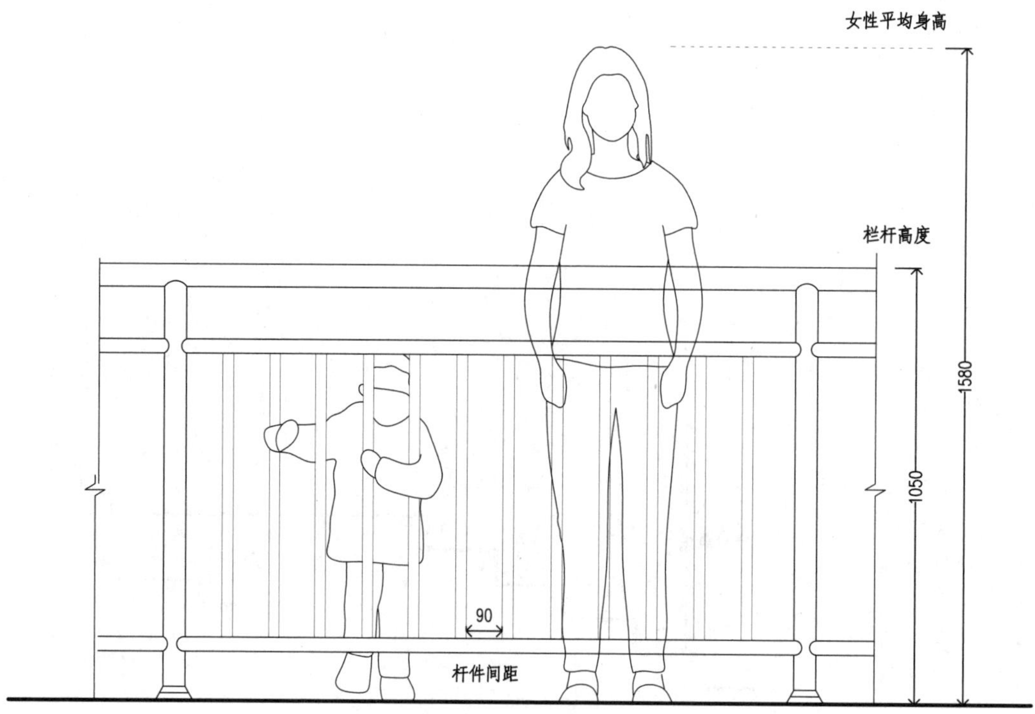

楼梯栏杆垂直杆件间尺寸

6. 楼梯斜度

楼梯踏板的前沿连成的直线和水平夹角称为楼梯的斜度。

室内楼梯斜度在 30° 左右最为适合，室外的楼梯要求平坦，斜度较小。

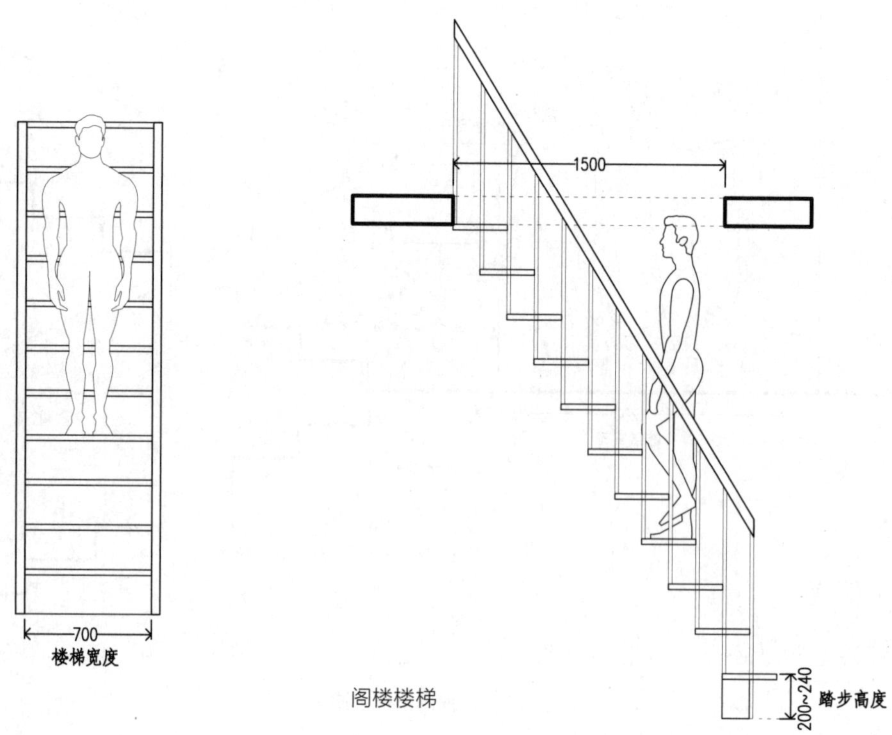

阁楼楼梯

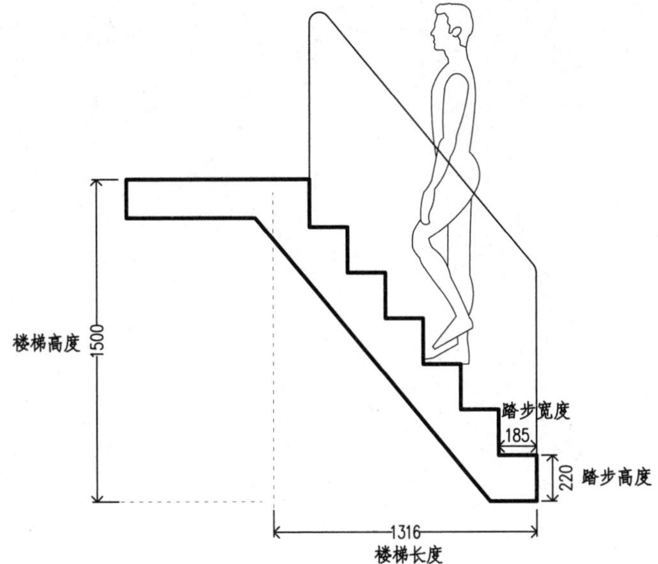

斜度较大，需增加扶手辅助上下

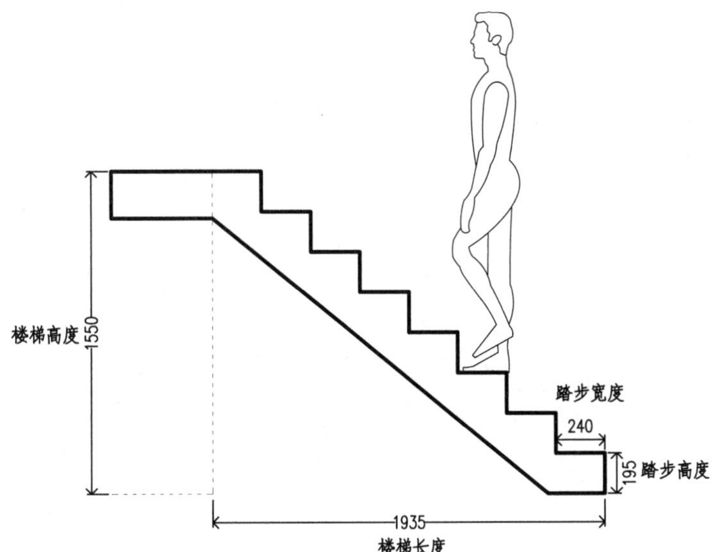

斜度适宜，不需扶手即可平稳上下

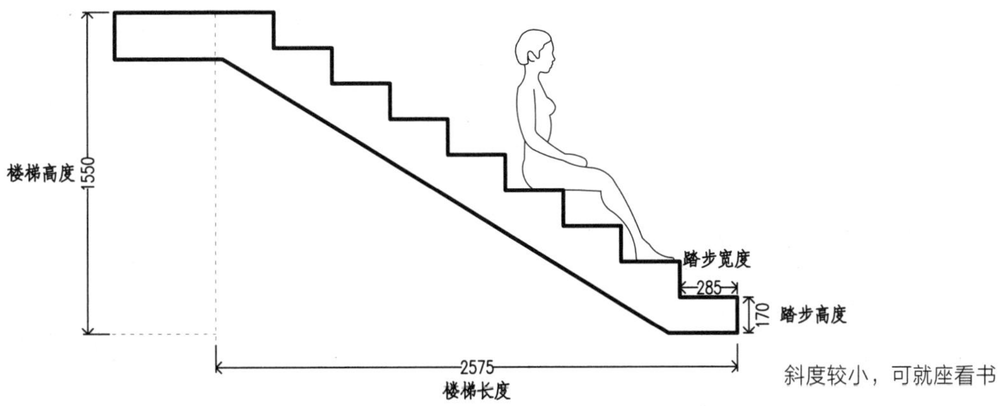

斜度较小，可就座看书

6 户外区域

露台

游泳池

烧烤区

花园鱼池

停车位

6.1 露台

住宅露台一般出现在别墅及农村自建房当中，是比阳台要大的楼层平台。

露台上方基本没有遮挡，其边沿用栏杆围合，以防止物品和人落出平台范围。

现代的露台，成为常规建筑物组成之一，是室内和室外的交汇点，在周围风景的衬托下，成为家居美化的一部分。人们通常喜欢在露台上种植花草、摆放户外家具、居高观景等，理想的露台可以提高人们的生活质量。

功能配置

休闲沙发、遮阳伞、茶几。

通道尺寸不应小于 900 mm，应满足一个人端东西走路所需的尺寸。

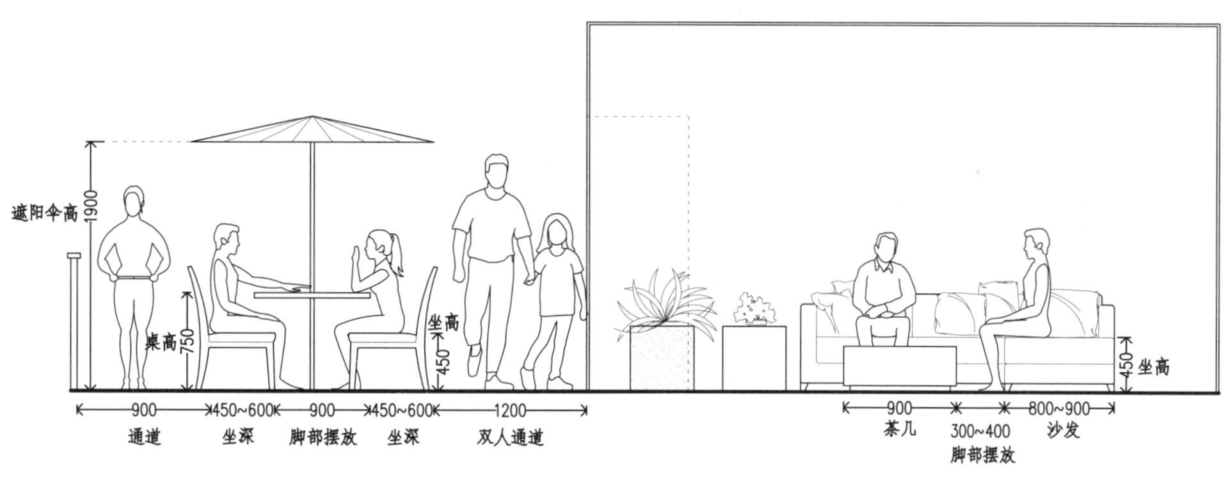

露台立面尺寸

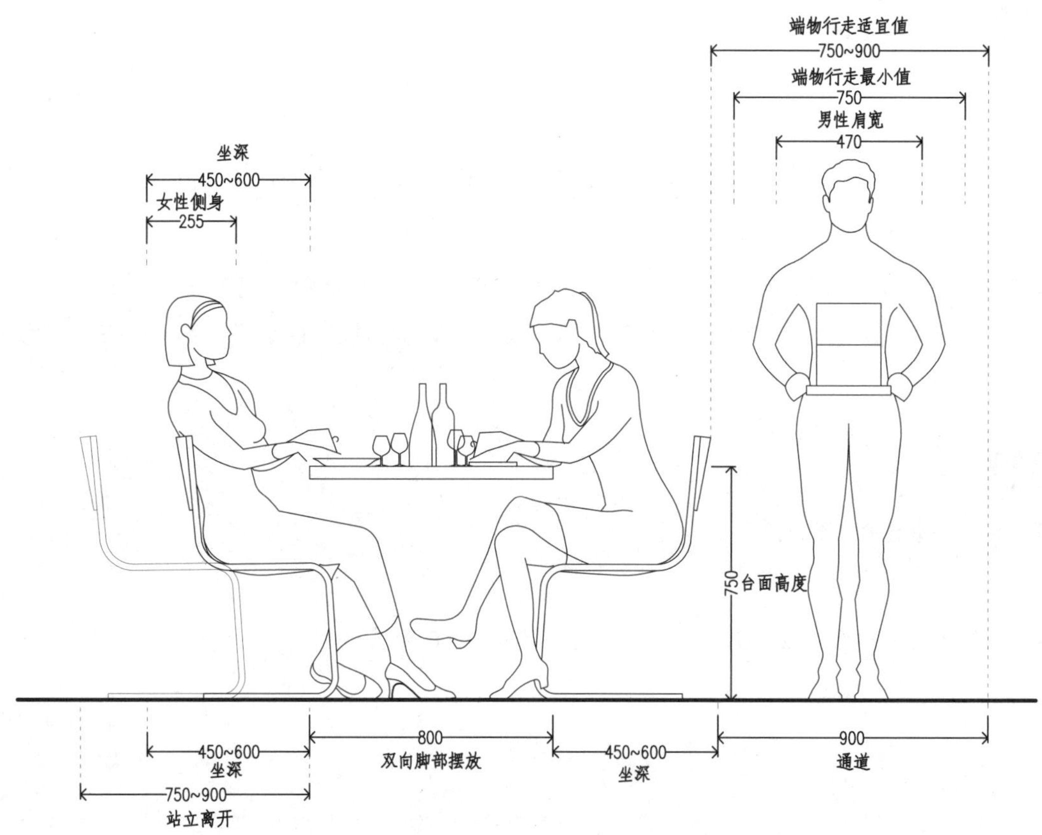

用餐活动立面尺寸

6.2 游泳池

游泳池简称泳池，是游泳等水上运动的场地。

多数游泳池建在地面，根据有无建筑物遮挡可以分为室内游泳池和露天游泳池。别墅泳池多设置在后花园位置上。

游泳池的流线为：更衣室、户外淋浴池、游泳池。

1. 室外泳池

深水区：1200~1800 mm。

儿童区：600~1200 mm。

幼儿嬉戏区：300~600 mm。

2. 淋浴池

花洒开关的安装高度宜为 1100 mm；

顶部喷头高度宜为 2000~2100 mm。

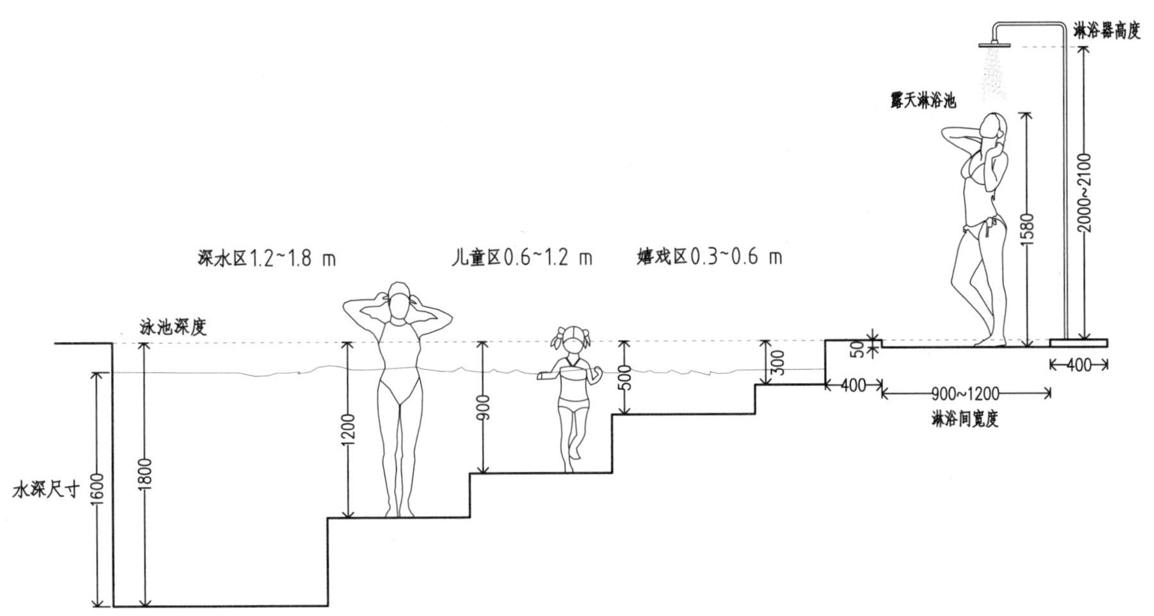

游泳池深度与淋浴池尺寸

6.3 烧烤区

烧烤区一般设置在楼层露台上，或别墅的前后花园位置，是主人社交联谊、聚会聚餐的区域。

遮阳伞的高度宜为 1900 mm；

普通成人就餐所需的空间为 450~600 mm；

通道尺寸不应小于 900 mm，以满足一个人端东西走路所需的尺寸。

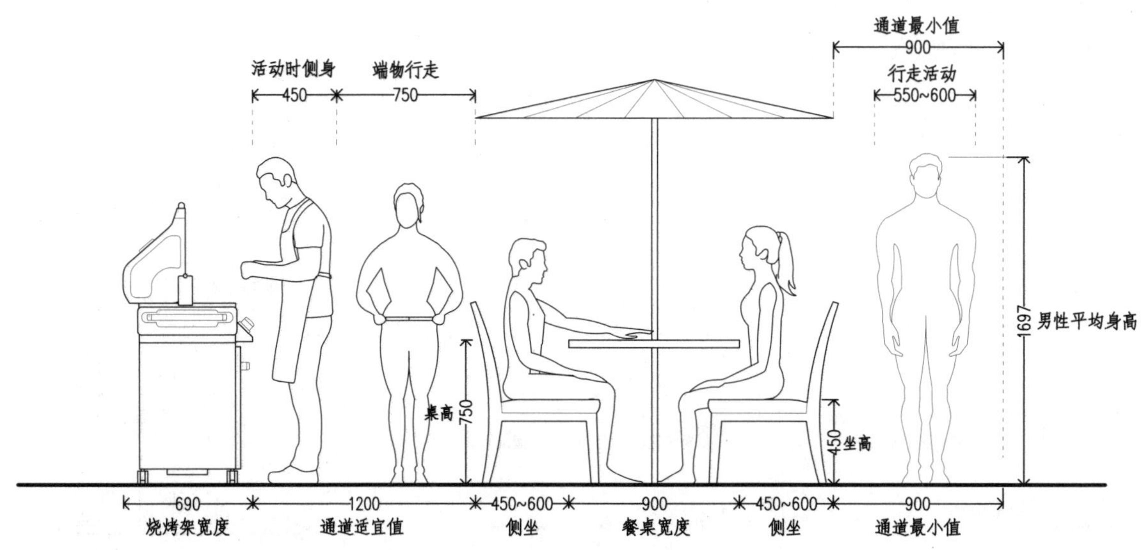

烧烤区尺寸

6.4 花园鱼池

花园鱼池多设计在别墅前后花园边角位置，是主人用来养殖观赏鱼的地方。

1. 北方鱼池

北方天气寒冷，鱼池会结冰，水体下方应预留 1.5 m 深不冻水体，便于鱼儿过冬。鱼池宽度最小值应足够鱼儿翻身掉头。

鱼池深度合理值：1500 mm。

鱼池深度最小值：1300 mm。

鱼池上方应预留 200~300 mm 的高度防止鱼跳出池外。

锦鲤尺寸：550~700 mm。

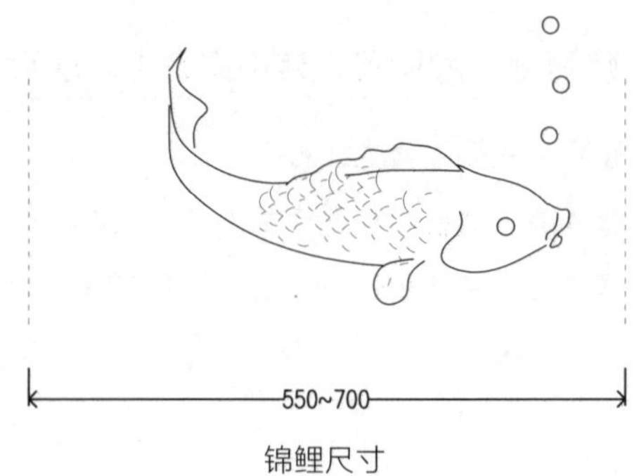

锦鲤尺寸

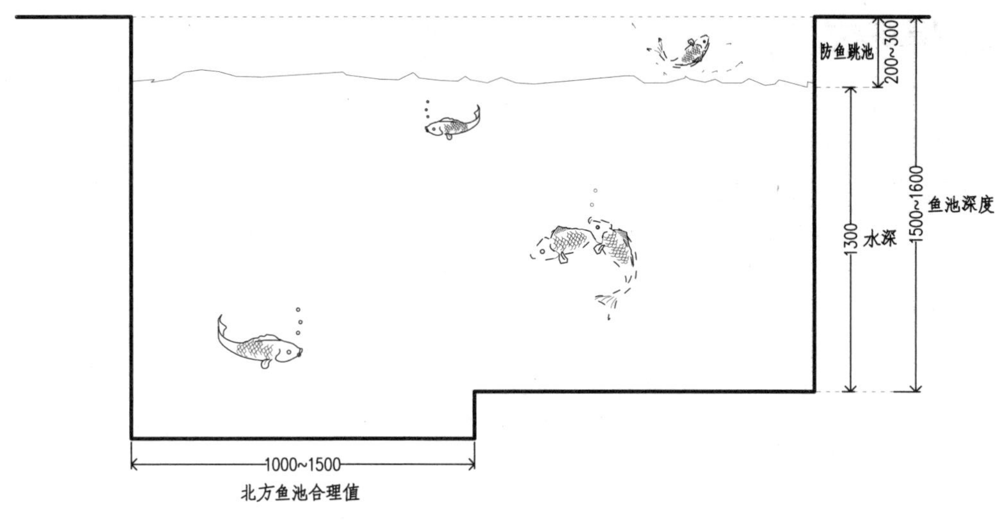

北方鱼池尺寸

2. 南方鱼池

南方天气炎热，因阳光照射，水温太高，水体容易变质，鱼儿易得病，所以水体过浅的鱼池上方应设置遮阳网及绿植覆盖，鱼池宽度最小值应足够鱼儿翻身掉头。

鱼池深度合理值：1000 mm。

鱼池深度最小值：900 mm。

鱼池上方应预留 200~300 mm 的高度防止鱼跳出池外。

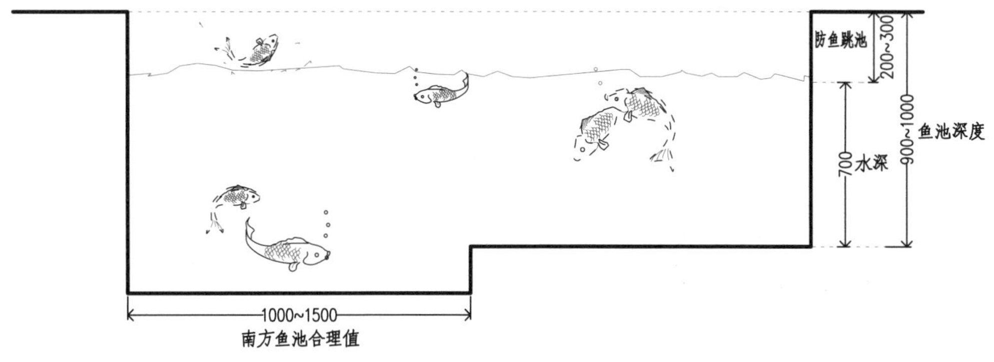

南方鱼池尺寸

6.5 停车位

别墅前后花园与路面相连接位置可设置露天停车位。

我国标准停车位尺寸：宽度宜为 2500~2700 mm，长度宜为 5000 mm 以上，多设置为 6000 mm。

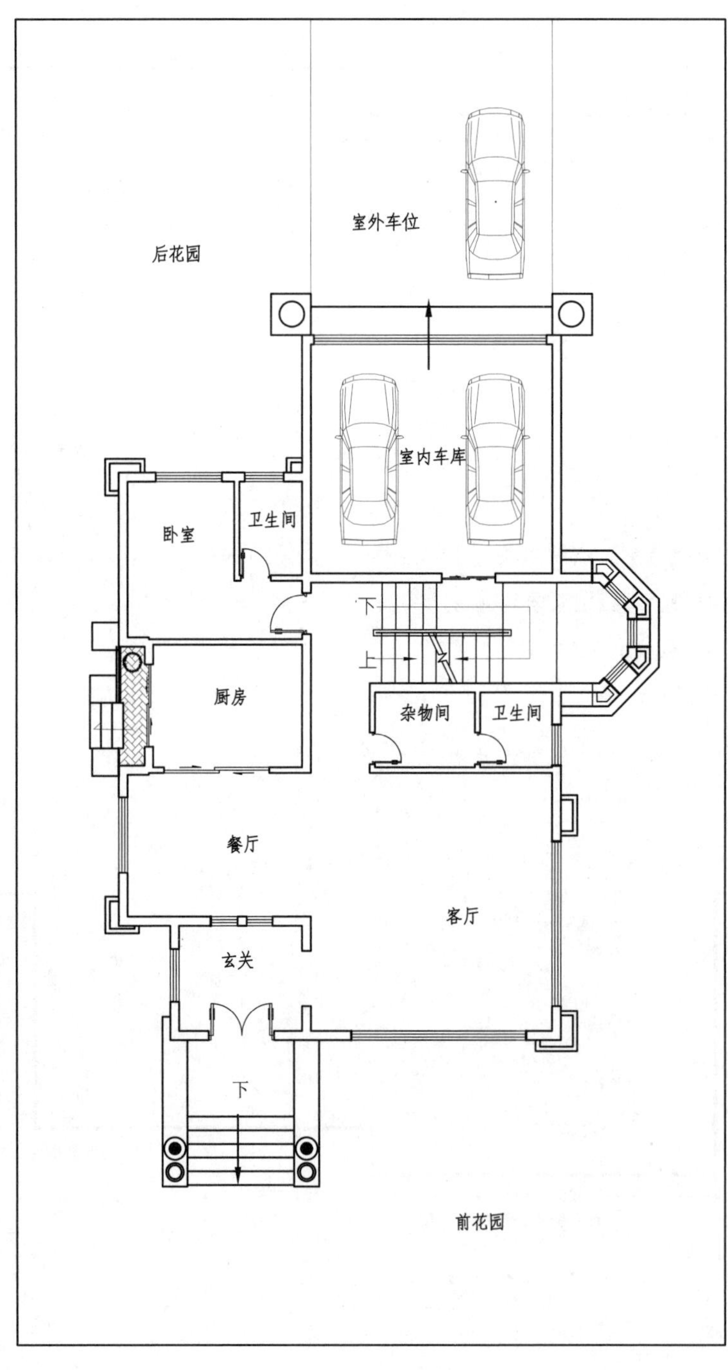

停车位示意图

玄关

客厅

餐厅

卧室

厨房

卫生间

阳台（生活阳台、景观阳台）

7

五金件、挂画、吊灯等安装高度

住宅中的五金件是我们经常使用到的，为满足日常使用需求，本章参考人体工程学尺寸标准，规范住宅装修中各五金件的安装高度。

7.1 玄关

功能配置

挂衣钩、门把手。

门把手安装尺寸：门把手安装高度宜为 1000 mm，离开门最侧边的宽度宜为 100 mm。

可视对讲器的安装高度宜为 1350 mm。

4 ~ 6 岁儿童挂衣钩安装高度宜为 1000 mm。

成年人挂衣钩安装高度宜为 1600 mm。

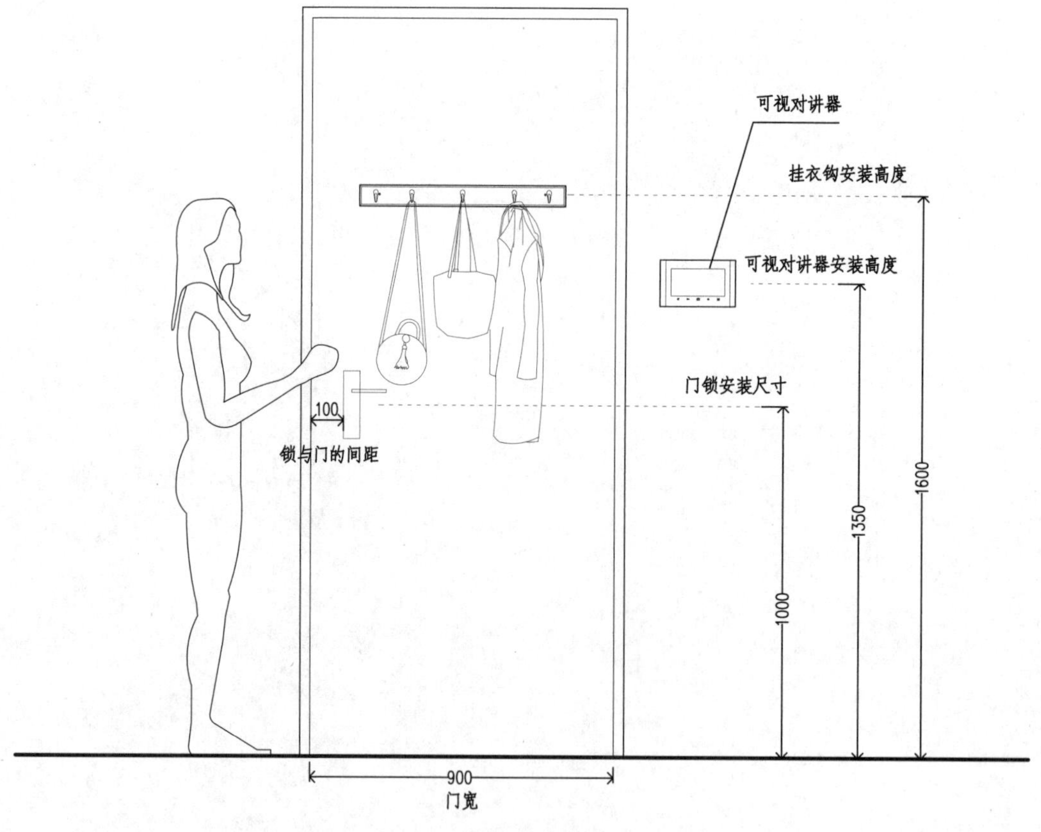

成人挂衣钩安装高度（一）

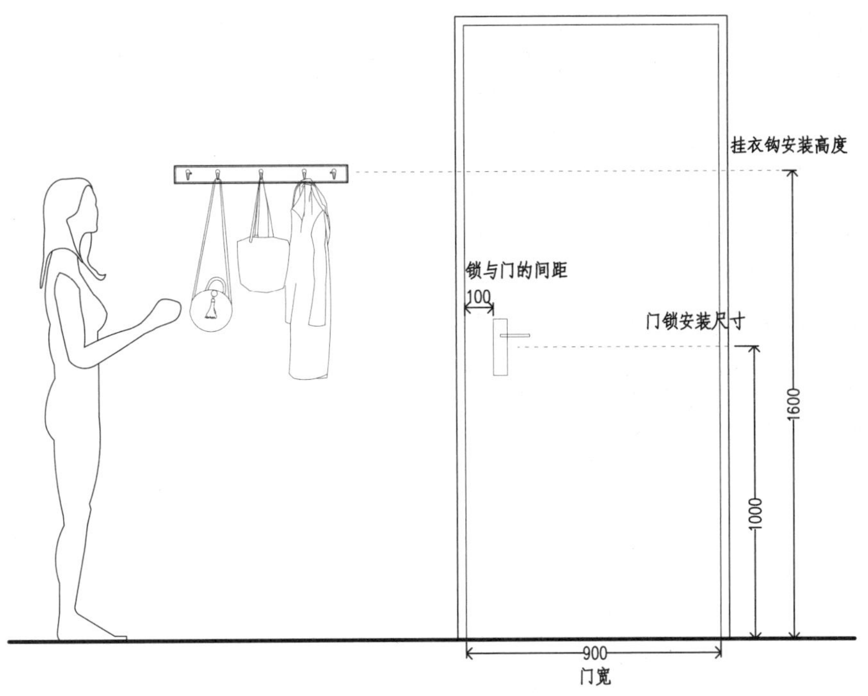

成人挂衣钩安装高度（二）

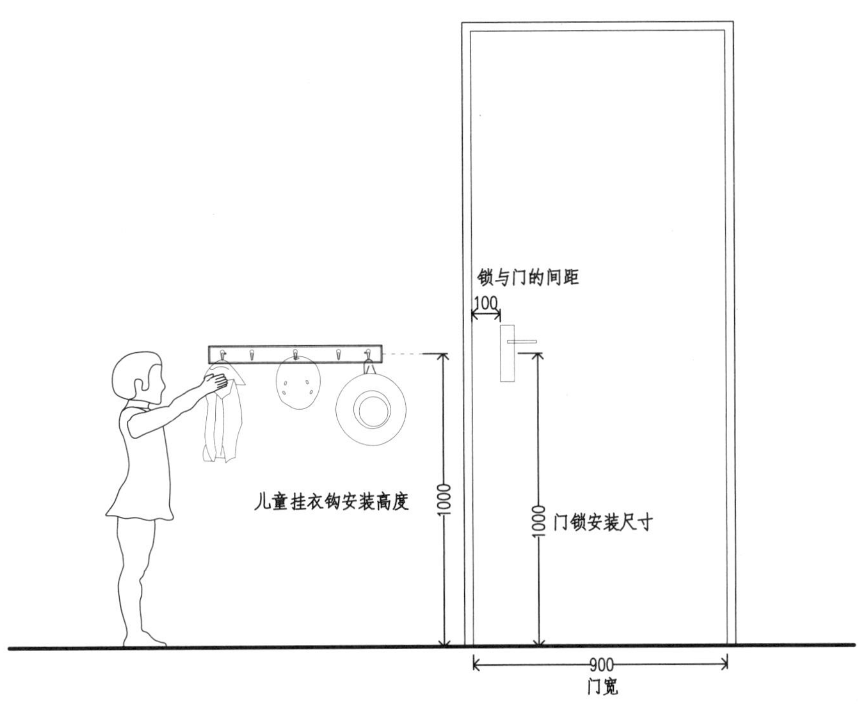

儿童挂衣钩安装高度

7.2 客厅

功能配置

挂画、壁灯、空调。

挂画安装高度宜为 1500~1700 mm；

空调安装高度宜为 2150 mm。

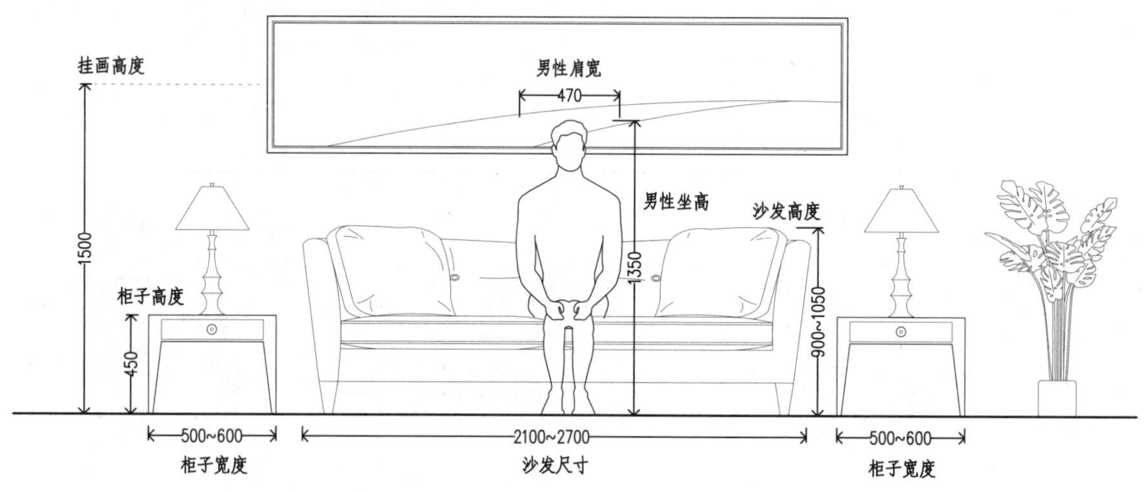

挂画安装高度（一）

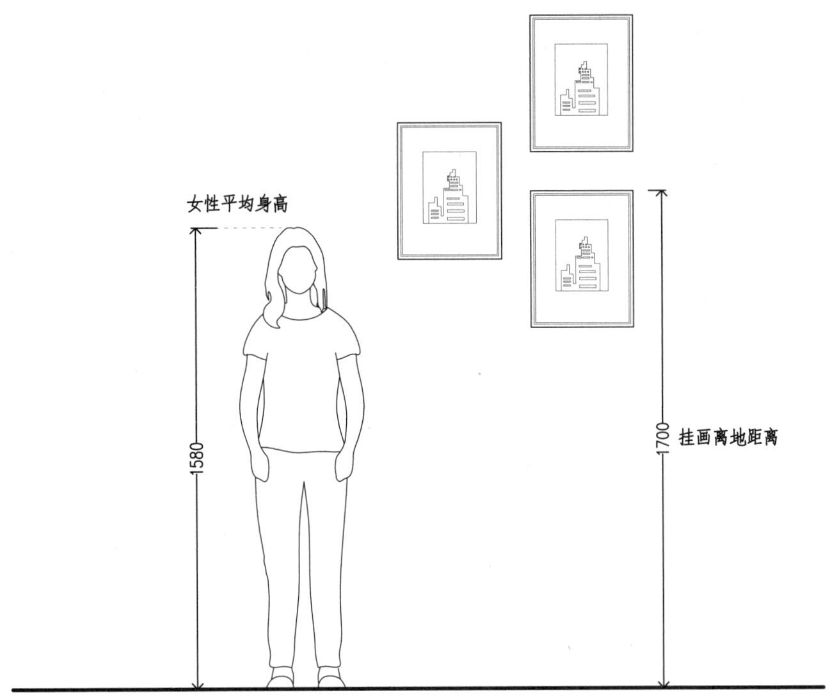

挂画安装高度（二）

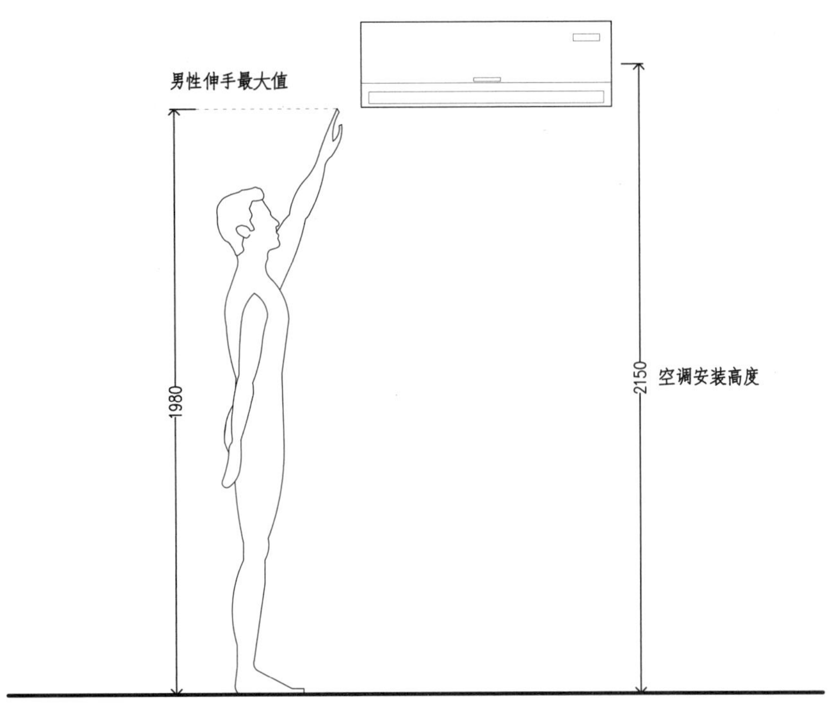

空调安装高度

7.3 餐厅

功能配置

吊灯。

餐桌上的吊灯距离桌面高度宜为 800 mm。

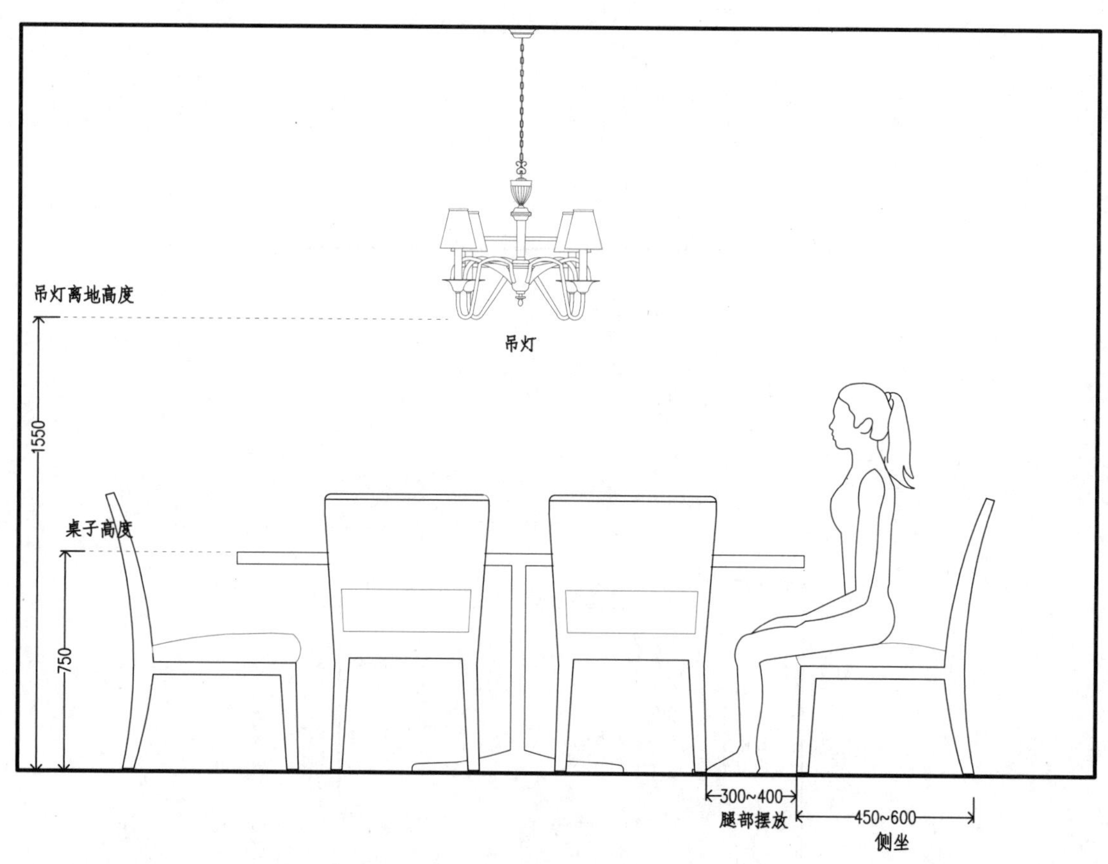

吊灯安装高度

7.4 卧室

功能配置

挂画、壁灯、全身镜。

挂画安装高度宜为 1500~1700 mm；
壁灯距离床头柜高度宜为 600 mm；
全身镜距离地面高度宜为 300 mm。

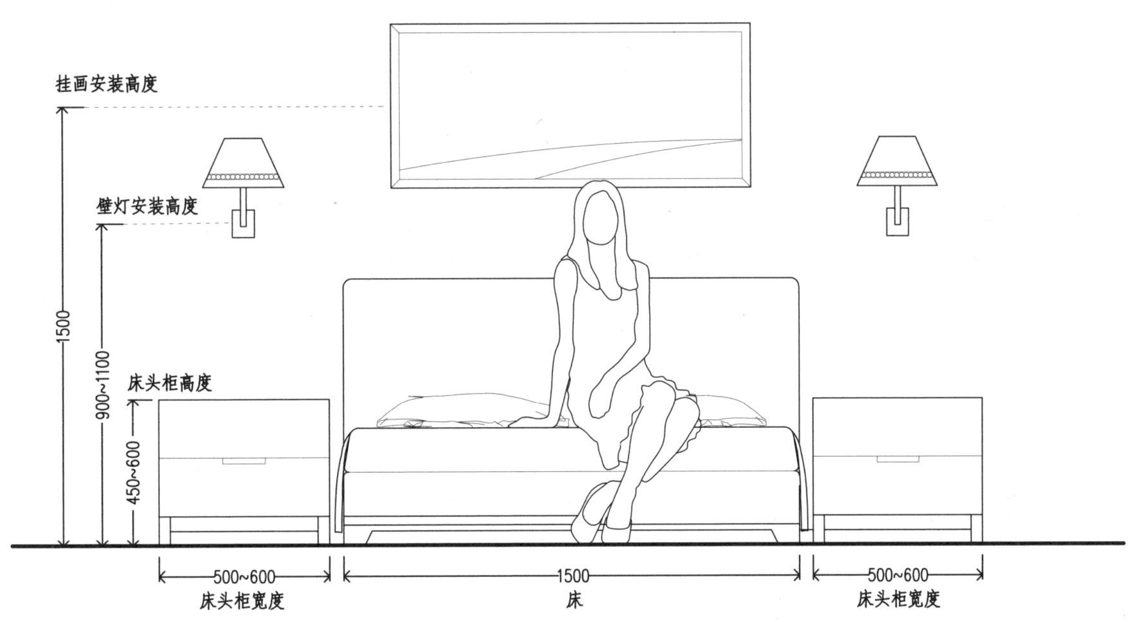

挂画、壁灯安装高度

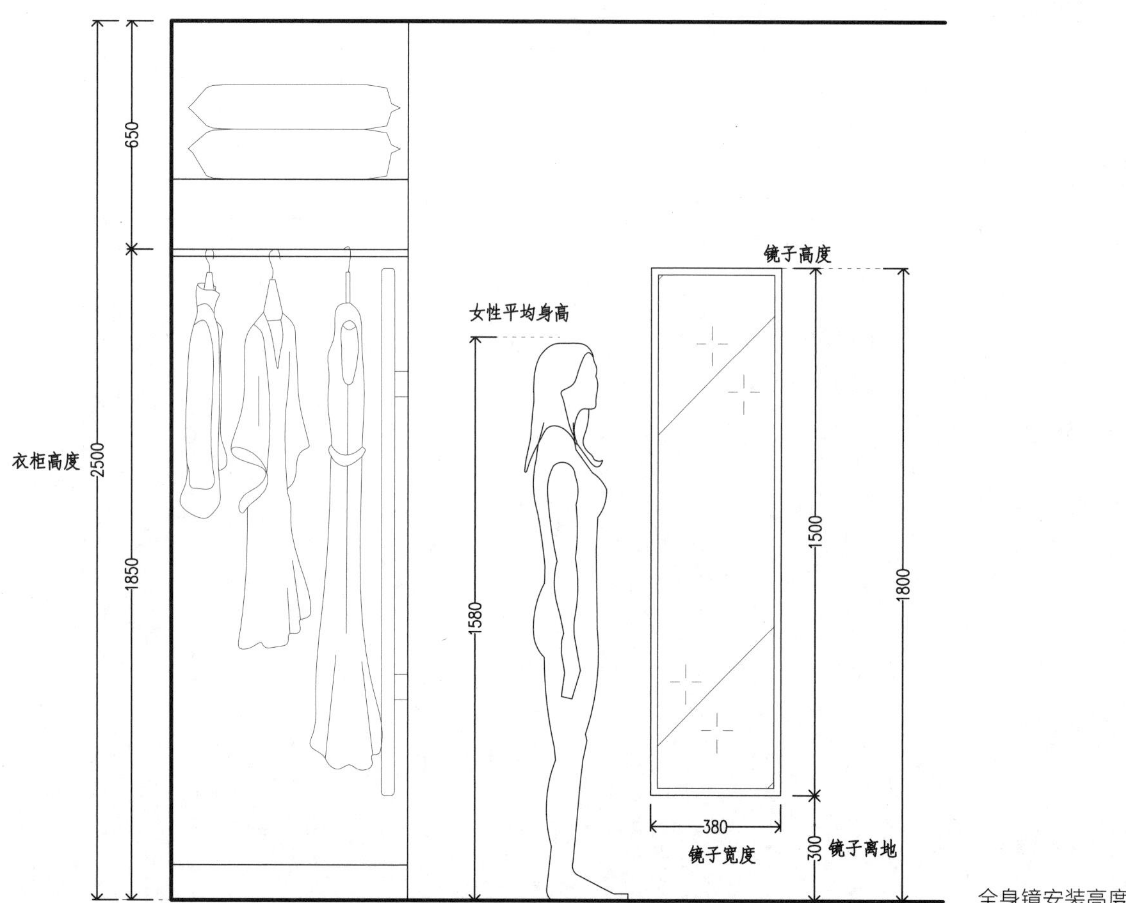

全身镜安装高度

7.5 厨房

功能配置

吊灯。

橱柜与吧台相连接的顶部上方安装的吊灯宜为离地 1900 mm，避免人的头部触碰灯具发生危险。

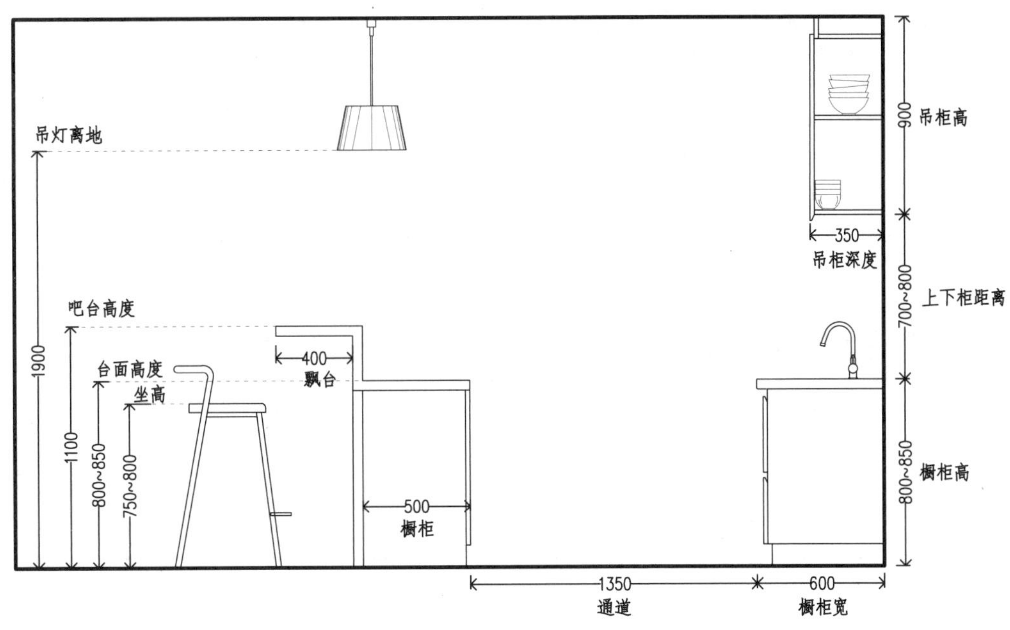

吊灯安装高度

7.6 卫生间

功能配置

浴巾架、毛巾吊环、化妆镜、置物架、壁灯、手纸盒、厕刷架、花洒、壁龛。

1. 梳洗区

浴巾架最顶层的安装高度宜为 1700 mm；

化妆镜的安装高度宜为 1200 mm；

挂环可安装在墙上或洗手柜上，安装在墙上的高度宜为 1200 mm，安装在洗手柜上的高度宜为 700 mm；

置物架安装高度宜为距离洗手台面上方 100 mm，宽度宜为 150 mm；

壁灯安装高度宜为 1600 mm，离镜子的距离宜为 50 mm。

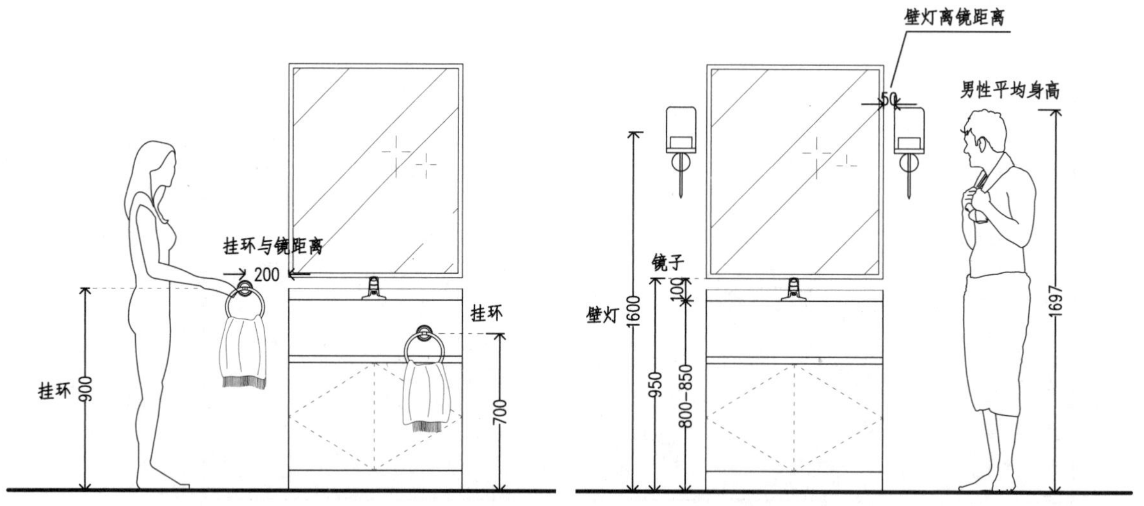

挂环安装高度　　　　壁灯安装高度

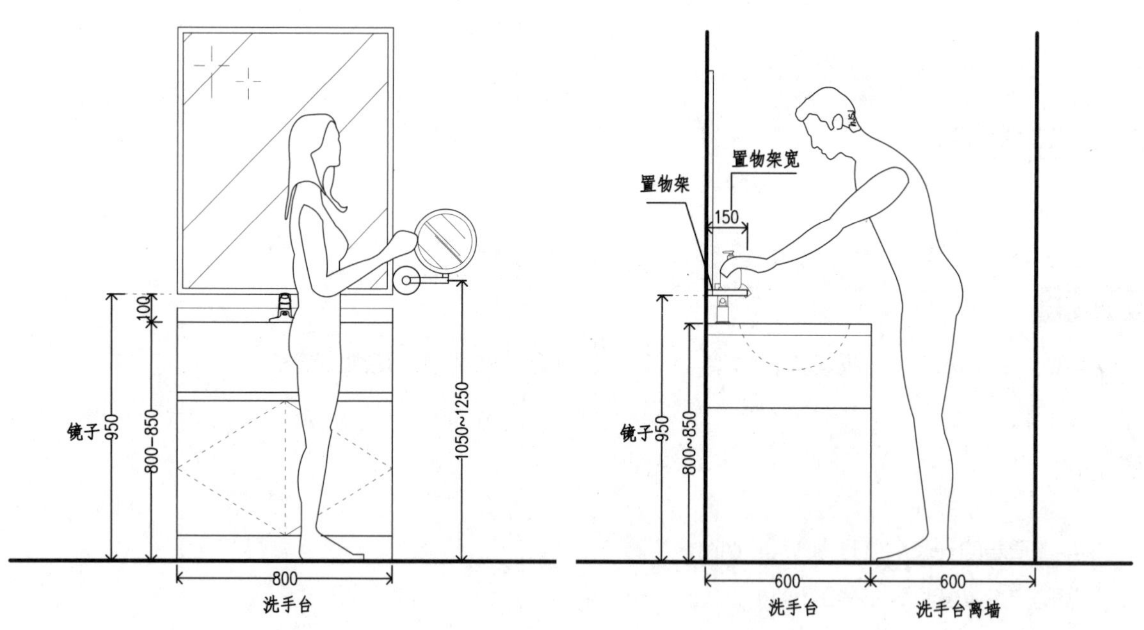

化妆镜安装高度　　　　置物架安装高度

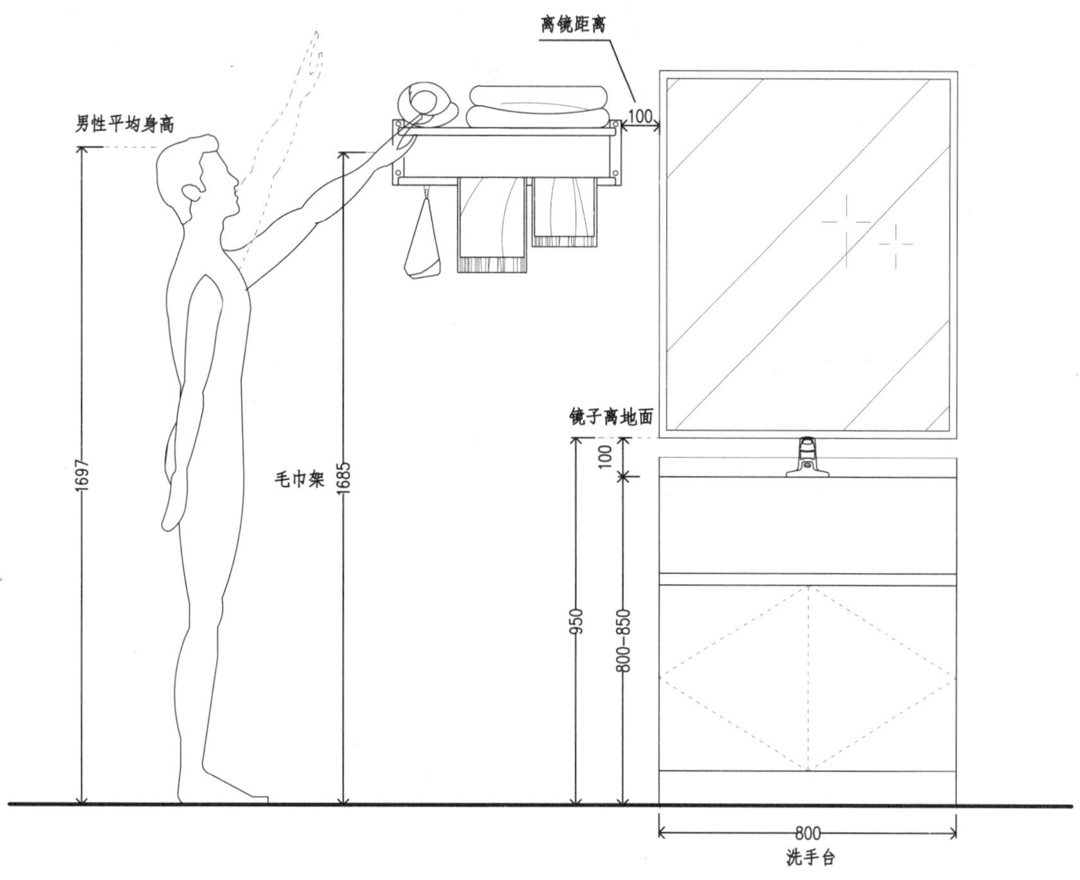

毛巾架安装高度

2. 坐便区、蹲便区

手纸盒安装高度宜为 750 mm；

浴巾架中心离地的安装高度宜为 1685 mm；

厕刷架的安装高度宜为 200 mm，距离侧墙面或物体宜为 200 mm；

冲洗喷枪的安装高度宜为 500 mm，距离侧墙面或物体宜为 200 mm。

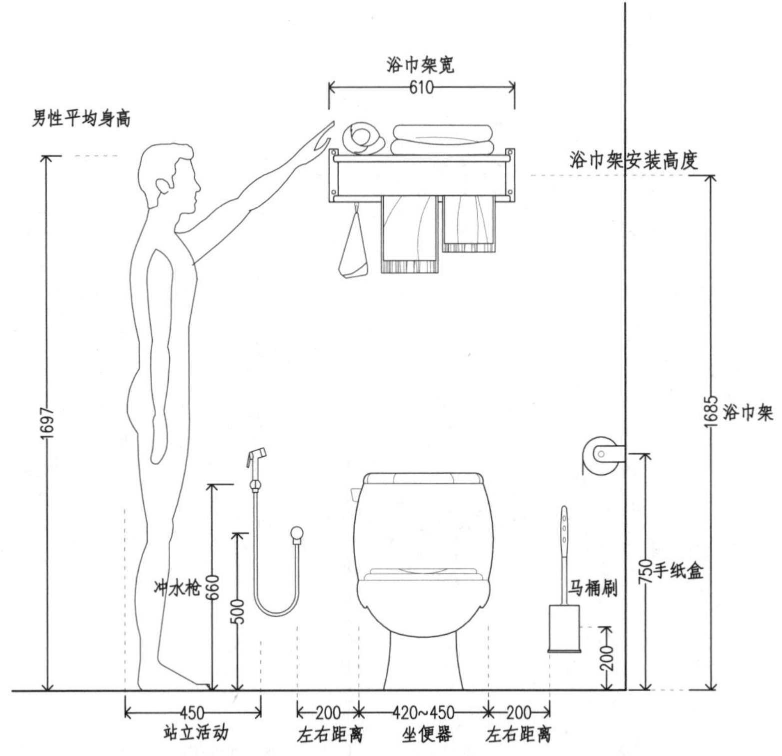

坐便区物品安装高度正立面尺寸

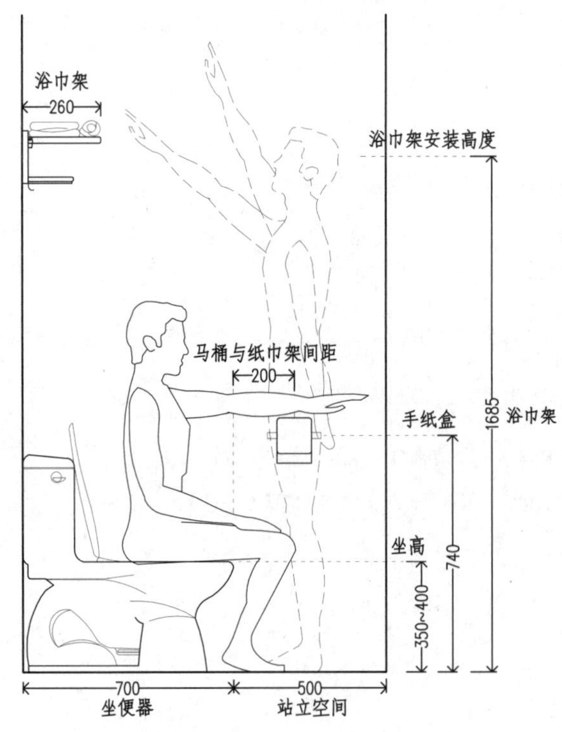

坐便区物品安装高度侧立面尺寸

3. 淋浴区

花洒开关的安装高度宜为 1100 mm；

顶部喷头高度宜为 2000 mm；

手持花洒的安装高度宜为 1600 mm；

飘板的安装高度宜为 450 mm，宽度宜为 350~400 mm；

壁龛最底层离地的安装高度宜为 1000 mm，每格的高度宜为 300 mm，宽度宜为 300 mm；

置物架最底层离地的安装高度宜为 1100 mm；

储水式热水器的安装高度宜为 1800 mm。

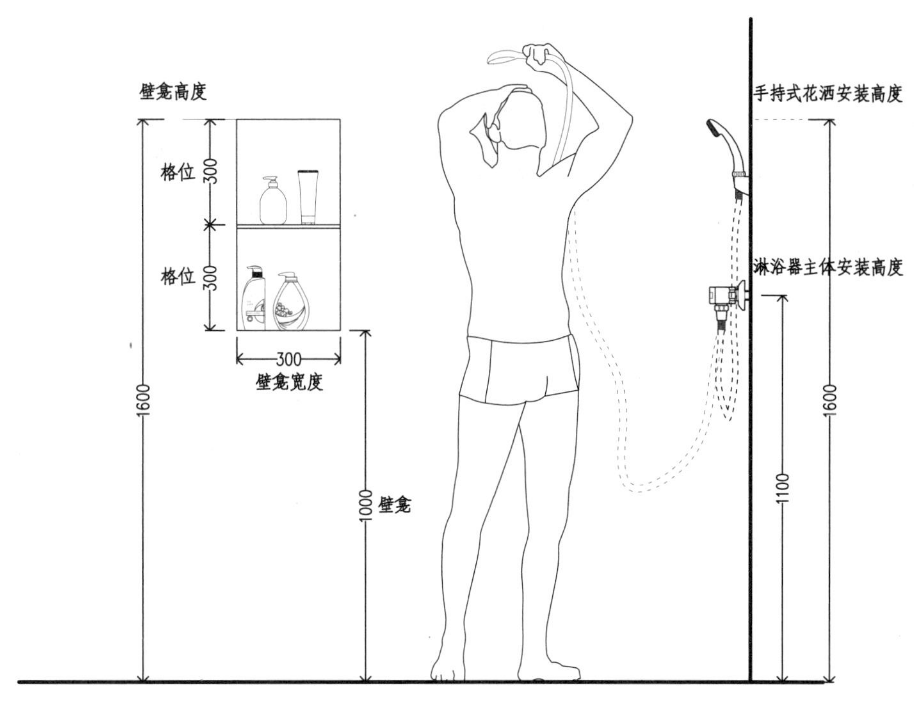

手持花洒安装高度

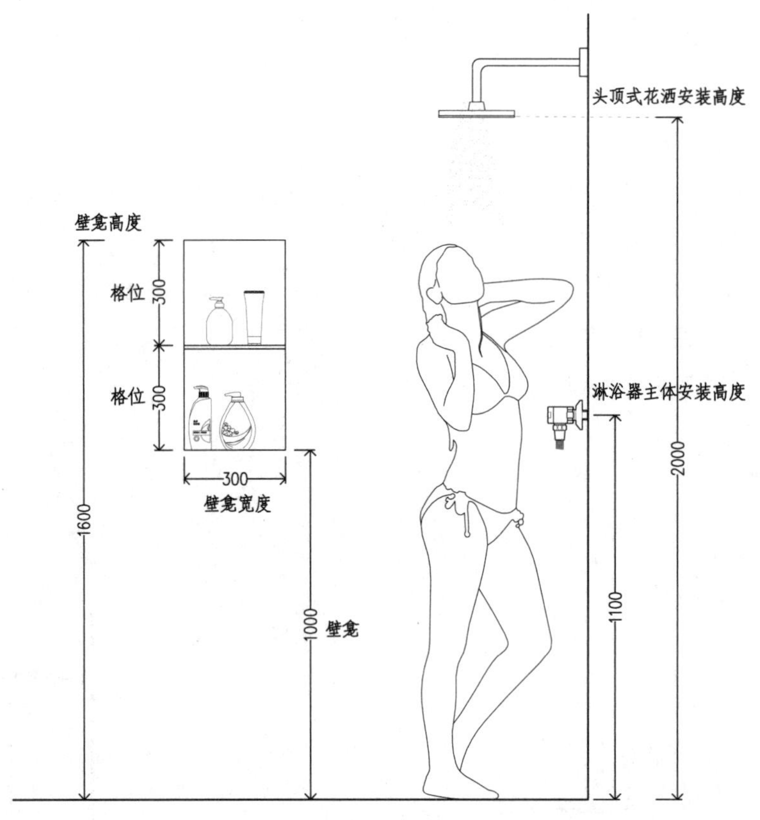

顶部喷头安装高度

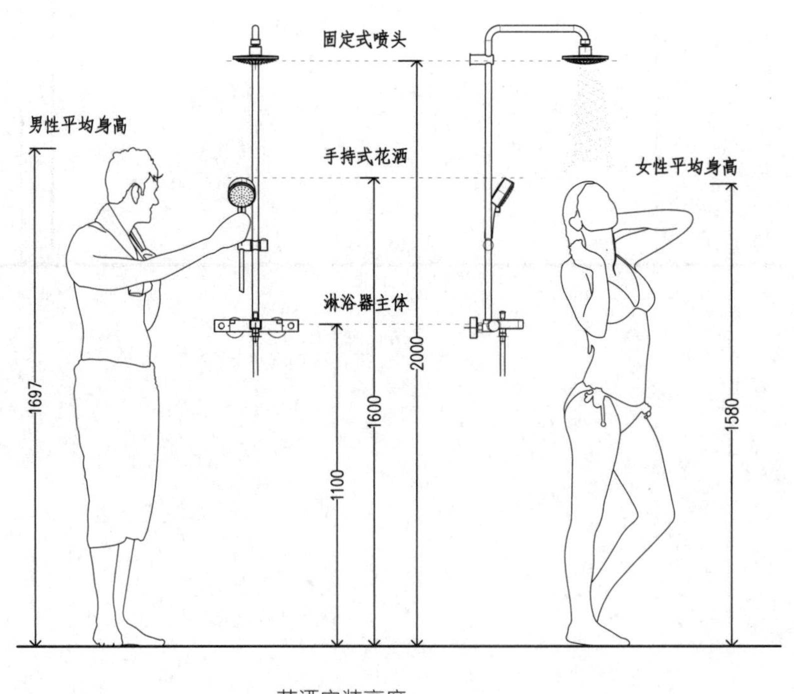

花洒安装高度

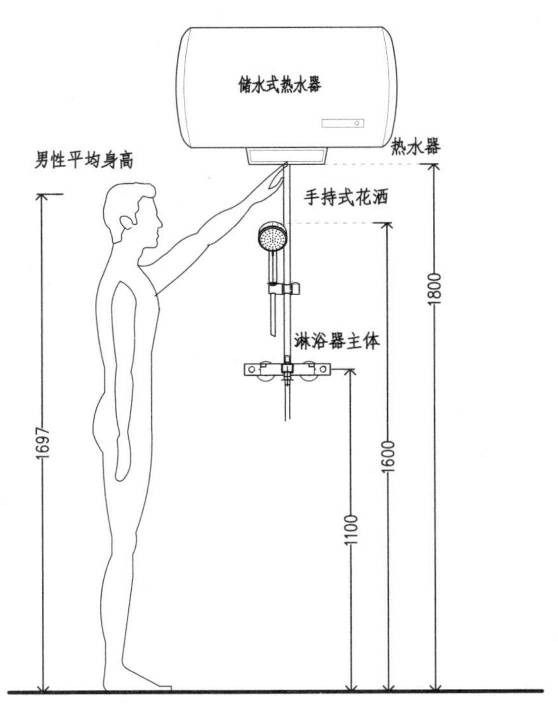

储水式热水器安装高度

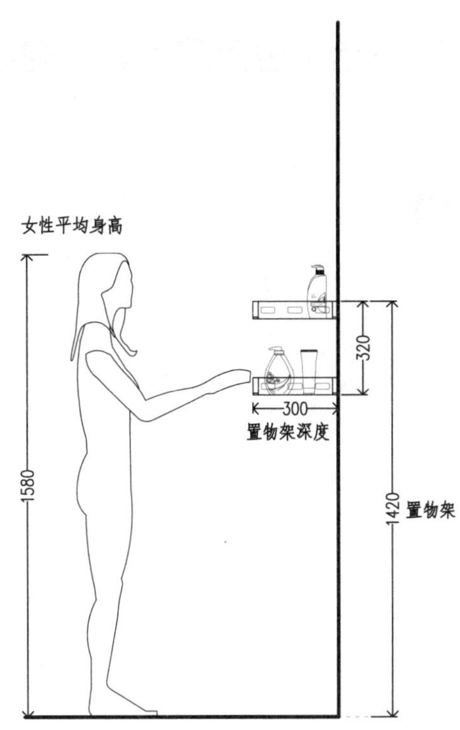

置物架安装高度

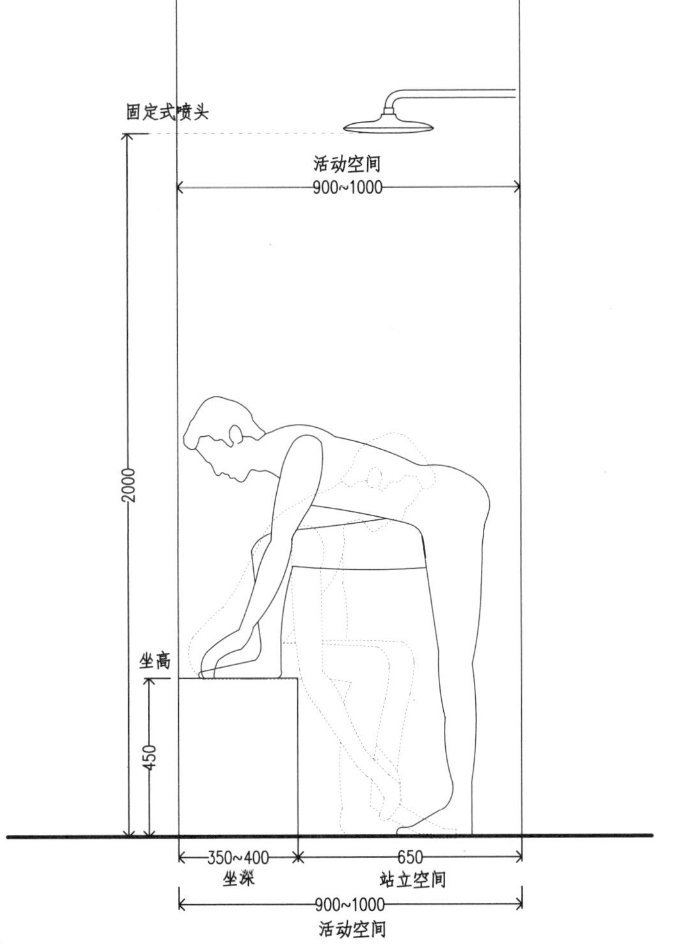

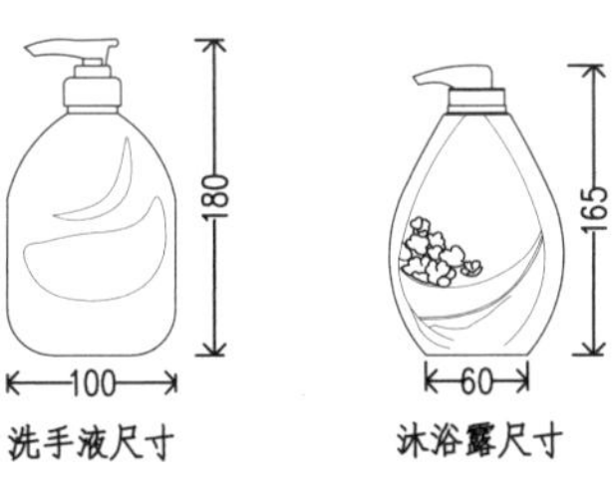

洗面奶尺寸

洗发水尺寸

洗手液尺寸

沐浴露尺寸

常用洗漱物品单体尺寸

淋浴房飘板安装高度

7.7 阳台（生活阳台、景观阳台）

功能配置

拖把挂钩。

挂钩安装高度宜为 1500 mm。

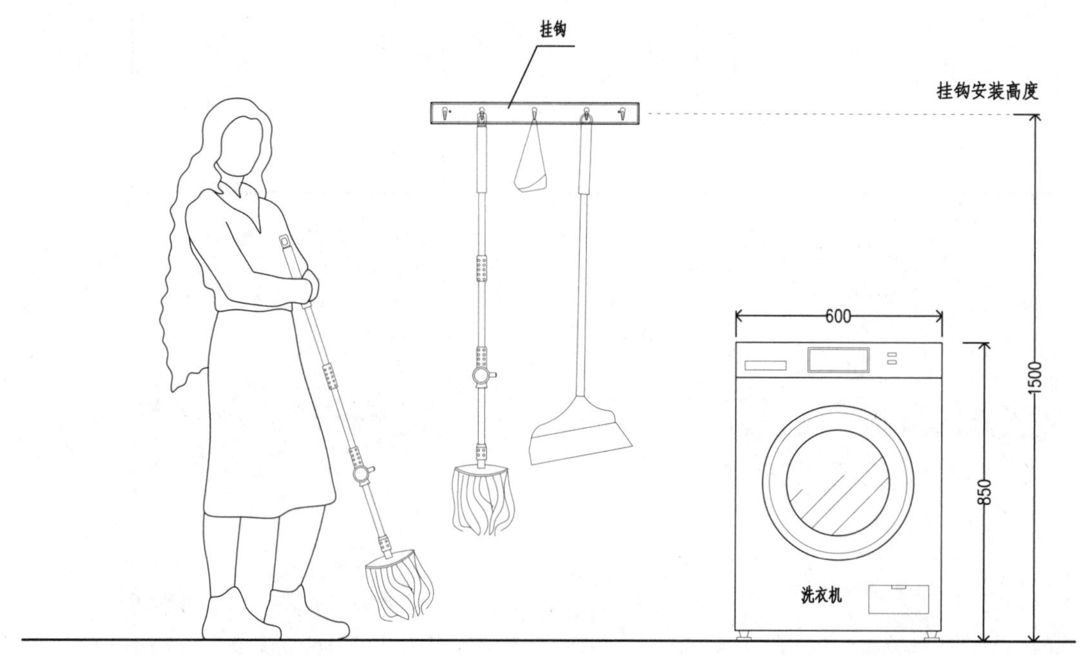

挂钩安装高度

玄关

客厅

餐厅

休闲区

卧室

书写台、梳妆台

厨房

卫生间

阳台（生活阳台、景观阳台）

电器插座分布及安装高度

随着生活水平的不断提高，人们的精神文化需求日益旺盛，多样化、差异化特征也日益明显。家庭电器设备日益增多，但如果安装不当，将会成为埋在墙壁中的“隐形炸弹”。所以，插座的安装高度应符合设计规范的要求。

家里常用的插座为 10 A、16 A。10 A 插座的额定功率为 2200 W 以下，适用于一些普通电器；16 A 插座的额定功率为 3520 W 以下，适用于冰箱、空调、电磁炉等功率较大的电器。

8.1 玄关

功能配置

强弱电箱、进门小夜灯、可视对讲显示屏。

强电箱离地高度宜为 1700 mm；

弱电箱离地高度宜为 500 mm；

可视对讲显示屏的中心离地安装高度宜为 1350 mm；

进门小夜灯插座的安装高度宜为 350 mm。

技术注意事项

①强弱电箱应注意位置规避，避免出现交叉埋线。

②没带强电插座的弱电箱应在弱电箱内设置强电插座，随着弱电设备的增多，单一插座已经不能满足使用要求，建议选用带强电插座的弱电箱。

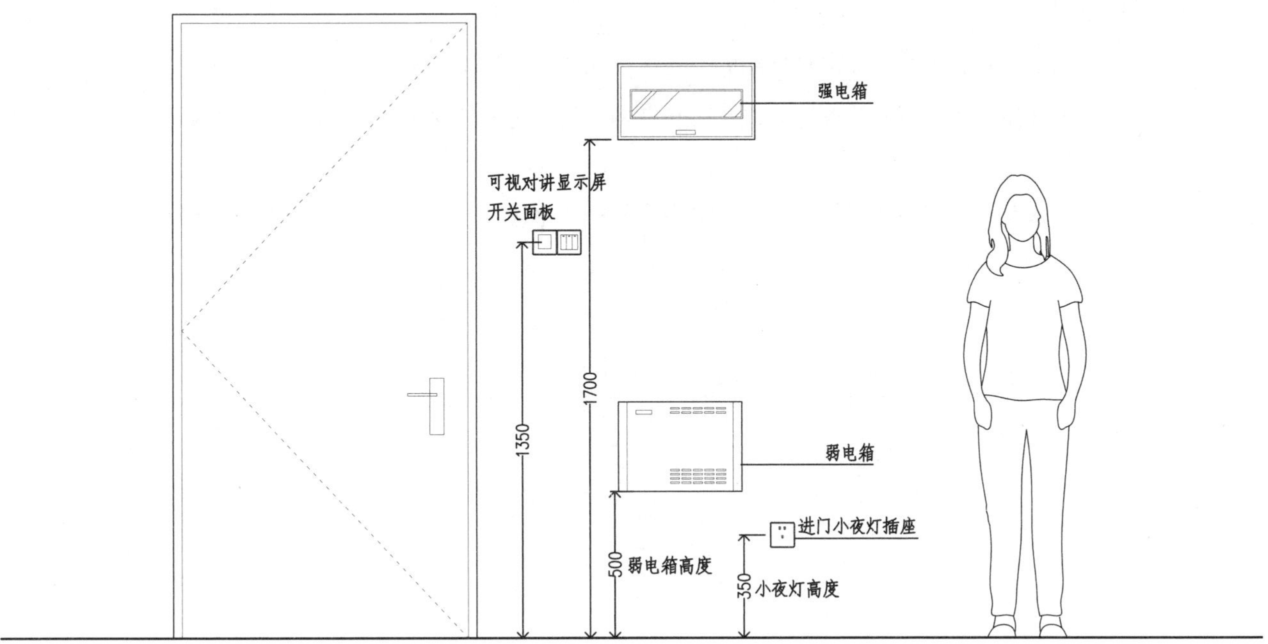

玄关插座分布图

8.2 客厅

客厅空间一般分为电视区与沙发区。

电视机、机电盒、音响功放插座的安装高度宜为 350 mm 或 900 mm；

电视机的中心安装离地尺寸宜为 1200 mm；

吸尘器、扫地机器人、落地扇的插座安装高度宜为 350 mm；

视频语音监控摄像插座安装高度宜为 2400 mm；

吸尘器、电蚊香液插座的安装高度宜为 350 mm；

按摩座椅、盆式脚用按摩器、移动式空气净化器、电热毯插座安装高度宜为 350 mm；

挂画安装高度宜为 1500 mm;

柜式空调插座安装高度宜为 350 mm，壁挂空调插座安装高度宜为 2000 mm；

电动窗帘插座安装高度宜为 2350 mm。

技术注意事项

①机电设计师需明确电视机是挂墙安装还是台式安装，两种安装方式会影响插座点位布置。

②客厅空调需留意建筑预留空调室外机摆放位置，是柜式空调还是挂壁空调需明确，两者插座点位布置高低不同。

③如果有超过输入功率为2400 W（3匹）的空调，需独立安装空气开关（不能采用插座连接）。

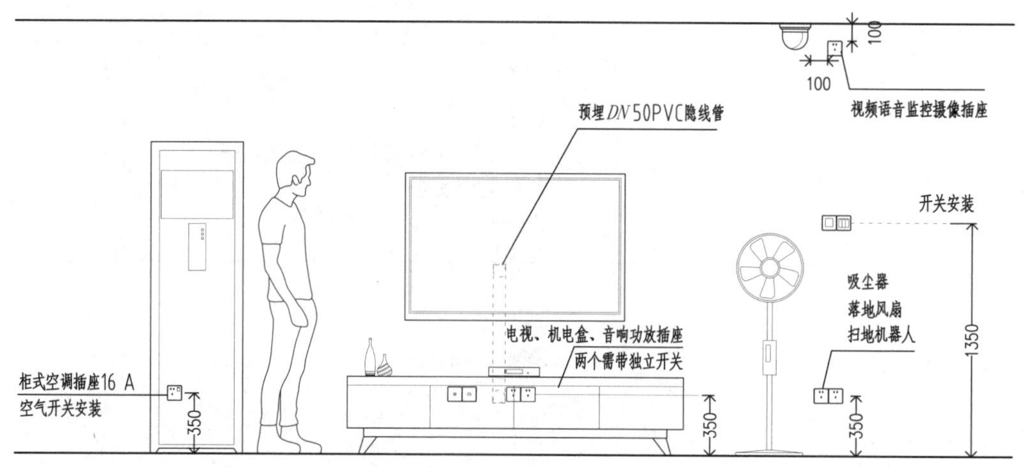

客厅立面插座分布图

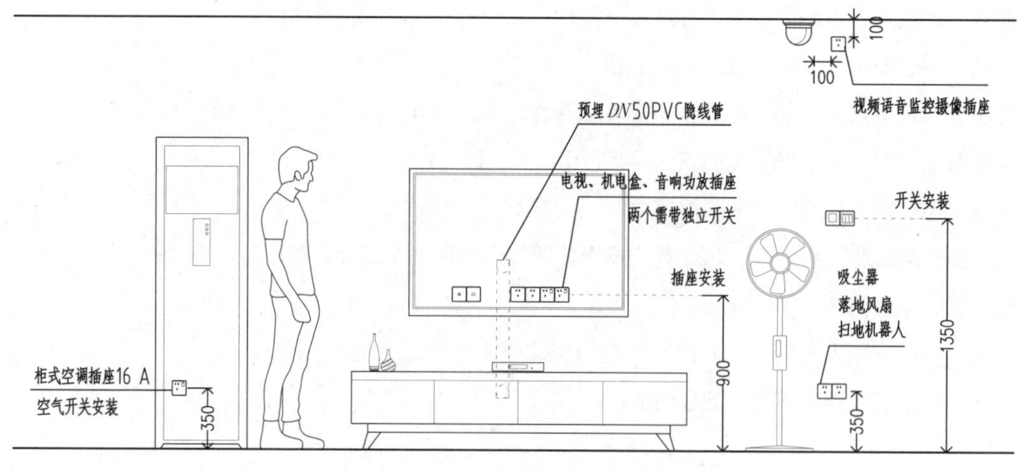

电视背景墙插座分布图（一）

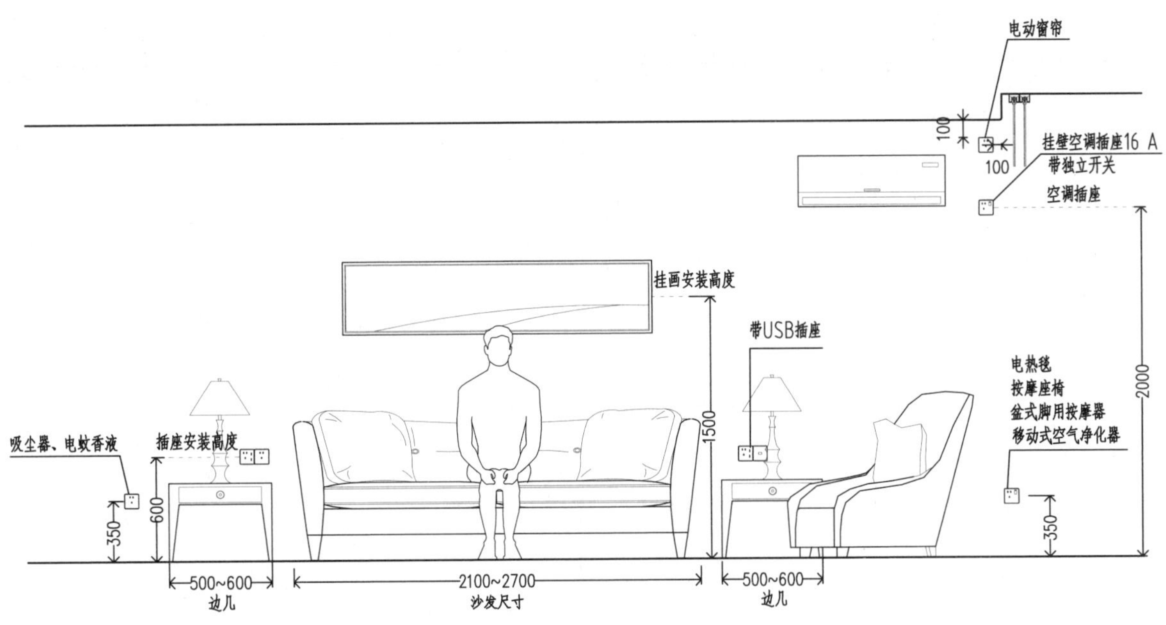

电视背景墙插座分布图（二）

8.3 餐厅

功能配置

电风扇、电磁炉、USB 充电插座、恒温酒柜、电蚊香。

电磁炉、落地扇等的插座安装高度宜为 350 mm；
餐桌上的吊灯距离桌面高度宜为 800 mm。

技术注意事项

除特别标注插座为 16 A 外，其余插座均为 10 A。

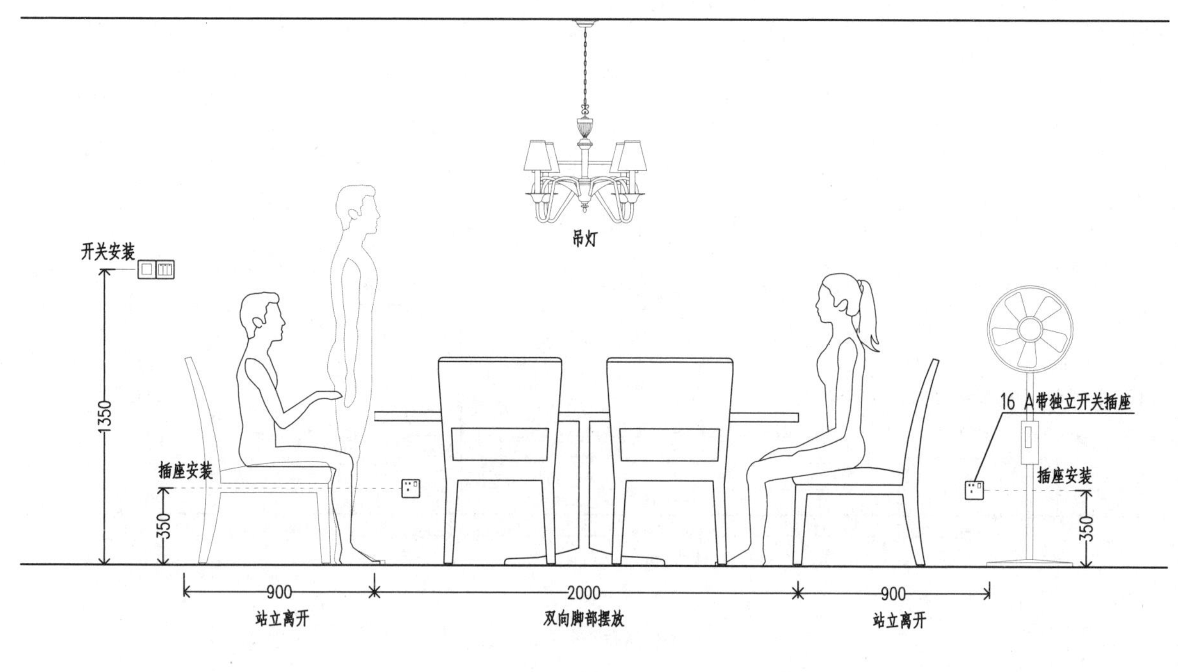

餐厅插座分布图

8.4 休闲区

功能配置

落地灯、落地风扇、手机无线充电器。

落地灯、落地风扇的插座安装高度宜为 350 mm；
手机无线充电器的插座安装高度宜为 900 mm。

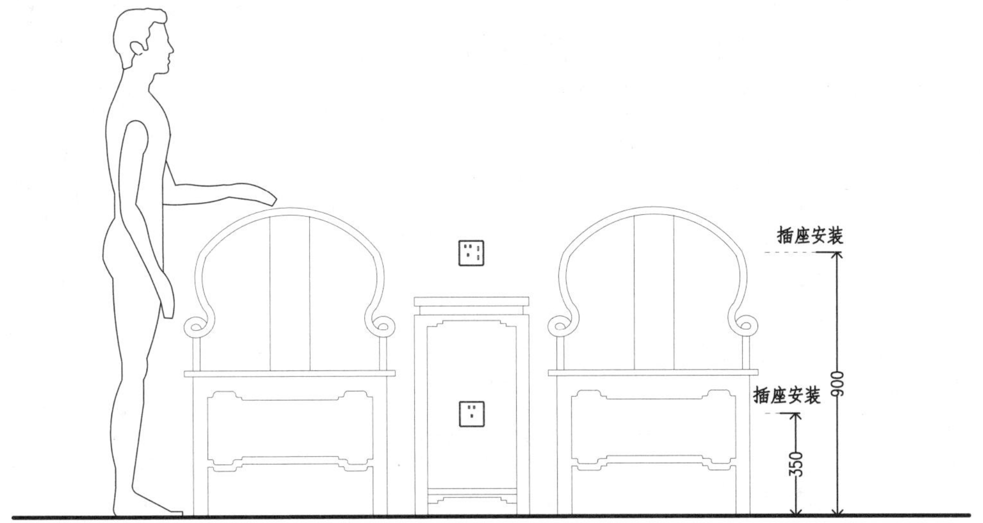

前厅休闲区插座分布图

8.5 卧室

功能配置

台灯、落地灯、电蚊香、电熨斗、手机无线充电器。

电蚊香、电熨斗、落地灯的插座安装高度宜为 350 mm；
台灯、手机无线充电器的插座安装高度宜为 600 mm；
床头柜的高度宜为 500 mm。

技术注意事项

①卧室床头两边插座应为带 USB 插口的面板插座。

②卧室空调插座点位需先现场确定建筑预留空调室外机安装位置，再确定室内机空调插座点位。输入功率为 800 W（1 匹）以下含 800 W 的空调可使用 10 A 插座。

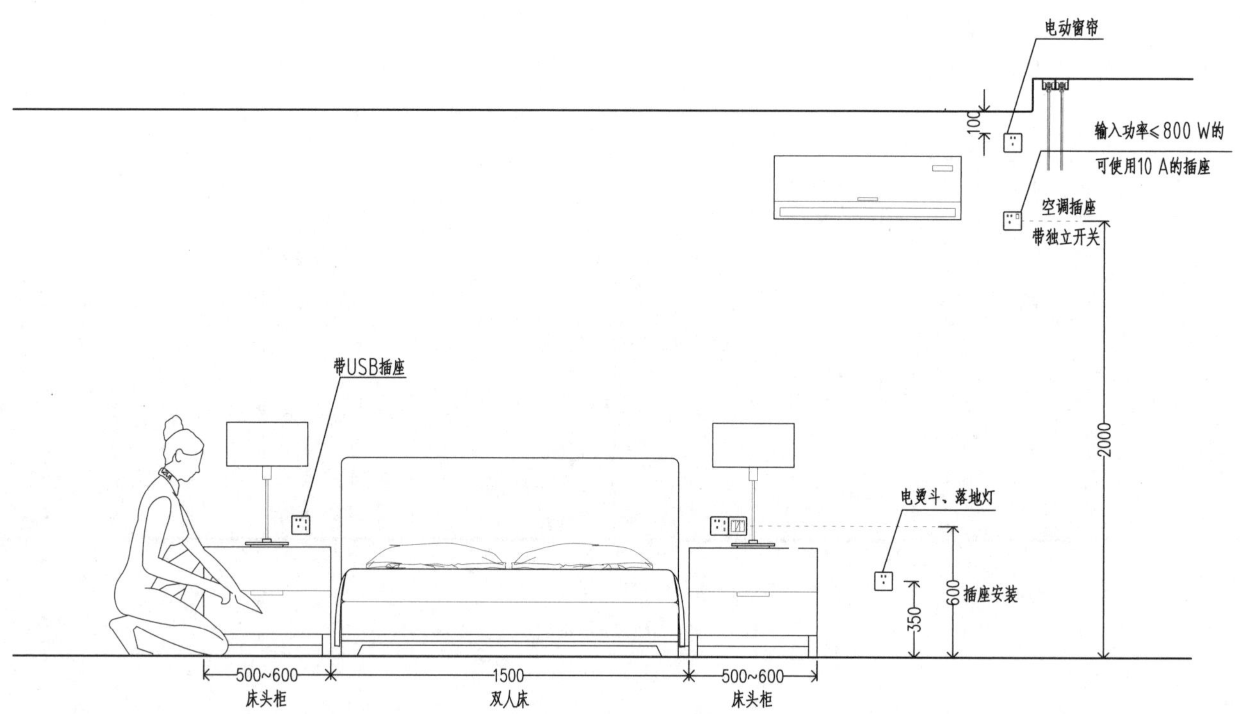

卧室插座分布图

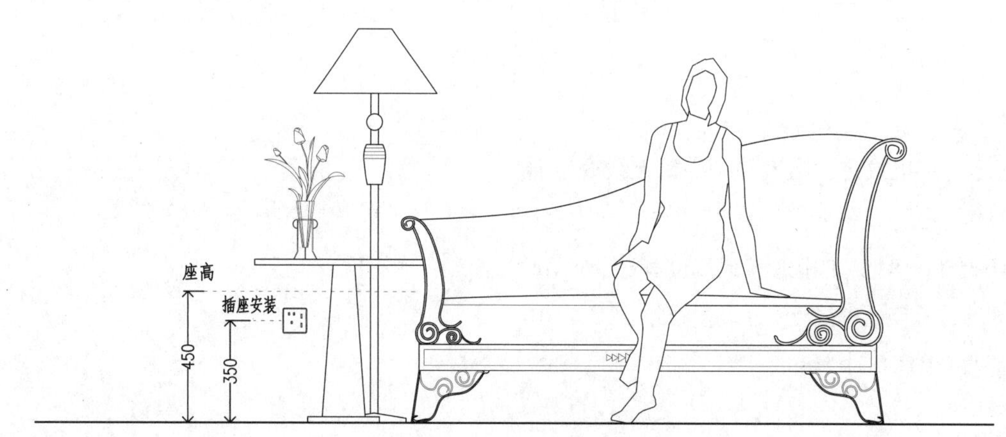

卧室休闲区立面插座分布图

8.6 书写台、梳妆台

功能配置

台灯、电蚊香液、手机无线充电器、电脑、移动式空气净化器、移动式电暖炉。

移动式空气净化器、移动式电暖炉的插座安装高度宜为 350 mm；
台灯、手机无线充电器的插座安装高度宜为 900 mm；
挂壁空调的插座安装高度宜为 2000 mm。

技术注意事项

①购买书写台时需留意不同款式下方的结构，避免阻挡下方插座面板。

②独立书房的空调需现场留意空调室外机位置再确定插座点位，输入功率为 800 W 以下含 800 W 的空调可使用 10 A 插座。

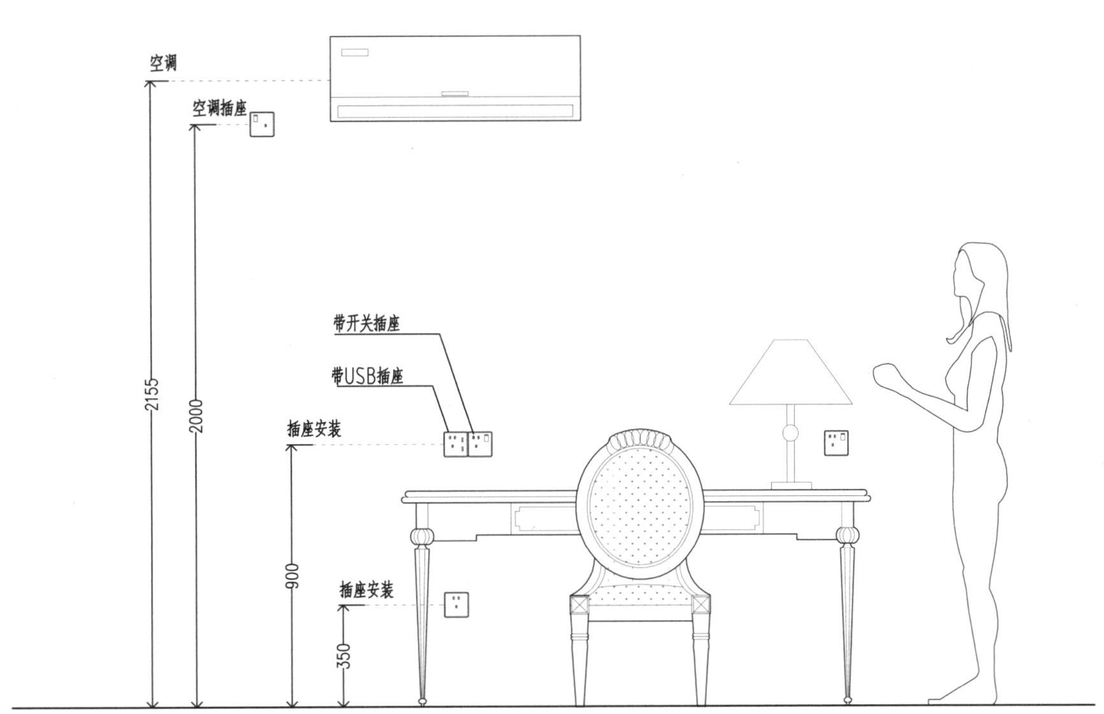

书写台、梳妆台插座布置图

8.7 厨房

功能配置

微波炉、烤箱、消毒柜、洗碗机、厨余垃圾处理器、厨房热水宝、冰箱、吸油烟机、净水器。

烤箱的插座安装高度宜为 550 mm（ 烤箱的厚度会影响插座的安装，所以烤箱的插座应尽量安装在上下方或侧方 ）；

微波炉的插座安装高度宜为 1200 mm；

消毒柜、洗碗机的插座安装高度宜为 250 mm（ 消毒柜、洗碗机的插座应尽量安装在侧边 ）；

厨余垃圾处理器、厨房电热水器、加热式直饮水设备的插座安装高度宜为 250 mm，厨余垃圾处理器控制按钮的安装高度宜为 1200 mm；

冰箱的插座安装高度宜为 1500 mm；

吸油烟机的插座安装高度宜为 2100 mm；

橱柜插座的安装高度宜为 1200 mm。

技术注意事项

①厨房插座必须在设计图完成后与橱柜制作公司进行技术交底，因为橱柜的分隔板会阻碍插座面板的安装位置。

②厨房电器种类繁多，机电设计师应向甲方确定需安装的厨房电器以及各电器功率。

③冰箱应采用独立专线、不间断电源。

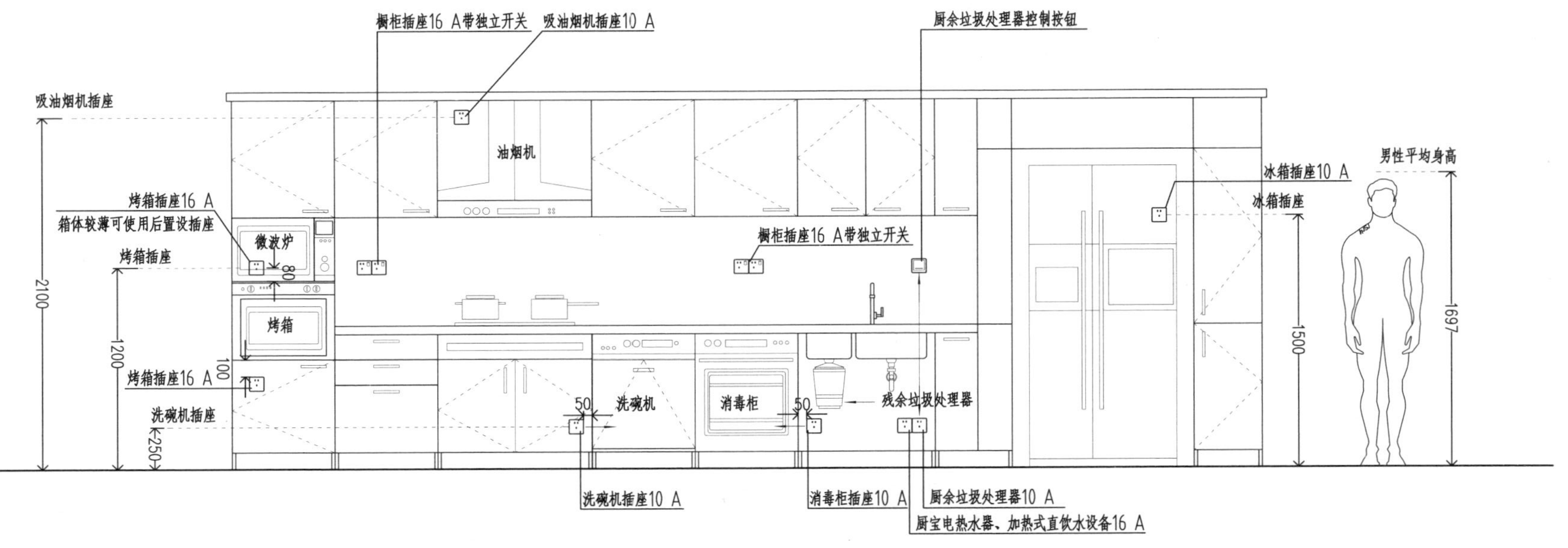

橱柜插座16 A带独立开关
吸油烟机插座10 A
厨余垃圾处理器控制按钮
吸油烟机插座
油烟机
男性平均身高
冰箱插座10 A
冰箱插座
烤箱插座16 A
箱体较薄可使用后置设插座
微波炉
橱柜插座16 A带独立开关
烤箱插座
80
2100
烤箱
1200
1500
1697
100
烤箱插座16 A
50
洗碗机
消毒柜
50
残余垃圾处理器
洗碗机插座
250
洗碗机插座10 A
消毒柜插座10 A
厨余垃圾处理器10 A
厨宝电热水器、加热式直饮水设备16 A

厨房插座分布图

8.8 卫生间

功能配置

电吹风、电动剃须刀、智能坐便器、太阳能热水器。

电吹风、电动剃须刀的插座安装高度宜为 1350 mm；
智能坐便器的插座安装高度宜为 350 mm；
太阳能热水器的插座安装高度宜为 2000 mm。

技术注意事项

①安装即热式电热水器，需采用独立专线。目前市面上即热式热水器 7500 W，专线 4 m^2 独立开关为 C32；8500 W, 专线 6 m^2 独立开关为 C40。

②卫生间内所有强电插座需加装普通防水罩，级别 IPX5。

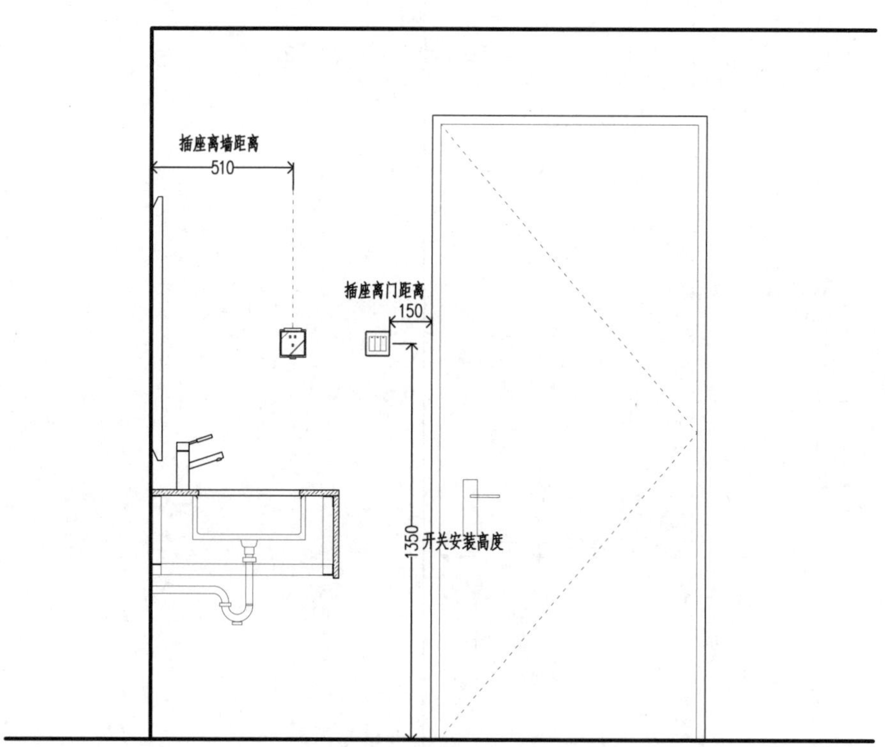

洗手台插座分布图

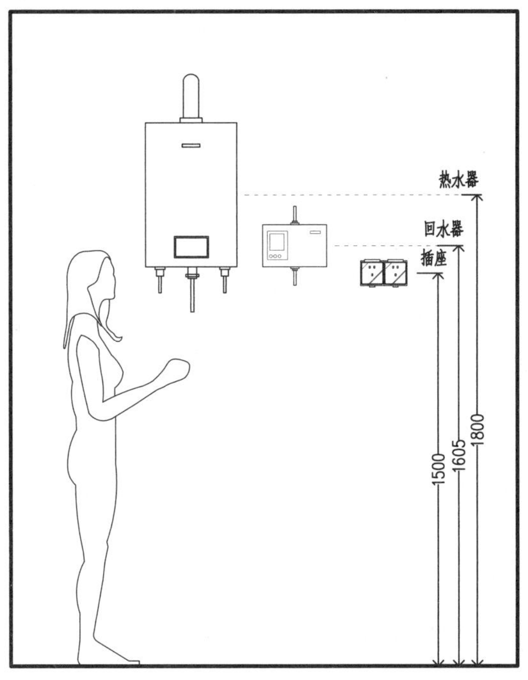

燃气式热水器循环泵插座分布图

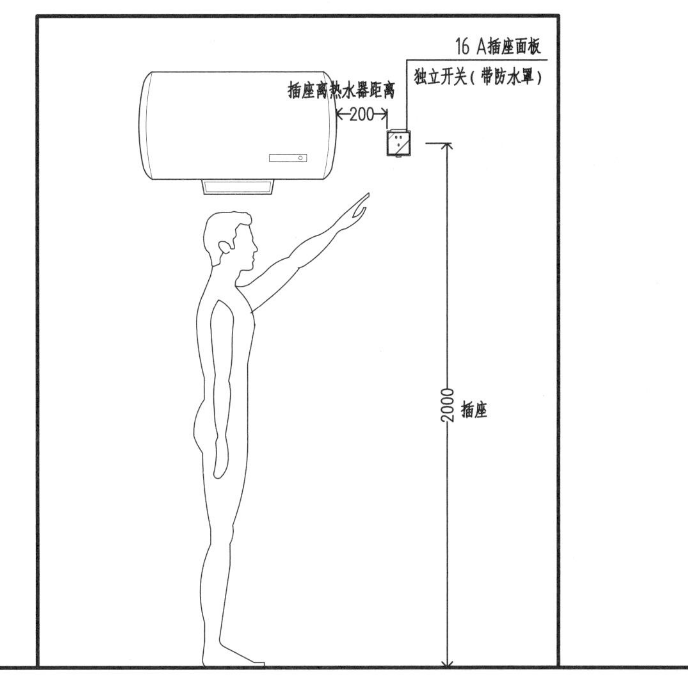

淋浴间插座分布图

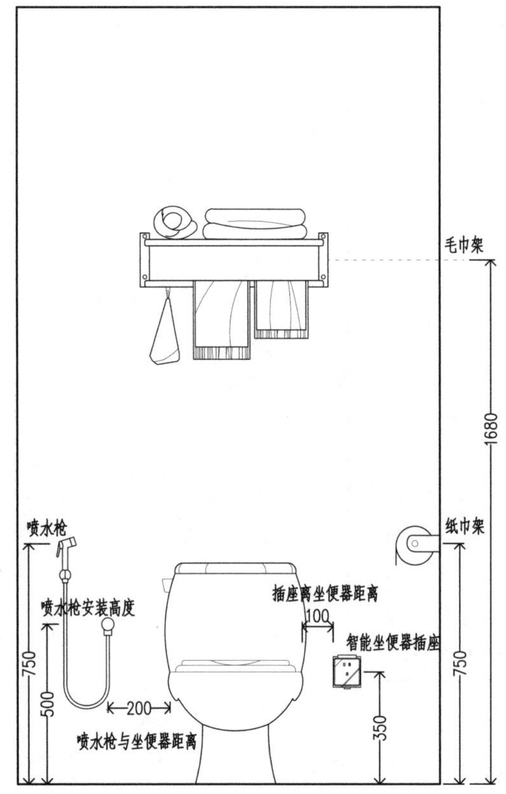

坐便器插座分布图

8.9 阳台（生活阳台、景观阳台）

功能配置

洗衣机、烘干机、燃气式热水器。

洗衣机、烘干机的插座安装高度宜为 1350 mm；
燃气式热水器的插座安装高度宜为 1500 mm。

技术注意事项

①没有全封闭的阳台强电插座需加装普通防水罩，级别 IP55。

②全屋热水循环泵非标配设备，该插座需询问甲方需求。

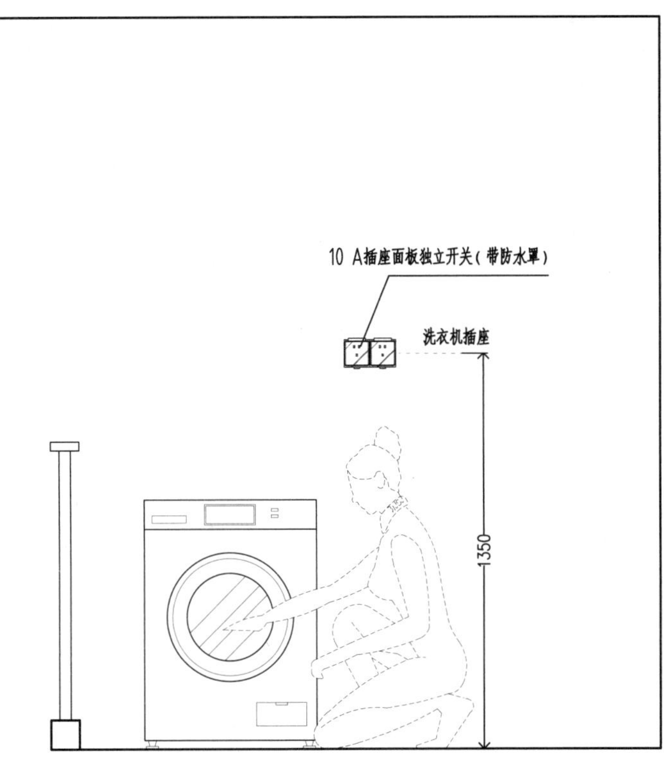

洗衣机插座分布图

9 其他配套

门

无障碍门

9.1 门

重要提示

本章主要根据《住宅设计规范》GB 50096—2011 中各空间门洞尺寸规定。

1. 门洞宽度规范尺寸

入户门洞：1000 mm；

厨房门洞：800 mm；

卧室门洞：900 mm；

卫生间门洞：700 mm。

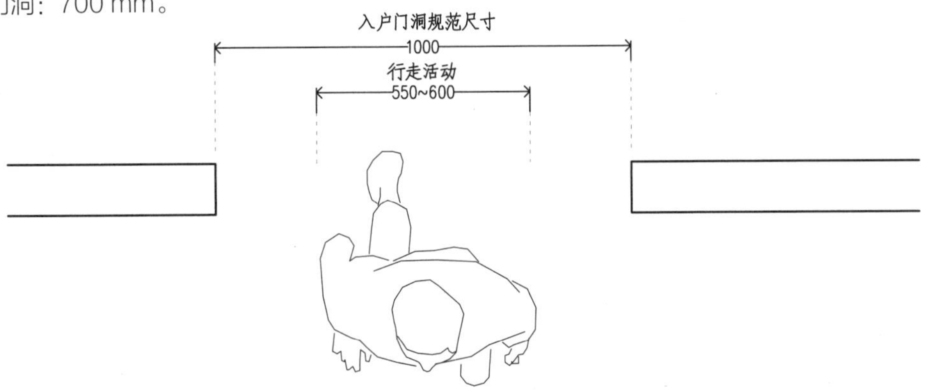

入户门洞规范尺寸

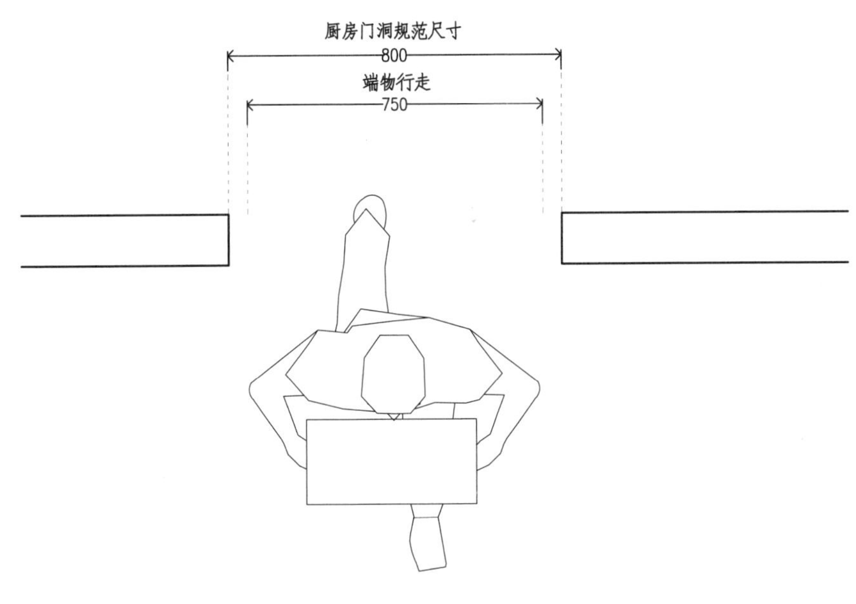

厨房门洞规范尺寸

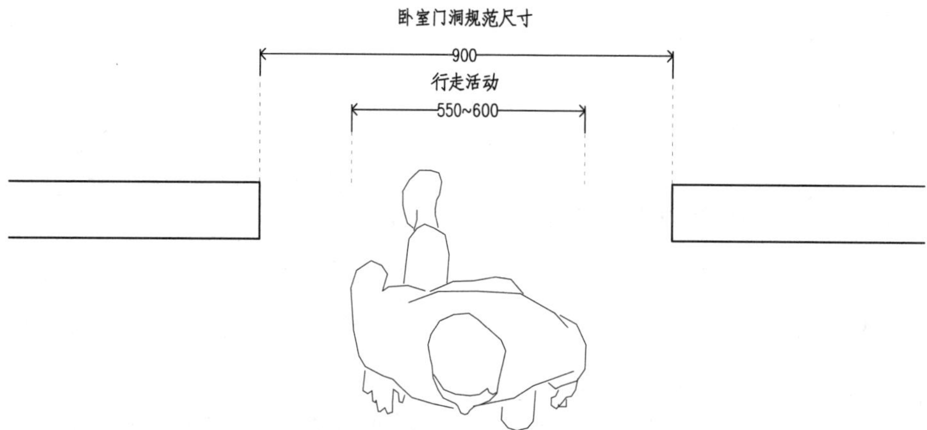

卧室门洞规范尺寸

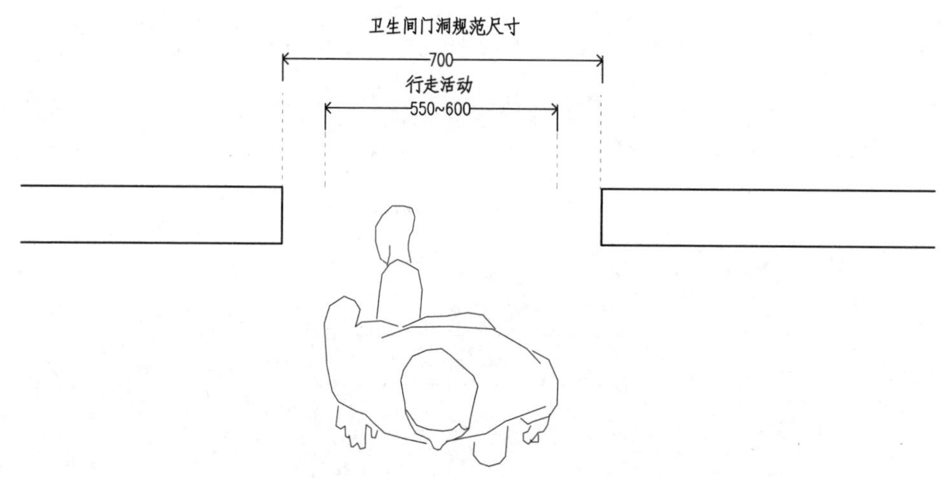

卫生间门洞规范尺寸

2. 门洞宽度最小尺寸

厨房推拉门洞：1200 mm；
厨房门洞：800 mm；
卧室门洞：800 mm；
卫生间门洞：700 mm。

厨房推拉门洞最小尺寸
1200
推拉门高度
2100

厨房推拉门洞最小尺寸立面图

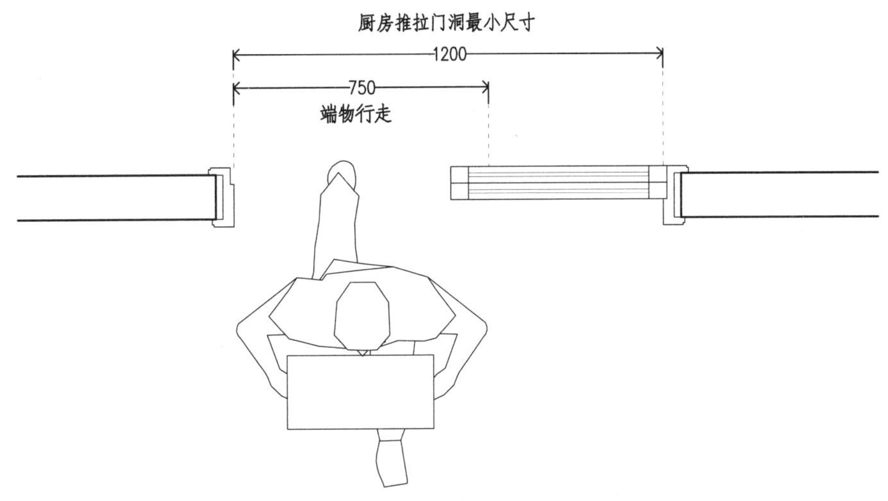

厨房推拉门洞最小尺寸平面图

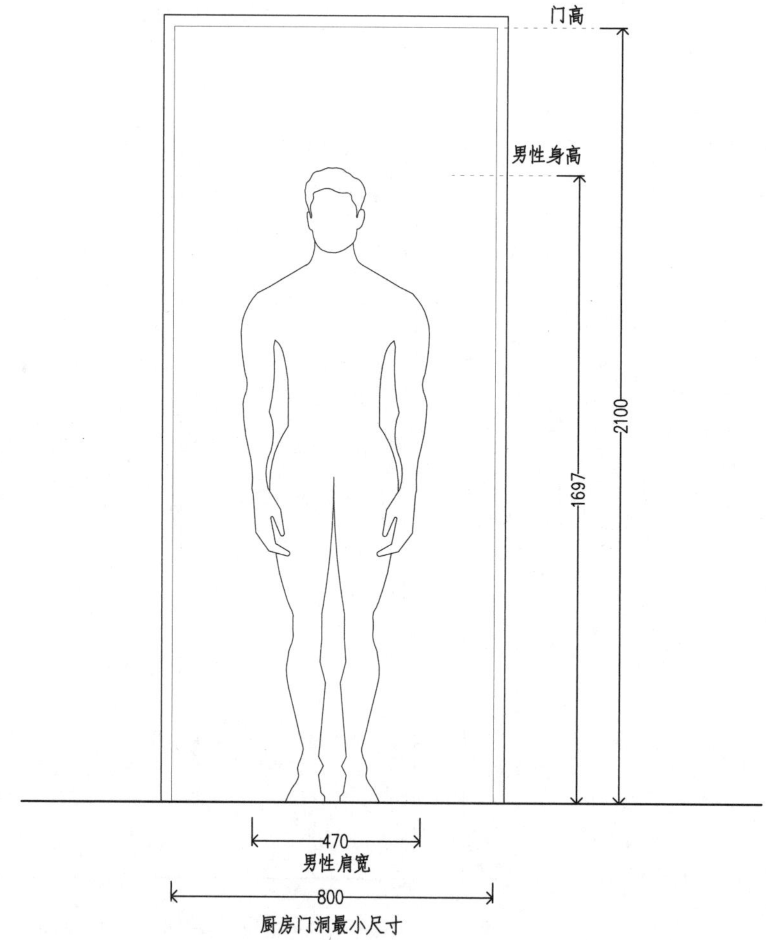

厨房门洞最小尺寸立面图

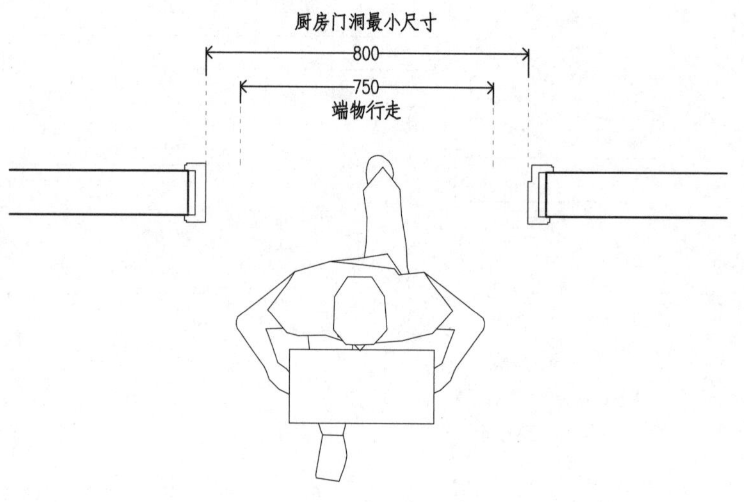

厨房门洞最小尺寸平面图

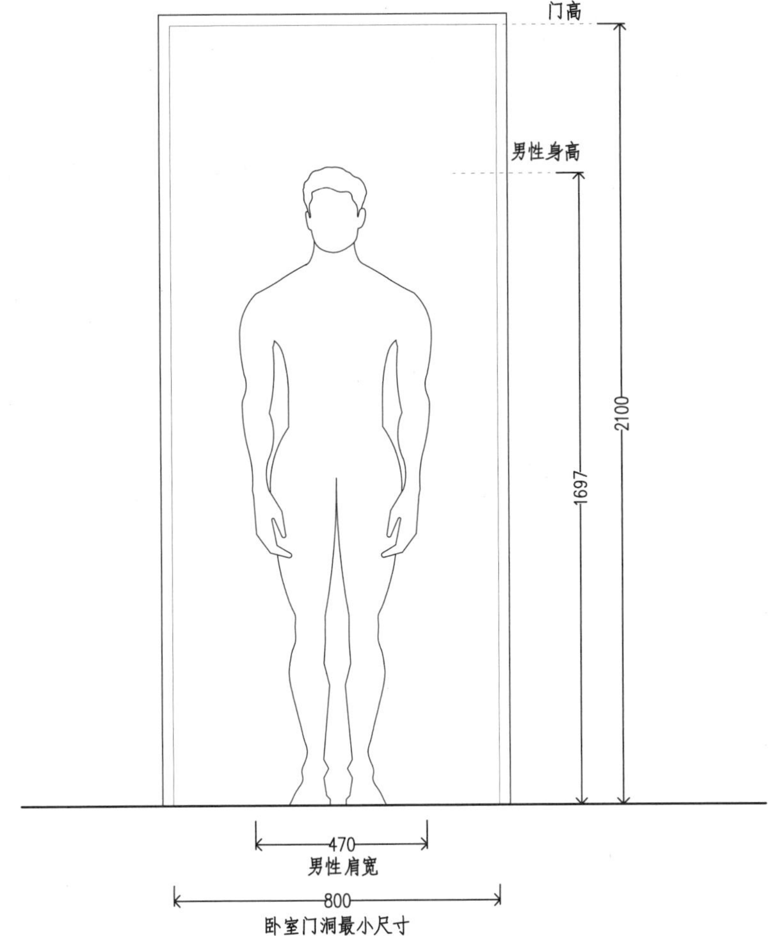

卧室门洞最小尺寸立面图

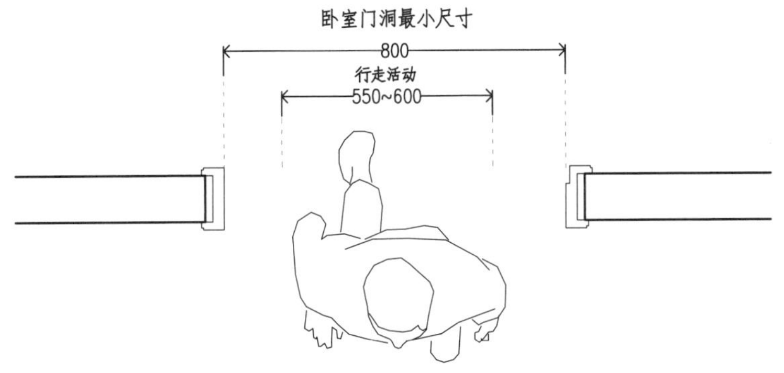

卧室门洞最小尺寸平面图

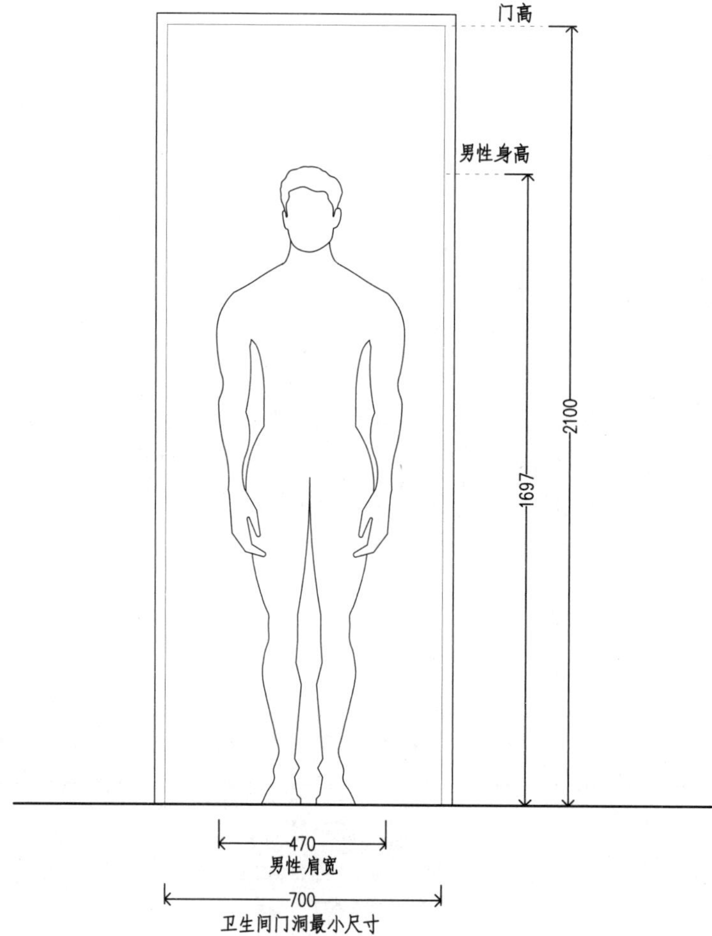

卫生间门洞最小尺寸立面图

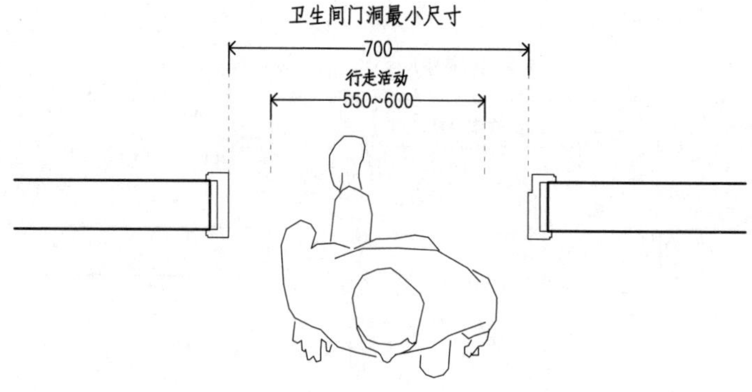

卫生间门洞最小尺寸平面图

3. 门的高度

门的高度为 2000~2300 mm，多设置为 2100 mm。

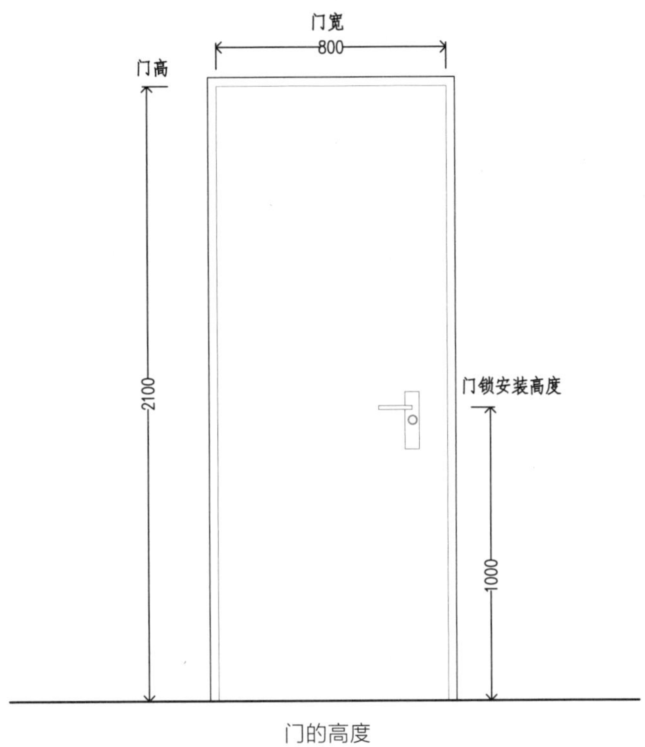

门的高度

4. 门的猫眼、门铃、把手高度

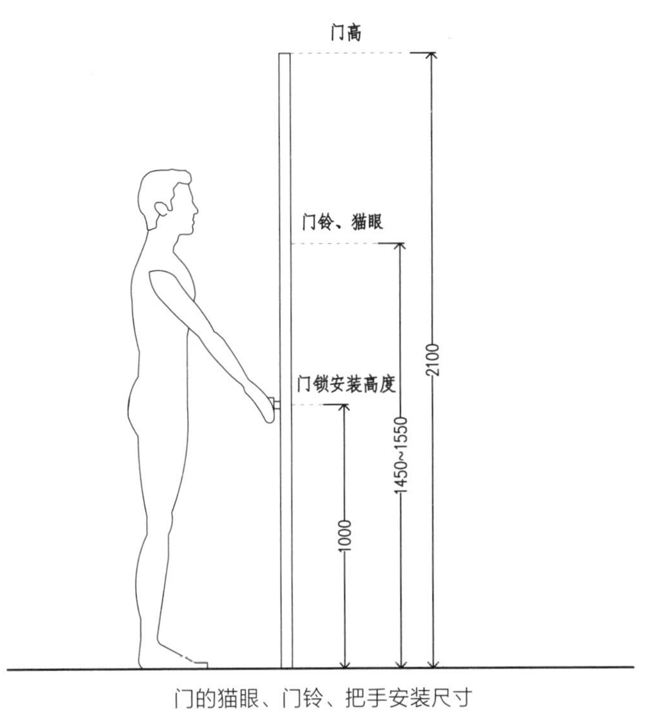

门的猫眼、门铃、把手安装尺寸

9.2 无障碍门

根据《无障碍设计规范》GB 50763—2012 的规定：

室内走道不应小于 1200 mm；

无障碍门开启后的通行净宽度不应小于 800 mm，有条件时，不宜小于 900 mm；

在门把手一侧的墙面，应设宽度不小于 400 mm 的空间；

应在距地 350 mm 范围内安装护门板；

平开门、推拉门、折叠门的门扇应设距地 900 mm 的把手。

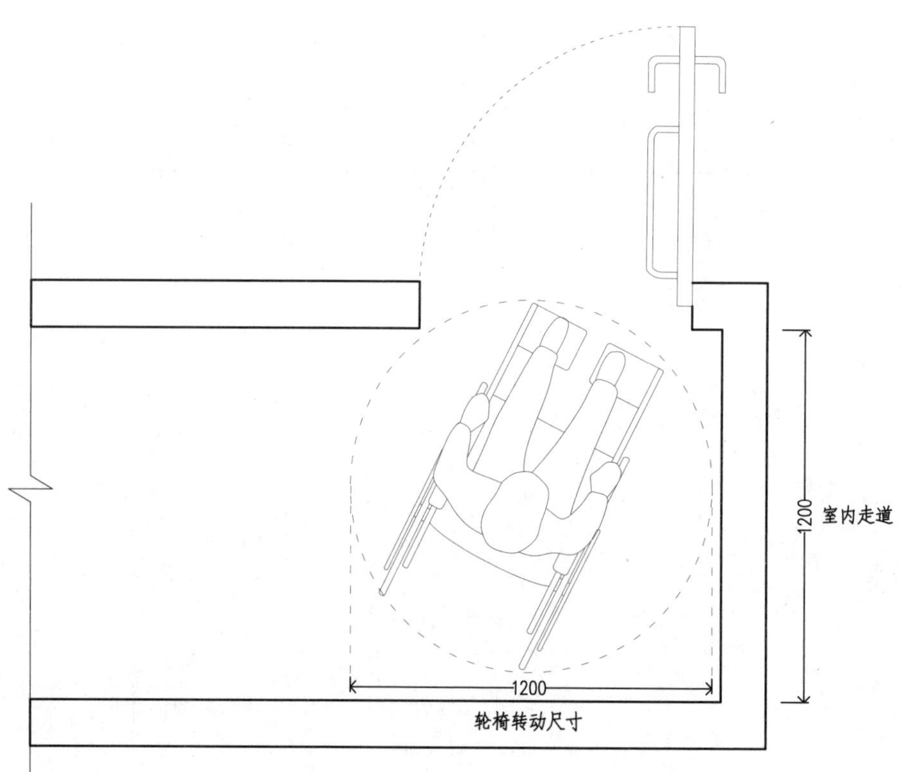

室内走道平面尺寸

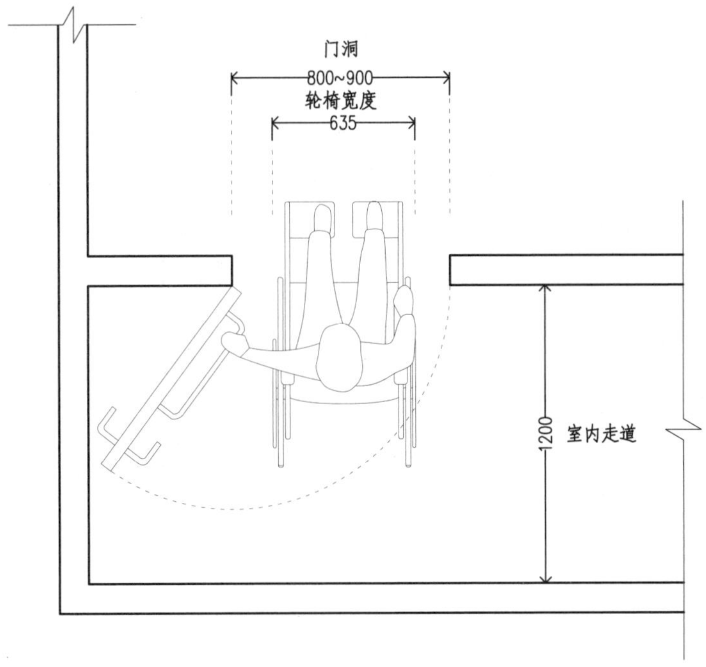

无障碍门洞平面尺寸

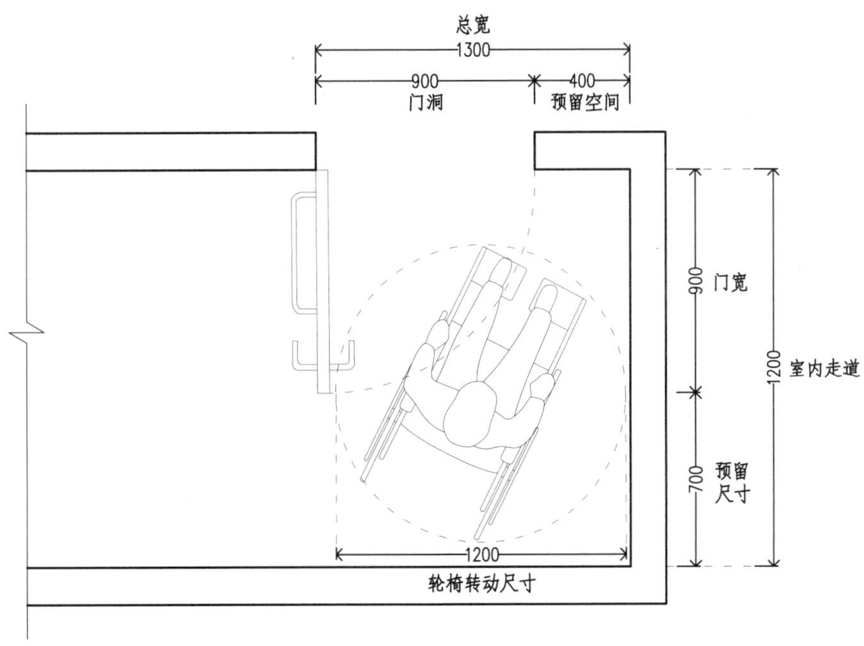

门把手一侧墙体预留空间尺寸

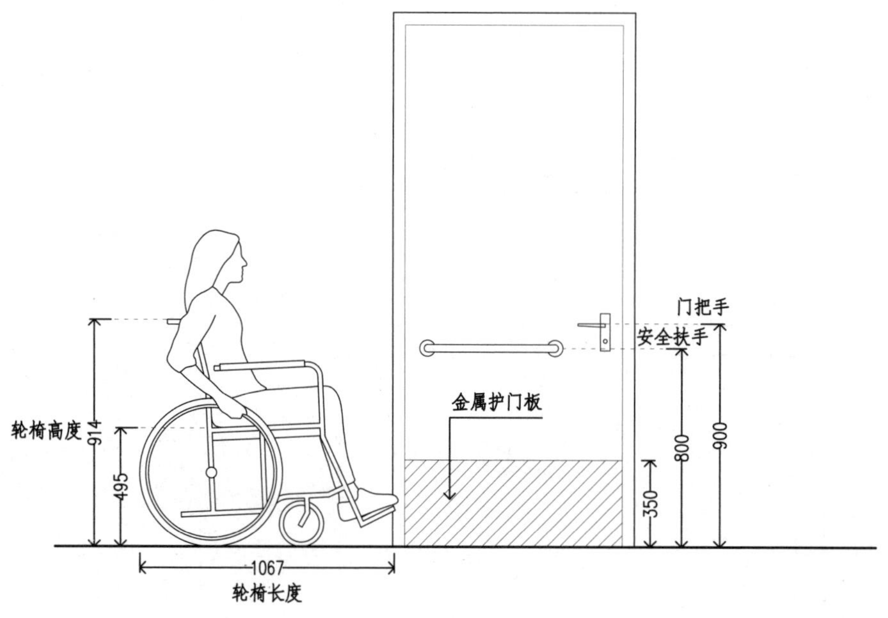

无障碍门把手高度立面尺寸

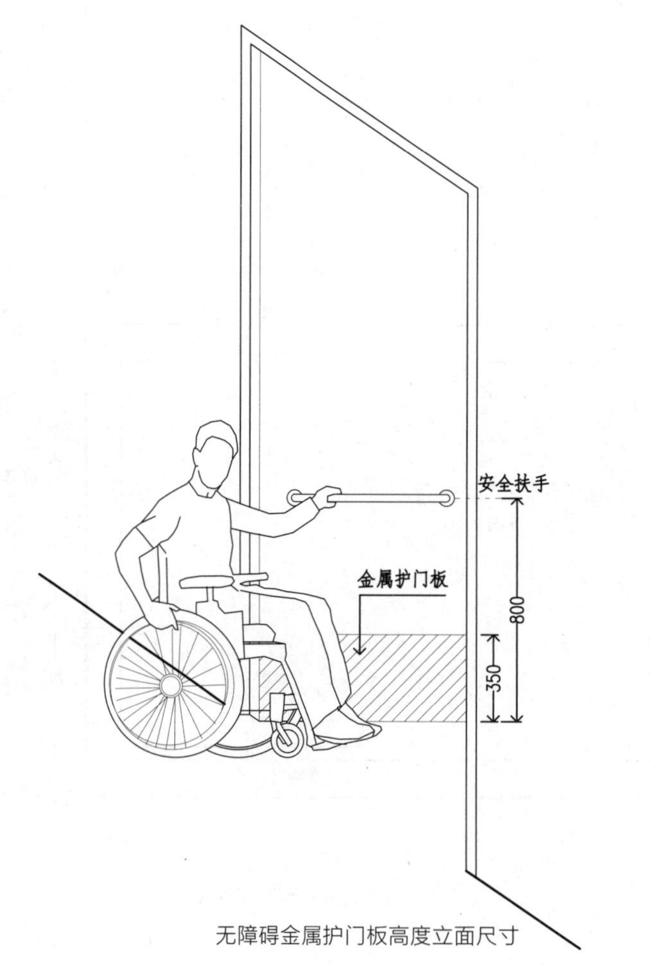

无障碍金属护门板高度立面尺寸